세상을 바꾼
과학
기술자들

세상을 바꾼 과학기술자들
_첨단기술의 빅뱅, 실리콘 밸리 60년

**초판 1쇄 발행일 2016년 9월 26일**
**초판 2쇄 발행일 2020년 5월 4일**

지은이 주동혁
펴낸이 이원중

펴낸곳 지성사 출판등록일 1993년 12월 9일 등록번호 제10-916호
주소 (03458) 서울시 은평구 진흥로 68(녹번동) 정안빌딩 2층(북측)
전화 (02) 335-5494 팩스 (02) 335-5496
홈페이지 www.jisungsa.co.kr 이메일 jisungsa@hanmail.net



ISBN 978-89-7889-321-3 (03500)



이 도서의 국립중앙도서관 출판예정도서목록(CIP)은 서지정보유통지원시스템 홈페이지
(http://seoji.nl.go.kr)와 국가자료공동목록시스템(http://www.nl.go.kr/kolisnet)에서
이용하실 수 있습니다. (CIP제어번호: CIP2016021850)

이 시리즈는 해동과학문화재단의 지원을 받아 NAEK 한국공학한림원과 지성사가 발간합니다.

# 세상을 바꾼 과학 기술자들

## 첨단기술의 빅뱅, 실리콘 밸리 60년

| **주동혁** 지음 |

지성사

일러두기

1. 책은『 』로, 작품(시, 소설, 그림, 노래, 영화) 제목과 논문은「 」로, 신문과 잡지는〈 〉로 구분했다.

2. 외국어 표기는 국립국어원의 표준국어대사전 외래어 표기원칙에 따랐다.
다만 저자의 요청에 따라 캘리포니아의 지역 이름 가운데
'새너제이San Jose'→'샌호세', '샌타클래라Santa Clara'→'산타클라라', '팰로앨토Palo Alto'→'팔로알토'로,
사람 이름 가운데 야후의 CEO '머리사 메이어Marissa Mayer'→'머리사 마이어'로 표기한다.

3. 표지와 본문에 실린 사진 자료는 저자가 직접 찍은 사진 외에도 크리에이티브 커먼즈 라이선스(Creative Commons license: CCL)를 따르는 위키백과Wikipedia에서 많은 도움을 받았다. 사진 출처에 'CC BY'는 CCL 임을 밝힌다.

4. 본문에서 굵은 글씨로 표시한 낱말은 간단하게 해설을 덧붙여 정리하여 뒤에 실었다.

# 들어가는 글

20세기 후반, 실리콘 밸리에서 일어난 기술혁명으로 현대의 기술문명이 획기적으로 발전했다. 반도체의 기술로 실리콘 밸리가 탄생하게 되었고, 이어서 PC의 등장과 함께 PC의 대중화로 인터넷 시대가 열렸으며, 휴대폰을 비롯한 온갖 다양한 전자기기가 생활의 필수품이 되었다. 이러한 기술혁명은 산업과 경제 전반에 큰 영향을 끼쳤을 뿐 아니라 우리의 삶의 질을 높였다. 이에 따라 우리의 사고와 행동 방식에 많은 변화를 가져왔으며, 21세기 인류사회는 정보사회로 진입하게 되었다.

실리콘 밸리가 태동한 지 60년이 되었다. 사람으로 따지면 환갑 나이인데 실리콘 밸리는 기력이 쇠하기는커녕 세계 첨단기술의 중심지로 그 위상과 체질이 더욱 강해지고 있다. 샌프란시스코 반도 남단에서 태동한 실리콘 밸리는 이제 반도 북단의 샌프란시스코에 이르기까지 기존의 반도체, 컴퓨터, 인터넷 산업을 비롯해 청정에너지, 의약, 생명과학, 신재료, 항공우주 개발, 첨단 자동차, 인공지능 등 다양한 분야에서 첨단기술을 선도하고 있다.

실리콘 밸리의 저력은 어디서 오는가, 실리콘 밸리의 성장 비결은 무엇이며, 실리콘 밸리는 앞으로 어떤 위상을 차지하게 될 것인가는 수시로 접하는 질문들이다. 이 질문들에 대한 간단하고 명쾌한 답은 없다. 실리콘 밸리의 태동이 첨단기술 단지 조성처럼 계획에 따른 결과가 아니기 때문이다. 그러나 이 모든 질문에 대한 답의 바탕에는 실리콘 밸리의 주역인 과학기술자들의 집념과 도전 정신, 모험과 실패를 두려워하지 않는 기업가 정신이 깔려 있다는 점만은 분명하다.

실리콘 밸리 발전의 주역을 담당한 과학기술자들의 면면은 다양하다. 여유 있는 가정에서 태어나 최고의 엘리트 교육을 받은 사람들은 물론이고, 어려운 환경에서 야간 대학을 다닌 사람도 있으며, 태어나자마자 입양되어 양부모 가정에서 성장한 사람도 있다. 제2차 세계대전 후 구소련의 지배를 받던 헝가리에서 탈출해 맨손으로 미국에 온 사람이 있는가 하면, 지구 반대편 남아프리카공화국에서 성장한 뒤 캐나다를 거쳐 실리콘 밸리로 온 사람도 있다. 이처럼 성장 배경과 출신 지역은 다양하지만, 이들은 과학기술과 첨단기업에 대한 강한 열정과 집념으로 실리콘 밸리에서 꿈을 이루어냈고 기술혁명의 역사를 새로 썼다.

필자는 실리콘 밸리에서 과학기술자로 30년 가까이 생활하면서 실리콘 밸리의 역사에 관심을 가지고 있던 중 이곳에서의 경험을 국내 독자들과 나누고 싶은 생각에 글을 쓰게 되었다. '세상을 바꾼 과학기술자들 - 첨단기술의 빅뱅, 실리콘 밸리 60년'이라는 거창한 제목에 비해 내용이 주마간산走馬看山식이고 단편적이며 피상적이지 않을까 하는 우려도 있다. 그러나 과거를 알아야 미래가 보인다는 말처럼, 이 책이 실리콘 밸리와 첨단기술에 관심 있는 모든 분에게 조금이나마 도움이 되기를 바란다.

이 글의 초고를 읽고 격려를 보내주신 포스텍의 박위상 교수와 아주대학교의 최연익 교수에게 감사드린다. 끝으로 미흡한 글을 출판해 주신 지성사 이원중 대표에게 심심한 감사를 드린다.

미국 캘리포니아 샌호세에서

주 동 혁

## | 실리콘 밸리 관련 연대별 주요 사항 |

| | |
|---|---|
| **1848년** | 제임스 마셜, 캘리포니아 시에라네바다 산 아래 강변에서 금광석 발견 |
| **1849년** | 캘리포니아 골드러시 시작 |
| **1869년** | 미국 최초의 대륙횡단철도 완공 |
| **1891년** | 스탠포드 대학교 개교 |
| **1910년** | 시릴 엘웰, 팔로알토에 연방전신회사 설립 |
| **1912년** | 스코트 헤럴드, 샌호세에서 세계 최초 상업 라디오 방송 시작 |
| | 리 디포리스트, 연방전신회사에서 삼극 진공관 상용화 성공 |
| **1924년** | 프레더릭 터먼, 스탠포드 대학 교수로 임용 |
| **1939년** | 휼렛과 패커드, 팔로알토에서 HP 창업 |
| **1947년** | 바딘, 브래튼과 쇼클리, 뉴저지 주 벨 연구소에서 트랜지스터 발명 |
| **1948년** | 배리언 형제, 팔로알토에서 배리언 어소시에이츠 창업 |
| **1955년** | 소니, 트랜지스터 라디오 출시 |
| | 쇼클리, 마운틴뷰에 쇼클리 반도체 연구소 설립 |
| **1956년** | 바딘, 브래튼과 쇼클리, 노벨 물리학상 공동 수상 |
| **1957년** | 로버트 노이스 등 여덟 명의 기술자, 팔로알토에서 페어차일드 반도체 설립 |
| **1959년** | 잭 킬비(TI), 노이스(페어차일드 반도체) 각각 집적회로 발명 |
| **1960년** | 강대원, 뉴저지 주 벨 연구소에서 MOS 트랜지스터 개발 |
| **1961년** | 페어차일드 반도체, 세계 최초로 상용 집적회로 개발 |
| **1965년** | 고든 무어, '무어의 법칙' 발표 |
| **1968년** | 노이스와 무어, 산타클라라에서 인텔 창업, 메모리 반도체 사업 시작 |
| **1969년** | 제리 샌더스 등 여덟 명, 서니베일에 AMD 설립 |
| | ARPA 넷 출현 |
| **1971년** | 최초의 인텔 마이크로프로세서 제품 '인텔4004' 개발 |
| | 돈 호플러, 잡지 기사에서 '실리콘 밸리'라는 표현을 최초로 사용 |
| **1975년** | 실리콘 밸리에서 '홈브루 컴퓨터 클럽' 결성 |
| | 스티브 잡스와 스티브 워즈니악, 애플 컴퓨터 파트너십 회사 창업 |
| | 빌 게이츠와 폴 앨런, 뉴멕시코 주 앨버커키에 마이크로소프트 설립 |
| **1977년** | 래리 엘리슨, 산타클라라에 소프트웨어 개발 연구소 설립 |
| | 잡스, 워즈니악과 마쿨라, 쿠퍼티노에 애플 컴퓨터 주식회사 설립 |
| **1979년** | 게이츠와 앨런, 마이크로소프트를 뉴멕시코 주 앨버커키에서 워싱턴 주 벨뷰로 이전 |
| **1981년** | IBM PC 판매, PC 시대 개막 |

| | |
|---|---|
| **1982년** | 엘리슨, 레드우드 쇼어스에 오라클 시스템스 설립 |
| | 벡톨샤임, 맥닐리와 코슬라, 산타클라라에 선 마이크로시스템스 설립 |
| | 제임스 클라크, 마운틴뷰에 실리콘 그래픽스 설립 |
| **1984년** | 존 헤네시, 서니베일에 MIPS 테크놀로지스 공동 창업 |
| | 보색과 러너, 샌호세에 시스코 시스템스 설립 |
| **1985년** | 리처드 스완슨, 샌호세에 솔라 셀 회사 선파워 설립 |
| | 잡스, 애플 사직 |
| **1986년** | 인텔, DRAM 사업에서 철수 |
| **1989년** | 팀 버너스-리, 스위스 제네바에 있는 CERN에서 월드 와이드 웹 개발 |
| **1993년** | 일리노이 대학교 슈퍼컴퓨터 응용센터에서 마크 앤드리슨 팀, 웹 브라우저 모자익 개발 |
| **1994년** | 클라크와 앤드리슨, 마운틴뷰에 넷스케이프 커뮤니케이션스 설립 |
| **1995년** | 제리 양과 데이비드 파일로, 서니베일에 야후! 창업 |
| | 넷스케이프사, 웹 브라우저 '내비게이터' 출시, 인터넷 시대 개막 |
| **1996년** | 피에르 오미디아, 샌호세에 이베이 설립 |
| **1997년** | 잡스, 애플 CEO로 복귀 |
| **1998년** | 래리 페이지와 세르게이 브린, 멘로 파크에 구글 창업 |
| **1999년** | 빌 앤드 멀린다 게이츠 자선재단, 시애틀에서 출범 |
| **2000년** | 킬비, 집적회로 발명으로 노벨 물리학상 수상 |
| **2002년** | 일론 머스크, LA 근교 호손에 스페이스 X 설립 |
| **2003년** | 머스크, 팔로알토에 테슬라 모터스 창업 |
| **2004년** | 마크 저커버그, 하버드 대학교 재학 중 페이스북 닷컴 창업, 학업을 중단하고 캘리포니아 멘로 파크로 회사 이전 |
| **2009년** | 오라클, 선 마이크로시스템스 인수 발표 |
| **2010년** | 게이츠와 버핏, 기부 서약 운동 발족 |
| **2011년** | IBM 인공지능 시스템 왓슨, TV 퀴즈쇼 「제퍼디!」 우승자 두 명에 승리 |
| **2013년** | IBM, 왓슨 상업적 응용 시작 |
| **2014년** | 구글, 영국 인공지능 회사 딥마인드 테크놀로지스 인수 |
| **2015년** | 페이지와 브린, 마운틴뷰에 구글 지주회사 알파벳 설립 |
| | 기업가와 전문 기술자들, 샌프란시스코에 인공지능 연구센터 설립 |
| **2016년** | 딥마인드 사의 인공지능 바둑 프로그램 알파고, 이세돌 9단에 승리 |
| | 야후!, 버라이즌에 매각 발표 |
| | 존 헤네시 스탠포드 대학교 총장 후임으로 테시에르-라빈 취임 |

차례 >>>

## 7장 1980년대의 실리콘 밸리: 하드웨어와 소프트웨어



## 8장 제3의 기술 빅 뱅: 인터넷과 월드 와이드 웹



## 9장 뉴 밀레니엄과 실리콘 밸리

1장

# 캘리포니아 골드러시와 샌프란시스코 반도

**반도체** 기술의 등장으로 20세기 후반의 전자산업은 엄청난 발전을 이루었고 이 과정에서 막대한 규모의 부와 경제가 창출되었다. 따라서 반도체 산업의 태동을 '제2의 골드러시Gold Rush'라고 표현하는 것도 무리가 아니다. '제2의 골드러시'라는 표현이 잘 어울리는 또 다른 이유는 캘리포니아의 골드러시가 실리콘 밸리와 가까운 시에라네바다 산맥 아래에서 일어났다는 사실이다. 캘리포니아 골드러시는 미국 역사의 흐름에 큰 영향을 주었을 뿐 아니라 20세기 초 샌프란시스코 인근 북가주 지역의 산업 발전에 주요 동력이 되었다.

샌프란시스코 반도에서는 20세기 초에 이미 첨단 전자산업의 싹이 트고 있었다. 여기에 모험을 두려워하지 않는 19세기 골드러시의 서부 개척정신이 과학기술자들의 기업가 정신으로 이어져 훗날 실리콘 밸리가 이곳에서 태동하는 데 밑거름이 되었다. 이 같은 지역적·시기적 배경으로 샌프란시스코 반도에서 20세기 중반에 실리콘 밸리가 출현한 것은 결코 우연이 아니다. 따라서 실리콘 밸리의 출현을 이해하기 위해 골드러시가 일어난 19세기 중반으로 거슬러 올라가 이 지역의 산업과 역사적인 배경을 살펴보기로 한다.

## 샌프란시스코 반도와 산타클라라 밸리

남북 거리가 약 80킬로미터인 샌프란시스코 반도 북단에는 세계적인 미항이며 관광 명소로 우리에게 친숙한 샌프란시스코San Francisco가 자리 잡고 있다. 반도 서쪽은 태평양이고, 동쪽은 새크라멘토 강과 샌와킨 강이 흘러드는 샌프란시스코 만이다. 샌프란시스코 만은 반도 북단에서 금문교Golden Gate Bridge가 가로지른 골든 게이트 해협으로 이어져 태평양과 연결된다. 만이 끝나는 반도의 동남쪽에 세계 첨단기술의 중심지인 산타클라라 카운티Santa Clara County가 자리 잡고 있다. 산타클라라 카운티 최대 도시인 인구 100만 명의 샌호세San Jose를 비롯해 첨단기술의 핵심지인 팔로알토Palo Alto, 마운틴뷰Mountain View, 산타클라라Santa Clara, 서니베일Sunnyvale 등이 이곳에 있다.

한적하고 평화롭게 보이는 이 지역이 바로 20세기 후반, 인류 기술문명의 혁신을 주도하며 치열하게 첨단기술을 선도해 나간 기술 개발의 현장 실리콘 밸리Silicon Valley다.

팔로알토, 산타클라라, 마운틴뷰, 서니베일은 모두 인구 10만 명 안팎의 작은 도시이며 이 밖에도 산타클라라 카운티에는 쿠퍼티노Cupertino, 캠벨Campbell, 로스가토스Los Gatos, 샌호세 등 15개 시가 있다. 캘리포니아의 행정 체계를 보면 주州, state는 여러 카운티county로 나뉘고 카운티에서 인구가 조

팔로알토 서쪽 언덕에서 동쪽을 바라본 모습. 사진 가운데 왼쪽 끝에 보이는 높은 건물이 스탠포드 대학교 캠퍼스에 있는 후버 탑Hoover Tower이다. 그 오른쪽으로 스탠포드 대학 캠퍼스와 팔로알토, 마운틴뷰가 펼쳐져 있다.

밀한 지역은 시市로 독립되어 있다. 따라서 우리의 행정 체계로 보면 카운티는 군郡에 해당한다.

산타클라라 카운티는 동서 양쪽에 산맥이 있어 일찍이 산타클라라 밸리Santa Clara Valley라 불렸다. 밸리를 번역하면 계곡인데, 영어의 밸리와 우리말의 계곡은 그 뜻에 약간 차이가 있다. 우리말의 계곡은 교외 유원지 같은 곳에 좁고 움푹 파인 골짜기가 연상된다. 그러나 영어의 밸리는 산맥과 산맥 사이에 있는 낮은 지역으로, 경우에 따라 그 규모가 상당히 크다. 실리콘 밸리는 동쪽 산자락에서 서쪽 산자락까지의 거리가 30킬로미터는 충분히 되므로 이곳을 처음 방문하는 우리나라 사람들은 '밸리'라는 단어가 실감 나지 않을지도 모른다.

실리콘 밸리 서쪽에서 남북으로 뻗은 샌타크루즈 산맥Santa Cruz Mountains은 태평양 바다에서 피어오르는 구름과 안개로 울창한 숲을 이루고 있다. 그러나 동쪽 산은 나무가 많지 않고, 여름이면 건조해 풀들이 모두 말라 황갈색을 띠어 계곡이라고 생각한 사람에게는 황량한 풍경으로 보일 수도 있다.

**왼쪽** | 주택단지로 변한 옛 과수원 건너편에 남아 있는 체리 과수원. 적은 양이지만 이 과수원에서 수확한 체리를 CJ 올슨 가게에서 판매한다.

**오른쪽** | 1899년부터 체리, 살구 등 가족 소유의 과수원에서 수확한 과일을 판매해온 CJ 올슨 가게. 이 가게는 서니베일의 큰길 엘 카미노 한곳에서 4대째 영업을 이어오고 있다. 이곳 과수원 지역은 대부분 상업용이나 주거용으로 개발되었으나 이 가게는 아직도 남아 실리콘 밸리의 명물이 되었다.

산타클라라 밸리는 1950년대까지만 해도 살구, 자두, 체리나무 과수원이 펼쳐진 한적한 시골이었다. 지금은 과수원 대부분이 산업용, 상업용이나 주거지역으로 개발되어 사라졌으나 토지는 여전히 과수원의 흔적을 간직하고 있다. 이 지역 가정집 정원에 과실나무를 심으면 잘 자라는 것은 온난하고 맑은 날씨 덕분이지만 지난날에 과수원의 토양 때문이기도 하다.

실리콘 밸리의 도시 가운데 'sunny'와 'valley'를 합쳐 이름 붙인 서니베일Sunnyvale은 이 지역의 기후와 지역적인 특성을 잘 보여준다. 서니베일의 엘 카미노 레알El Camino Real이라는 큰길에 1899년부터 100년이 훌쩍 넘어선 지금까지 체리, 자두, 살구 등을 파는 과일 가게가 있다. 올슨Olson 가족이 4대째 대를 이어 운영하고 있는 이 가게는 바로 뒤편 가족 소유의 과수원에서 수확한 빙bing 체리가 특히 유명하다. 이곳 대부분이 주택단지, 상가와 산업단지로 변한 지금, CJ 올슨 가게는 이제 추억을 파는 실리콘 밸리의 명물이 되었다.

조용한 과수원 지역이던 이곳이 1960년대 하이테크 산업의 중심지로 급격히 탈바꿈한 데에는 크게 두 가지 계기가 된 사실이 있다.

첫 번째는 1955년 고체물리학자 윌리엄 쇼클리William Shockley가 마운틴뷰에 쇼클리 반도체 연구소Shockley Semiconductor Laboratory를 설립한 사실이다.

쇼클리는 미국 동부 뉴저지New Jersey 주의 벨 연구소AT&T Bell Laboratories에서 1947년 12월에 **트랜지스터**를 발명한 개발팀을 이끌었고, 그 공로로 연구원인 존 바딘John Bardeen, 월터 브래튼Walter Brattain과 함께 1956년 노벨 물리학상을 공동 수상했다. 그러나 괴팍한 성격과 인생 후반기의 특이한 행적으로 쇼클리는 과학자로서의 천재성과 업적을 제대로 평가받지 못한 부분이 있다. 이에 대해서는 뒤에서 자세히 다루기로 한다. 아무튼 쇼클리가 트랜지스터를 사업화하려고 설립한 반도체 회사는 결국 실패로 끝났으나 그 과정에서 쇼클리는 자신이 의도했던 것은 아니지만 실리콘 밸리의 탄생에 결정적인 역할을 했다.

두 번째는 쇼클리의 회사에서 근무하던 핵심 연구 인력 여덟 명이 쇼클리의 성격과 회사 운영방침을 더 이상 감당할 수 없어 사표를 내고 나와 1957년 페어차일드 반도체Fairchild Semiconductor를 팔로알토에 설립한 사실이다.

페어차일드 반도체의 출현은 곧 반도체 기술혁명의 기폭제가 되었고, 산타클라라 밸리가 짧은 기간에 첨단기술의 중심지로 탈바꿈하는 계기가 되었다. 페어차일드 반도체는 트랜지스터 상용화에 성공했을 뿐 아니라 반도체 기술 발전의 획기적 전기를 이룬 **집적회로**integrated circuit를 발명하는 등 1960년대에 전성기를 누렸다.

반도체 산업에 불이 붙자 1960년대 페어차일드 반도체에서 근무하던 많은 사람들이 새로운 회사를 설립함으로써 산타클라라 밸리는 반도체 기술과 산업의 중심지로 바뀌었다. 미국 반도체 산업을 대표하는 인텔Intel, 내셔널 세미컨덕터(National Semiconductor, 2011년 TI에 흡수 합병), AMD(Advanced Micro Devices) 등을 포함해 대략 40여 개 회사가 페어차일드 반도체에서 파생되어 산타클라라 밸리에 설립되었다. 이 회사들을 일컬어 페어칠드런Fairchildren이라고도 하는데, 이 40여 개 회사에서 또다시 파생된 손자뻘 회사들까지 헤아리면 당시 이 지역 대다수의 반도체 회사가 페어차일드 반도체와 인연이 있다 해도 무리가 아니다. 실리콘 밸리 회사들의 원조가 페어차일드 반도체이고, 또한 페어차일드 반도체가 설립된 1957년을 실리콘 밸리의 원년으로 삼은 이유도 바로 여기 있다.

과수원이 늘어선 한적한 산타클라라 밸리가 어느 날 갑자기 쇼클리와 페어차일드 반도체 덕분에 하이테크 산업의 중심지로 떠오른 것은 아니다. 19세기 후반부터 이미 전기 및 전자 기술이 발달한 샌프란시스코 반도에서 실리콘 밸리의 탄생은 샌프란시스코 지역 산업 발전의 연장선 위에 놓여 있었다. 이 지역은 캘리포니아 골드러시와 맞물려 19세기 후반 고압송전 등 전력산업은 물론, 제1차 세계대전 기간인 1910년대를 전후해 미국 해군 함정간 무선통신의 기술 개발이 활발히 진행되고 있었다. 이처럼 샌프란시스코 반도는 레이더 등 군수용 연구와 상업용 통신산업이 일찌감치 발전하기 시작했다. 1912년에는 세계 최초로 상업용 라디오 방송국이 샌호세에 설립되어 방송을 시작했다. 1906년 리 디포리스트Lee de Forest가 **삼극 진공관**을 발명한 뒤 상용화에 성공해 본격적인 전자기술 시대를 연 것도 산타클라라 밸리에서였고, 이후 휼렛 패커드HP 사의 설립으로 이어져 실리콘 밸리 탄생의 토양을 다졌다.

당시 샌프란시스코 지역 전자산업의 발전과 훗날 실리콘 밸리의 탄생과 관련하여 스탠포드 대학교Stanford University의 설립과 그 역할을 빼놓을 수 없다. 캘리포니아에서 골드러시가 한창인 1850년대 뉴욕에서 캘리포니아로 이주해온 릴런드 스탠포드Leland Stanford는 금으로 일확천금하겠다는 꿈을 일찌감치 포기하고 철도사업에 뛰어들어 성공을 거두었고, 엄청난 재산을 모았다. 그는 정치에도 수완이 있어 캘리포니아 주지사와 연방 상원의원을 역임했다. 그가 1891년 팔로알토에 설립한 스탠포드 대학교는 훗날 실리콘 밸리의 태동에 결정적인 역할을 했으며, 지금까지 실리콘 밸리의 지속적인 성장에 주도적인 역할을 하고 있다.

실리콘 밸리 탄생에는 1944년부터 1958년까지 스탠포드 대학교 공대 학장을 지낸 프레더릭 터먼이 중요한 산파 역할을 했다. 그는 일찍이 대학과 기업 간 산학협동의 중요성을 역설했으며, 스탠포드 대학교 캠퍼스 외곽에 스탠포드 산업단지Stanford Industrial Park를 조성해 첨단 기업들을 유치하고 스탠포드 대학 교수·학생과의 교류로 산학협동을 활성화했다. 한편으로는 학생들에게 창업과 기업가 정신을 불어넣었고, 그의 지도와 영향으로 윌리엄 휼렛과 데이비드 패커드는 스탠포드 대학 전기공학과를 졸업한 뒤 캠퍼스 건너편 팔로알토 주택가의 가정집에 세를 얻어 그 집 차고에서 1939년 휼렛 패커드 사Hewlett Packard Company를 창업했다.

1950년대 중반 터먼은 반도체 사업을 하려고 회사 부지를 찾던 쇼클리에게 스탠포드 대학교 근처 마운틴뷰에 회사를 설립하라고 설득해 실리콘 밸리가 산타클라라 밸리에서 태동하는 데 결정적인 역할을 했다. 터먼은 1973년 우리 정부가 한국과학원(지금의 한국과학기술원KAIST)을 설립할 때 자문을 해주어 우리나라와 인연을 맺기도 했다.

## 캘리포니아 골드러시

캘리포니아 주 동쪽의 네바다 주와 가까운 지점에서 남북으로 뻗은 시에라네바다 산맥Sierra Nevada Mountains에는 해발 3000미터가 넘는 봉우리들이 장엄하게 펼쳐져 있다. 시에라네바다 산맥에는 해발 4420미터로 미국 본토에서 가장 높은 휘트니 산Mount Whitney이 솟아 있고, 산맥의 서쪽 산자락에 5만 년 전 빙하가 빚어낸 계곡과 강, 폭포, 기암절벽과 호수 등이 어우러져 절경을 이룬 요세미티 국립공원Yosemite National Park이 자리 잡고 있다. 계절마다 색다른 모습으로 대자연의 장관을 연출하는 요세미티 국립공원은 전 세계에서 관광객이 몰려드는 곳이다. 실리콘 밸리에서 요세미티 국립공원까지는 자동차로 다섯 시간 정도 걸려 주말에 다녀올 수 있는 거리다. 요세미티 공원 북쪽에는 시에라네바다 산맥 해발 1900미터에 자리 잡은 레이크 타호Lake Tahoe가 있다. 3000미터가 넘는 산들에 둘러싸인 이 호수는 캘리포니아 주민들이 휴가 때 즐겨 찾는 곳 가운데 하나다.

하지만 19세기에 서부 개척의 꿈을 품고 캘리포니아로 향한 개척자들에게 시에라네바다 산맥은 험준하기 짝이 없는 마지막 관문이었다. 포장마차를 타고 미국 중부 평원을 지나 로키 산맥을 넘고 유타와 네바다의 황량한 사막지대를 거치면서 이미 지칠 대로 지친 서부 개척자들에게 시에라네바다 산맥을 넘는 것은 목숨을 건 모험이었다. 그럼에도 1848년에 시에라네바다 산맥의 서쪽 산 아래를 흐르는 강에서 금이 발견되었다는 사실이 알려진 후 금을 캐려는 포장마차 대열은 꼬리를 물고 캘리포니아로 이어졌다.

시에라네바다 산맥이 형성된 시점은 약 1억 8천만 년 전쯤 쥐라기Jurrasic Period로 거슬러 올라간다. 이 시기에는 샌프란시스코 일대가 바다 밑에 잠겨 있었고, 샌프란시스코에서 약 100킬로미터 동쪽에 있는 새크라멘토

(Sacramento, 캘리포니아 주의 수도)는 미국 대륙의 서쪽 끝 바닷가였다. 이 무렵 동쪽으로 움직이기 시작한 태평양 지각과 북미 대륙의 지각이 충돌해 미국 대륙 서안에 지각변동이 일어났다. 북미 대륙의 지각이 위로 밀려 올라가고 지각 밑 깊은 곳에서부터 용암이 분출되어 곳곳에서 화산 활동이 일어났다. 이 지질학적인 활동의 결과로 새크라멘토 동쪽에 시에라네바다 산맥이 형성되었고, 새크라멘토 서쪽 지금의 샌프란시스코에 이르는 땅이 융기하여 바다 위로 올라왔다.

시에라네바다 산맥이 형성되던 시기에 엄청난 고열로 금, 은, 마그네슘, 철 등과 같은 여러 가지 광물들이 녹아 있는 용암이 지표로 분출되었다. 지표에 노출된 금속들 중 가벼운 물질은 지표의 풍화작용과 더불어 비에 쓸려 내려갔으나 금과 같은 무거운 물질은 용암이 식을 때 지표 밑에 가라앉았다. 이 금이 최초로 발견된 것은 1848년 1월 24일, 시에라네바다 산맥의 서쪽 산 밑을 흐르는 강가에서였다.

1837년 스위스 군대의 장교로 복무하다가 퇴역한 존 서터(스위스 식 발음은 요한 슈테르Johann August Sutter)는 미국 서부에 정착하려고 캘리포니아로 왔다. 당시 캘리포니아는 멕시코 영토였으므로 그는 멕시코 시민권을 취득한 뒤 시에라네바다 산맥 서쪽 산 밑의 작은 마을 콜로마Coloma 인근의 5만 에이커에 이르는 광대한 토지를 멕시코 정부로부터 무상으로 제공받아 목장과 밀밭, 과수원, 포도밭 등을 일구었다. 이 지역 개발에 필요한 목재를 조달하기 위해 서터는 자신의 토지를 가로질러 흐르는 아메리칸 리버American River 강변에 제재소를 세우기로 하고 목수인 제임스 마셜James Marshall에게 제재소 건설 책임을 맡겼다.

1848년 1월 24일, 이른 아침 강가에 나와 제재소 건설 상황을 살펴보던 제임스 마셜은 강가 물밑에서 반짝이는 강낭콩 크기만 한 노란색 돌멩이를

**왼쪽** | 골드러시 때 최초로 금이 발견된 사우스 포크 강. 가운데를 기준으로 약간 왼쪽에 서터 제재소Sutter Mill 기념비(점선으로 표시한 부분)가 서 있는 것이 보인다. 캘리포니아 주정부는 이 일대를 주립역사공원으로 지정해 기념, 보호하고 있다.

**오른쪽** | 서터가 마셜을 책임자로 고용해 건설했던 제재소 자리에 세운 기념비. 이 제재소 앞 강변에서 마셜이 1848년 1월 24일 아침, 금광석을 발견해 골드러시가 시작되었다. 원래의 제재소는 소실되었으나 기념비에서 약 300미터 떨어진 곳에 복원되었다.

발견했다. 마셜은 이 돌멩이를 서터에게 가져갔고, 서터는 몇 가지 실험을 거쳐 그 광석이 순도 높은 금광석이라고 결론지었다. 캘리포니아 골드러시가 시작되는 순간이었다. 때마침 미국은 멕시코와의 전쟁에서 승리해 멕시코 정부로부터 영토 일부를 넘겨받는 회담을 진행하고 있었다.

1848년 2월 초, 멕시코 정부와 합의한 내용에 따라 미국은 멕시코로부터 북미 대륙 남서부의 뉴멕시코, 애리조나 그리고 캘리포니아를 넘겨받아 미국 영토로 편입했다. 서터가 금광석을 확인한 직후 캘리포니아는 미국 영토의 일부가 되었다. 멕시코 입장에서는 아쉬운 일이고 미국은 횡재를 한 셈인데, 당시 미국과 멕시코 정부 모두 캘리포니아에 황금 노다지가 묻혀 있다는 사실을 알지 못했다. 캘리포니아에서 금이 발견된 사실을 미국 정부가 확인하여 미국 국민에게 공식 발표한 것은 1848년이 저무는 12월이었다. 그 이듬해 1849년 캘리포니아는 미국의 서른한 번째 주로 승격되었다. 이후 캘리포니아의 골드러시는 미국의 산업과 정치, 경제에 엄청난 영향을 미쳤다.

금이 발견되자 제재소 건설에 지장이 있으리라고 우려한 서터와 마셜은 금이 발견된 사실을 비밀에 부쳤다. 그러나 제재소 건설장 인부들이 곧 눈치를 챘고, 1948년 봄과 여름 동안 소문이 입에서 입으로 퍼지면서 동부로 전해졌다.

당시 금의 발견과 관련하여 온갖 소문이 무성했는데, 그중에는 캘리포니아에 가면 강물이 모두 금으로 된 강이 있다더라는 식의 황당한 소문도 있었다. 그러나 통신과 교통수단이 발달하지 않은 탓에 소문이 퍼지는 데는 시간이 걸렸고, 소문을 들은 사람들 또한 소문의 진위를 파악하기가 쉽지 않았다. 1848년 10월에 이르러 마침내 뉴욕의 한 일간 신문이 캘리포니아 금 발견 소식을 대대적으로 보도했다. 미국 정부도 그동안 입수한 정보와 조사관을 직접 파견해 확인한 결과 등을 검토한 뒤 캘리포니아에 대규모의 금이 매장되어 있다는 사실을 인정했다. 1848년 12월, 미국 대통령 제임스 포크James Polk는 캘리포니아에서 금이 발견된 사실을 국회 연설에서 공식 발표했다. 이에 따라 서부 캘리포니아로 금을 찾아 나서는 거대한 대열이 이어지기 시작했다.

외부에서 캘리포니아에 대규모 인구가 유입되기 전, 금 발견 소문을 듣고 제일 먼저 금을 찾아 나선 사람들은 샌프란시스코의 주민들이었다. 금 발견 소식을 샌프란시스코 주민들에게 처음 보도한 샌프란시스코의 일간 신문 〈샌프란시스코 스타*San Francisco Star*〉는 1848년 5월 초에 금 발견 기사를 내보내고 나서 두 달 뒤에 신문 발행을 중단해야 했다. 신문사 직원 대부분이 금을 찾아 나섰을 뿐 아니라 인쇄한 신문을 배달할 사람도 없었고 신문을 구독할 사람도 바닥이 드러났기 때문이다. 샌프란시스코 항구에서 잠시 정박하던 선박들은 선원들이 우르르 이탈하여 금을 캐러 가는 바람에 출항하지 못하고 항구에 묶여 있는 사태도 발생했다.

1848년 6월에는 샌프란시스코에 거주하고 일할 수 있는 연령층의 남성들 가운데 평균 네 명 중 세 명꼴로 금을 찾아 나섰다. 직종과 상관없이 체력이 튼튼하고 일확천금의 꿈을 가진 사람들이 너나 할 것 없이 직장을 버리고 금을 캐러 나선 것이다. 이 때문에 일할 사람들을 구하기가 힘들어져 문을 닫은 업체가 속출했으며 임금과 물가가 치솟는 부작용이 발생했다.

1849년에 들어서자 금을 캐어 일확천금을 노리는 사람들이 마치 수문이 열린 댐에서 물이 쏟아져 나오듯 캘리포니아로 향했다. 미국 전역뿐 아니라 중남미, 유럽, 중국 등 세계 각지의 사람들이 캘리포니아로 몰려들었다. 이때 배를 타고 태평양을 건너온 중국 사람들은 골드러시와 1860년대 미국 대륙횡단철도 건설에서 양질의 노동력을 제공했고, 그 후 이들은 샌프란시스코 중심가에 관광 명소로도 유명한 차이나타운을 건설하기도 했다. 골드러시 원년인 1849년 한 해에만 전 세계에서 10만 명에 가까운 사람들이 금을 찾아 캘리포니아로 몰려왔고, 대규모 인구 유입이 끝난 1855년까지 약 7년 동안 모두 30만 명가량이 캘리포니아로 이주했다. 금이 발견되기 직전, 인디언을 제외한 캘리포니아 전체 인구가 불과 1만 2천 명이었음을 감안하면 가히 폭발적인 인구 증가였다. 골드러시 때 이주한 인구로 캘리포니아는 당시 미국 전체 인구의 10퍼센트를 차지했으며, 현재는 미국 전체 인구의 12퍼센트 정도를 차지하고 있다. 캘리포니아의 인구 비율은 골드러시 때 형성되었다고 볼 수 있고, 경제와 정치 등 미국 사회에서 차지하는 캘리포니아의 위상도 골드러시 때 마련되었다고 볼 수 있다.

골드러시 때 금을 찾아 캘리포니아로 들어온 사람들을 일컬어 포티나이너스49ers, Forty-niners라고 한다. 포티나이너스는 이후 골드러시와 캘리포니아, 특히 샌프란시스코를 포함한 캘리포니아 주 북부(북가주)를 가리키는 호칭이 되었다. 샌프란시스코 프로 풋볼팀의 이름이 샌프란시스코 포티나이

금이 최초로 발견되어 캘리포니아 골드러시의 진원지가 된 콜로마 시 진입로에 있는 도로 표지판. 콜로마는 금광 지역을 관통하는 49번 도로에 있다.

너스San Francisco 49ers이고, 시에라네바다 산맥의 서쪽 산자락 밑을 따라 골드러시가 일어난 금광 지역을 남북으로 관통하는 길 또한 캘리포니아 49번 도로이다. 물론 제임스 마셜이 금광석을 처음 발견했던 콜로마도 49번 도로에 있다. 콜로마는 실리콘 밸리에서 자동차로 세 시간 정도 걸리고 실리콘 밸리와 레이크 타호 중간 지점에 있다.

골드러시 덕분에 캘리포니아 주는 '골든 스테이트Golden State'라는 별명을 얻었다. 캘리포니아 정부는 골드러시를 기념해 마셜이 금을 발견한 강가를 마셜 주립역사공원Marshall Gold Discovery State Historic Park으로 지정하여 보존하고 있다. 이곳에는 골드러시 기념비, 마셜의 동상, 그리고 당시의 상황을 보여주는 건물과 제재소 시설 등이 복원되어 있다. 골드러시 당시 신흥도시의 흔적이 사라진 콜로마는 주변에 포도밭 등이 펼쳐진 한가한 마을로 바뀌었다. 콜로마 시에서는 매년 1월 24일 역사공원 일대에서 골드러시를 기념하는 행사를 열어 관광객을 유치하고 있다.

**위** | 복원된 제재소의 모습. 도랑을 파서 강물을 끌어들인 뒤 이 물로 대형 목재 바퀴를 돌려 나무를 절단, 가공한다.

**아래 왼쪽** | 마셜 주립역사공원에 있는 제임스 마셜의 동상. 마셜이 금을 발견한 강변이 내려다보이는 언덕 위에 세워져 있다. 마셜이 왼손으로 가리키는 곳이 금을 발견했던 지점이다.

**아래 오른쪽** | 콜로마 시에서는 매년 1월 24일 마셜 주립역사공원에서 골드러시 기념행사를 연다. 마을 사람들은 골드러시 당시의 복장으로 관광객을 안내하며 당시의 모습을 설명해준다.

골드러시 초기에는 하루 동안에 금광석을 주머니에 가득 채울 정도로 금이 널려 있었다. 그러나 포티나이너스가 몰려들어 금을 캐기 시작한 지 10년도 채 안 되어 지표나 강바닥에 개인이 소규모로 쉽게 채취할 수 있는 금은 거의 고갈되었다. 지표면에 노출된 금이 고갈되자 이후 금 채굴은 중장비와 고도의 기술력, 그리고 대규모 인력에 의존하는 기업형 사업으로 변해갔다. 대형 회사에서는 인원을 수천 명 고용해 땅 밑에 수평 또는 수직으로 묻힌 금맥을 찾아 들어갔다. 수평으로 묻힌 금맥은 고속으로 물을 뿜어가며 흙을 제거하고 찾아냈다. 이 작업에서 성능이 뛰어난 새로운 고압 물 호스를 설계해 제작했고, 이 호스를 가동하기 위한 수력 및 전력 발전과 송전 기술이 꾸준히 개발, 향상되었다. 미국의 대륙횡단철도가 완공된 것은 골드러시가 시작된 지 20년 뒤인 1869년이다. 따라서 골드러시 시기에는 금을 채굴하는 데 필요한 장비를 외부에서, 특히 동부에서 수송해오는 일이 매우 힘들었으므로 북가주 일대에서 개발하고 제작해야 했다. 이러한 여건에 따라 샌프란시스코 일대의 산업이 급속히 성장하게 되었다.

1850년부터 1860년까지 10년 동안 캘리포니아의 금광에서 생산된 금의 양이 그 이전 150년 동안 전 세계에서 생산한 양보다 많았다는 사실에서 캘리포니아 골드러시의 규모를 짐작할 수 있다. 골드러시는 샌프란시스코에 어마어마한 변혁을 가져와 단기간에 샌프란시스코는 산업과 금융의 중심지로 탈바꿈했다. 1848년 인구 8백 명의 한적한 포구였던 샌프란시스코는 3년 후인 1851년에 3만 5천 명으로 늘어났고, 5년 뒤 1856년에는 5만 명으로 늘어나 LA보다 인구가 많은 서부 제일의 도시가 되었다.

샌프란시스코는 금을 캐는 사람들에게 물자와 자금을 공급하는 기지로, 그리고 금광 개발에 필요한 기술과 장비를 공급하는 역할로 비약적인 성장을 했다. 그러나 금을 캐러 나섰던 사람들 대부분은 일확천금의 꿈과는 달리

빈털터리가 되었다. 규모가 영세한 사람들은 금을 발견해 돈을 얼마간 벌었다 해도 술과 도박으로 모두 날리거나 금 채굴에 필요한 장비와 도구를 구입하고 고향에 두고 온 가족에게 생활비를 부치고 나면 허리가 휘도록 일한 것에 비해 소득이 없는 경우가 많았다. 이 와중에 재미를 본 부류는 금을 캐러 나선 사람들에게 물자와 장비 그리고 음식과 숙박 등 각종 서비스를 제공한 사람들이었다. 어쨌든 19세기 후반과 20세기 초반에 골드러시로 쌓은 부로 지역의 산업과 기술 발전에 필요한 자금을 원활히 공급하고 또 축적함으로써 북가주 지역은 비약적인 경제 도약을 이루는 토대를 마련했다.

골드러시는 미국 역사의 흐름에 중대한 분기점인 남북전쟁에도 큰 영향을 끼쳤다. 골드러시가 시작되자 남부의 노예제도 옹호자들은 캘리포니아를 자기편으로 끌어들이려고 끊임없는 회유를 시도했다. 그러나 캘리포니아 의회는 남북전쟁이 발발하기 전에 노예제도 폐지를 법으로 통과시켰다. 1861년 남북전쟁이 일어나자 캘리포니아는 미합중국인 유니언 편에 서서 북군에 재정 지원을 함으로써 유니언의 승리에 큰 기여를 했다. 1865년 남북전쟁이 끝날 때까지 매년 다량의 금을 샌프란시스코 항구에서 배에 실어 동부 대서양 해안에 있는 북군의 항구로 운송했고, 이 금은 북군의 군수물자를 확보하는 자금으로 쓰였다. 남북전쟁이 유니언의 승리로 끝난 뒤 미국 대통령 율리시스 그랜트Ulysses Grant는 도와준 캘리포니아에 감사하면서 공로를 치하했다.

골드러시는 미국 사회에서 부를 축적하는 방법에 대한 일반인의 사고방식에도 큰 영향을 끼쳤다. 미국 건국 초기 청교도주의의 생활방식에 젖은 사람들은 열심히 피땀 흘려 일하고 근검절약하여 저축하는 것을 모범적인 삶이라고 믿었다. 물론 사업에서 성공해 부유해진 사람들이 있기는 했지만 이는 예외적인 사례였고, 누구나 이룰 수 있는 일은 아니라고 여겼다. 그러나 골드러시의 시기를 겪으면서 이러한 사고방식은 완전히 바뀌고 말았다. 모든 인간은 평등하게 태어났을 뿐만 아니라 부자가 되는 기회도 평등하다고 생각하게 되었다. 개인의 출신 배경이나 현재의 여건에 관계없이 누구나 시도하고 또 노력하면, 그리고 운이 좋으면 부유해질 수 있다는 생각이 확산된 것이다. 이러한 생각이 바로 '아메리칸 드림dream'의 뿌리이며, 이 꿈을 좇아 많은 사람들이 미국으로 이주해 꿈을 이루고자 했다.

골드러시 이후 100년이 지난 1950년대에 샌프란시스코 반도 남쪽에서 부의 기회가 또다시 찾아왔고, 아메리칸 드림을 이루려는 사람들에게 골드러시 때와 같은 기회를 마련해주었다. 골드러시와 다른 점이 있다면 금 대신 실리콘이지만, 이 기회에 참여해서 성공을 거둔 사람들은 실리콘을 금처럼 귀중한 물질로 바꾸는 연금술사가 되었다. 중세의 연금술사는 실패했지만 실리콘을 다루는 과학기술자들은 성공했다.

반도체에 대한 전문 지식과 경험, 그리고 꿈을 가진 전 세계의 과학기술자들과 벤처 사업가들에게 실리콘 밸리는 마치 100년 전의 골드러시 때와 같은 절호의 기회를 제공했다. 1848년 금이 최초로 발견된 곳과는 불과 150킬로미터 떨어진 곳에서 반도체 기술혁신으로 시작된 20세기의 골드러시가 다시 연출되었다. 자유분방한 캘리포니아의 사고방식과 생활양식, 모험을 두려워하지 않는 서부 개척정신, 그리고 골드러시가 불러일으킨 부에 대한 꿈이 어우러져 과학기술자들에게 무한한 가능성을 열어준 곳이 바로 실리콘 밸리였다.

## 20세기 초반 샌프란시스코 반도의 전자산업

1800년대 후반, 샌프란시스코를 비롯한 북부 캘리포니아 지역의 주력 산업은 전력, 수력, 토목 등 골드러시와 관련한 산업이었다. 1900년대 초에 이르러 이 지역의 산업은 라디오 송신, **진공관** 등 전자 분야로 기술 개발과 산업의 중심이 옮겨갔다. 제1차 세계대전 기간을 전후해 미국 정부에서 군사적인 목적으로 라디오 통신 기술 개발에 집중 지원한 것이 샌프란시스코 지역의 무선통신 기술 발전에 큰 도움이 되었다. 당시 이 지역의 기술과 산업 발전에 중추적인 역할을 맡은 기술자들을 배출한 곳은 스탠포드 대학교였다.

### 스탠포드 대학교

스탠포드 대학교는 릴런드 스탠포드가 1891년 팔로알토에 설립했다. 스탠포드는 앞서 말했듯이 골드러시 때 금을 찾아 뉴욕에서 캘리포니아로 이주했으나 금으로 일확천금하려는 꿈을 일찌감치 포기했다. 대신 미국 대륙횡단철도 건설 사업에 뛰어들어 큰돈을 번 뒤 정치에 입문해 캘리포니아 주지사를 지냈고, 후일 미국 연방 상원의원을 역임했다. 스탠포드 부부에게는 아들Leland Stanford Jr.이 하나 있었는데 이 외동아들은 부모와 함께 유럽을 여행하던 중 장티푸스에 걸려 열여섯 살 어린 나이에 세상을 떠났다. 스탠포드 부부는 아들을 추모하기 위해 스탠포드 대학교를 설립했고, 학교의 정식 명칭을 릴런드 스탠포드 주니어 대학교Leland Stanford Jr. University로 지었다.

1891년 개교 당시 신입생 559명이 입학했고, 이 신입생 가운데 허버트 후버Herbert Hoover는 미국 경제 대공황The Great Depression 시기인 1929년부터 1933년까지 미국 제31대 대통령을 지냈다. 교육을 비롯한 사회 기반시설과

스탠포드 대학교 설립자 릴런드 스탠포드를 추모하는 스탠포드 메모리얼 교회. 스탠포드 대학을 상징하는 건물 중 하나로 엘 카미노 길에서 대학교 정문으로 들어서면 캠퍼스 정중앙에 있다.

여건이 동부에 치우쳤던 19세기 말 당시, 스탠포드 대학은 미국 서부 지역에서 명문 대학을 이루겠다는 소박한 설립 목표로 출발했으나 이제는 설립 초기의 목표를 뛰어넘어 세계적인 명문 대학으로 발전했다. 또한 과학과 공학 교육을 중요하게 여긴 초기의 이념을 유지하면서 스탠포드 대학은 20세기 후반 실리콘 밸리의 탄생과 발전에 중추적인 역할을 수행했다.

### 엘웰의 연방전신회사

연방전신회사Federal Telegraph Company는 1900년대 초 샌프란시스코 지역의 첨단산업에서 중요한 위치를 차지했던 회사 가운데 하나다. 1907년 스탠포드 대학을 졸업한 시릴 엘웰Cyril Elwell은 졸업 후 무선송신 기술 개발과 무선전화 사업에 뛰어들었다. 그는 무선송신기 특허 사용권을 덴마크의 기술자에게서 취득한 뒤 1910년 연방전신회사를 팔로알토에 설립했다. 이 회사의 설립에는 당시 스탠포드 대학교 총장 데이비드 조든David Starr Jordan이 개

엘웰의 연방전신회사가 있던 팔로알토, 채닝Channing과 에머슨Emerson 길이 만나는 곳에 지금은 2층 사무용 건물이 들어서 있다. 디포리스트는 이곳 엘웰의 회사에 근무하면서 삼극 진공관의 성능을 개선하고 상용화에 성공했다. 이로부터 26년 후, 이곳에서 불과 두 블록 떨어진 곳에서 휼렛과 패커드는 가정집에 세를 얻어 차고에서 HP 사를 창업하고 진공관을 이용한 가청 주파수 발진기를 제작, 판매했다.

인적으로 5백 달러를 투자했고, 스탠포드 대학의 몇몇 교수들도 이 회사에 투자하거나 설립에 도움을 주었다. 스탠포드 대학교는 이때부터 학생과 졸업생들에게 창업과 기업가 정신을 고취했던 것으로 보인다. 말하자면 엘웰의 연방전신회사는 샌프란시스코 반도에 설립된 최초의 하이테크 **스타트업** startup인 셈이었다.

연방전신회사는 무선송신기의 출력을 대폭 높이는 데 성공해 그보다 훨씬 큰 경쟁업체인 GE(General Electric)나 마르코니Marconi 사에 앞서 기술적 우위를 차지했다. 미국 해군은 함정 간 교신, 선박과 육상과의 교신에 필요한 무선통신망 구축 사업을 연방전신회사에 발주했다. 여기서 한 가지 주목할 사실은 기술 개발에 관한 미국 정부의 역할이다. 당시 미국 해군은 업체에 장비를 발주할 때 기술 성능에 대한 요구, 즉 **스펙**specification을 계속 높였고 이를 달성한 회사에 다음 프로젝트를 발주함으로써 기업 간의 기술 개발을 자극하고 경쟁을 유도했다. 뒤에 다시 언급하겠지만 실리콘 밸리에서 트랜지스터와 집적회로가 상용화된 직후 반도체 기술 개발에 대해서도 미국 정부는 이와 비슷한 역할을 했다. 트랜지스터와 집적회로가 상용화된 초기에 이 제품들은 일반 고객이 사용하기에는 부담스러운 고가 제품이었다. 그러나 국방성의 무기 개발이나 미항공우주국NASA의 항공우주 기술 개발에는 예나 지금이나 성능이 뛰어나고 신뢰성 높은 부품이 필요해 부품 단가는 이차적인 문제였다. 따라서 반도체 산업 초기에 미국 정부는 고가의 제품을 구매하는 유일한 고객이었으므로 자연스럽게 반도체 기술 개발을 유도했다.

### 리 디포리스트와 삼극 진공관

1900년대 초반 샌프란시스코 지역의 전자산업을 말할 때 빼놓을 수 없는 것이 삼극 진공관을 발명한 리 디포리스트Lee de Forest의 활약상이다. 그는 1906년 삼극 진공관을 발명해 전자공학의 역사에 중요한 이정표를 세웠다. 진공관의 유래는 발명왕 토머스 에디슨이 전구 실험을 하다가 전구 안에 있는 필라멘트와 금속판 두 단자 사이에 전류가 흐르는 것을 발견한 1880년대로 거슬러 올라간다. 당시 에디슨은 전구의 단자 사이에 왜 전류가 흐르는지 이해하지 못했으나 1904년 영국의 존 플레밍John Fleming은 에디슨이 관찰한 현상을 이용해 **이극 진공관**을 발명했다. 플레밍의 이극 진공관은 교류를 직류로 변환시키는 작용, 즉 정류작용을 하는 간단한 소자다. 진공관을 널리 사용하려면 정류작용뿐 아니라 전기 신호를 증폭해주는 기능이 필요한데 이 증폭작용은 디포리스트가 삼극 진공관을 발명함으로써 가능해졌다.

삼극 진공관의 발명으로 20세기 초반 전자산업의 시대가 열렸고, 20세기 후반 반도체 제품이 등장해 진공관을 대체할 때까지 진공관은 거의 모든 전자제품의 핵심 부품으로 사용되었다. 진공관을 사용한 전축이나 녹음기, 라디오, TV 등을 사용해본 독자들이 있을 것이다. 빨갛게 달아오른 진공관

필라멘트가 열을 방출하며 작동하는 것을 보고 있으면 은은한 분위기가 느껴지기도 한다. 그러나 진공관의 이 같은 기본 구조는 바로 진공관의 결정적인 취약점 중 하나로, 반도체가 개발된 뒤 급속히 퇴장하고 만다. 진공관은 이제 특수 용도나 틈새시장 제품에 사용되는데, 진공관 앰프 등 음향기기가 지금까지도 음악 애호가들의 사랑을 받고 있다.

자신이 발명한 삼극 진공관을 들고 있는 리 디포리스트. 맨 위 그의 이름 아래 'Father of Radio'라는 칭호가 보인다(사진 출처: 마운틴뷰 소재 컴퓨터 역사박물관).

디포리스트는 전자공학 역사에 큰 획을 남긴 인물로 약 3백 가지에 이르는 특허를 보유한 발명가다. 그러나 사업에 번번이 실패하고 동업자에게 사기를 당하거나 특허 소송에 휘말리는 등 사업가로서는 불운한 인생을 보냈다. 디포리스트는 1873년 미국 중부 아이오와 주에서 태어났으며, 동부의 예일 대학교Yale University에 입학해 학부와 대학원을 마치고 무선통신에 대한 연구로 1899년 물리학 박사 학위를 받았다. 졸업 후 진공관 연구를 하던 그는 플레밍이 이극 진공관을 발명한 지 2년 후인 1906년, 이극 진공관에 단자를 하나 더 추가한 삼극 진공관이 전기 신호의 증폭작용을 한다는 사실을 발견했다. 삼극 진공관을 발명한 디포리스트가 삼극 진공관 상용화에 성공한 것은 그가 샌프란시스코로 이주한 뒤의 일이다. 1910년 동부에서 샌프란시스코로 이주한 디포리스트는 1911년부터 엘웰의 연방전신회사 연구소에서 근무하며 진공관의 성능 개선에 주력했고, 그 결과 1912년 삼극 진공관의 상용화가 가능해졌다. 캘리포니아 주정부는 디포리스트의 업적을 기념하기 위해 연구소가 있던 팔로알토의 길목에 기념 동판을 설치해 놓았는데, 1939년 휼렛과 패커드가

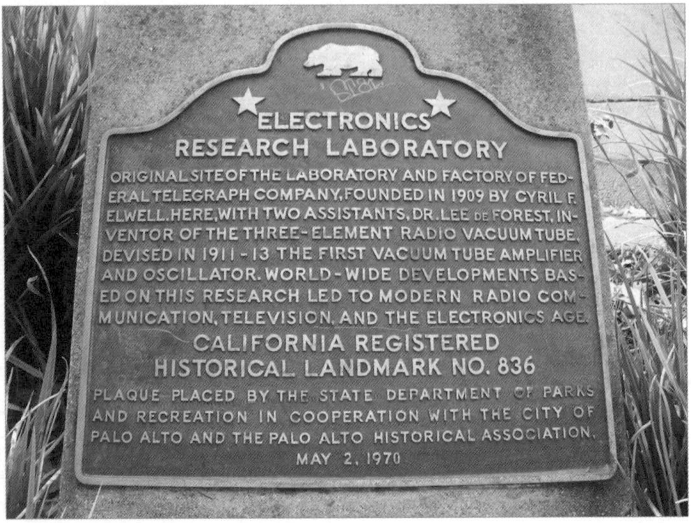


지난날 엘웰의 연방전신회사 자리에 있는 기념판. 캘리포니아 주정부는 진공관에 대한 디포리스트의 연구 업적을 기리기 위해 1969년 캘리포니아 주 역사기념물로 지정했다.

HP 사를 창업한 'HP 차고Garage'에서 불과 두 블록 떨어진 곳이다.

디포리스트의 진공관 발명과 상용화에서 보듯이, 샌프란시스코 지역에서 사업적으로 성공을 거둔 모든 기술이 이 지역에서 발명된 것은 아니다. 물론 실리콘 밸리에서 개발된 원천 기술도 많다. 그러나 이보다 중요한 것은 원천 기술이 어디서 발명되었든, 샌프란시스코 반도는 새로운 기술이 사업적으로 성공하는 데 필요한 여러 여건이 갖춰져 있다는 사실이다. 실리콘 밸리가 태동하게 된 배경도 이와 비슷하다. 트랜지스터는 동부 뉴저지 주에 있는 벨 연구소에서 발명되었지만 이 기술을 기반으로 반도체 산업이 일어난 곳은 훗날 실리콘 밸리로 불리는 산타클라라 밸리였다. 이러한 추세는 실리콘 밸리가 태동한 이후 현재까지 계속되고 있으며, 이는 첨단기술의 핵심지로서 실리콘 밸리가 장기적으로 발전하는 데 중요한 요인이라 할 수 있다.

### 배리언 형제와 레이더 기술

20세기 초반 HP와 더불어 산타클라라 밸리의 전자산업을 대표하는 기업으로 배리언 어소시에이츠Varian Associates가 있다. HP는 다음에서 자세히 다루기로 하고 여기서는 배리언 어소시에이츠와 이 회사를 창업한 배리언Varian 형제에 대해 살펴보기로 한다.

배리언 형제는 레이더 장비의 핵심 부품으로 쓰이는 초고주파 증폭 발진기 **클라이스트론**Klystron을 발명해 '레이더의 대부'라 불린다. 클라이스트론의 발명으로 제2차 세계대전 중 미국과 영국은 앞선 레이더 기술을 사용해 결정적으로 독일과의 공군력에서 우위를 차지했다. 형제가 발명한 초고주파 증폭 발진기 기술은 비행기 레이더, 통신 장비, TV 송신 등과 같은 군수용·산업용의 응용에서부터 지금은 가정집 부엌에 필수품인 전자레인지Microwave Oven에 이르기까지 그 응용 범위가 다양하다.

형인 러셀 배리언Russel Varian은 1898년생으로 캘리포니아 중부의 해안도시 샌루이스 오비스포San Luis Obispo에서 성장했다. 샌루이스 오비스포는 지중해성 기후에 풍광 좋은 휴양지이며, 캘 폴리Cal Poly라고 불리는 캘리포니아 주립대학California State University SLO이 있다. 러셀은 1925년 스탠포드 대학교 물리학과를 졸업하고 1927년에 스탠포드 대학 대학원에서 물리학 석사학위를 취득했다. 집안 형편이 매우 어려웠던 러셀은 스탠포드 대학교에 입학한 그해 여름, 집에서 스탠포드 대학이 있는 팔로알토까지 갈 차비를 절약하느라 배낭 메고 캠핑을 하면서 350킬로미터를 걸어갔다고 한다. 러셀은 대학에 다니면서 캠퍼스 나무에 열린 과일들을 따서 끼니를 해결하곤 했다는 얘기가 전설처럼 전해온다. 세 살 아래 동생 시거드 배리언Sigurd Varian은 어려서부터 비행기 조종에 흥미가 많아 대학을 졸업한 뒤 항공회사의 국제선 비행기 조종사로 근무했다.

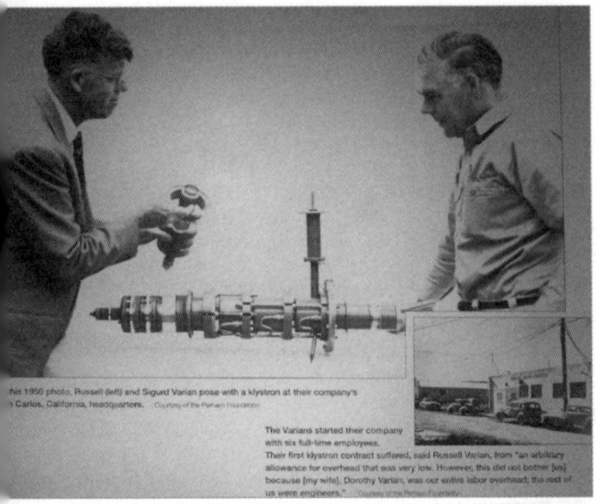


레이더의 대부라 불리는 배리언 형제. 형 러셀(왼쪽)과 동생 시거드(오른쪽)이 자신들이 발명한 클라이스트론을 보며 자세를 취하고 있다(사진 출처: 마운틴뷰 소재 컴퓨터 역사박물관).

배리언 형제는 어려서부터 온갖 기계 장비와 진공관을 비롯한 전자기기에 관심이 많았다. 1930년대에 두 사람은 비행기 운항의 안전을 개선하기 위해 비행기 위치를 탐지하고 비행 방향을 추적할 수 있는 장치를 개발하기로 뜻을 모았다. 그들은 이 장치를 개발하기에 앞서 스탠포드 대학교의 물리학과 실험실에 있는 장비들을 사용할 수 있도록 대학 관계자에게 허락을 요청했고, 관계자는 이를 허락했다. 마침내 형제는 스탠포드 대학 물리학과 실험실에서 초고주파 증폭 발진기 개발에 성공했다. 1937년 클라이스트론 개발에 성공한 배리언 형제는 그 후 꾸준히 성능을 개선했고, 이를 상용화하기 위해 1948년 배리언 어소시에이츠를 설립했다. 이 회사는 스탠포드 대학교 프레더릭 터먼 교수가 산학협동 활성화 노력의 하나로 캠퍼스 바로 외곽에 조성한 스탠포드 산업단지에 입주한 첫 회사이자 스탠포드 대학 산학협동의 시범 사례가 되었다.

배리언 형제의 사업이 성공함에 따라 스탠포드 대학은 물리학과의 실험실을 사용하게 해준 대가로 특허료 수입, 대학 연구비를 지원받는 등 많은 혜택을 누렸다. 이는 훗날 실리콘 밸리가 태동한 뒤 스탠포드 대학 졸업생들이 창업한 기업과 스탠포드 대학 간의 관계 정립에 전례가 되었다. 이후 배리언 어소시에이츠는 사업을 다각화하여 반도체 제조장비 사업에 진출했고 이와 관련해 한국에 배리언 코리아Varian Korea를 설립해 우리나라의 반도체 업계에도 익숙한 이름이 되었다.

배리언 형제가 개발한 클라이스트론 기술은 형제의 연구를 도와준 물리학과 교수 윌리엄 핸슨William Hanson이 스탠포드 선형 가속기 센터 설립에 응용했다. 1962년 스탠포드 대학 캠퍼스 바로 외곽에 설립된 스탠포드 선형 가속기 센터SLAC: Stanford Linear Accelerator Center는 소립자 물리 연구를 위한 국립가속기연구소로, 약 3킬로미터에 이르는 세계에서 가장 긴 선형입자 가속 장치를 보유하고 있다. SLAC의 설립에도 프레더릭 터먼의 역할이 컸다. 당시 스탠포드 대학교는 스탠포드 산업단지에 입주한 회사들과 캠퍼스 외곽 학교 부지에 들어선 쇼핑센터에서 거두어들이는 임대료로 재미를 보고 있었다. 그러나 SLAC의 설립에 대해서는 소극적이었다. 당시 스탠포드 대학에서 교무처장provost으로 재직하던 터먼이 스탠포드 대학 당국에 부동산 임대업을 하는 사업체인지, 연구하는 대학인지를 확실히 하라고 일갈함으로써 SLAC의 설립이 가능했다는 일화가 있다.

쿠퍼티노 주택가에 있는 배리언 공원. 러셀 배리언이 살았던 쿠퍼티노 시는 그의 기술 업적과 지역사회에 대한 공헌을 기념해서 배리언 공원을 지정하고 그 앞길을 '배리언 길Varian Way'이라 이름 붙였다.

## 윌리엄 휼렛과 데이비드 패커드의 HP 창업

배리언 형제가 스탠포드 대학교 물리학과 실험실에서 클라이스트론 개발에 열중하던 1930년대 후반, 스탠포드 대학교 대학원 전기공학과에서 프레더릭 터먼 교수의 연구를 수행하던 윌리엄 휼렛과 데이비드 패커드는 터먼과 함께 수시로 물리학과 실험실을 찾아와 배리언 형제의 연구개발 활동을 지켜보곤 했다. 이들은 배리언 형제의 노력에 깊은 감명과 강렬한 인상을 받았을 뿐만 아니라 자신들의 진로를 설정하는 데 큰 영향을 받았다.

1930년대는 미국이 경제 대공황에 빠져든 어려운 시기였다. 1929년 10월 29일 미국 증권시장의 폭락으로 촉발된 경제 공황에서 회복하기까지 약 10년의 세월이 걸렸다. 직장을 잃은 수많은 사람들이 거리로 내몰렸고 생활을 정부 지원에 의존해야 했던 힘든 시기였다. 그러나 이 경제 공황기에 산타클라라 밸리에서는 훗날 전자산업의 초우량 기업으로 성장한 HP의 창업 준비가 진행되고 있었다. 1930년 봄, 각자의 고향에서 고등학교를 졸업한 윌리엄 휼렛과 데이비드 패커드는 그해 가을 스탠포드 대학교 전기공학과에 입학했다. 이 두 사람을 곁에 두고 지도하면서 이끌어준 사람은 바로 프레더릭 터먼 교수였다. 1934년 스탠포드 대학을 졸업한 휼렛과 패커드는 터먼 교수의 권고에 힘입어 회사를 창업하기로 결심하고, 마침내 1939년 1월 휼렛 패커드 사를 설립했다. 그 후 지금까지 70여 년에 걸친 HP의 성장과 발전, 그리고 이를 가능하게 한 HP의 기업문화는 세계 기업사에서 선망과 연구의 대상이 되었음은 익히 알려진 사실이다. HP 사의 창업과 배리언 형제의 회사에서 보듯이 1930년대는 전자산업의 본격적인 도래를 예고한 시기였다. HP의 출현은 산타클라라 밸리가 전력산업에 기반한 19세기형 산업에서 진공관을 이용한 본격적인 전자산업 시대로 넘어가는 분수령이 되었음을 의미한다.

50년에 걸쳐 HP의 경영을 맡은 휼렛과 패커드가 은퇴한 이후 후임 CEO들은 이들과 견줄 만한 업적을 보여주지 못했다. 1999년 외부에서 CEO로 영입한 칼리 피오리나Carly Fiorina는 HP와 컴팩Compaq 사의 합병을 추진하는 과정에서 윌리엄 휼렛의 아들 월터 휼렛Walter Hewlett과 그를 지지하는 주주

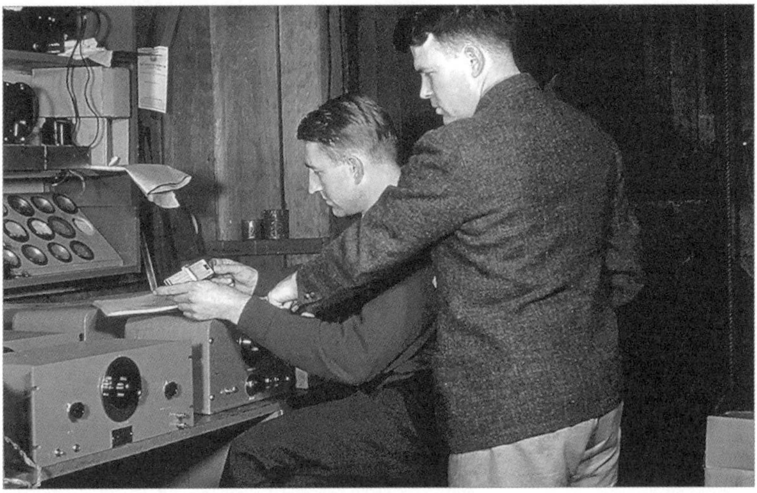

HP를 창업한 지 얼마 되지 않은 시점의 윌리엄 휼렛(서 있는 사람)과 데이비드 패커드. 그들이 연구실로 쓰던 차고에서 HP 사 최초의 제품인 가청 주파수 발진기 모델 200을 조작해보고 있다(사진 출처: 마운틴뷰 소재 컴퓨터 역사박물관).

들과의 분쟁에 휘말렸다. HP는 컴팩의 인수 합병에 성공하고 대형 컴퓨터 회사로 다시 태어났으나 피오리나는 이후 경영실적 부진 등의 책임을 지고 HP에서 물러났다. 또한 피오리나가 물러나는 과정에서 이사회와 경영진의 불법적인 행위가 드러나면서 HP는 회사 이미지에 큰 손상을 입었다. 창업 당시의 주종이었던 전자 계측장비 사업을 1999년 애질런트 테크놀로지스 Agilent Technologies 사로 분리, 독립시키고 HP는 컴퓨터와 프린터 사업에 전념함으로써 창업 당시와는 다른 사업을 추구했다. 그러나 창업자인 휼렛과 패커드의 업적은 여전히 빛이 바래지 않고 있다. 이는 그들이 정착시킨 독특한 경영철학과 기업문화뿐 아니라 사회 구성원으로서 두 사람의 인생이 총체적으로 어우러진 결과였기 때문이다. 두 사람은 평생 친구로서, 기업의 동반자로서, 또한 각자 훌륭한 시민으로서의 소임을 다해 현대 기업 역사에서 찾아보기 힘든 귀감이 되었다.

휼렛과 패커드는 성격이나 외모가 비슷한 점보다 다른 점이 더 많은 편이다. 이 차이점은 두 사람의 관계를 서로 보완하고 친밀한 인간관계를 형성하는 데 도움이 된 것으로 보인다. 휼렛은 샌프란시스코에서 성장했고 보통 키에 약간 땅딸한 체격이었던 반면, 콜로라도 주에서 성장한 패커드는 키가 크고 운동선수처럼 군살이 없고 훤칠한 체격이었다. 패커드는 체격에 걸맞게 운동과 야외 활동을 좋아했고 스탠포드 대학 재학 시절에는 대학 풋볼팀과 농구팀, 그리고 육상팀 선수로 활동했다. 휼렛은 어려서부터 만드는 것을 좋아해 실험실에서 연구와 실험에 몰두하는 유형인 반면, 패커드는 활동적인 성격에 사회·정치적인 문제에도 관심이 많아 1960년대 말 리처드 닉슨 정부에서 국방성 차관을 지내기도 했다.

**윌리엄 휼렛**

윌리엄 휼렛William Hewlett은 1913년생으로 미시간 주에서 태어났고 유년기부터 샌프란시스코에서 성장했다. 그의 부친은 스탠포드 대학교의 명망 있는 의과대학 교수였다. 스탠포드 대학교 의과대학은 지금은 팔로알토의 스탠포드 대학교 캠퍼스에 있지만 당시에는 샌프란시스코에 있어 휼렛 가족은 샌프란시스코에 거주했다. 휼렛은 샌프란시스코에 있는 로웰 고등학교Lowell High School를 다녔는데 이 학교는 미국 전체 고등학교 가운데 최상위권에 꼽히는 명문 고등학교다. 태평양 바닷가에서 몇 블록 벗어나 차분한 주택가에 자리한 이 학교는 교육열이 높은 동양계 부모들에게 인기가 높다.

휼렛의 고등학교 학업성적은 대체로 부진했는데, 그의 심각한 학습능력 장애 증세 때문이라는 얘기가 있다. 바로 현대 의학에서 난독증dyslexia이라는 독서 장애 증세였다. 당시에는 이 증세에 대한 의학적인 이해가 거의 없어 휼렛은 어머니와 할머니의 헌신적인 노력으로 이 증세를 극복해 나갔다.

이 증세를 가진 사람들은 글이나 숫자를 읽기 힘들어하지만, 대신 사물을 있는 그대로의 그림과 형체로 받아들이고 이해함으로써 손으로 만지고 무엇을 만드는 일에 뛰어나 창의력, 입체적인 감각과 예술적인 감각이 발달한다고 한다. 이 증세를 가진 인물로 토머스 에디슨, 레오나르도 다 빈치 등이 있다. 이 때문에 휼렛은 영어, 역사 등의 과목에서는 성적이 좋지 않은 반면 화학, 물리, 수학 등의 성적은 우수했다. 그는 고등학교 시절에 이미 **광석 라디오**를 조립했고 전기기기들을 다루는 데 특출한 재능을 보였다. HP 창업 초기의 제품들을 휼렛이 직접 설계하고 제작한 것은 그의 타고난 기술력과 감각 덕분이었다.

스탠포드 대학교 재학 시절에 휼렛은 여전히 난독증에 시달렸고, 이에 따라 강의를 노트에 적는 대신 거의 암기하다시피 했다고 한다. 훗날 그가 HP를 창업하고 사업에 성공한 후에도 다른 사람의 얘기를 항상 경청하는 습관을 갖게 된 것은 이 때문인 것으로 보인다. 스탠포드 대학 3학년 시절 그는 친구들과 어울려 아마추어 햄 라디오를 제작했고, 터먼 교수의 통신연구실을 드나들면서 역시 햄 라디오에 관심이 많던 패커드와 어울리기 시작했다. 휼렛과 패커드의 재능을 눈여겨보던 터먼 교수가 이들을 지도하면서 세 사람 사이에 밀접한 관계가 형성되기 시작한다.

### 데이비드 패커드

데이비드 패커드David Packard는 1912년생으로 콜로라도에서 태어나고 성장했다. 그의 아버지는 변호사였고, 당시 서부 변경의 무법지대와 같던 콜로라도에서 자식 교육에 많은 정성을 쏟았다. 덕분에 패커드는 고등학교에서 공부는 물론 운동도 잘했고, 아마추어 햄 라디오를 제작해 고등학교에서 햄 라디오 방송국을 운영하는 등 다방면에 재능을 보였다. 스탠포드 대학 재학 시절, 그는 학업과 운동에 뛰어났고 체격도 좋아 인기 있는 학생이었다. 패커드는 풋볼, 농구 그리고 육상팀에서 스탠포드 대학 대표선수로 활약했다. 특히 육상에 뛰어나 대표선수로 활약하는 동안 스탠포드 대학은 퍼시픽 10연맹(Pac 10 Conference, 태평양에 인접한 서부 지역 대학교로 구성된 운동경기 연맹)에서 여러 차례 우승했다. 고학년이 되어 학업에 집중하기 위해 패커드가 운동을 포기하자 육상팀 코치가 무척 상심했다고 한다. 콜로라도에서 성장한 소년답게 패커드는 등산을 좋아해 대학교 재학 시절 휼렛과 틈나는 대로 등산과 캠핑을 다녔고, 이는 두 사람이 절친한 관계를 형성하는 계기가 되었다.

휼렛과 패커드가 대학을 졸업한 1934년은 미국이 경제 대공황의 깊은 늪에서 아직도 헤어나지 못하던 시기였다. 스탠포드 대학의 제1회 졸업생으로 경제 대공황이 시작된 1929년에 미국 31대 대통령에 취임한 허버트 후버는 1932년의 대통령 선거에서 프랭클린 루즈벨트Franklin Roosevelt에게 참패해 재선에 실패했다. 이어 1933년 대통령에 취임한 루즈벨트는 뉴딜New Deal 정책을 실시해 경제 회생에 전력투구했다. 그래도 1934년은 여전히 어려운 시기였다. 수백만 명의 미국인이 직장을 잃고 실직자로 지내는 상황에서 대학 졸업생의 취업은 대단히 어려웠다. 다행히 스탠포드 대학을 우등생으로 졸업한 패커드는 뉴욕 주에 있는 대기업 제너럴 일렉트릭GE: General Electric에 채용이 되었다. 그러나 GE에서 패커드의 업무는 냉장고에서 냉동액이 새는 데가 없는지, 작동은 잘 되는지와 같은 완성된 냉장고를 시험하는 일로 전자공학을 전공한 젊은 청년이 만족할 만한 업무는 아니었다. 패커드는 그 후 진공관 불량 분석을 하는 부서로 옮겼으나 이 일 역시 그의 흥미를 자극하기에는 역부족이었다. 게다가 GE의 영업 실적 상황이 나빠져서 근무 시간을 줄이고 월급을 삭감하는 바람에 패커드는 대학 시절의 운동 경력을 살려 한동안 뉴욕 주의 프로 농구팀 2부 리그에서 뛰면서 생활비를 보충하기도 했다. GE에서 근무한 지 3년이 되었을 때 스탠포드 대학의 터먼 교수에게서 연구 과제를 도와줄 사람을 구한다는 연락을 받자 패커드는 GE를 사직하고 스탠포드 대학으로 돌아온다.

한편, 휼렛은 스탠포드 대학을 졸업한 후 MIT 대학원 석사과정에 진학할 계획을 세우고, 이에 앞서 터먼 교수의 지도로 1년 더 스탠포드 대학에 머물기로 했다. 당시 MIT의 전기공학과 학부과정 교육은 스탠포드 대학에 비해 수준이 높아 터먼 교수는 휼렛에게 1년간 보충 교육의 시간을 준 것이다. 1937년 MIT에서 석사과정을 마치고 휼렛이 이력서를 수많은 곳에 보냈음에도 직장을 구할 수 없을 정도로 미국 경제는 여전히 침체기였다. 때마침 터먼 교수는 새로운 연구 과제를 수행할 연구원이 필요했으므로 휼렛을 연구원으로 채용했다. 터먼 교수의 연구팀에서 휼렛은 터먼 교수가 개발한 **피드백 회로**feedback circuit 이론을 적용해 기존 회로에 비해 성능이 개선된 새로운 **발진기 회로**를 설계했다. 이 무렵 GE에서의 생활에 무기력해진 패커드는 터먼 교수가 연구원직을 제의하자 GE를 사직하고 터먼 연구팀에 합류했다. 이로써 휼렛과 패커드, 그리고 그들의 멘토인 터먼, 이 세 사람이 다시 결합하게 되었다. 두 사람이 대학을 졸업한 지 4년이 지난 1938년의 일이다. 1938년 말, 휼렛과 패커드는 휼렛이 설계한 발진기를 상용화하기 위해 그들의 꿈인 회사를 창업하기로 결정했다. 1939년 1월, 두 사람은 회사 이름을 '휼렛 패커드 컴퍼니Hewlett Packard Company'로 정하고 사업체 등록을 함으로써 HP가 첫발을 내딛게 되었다.

### HP 창업과 성장

회사를 설립한 후 휼렛과 패커드는 팔로알토 주택가의 가정집에 세를 얻어 생활 겸 회사 건물로 사용했다. 결혼한 패커드 부부가 본채에, 미혼인 휼

**위** | HP 설립 당시 휼렛과 패커드가 세를 얻어 살았던 팔로알토의 집과 차고가 설립 당시의 모습으로 복원되어 있다. 왼쪽 뒷마당에 보이는 녹색 문의 작은 차고 건물이 유명한 HP 차고다.

**아래 왼쪽** | 가까이에서 본 HP 차고. 일반인에게 공개되지 않아 철제 울타리 너머로 차고 바깥만 구경할 수 있다.

**아래 오른쪽** | 휼렛과 패커드가 살았던 집 앞의 기념 동판. 이 집은 캘리포니아 주정부와 미국 연방정부에 역사기념물로 등재되어 있다. 이 동판에 이 집을 '실리콘 밸리의 탄생지'라고 표현했는데 좀 억지스럽다. 실리콘 밸리의 탄생지는 페어차일드 반도체 회사의 최초 건물이 있는 팔로알토의 이스트 찰스턴로 844번지로 보는 것이 적절하다.

렛은 별채에서 생활했으며, 집 뒷마당에 있는 차고garage를 연구실이자 생산 현장으로 사용했다. 가로 3.5미터, 세로 5.5미터 남짓인 이 조그만 차고가 바로 HP 창업의 본거지다. 이 차고는 실리콘 밸리 하이테크 창업 정신의 상징이 되었고, 하이테크 창업은 마치 차고에서 고생을 하면서 시작해야 어울릴 것 같은 전통을 남겼다. 심지어 실리콘 밸리에는 거라지닷컴garage.com이라는 회사가 있는데, 차고를 짓는 회사가 아니라 실리콘 밸리의 벤처 창업을 지원해주는 회사다.

이 차고를 HP와 실리콘 밸리의 역사적인 기념물로 보존하기 위해 HP사는 2005년 이 집을 소유주에게서 매입한 뒤 1939년 창업 당시의 모습으로 복원했다. 이 차고는 1989년 캘리포니아 주정부에서 캘리포니아 주 역사기념물로 지정했고, 2007년 5월에는 미국 연방정부에서 국가 역사기념물로 지정했다. 이는 미국의 경제와 산업에서 차지하는 HP의 역할과 위상이 국가 차원에서 인정받았음을 의미한다. 팔로알토 조용한 주택가의 애디슨 가Addison Avenue 367번지에 있는 이 집 앞마당에는 기념 동판들이 있고, 낮은 철제 담장 너머로 뒷마당의 차고를 길에서 구경할 수 있다. 이 차고는 회사 행사가 있거나 특별한 외부 손님들이 방문할 때 공개되며 일반인의 출입은 허용되지 않는다.

HP의 최초 제품은 **가청 주파수 발진기**였다. 이 기기는 사람의 귀로 들을 수 있는 주파수 대역에서 전기적인 진동을 일으키는 기기로 소리의 높낮이와 크기를 조절할 수 있어 원하는 소리를 발생시키거나 음향기기를 시험하는 용도로 쓰인다. 휼렛은 터먼 연구실 연구원으로 근무할 때 설계했던 발진기 회로를 개선하여 HP 최초의 제품을 개발해냈다. 이 제품은 당시 시장에 나온 경쟁사 제품들보다 성능이 우수하다는 평을 받았음에도 휼렛과 패커드는 경쟁 제품보다 가격을 훨씬 낮게 책정했다. 그들은 또한 이 제품의 모델명을 200A로 정해 마치 100A의 후속 모델 제품인 것 같은 인상을 주고자 했다. 이 같은 기술력과 판매 정책, 마케팅 전략에 힘입어 HP는 단기간에 매출을 올리며 첫해부터 흑자를 냈다.

당시 초기 고객 가운데 월트 디즈니Walt Disney 사도 있었다. 만화영화의 음향효과를 개선하기 위해 성능 좋은 전자기기를 찾던 월트 디즈니 사는 HP에서 이 발진기를 여덟 대 구입해 만화영화 「판타지아Fantasia」에서 여왕벌이 붕붕거리며 날아가는 소리를 박진감 있게 구현해냈다. 영화는 성공했고 HP 제품이 영화의 성공에 한몫했다는 평가를 받음으로써 HP는 회사 홍보 효과도 얻었다. 이렇듯 HP는 비교적 순탄하게 출발했다. 휼렛은 기술과 제품 개발을 담당하고 패커드는 영업을 비롯한 회사의 전반 업무를 관장함으로써 두 사람의 환상적인 결합이 첫해부터 진가를 발휘하기 시작했다.

1940년에 들어서자 제2차 세계대전에 미국의 개입 가능성이 점점 높아

1950년대의 휼렛(왼쪽)과 패커드(오른쪽). 제2차 세계대전 종전 후의 경제 호황에 힘입어 HP 사가 급성장을 할 때다.

졌고, 마침내 그해 9월 루즈벨트 대통령은 징집령을 발동했다. 스탠포드 대학 재학 시절에 학생군사교육단의 장교ROTC를 수료한 휼렛은 1941년 12월 일본의 하와이 진주만 공격으로 미국이 참전하게 됨에 따라 통신장교로 군 복무를 시작했다. 휼렛이 1945년 제2차 세계대전이 끝난 뒤 HP로 복귀할 때까지 HP의 경영은 패커드가 맡았다. 전쟁 특수와 패커드의 경영수완에 힘입어 HP는 이 기간 동안에도 지속적으로 성장했다. 휼렛이 군대에 복무하는 동안 패커드는 자신의 봉급을 휼렛의 군대 봉급과 같은 액수로 책정했다는 일화는 두 사람 사이의 우정과 사업 동반자로서의 신뢰를 잘 보여준다.

전쟁이 끝난 뒤에 HP는 비약적인 성장을 이룬다. 이는 종전 이후의 베이비 붐, 미국 시민들의 소비 증가와 전반적인 경제 호황에서 비롯된다. HP는 비록 라디오, 텔레비전, 전기 오븐과 같은 일반 가전제품을 생산하진 않지만 이 제품들의 설계와 생산, 그리고 시험에 필요한 계측기 분야에서 독보적인 기술을 가지고 있어 1940년대 후반과 1950년대 호황기에 HP의 성장은 보장된 것이나 다름없었다. 1950년에 2백만 달러였던 연간 매출이 1960년에는 6천백만 달러로 늘었고, 140명에 불과하던 직원 수도 3천 명을 넘어섰다. 이러한 과정에서 실리콘 밸리가 탄생한 뒤에도 HP는 실리콘 밸리를 상징하는 아이콘과 같은 존재로 인식되었다.

우수한 기술력이 언제나 기업의 성공을 보장해주지 않는다는 사실을 우리는 지난날의 사례에서 잘 알고 있다. 많은 기업들이 초기에 잘 나가다가 기업 내적 또는 외적 요인으로 어느 순간 기울기 시작해 결국 사라지는 예를 많이 접했다. 당시 샌프란시스코 지역의 하이테크 회사 중에서도 이러한 예를 찾아볼 수 있는데 그중 대표적인 예로 앰펙스Ampex가 있다. 앰펙스는 1950년대에 자기 테이프magnetic tape에 음성과 영상을 녹음, 녹화하고 재생하는 오디오와 비디오 레코딩 분야에서 독보적인 기술을 보유하고 있었다.

당시 TV와 라디오 방송국에서 사용하는 고성능 오디오와 비디오 레코더 대부분이 앰펙스 제품일 정도로 이 분야의 시장을 독점하다시피 했다. 일반인에게 앰펙스 제품은 고급품이자 고가품으로 인식되었다.

이 회사는 1960년대부터 중요한 기술 특허에 대해 일본 기업과 사용권 계약Licensing을 맺기 시작했다. 일본 기업이 자기들의 기술을 추월할 수 없으리라는 안일한 판단이 말하자면 회사의 명운을 가른 셈이다. 머지않아 저가의 일본 제품들이 미국 시장에 밀려들기 시작했고 앰펙스 경영진의 안이하고 방만한 경영으로 회사가 어려워지기 시작했다. 게다가 창업자가 사망한 뒤 불법적인 회계가 드러나 회사의 주식이 폭락해 주식시장에서의 가치를 거의 상실했다. 이와 달리 HP가 창업 이후 70년간 하이테크 대기업으로 성장하면서 이러한 오류를 범하지 않고 우량기업으로 꾸준히 성장할 수 있었던 요인은 휼렛과 패커드의 기술력과 경영 능력 덕분이지만 이들이 회사에 정착시킨 독특한 기업문화도 한몫했다.

### HP Way

'HP Way'라 불리는 HP의 기업문화는 두 창업자의 경영철학으로 볼 수 있는데, 그 바탕은 직원을 가족처럼 생각하고 신뢰하는 데 있다. 따라서 많은 결정을 아래로 위임하여 직원들을 자극하고 성취욕을 북돋우고자 했다. 직원들을 신뢰하는 만큼 각자가 맡은 업무를 책임지고 수행해주기를 기대하는 것이다.

회사의 의사결정과 의사소통도 윗선에서의 수직 일방통행이 아닌, 장벽을 없애고 위아래 양방향의 의사소통을 제도적으로 보장하는 오픈 도어open door 정책을 시행했다. 또한 관리자들은 사무실에 들어앉아 보고서를 검토하고 회의에 참석해 지시하는 수준에서 벗어나 직원들이 있는 곳을 발로 누비며 업무를 파악하도록 했는데 이를 '걸어 돌아다니며 하는 관리management by walking around'라고 한다. 우리나라의 기업에서 표현하는 '발로 뛰는 경영'과 HP의 '걸어 돌아다니며 하는 관리'는 그 의미가 조금 다르지 않은가 싶다. '걸어 돌아다니며 하는 관리'는 직원들이 일하는 곳을 직접 찾아다니며 담소함으로써 업무 파악뿐 아니라 인간적인 신뢰를 쌓아가는 것을 의미한다.

HP의 기업문화는 당시 권위적인 미국 동부의 대기업 문화와는 전혀 달리 상당히 신선하고 충격적인 면이 있었다. 직원을 가족처럼 여기므로 당연히 직원의 처우와 복지 혜택이 좋아 HP는 하이테크 산업에서 일하는 사람들에게 선망의 대상이 되었다. HP의 기업문화가 알려지면서 유능한 인재들이 HP에서 일하기를 원했고 기술직에 근무하는 사람들은 서슴지 않고 HP를 평생직장으로 여겼다. 애플 컴퓨터를 공동 창업한 스티브 워즈니악은 애플을 창업하기 직전 HP에서 엔지니어로 근무했다. HP를 평생직장으로 생각했던 그는, HP를 사직하고 애플 컴퓨터를 창업하자는 스티브 잡스의 권유에 고민을 무척 많이 했다고 한다. 물론 워즈니악의 부모도 그가 HP를 사직하는 것을 만류했다. 자세한 이야기는 뒤에 애플 컴퓨터 창업을 다룰 때 다시 살펴보기로 하자.

HP는 칼리 피오리나, 마크 허드Mark Hurd를 거쳐 현재 CEO인 메그 휘트먼Meg Whitman에 이르기까지 사업 분야가 바뀐 만큼이나 기업문화도 많이 바뀌었다. 'HP Way'로 대변하던 본디의 기업문화는 퇴색되었고, 여느 회사들과 마찬가지로 대규모 감원도 서슴지 않는다. 기업환경에 따라 기업문화가 변한다는 것을 보여준다고나 할까. 그러나 우량 기업 HP 성공의 바탕에는 50년 넘게 이어진 HP만의 방식이 있었다는 사실은 간과할 수 없다.

## 실리콘 밸리의 대부 프레더릭 터먼

프레더릭 터먼Frederick Terman은 1920년대 후반 스탠포드 대학교에서 전기공학과 교수를 시작으로 거의 50년 동안 유능한 교육자, 공학자, 대학 행정가, 교육 입안자이자 산학협동의 선구자로서 존경받았다. 그는 스탠포드 대학에서 정년퇴직할 때까지 전기공학과 교수, 학과장, 공과대 학장, 부총장 그리고 교무처장직을 두루 거치면서 20세기 초 미국 서부의 신생 사립대학에 지나지 않은 스탠포드 대학이 세계적인 대학으로 발전하는 데 결정적인 역할을 했다. 뿐만 아니라 그는 산학협동의 중요성을 오래전부터 인식하고 스탠포드 대학과 산업체와의 산학협동을 적극 추진했다. 터먼은 대학을 상아탑이라 여기는 일반인의 인식을 깨뜨림과 동시에 그러한 분위기에 안주하려는 이공계 교수들에게 변화를 촉구했다. 또한 학생들을 지도하고 연구에 매진하면서도 학생들에게 기업가 정신을 불어넣어주는 것을 게을리하지 않았다. 휼렛과 패커드가 터먼의 영향과 도움으로 HP를 창업한 것은 대표적인 사례일 뿐이다.

프레더릭 터먼은 1900년에 미국 중부 인디애나 주에서 태어났다. 아버지 루이스 터먼Lewis Terman은 교육심리학을 전공, 인디애나 대학Indiana University에서 박사학위를 취득한 뒤 캘리포니아로 이주해 로스앤젤레스의 어느 대학에서 교수로 재직했다. 프레더릭 터먼이 열 살이 되던 1910년, 아버지가 스탠포드 대학교 교수로 임용되자 그의 가족은 팔로알토로 이주했다. 따라서 프레더릭 터먼은 어린 시절부터 실리콘 밸리에서 자란 실리콘 밸리 토박이인 셈이다.

아버지 루이스 터먼은 스탠포드 대학에 재직하면서 천재성을 지닌 아동에 대한 연구, 즉 영재 교육에 대한 연구로 이 분야에서 세계적인 명성을 얻었다. 인간의 지능을 측정하는 테스트로 표준이 되다시피 한 IQ(Intelligence Quotient) 테스트는 루이스 터먼이 그동안 학계에 발표된 천재 아동을 식별해내기 위한 기존 방법을 개량하여 개발한 작품이다. 그는 당시 팔로알토 인근의 초등학교에 다니는 어린이들 가운데 머리가 좋다고 선발된 학생들에게 이 테스트를 실시해 연구 자료로 활용했다. 트랜지스터를 발명한 윌리엄 쇼클리도 당시 이 테스트를 받은 초등학생 중 한 명이었다. IQ 테스트 결과 쇼클리는 129점 정도였다는데 135점 이상을 천재로 간주한 루이스 터먼의 기준으로 볼 때 천재의 범주에 드는 수준은 아니었다. 이 결과에서 보듯이 IQ 테스트는 인간의 지능을 측정하는 한 가지 방법이긴 하나, 인간의 능력을 전반적으로 판단하고 성공을 보장하는 절대적인 측정 기준은 아니다.

휼렛과 패커드가 HP를 설립한 뒤, 공식 행사장에서 은사인 터먼(오른쪽)이 패커드와 악수하며 두 사람을 맞이하고 있다. 가운데가 휼렛이다.

프레더릭 터먼은 1913년 가을 13세에 팔로알토 고등학교Palo Alto High School에 입학해서 1916년 말에 졸업했다. 미국의 고등학교는 9학년에서 12학년까지로 대학처럼 4년제이며, 각 학년의 명칭도 대학처럼 프레시맨freshman, 소퍼모어sophomore, 주니어junior, 시니어senior이다. 따라서 프레더릭 터먼은 정규 기간보다 짧은 3년 3개월 만에 고등학교를 마쳤다. 팔로알토 고등학교는 역사가 오래되었고 스탠포드 대학교 캠퍼스에서 엘 카미노 레알이라는 큰길 바로 건너편에 자리 잡고 있다.

고등학교 재학 시절, 터먼은 공부를 잘했을 뿐 아니라 광석 라디오를 조립하고 아마추어 무선통신에 빠져드는 등 일찍부터 전자공학에 흥미를 가지고 있었다. 그러나 당시 스탠포드 대학에는 전기공학 전공은 대학원에만 개설되어 있어 그는 기계공학과에 입학해 2년 동안 기계공학을 공부했다. 기계공학에 흥미를 느끼지 못한 그는 3학년에 화공학으로 전공을 바꿔 1920년 화공학 학사학위를 받고 졸업했다. 졸업 후 터먼은 자신의 관심 분야인 전자공학을 공부하기 위해 스탠포드 대학원 전기공학과에 진학해 1922년 전기공학 석사학위를 받았다.

기계공학과 화공학이 반씩 섞인 그의 학부과정 4년은 자칫 시간 낭비로 비칠 수도 있다. 하지만 이 경험으로 터먼은 공학 전반에 대한 안목을 갖추게 되었고, 훗날 대학 행정가와 이공계 교육정책가로 성장하는 데 도움이 되었던 것으로 보인다. 스탠포드 대학원의 석사과정에서 그는 전기공학을 전공했으나 당시 스탠포드 대학원의 전기공학 과정은 고전압, 고전력 송전과 같은 구시대적 과제가 주를 이루었다. 라디오, 무선송신, 진공관 등 터먼이 관심을 가진 전자공학 분야는 배울 기회가 없었다. 당시 전자공학 분야는 산업체가 앞서서 기술을 선도했고 대학은 뒤처져 있었다. 이 같은 현실에 대한 인식은 그가 훗날 산학협동을 추진한 한 가지 요인이기도 했다.

터먼은 석사과정을 마치고 1922년 가을 보스턴 인근의 MIT(Massachusetts Institute of Technology) 박사과정에 진학했다. 1861년에 설립된 MIT는 전통과 실력을 자랑하는 이공계 명문 대학으로, 당시나 지금이나 미국의 공과대학에서 최고의 위치를 차지하고 있다. 이렇듯 당시에는 서부의 대학에서 학부를 마치고 MIT 대학원에 진학하는 것을 엘리트 과정으로 여겼다. 터먼뿐 아니라 휼렛, 쇼클리 등도 캘리포니아의 대학에서 학부를 마친 뒤 MIT 대학원에 진학했다. 당시 MIT는 다른 대학들의 대학원 과정에서 가르치는 내용을 이미 학부에서 가르치고 있어 MIT 대학원에 진학하려면 이에 맞는 실력을 갖춰야 했다. 그러나 새로운 전자공학 연구에 뒤처져 있기는 MIT 역시 스탠포드 대학과 상황이 비슷했다. 터먼의 MIT 박사과정 지도교수인 버네바 부시Vannevar Bush는 실력 있는 교수로 인정받고 있었으나 그의 주 연구 분야는 구시대 과제라 할 수 있는 고압 송전이었다. 터먼이 관심을 가지고 있던 라디오 통신, 진공관 회로 등 전자공학 분야는 결국 그가 스탠포드 대학 교수로 임용된 뒤 자신의 연구로 개척해 나갔고, 이 분야에서 선구자적인 역할을 하게 된다.

1924년, 터먼이 24세의 나이로 MIT에서 전기공학 박사학위를 받은 직후 MIT와 스탠포드 두 대학에서 동시에 교수직을 제의하자 터먼은 스탠포드 대학을 선택해 캘리포니아로 귀향했다. 캘리포니아로 돌아온 직후 터먼은 어렸을 때부터 시달려온 결핵이 악화되어 교수 생활을 잠시 미루고 요양을 시작했다. 결핵은 요즘 좋은 약이 개발되고 사람들의 영양 상태와 주거 환경이 개선되어 예전처럼 심각한 병은 아니지만 20세기 초반까지만 해도 건강을 위협하는 심각한 질병 중 하나였다. 당시 결핵은 가족 간에 전염되는 경우가 많았는데 터먼의 아버지도 평생 결핵으로 고생했던 전력이 있다. 아버지가 중부 인디애나에서 캘리포니아 남부 LA 근교로 이주해온 것도 건강이 큰 이유였다. 아버지와 마찬가지로 터먼이 MIT의 교수직을 사양하고 스탠포드를 택한 한 가지 이유도 건강문제 때문이었다. 보스턴 근교의 추운 겨울 날씨에 비해 건조하고 온화한 캘리포니아의 날씨가 건강에 더 좋다고 판단했을 것이다. 결핵과 싸우며 요양하던 터먼은 엎친 데 덮친 격으로 급성 맹장염에 걸려 건강이 극도로 악화되었고 가족들은 최악의 경우를 대비해야 하는 상황을 맞았다. 다행히 1년 동안 처절한 투병 생활 끝에 건강을 회복했고, 그가 투병하는 동안 그에게 교수직을 제안한 스탠포드 대학은 다른 사람을 채용하지 않고 기다려주었다. 이를 계기로 터먼과 스탠포드 대학 사이에 굳은 신뢰가 형성되었다.

스탠포드 대학 전기공학과 교수로서 터먼은 라디오 통신 연구실을 주관하며 강의와 연구, 논문 작성과 교재 저술 등으로 분주한 나날을 보냈다. 그는 학문적인 능력뿐 아니라 일에 대한 열정이 대단하기로도 유명했다. 주말도 없이 일주일 내내 학생 지도와 연구에 파묻혀 지내는 그에게 휴가는 사치이거나 불필요한 일이었다. 일에 대한 열정은 그가 공대 학장을 거쳐 부총장과 교무처장직을 맡았을 때까지 이어졌다. 터먼이 교무처장으로 재직하던 어느 해 12월 31일, 밤늦은 시각까지 연말 파티를 주최하던 스탠포드 대학교 공대 학장에게 터먼으로부터 전화가 걸려왔다. 공대 학장이 제출한 연구 계획서에 대해 전화로 자세히 질문하는 터먼 때문에 파티를 주최하던 공대 학장이 곤욕을 치렀다는 일화가 있을 정도로 터먼은 시간과 장소를 가리지 않고 일에 파묻혀 지냈다.

터먼은 전자공학에 관한 책을 모두 일곱 권 저술했는데 모두 일과가 끝난 뒤 밤에 원고를 썼다고 한다. 그가 저술한 책 가운데 『전자공학*Radio Engineering*』은 당시 전자공학 분야의 대표 기술서적으로 많은 대학에서 표준 교재처럼 쓰였던 책이다. 이 당시에는 일렉트로닉스electronics라는 용어를 사용하기 전이라 '라디오'라는 용어가 전자공학을 의미했다. 현재의 국제 전기전자 공학자협회IEEE: Institute of Electrical and Electronics Engineers가 당시에는 라디오 엔지니어 협회IRE: Institute of Radio Engineers로 불렸음을 상기할 필요가 있다.

터먼이 주관한 라디오 통신 연구실은 당시 첨단 전자공학 연구의 중심이었고, 이곳에서 터먼은 유능한 학생들을 모아 연구하고 지도하면서 기술의 사업화를 학생들에게 권장했다. 휼렛과 패커드가 이 과정을 거치면서 터먼의 영향과 도움을 받아 HP를 창업하게 된 것은 앞에서 설명한 바와 같다. 또한 터먼은 스탠포드 대학이 소유한 캠퍼스 주변의 땅에 스탠포드 산업단지Stanford Industrial Park를 조성하고 첨단기업들을 유치해 산학협동으로 동반 상승 효과 창출에 앞장섰는데 훗날 실리콘 밸리가 성장하는 데 밑거름이 되었다.

터먼은 1935년부터 1945년까지 전기공학과 학과장을 역임했다. 당시 제2차 세계대전 기간에 미국 정부는 터먼을 하버드 대학의 라디오 연구실 책임자로 임명했고, 그는 하버드 대학에서 군사상 필요한 라디오 기술의 개발 책임을 맡았다. 이 기간 동안 그는 군사 기술 개발 프로젝트 연구비의 대부분이 하버드, MIT 등 동부 대학들에 배정되는 것을 목격하고 큰 충격을 받았다. 4억 5천만 달러 연구비 대부분이 동부 대학에 배정되는 동안 스탠포드 대학은 단지 5만 달러를 지급받은 것이다.

스탠포드 대학교 터먼 엔지니어링 빌딩 공대 도서관 입구에 걸려 있는 터먼 사진. 도서관 입구 바로 옆 벽면에 역대 공대 학장과 퇴임한 교수들의 사진이 나란히 걸려 있는데, 터먼의 사진은 그의 공적을 기려 따로 걸려 있다.

종전 후 스탠포드 대학에 돌아온 터먼은 1945년부터 1953년까지 스탠포드 공과대 학장을 역임하면서 스탠포드 대학의 발전을 위해 절치부심 노력했다. 그가 학과장과 공대 학장을 맡았던 기간에 스탠포드 공과대학은 질적·양적인 면에서 비약적인 성장을 했고, 스탠포드 대학은 서부의 MIT라는 평가를 받기 시작했다. 실리콘 밸리가 탄생한 뒤로 스탠포드 대학의 위상은 더욱 높아졌고, 전자공학 분야에서는 MIT가 오히려 동부의 스탠포드라고 불리는 편이 적절한 상황이 되었다. 이후 터먼은 부총장을 거쳐 교무처장으로 임명되어 1965년 은퇴할 때까지 스탠포드 대학의 연구, 강의, 교수 관리 등 학술적인 면을 총괄하는 위치에서 대학 발전을 위해 헌신했다.

### 터먼의 카이스트 설립 자문

1965년 65세로 스탠포드 대학교에서 은퇴한 터먼은 이후에도 미국의 정부기관, 교육기관 그리고 해외에서의 자문에 응하느라 바쁜 일정을 보냈다. 그의 산학협동에 대한 열정은 당시 경제개발에 박차를 가하던 아시아 국가들의 주목을 끌기에 충분했다. 타이완(대만)의 장개석 정부는 1968년 그를 초빙해 산학협동에 대한 강연회를 열기도 했다. 은퇴 후 그가 특별히 관심을 기울였던 과제 가운데 하나는 우리나라의 한국과학원(현재의 KAIST)의 설립과 출범이다. 1970년 초, 박정희 정부는 국내의 산업을 이끌어나갈 이공계 인재들을 육성하기 위해 한국과학원 설립을 계획하고 이를 위한 입법을 추진했다. 한국과학원 설립에 관한 최초의 계획서는 당시 미국 뉴욕의 브루클린 공대Polytechnic Institute of Brooklyn 교수로 재직하던 정근모 박사가 작성했다.

한국 정부는 미국 정부의 지원을 요청했고, 이에 터먼은 미국 측 자문단 책임자로 참여했다. 터먼은 스탠포드 대학 재직 시절에 얻은 산학협동의 경험을 한국과학원 설립에 접목하여 한국과학원을 개발도상국 산학협동의 모범 사례로 만들고자 노력했다. 한국과학원 설립에 관한 법이 1971년 제정되었고 마침내 1973년 서울 홍릉에 캠퍼스를 마련해 개교했다. 터먼은 스탠포드 대학 교수와 직원으로 자문단을 결성하고 1970년부터 1975년까지 해마다 한국을 방문해 한국과학원의 운영과 진로에 자문하고 보고서를 작성해 한국 정부에 제출했다. 한국 정부는 그에 대한 감사의 표시로 1975년 국민훈장Order of Civil Merit 동백장을 그에게 수여했다.

2장

# 실리콘 밸리의 여명기

20세기 초는 현대 물리학이 개화하고 비약적인 발전을 이룬 시기다. 아인슈타인이 상대성이론을 발표하고 빛이 파동과 입자라는 이중적 성격을 지녔다는 사실에서부터 원자 내부에서 전자의 움직임과 에너지 상태, 고체의 전기적 특성에 이르기까지 물리학자들이 새로운 이론을 정립하고 양자역학이 눈부신 발전을 이룬 시기가 바로 이때다. 이후 고체물리학 발전의 산물로 트랜지스터가 발명됨으로써 20세기 중반 반도체 시대의 막이 올랐다. 20세기 초반부터 전자제품의 핵심 부품으로 사용해온 진공관은 실리콘 밸리가 태동하고 반도체 산업이 불붙기 시작한 1960년대 이후 반도체로 급속히 대체되기 시작했다.

## 트랜지스터의 발명, 막을 내린 진공관 시대

20세기 초 리 디포리스트가 삼극 진공관을 발명한 후 본격적인 전자산업 시대가 열렸다. 그 후 약 50년 동안 진공관은 라디오, TV, 녹음기 등 가전제품부터 레이더, 전화교환기, 무선통신 장비, 계측기기, 컴퓨터를 비롯해 산업용, 상업용, 군수용 등 거의 모든 전자제품의 핵심 부품으로 사용되었다. 이처럼 진공관의 응용 범위가 확대됨에 따라 진공관이 가지고 있는 결점 또한 점차 심각한 문제로 나타났다. 진공관은 진공 상태인 유리관 속에 금속 필라멘트가 들어 있는 구조다. 진공관은 이 금속 필라멘트에 전류가 흐를 때 뜨거운 필라멘트 표면에서 진공으로 방출되는 전자의 흐름을 제어해 전기적 신호를 정류하거나 증폭하는 작용을 한다. 따라서 진공관은 크고 무겁고 열을 많이 발생하며 전력 소모가 많은 데다 수명이 짧다.

이러한 진공관의 결점은 당시 진공관을 많이 사용하는 컴퓨터나 전화교환기 등에 심각한 문제를 일으켰고, 진공관을 대체할 새로운 소자가 절

실리콘 밸리의 마운틴뷰에 있는 컴퓨터 역사박물관Computer History Museum. 주판에서 기계식 계산기, 계산자, 초기 진공관 컴퓨터, PC, 미니컴퓨터, 메인프레임, 슈퍼컴퓨터에 이르기까지 컴퓨터 발전사를 한눈에 볼 수 있게 전시하여 일반인에게 공개하고 있다. 컴퓨터의 발전을 가능하게 한 반도체 IC의 발전사도 함께 전시하고 있다.

컴퓨터 역사박물관에 전시되어 있는 에니악 컴퓨터의 일부. 에니악에는 진공관을 모두 1만 8천 개 사용했는데 사진은 그중 하나의 모듈이다. 기판에 꽂혀 있는 유리 원통형의 소자들이 진공관이다.

실히 필요했다. 한 가지 예로 1943년에서 1946년까지 미국 펜실베이니아 대학교 전기공학과 교수팀이 제작한 진공관 컴퓨터 '에니악ENIAC: Electronic Numerical Integrator and Calculator'이 진공관의 문제점을 잘 보여준다. 근대 디지털 컴퓨터의 효시라 불리는 에니악 컴퓨터는 미국 육군의 자금 지원을 받아 포탄의 탄도를 계산할 목적으로 개발되었다. 진공관을 약 1만 8천 개 사용한 컴퓨터 에니악의 크기는 집채만 한 데다가 전력 소모가 많고 발생하는 열도 엄청났다. 더구나 당시에는 진공관의 신뢰성이 좋지 않아 여기저기 수시로 고장이 나 진공관을 교체하는 사람이 늘 대기해야 했다. 진공관식 전화교환기를 사용하던 미국전화전신회사AT&T: American Telephone and Telegraph Company도 상황은 마찬가지였다.

제2차 세계대전이 끝나자 고체물리학자 윌리엄 쇼클리William Shockley는 전쟁 기간 동안 국방성 파견 임무를 마치고 1945년 가을에 벨 연구소로 복귀했다. 벨 연구소는 쇼클리를 진공관을 대체할 새로운 소자 개발팀의 책임자로 임명했고, 벨 연구소의 실험물리학자 월터 브래튼과 새로 채용한 이론물리학자 존 바딘으로 연구진을 구성했다. 존 바딘과 월터 브래튼은 2년여의 노력 끝에 새로운 고체 소자 개발에 성공했다. 1947년 12월 23일, 바딘과 브래튼은 개발 결과를 벨 연구소 임직원들에게 발표했고, 벨 연구소는 이 소자를 트랜지스터transistor라고 이름 붙였다. 성능 개선과 추가 시험, 특허 출원 등을 마치고 벨 연구소는 1948년 7월, 트랜지스터를 외부에 발표하는 공식 행사를 마련해 언론기관에 대대적으로 홍보했다.

그러나 트랜지스터에 대한 언론과 일반인의 관심은 냉담했다. 트랜지스터는 단지 스위치를 켜면 진공관처럼 뜨거워질 때까지 기다릴 필요 없이 금방 라디오를 들을 수 있는 정도로만 생각하고 있었다. 당시 진공관 제조업체들은 벨 연구소가 실용성이 없는 소자로 여론몰이를 한다고 생각했다. 그들은 곧이어 불어닥칠 전자기술의 혁명을 전혀 감지하지 못했다. 20세기 전반에 전자산업을 주도해왔던 진공관이 머지않아 자취를 감추고, 20세기 후반의 전자산업과 사회 전반에 획기적인 발전과 변화를 가져올 반도체 시대가 이미 막이 오르고 있었다.

전신전화 회사인 AT&T는 트랜지스터를 전화교환기 이외의 다른 분야에 응용하는 것에는 큰 관심이 없었다. 따라서 트랜지스터 특허권을 보유한 벨 연구소의 모회사 웨스턴 일렉트릭Western Electric은 특허 사용권을 원하는 회사에 사용료를 받고 허용하기로 했다. 초기에 보청기는 트랜지스터의 좋은 응용 분야였다. 웨스턴 일렉트릭은 알렉산더 그레이엄 벨의 업적을 기리는 의미에서 보청기 제작회사에 사용료를 받지 않고 특허 사용을 허락했다.

한편, 1950년대 중반 벨 연구소에서 승진하는 데 한계가 있다고 판단한 쇼클리는 트랜지스터의 상용화를 위해 사업에 나서기로 결심한다. 그는 당시 다른 회사에서 생산하던 저마늄Ge: germanium 트랜지스터에 비해 성능과 양산성이 우수한 실리콘Si: silicon 트랜지스터를 개발, 생산할 계획을 세우고 1955년 벨 연구소를 사직했다. 회사 세울 곳을 찾으려고 미국 전역을 돌아보던 쇼클리는 결국 어린 시절에 성장했던 팔로알토의 남쪽 마운틴뷰로 정했다. 쇼클리가 회사를 설립할 때 그의 캘리포니아 공대(캘텍Caltech: California Institute of Technology) 동문인 아널드 베크만이 자금을 대주었다. 베크만은 쇼클리가 자신의 회사가 있는 LA 인근에 설립하기를 바랐지만 쇼클리는 스탠포드 대학 교수 프레더릭 터먼의 권유에 따라 스탠포드 대학교 남쪽 마운틴뷰에 회사를 설립했다. 팔로알토에는 그의 모친이 살고 있기도 했다. 쇼클리가 베크만의 희망대로 남가주 패서디나Pasadena 또는 LA 인근에 회사를 설립했다면 아마 실리콘 밸리는 남가주에서 태동했을지도 모른다. 어쨌든 쇼클리는 1955년 마운틴뷰에 쇼클리 반도체 연구소Shockley Semiconductor Laboratory를 설립함으로써 산타클라라 밸리에서 반도체 산업이 불붙는 계기를 마련했다.

트랜지스터의 발명은 20세기 과학기술 분야에서 위대한 업적 가운데 하나로 꼽힌다. 트랜지스터 발명은, 과학기술자들이 인간 생활의 개선 그리고 인류 문명과 사회 발전에 얼마나 큰 기여를 할 수 있는지를 보여주는 대표적인 사례다. 또한 실리콘 밸리의 반도체 기술혁명으로 이어져 집적회로를 개발함에 따라 컴퓨터의 소형화와 고성능화가 가능하게 되었으며, 이어서 인터넷 시대의 도래가 가능하게 되었다.

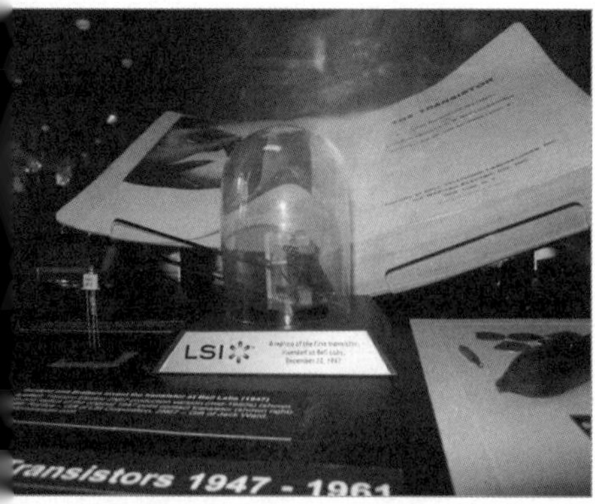

컴퓨터 역사박물관에 전시된 최초의 트랜지스터 모형. 존 바딘과 월터 브래튼이 개발한 이 트랜지스터는 저마늄을 사용했고 구조상으로 점 접촉형 트랜지스터라 불리는 원시적인 구조이지만 이 트랜지스터의 발명으로 반도체 시대가 열리고 전자산업의 혁명이 시작되었다.

이러한 기술 발전은 우리의 경제 활동뿐 아니라 정치, 사회 그리고 개인의 행동과 사고방식 등에 전반적으로 영향을 미쳤다. 반도체는 전자산업뿐 아니라 산업의 거의 모든 분야에서 핵심 부품으로 사용되어 산업의 생산성과 효율성을 급속히 높였고, 종이 없는 정보사회의 개막을 예고했다. 따라서 반도체 기술혁명을 '제3의 산업혁명', 또는 '연기 없는 산업혁명' 등으로 부르는 것도 무리가 아니다. 또한 반도체는 '산업의 쌀'이라 불리기도 하고, 현대 사회의 에너지원인 원유에 비유되기도 한다. 쌀이 주식인 우리에게 '산업의 쌀'은 마음에 와 닿는 표현이기도 하다. 또한 기름 한 방울 나지 않는 우리나라이지만 이제 반도체에서 세계적인 강국이 되었으므로 반도체는 우리에게 원유와 같은 존재가 아닐 수 없다.

트랜지스터를 발명한 세 명의 과학자(브래튼, 바딘과 쇼클리)는 1956년에 물리학 부문 노벨상을 공동 수상했다. 노벨상 심사위원회는 양자역학과 고체물리학 발전의 결실로 탄생한 트랜지스터의 학문적·기술적 중요성을 인정해 트랜지스터가 발명된 지 불과 9년 만에 노벨상을 수여한 것이다. 당시 세계 최첨단기업 연구소 가운데 하나인 벨 연구소의 이상적인 연구 분위기에서 뛰어난 과학자들이 긴밀한 결속력으로 발명한 것처럼 보이는 트랜지스터! 그러나 그 개발 과정에는 극도의 경쟁심, 갈등과 불신, 증오 등이 얽혀 있어 마치 한 편의 TV 드라마를 방불케 한다.

## 바딘, 브래튼과 쇼클리의 갈등

벨 연구소는 윌리엄 쇼클리라는 카리스마를 지닌 천재 물리학자를 연구진의 책임자로 임명했고, 여기에 벨 연구소에서 지난 16년 동안 고체 표면의 전기적 특성을 연구해온 고참 실험물리학자 월터 브래튼이 가담했다. 또한 새로운 소자 개발을 위해 외부에서 영입한 존 바딘은 이미 뛰어난 이론물리학자로 인정받고 있었다. 인적 구성과 연구 환경으로 볼 때 연구개발에 필요한 조건을 모두 갖추었으니 트랜지스터는 이 세 명의 과학자가 긴밀한 결속력으로 이룬 결과물로 보일 것이다. 그러나 속사정을 살펴보면, 바딘과 브래튼은 쇼클리와 심각한 갈등을 겪었으며 이후 쇼클리는 새로운 소자 개발

업무에 전혀 관여하지 않았다. 1947년 12월 벨 연구소 임직원에게 발표한 개발 결과는 바딘과 브래튼이 이룬 결실이었다.

이 기술을 특허 출원할 때 바딘과 브래튼이 쇼클리를 공동 발명자로 포함하려는 벨 연구소의 방침에 반대하자 쇼클리는 발명자 명단에서 제외되었다. 내부 사정이 이럴지라도 벨 연구소는 트랜지스터 발명과 관련해 쇼클리의 역할을 강조했고, 또한 연구진의 긴밀한 결속력을 부각하기 위해 대외 발표 자료에 세심한 주의를 기울였다. 외부에 발표한 연구진 사진에는 쇼클리가 늘 중앙에 있어 이 점에 대해서도 바딘과 브래든은 불만이 많았다.

바딘, 브래튼 두 사람과 쇼클리의 관계가 악화된 것은 쇼클리의 우월감과 지나친 경쟁심, 상대를 무시하고 모욕을 주는 등 원만하지 못한 대인관계에 그 원인이 있었다. 이렇듯 쇼클리의 성격으로 쇼클리와 브래튼, 바딘 사이에는 마찰과 갈등이 끊이지 않았다. 이 같은 연구진의 내부적인 문제는 실리콘 밸리가 캘리포니아에서 탄생하는 계기가 되었다. 1951년에 이르러 쇼클리의 연구진은 와해되고, 4년 뒤인 1955년 쇼클리가 벨 연구소를 사직한 뒤 캘리포니아로 이주한 것은 위에서 설명한 바와 같다. 만약 쇼클리가 벨 연구소에서 연구진을 원만하게 이끌고 연구를 계속 수행했다면 실리콘 밸리의 출현은 지연되었거나 전혀 다른 형태로 진행되었을지도 모른다.

### 월터 브래튼

월터 브래튼Walter Brattain은 1902년생으로 미국 서북부 워싱턴 주에서 축산업을 하는 집안에서 성장했다. 그는 벨 연구소의 연구진 책임자 쇼클리보다 나이가 여덟 살 많고, 트랜지스터 개발의 동료인 존 바딘보다는 여섯 살 위였다. 고등학교에 다닐 때 브래튼은 축산업을 하는 부모를 돕느라 방학이면 혼자 소 떼를 몰고 나가 일주일 동안 야영을 하며 풀을 먹이다 돌아오곤

**왼쪽** | 미국 서북부 워싱턴 주 월라월라 시에 있는 브래튼의 모교 휘트먼 칼리지의 캠퍼스 일부.

**오른쪽** | 자랑스러운 동문 브래튼의 이름을 딴 '브래튼 대강당'의 대형 강의실.

했다. 1920년 집 근처의 고등학교를 졸업한 그는 사립대학 휘트먼 칼리지Whitman College에 입학해 물리학을 전공하고 1924년에 졸업했다.

워싱턴 주 남쪽 오리곤 경계와 가까운, 인구 3만 명의 조그만 도시 월라월라Walla Walla에 휘트먼 칼리지가 있다. 현재 학생 수가 약 1천5백 명으로 규모는 작지만 미국 전체 리버럴 아트 칼리지(Liberal Arts College, 규모가 작은 사립대학교) 중에서 30위권에 드는 서부 명문 사립대학이다. 이 작은 마을에 자리한 작은 학교 졸업생 가운데 1956년 노벨상 수상자가 배출되었으니, 학교와 마을에 대단한 경사였음은 짐작하고도 남는다. 휘트먼 칼리지는 과학관의 대형 강의실을 '브래튼 강당'으로 이름 붙여 자랑스러운 동문을 기념하고 있다.

휘트먼 칼리지를 졸업한 뒤 브래튼은 미네소타 주 미니애폴리스에 있는 미네소타 대학교University of Minnesota 대학원에 진학해 1928년 물리학 박사 학위를 받았다. 이듬해 1929년 벨 연구소에 입사한 뒤 고체 표면의 전기적·광학적 특성 등에 대한 실험과 연구를 꾸준히 수행하면서 실험물리학의 대가로 인정받았다. 벨 연구소 연구원들의 이론과 아이디어가 브래튼의 손을 거쳐 비로소 실험으로 입증되는 것이 일반 공식처럼 될 정도였다.

어렸을 적에 카우보이처럼 가축을 몰고 다녀서인지, 브래튼은 성격이 외향적이고 다혈질인 면이 있었고 경쟁심도 많았다. 그는 카드 게임으로 브리지를 즐겼는데 게임을 할 때면 그 특유의 승부욕 때문에 함께 게임하는 사람들이 짜증 내기 일쑤였다고 한다. 벨 연구소에서 브래튼과 함께 트랜지스터를 발명한 존 바딘은 벨 연구소에 입사하기 훨씬 전에 브래튼과 만났고 브리지 게임을 즐겼다. 그때 바딘은 프린스턴 대학교 대학원 박사과정 중이었고, 같은 대학원생 로버드 브래튼Robert Brattain과 친하게 어울렸다. 월터의 동생인 로버트는 바딘과 함께 종종 주말에 뉴욕 맨해튼의 그리니치 빌리지Greenwich Village에 사는 형 월터의 집을 방문해 브리지 게임을 하곤 했다. 브리지 게임을 하던 그 무렵, 월터 브래튼과 존 바딘은 약 10여 년 뒤에 트랜지스터를 함께 발명하게 되리라고는 상상도 못했을 것이다.

1945년 벨 연구소에서 진공관을 대체하기 위한 고체 소자 개발을 본격

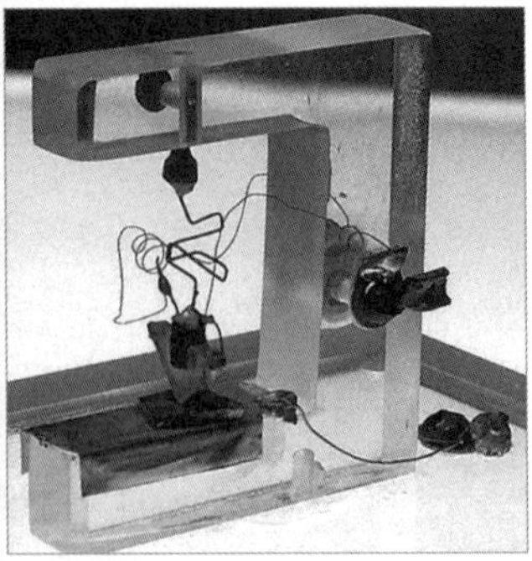

월터 브래튼. 오른쪽은 그가 존 바딘과 함께 발명한 최초의 트랜지스터 모형이다(사진 출처: Wikimedia Commons).

적으로 추진하면서 브래튼은 고체물리 연구실의 일원으로 쇼클리 연구진에 합류했다. 곧이어 입사한 존 바딘이 고체물리 연구실에 합류함으로써 브래튼, 바딘, 쇼클리 세 사람의 공동 연구가 본격적으로 시작되었다. 쇼클리와 바딘이 제시한 이론과 아이디어를 브래튼이 실험하여 이를 입증하거나 부정하는 식으로 연구가 진행되었다. 얼마 지나지 않아 쇼클리의 독선으로 분위기가 경직되었다. 개발 초기에 쇼클리의 아이디어에 따라 브래튼이 제작한 소자는 작동에 실패했고, 바딘은 작동하지 않은 원인을 이론적으로 규명했는데 이때 쇼클리가 자존심에 상처를 입었던 것이다. 쇼클리가 개발 작업에서 빠지자 트랜지스터 개발은 브래튼과 바딘이 맡아 진행했고, 마침내 1947년 12월 새로운 소자를 성공적으로 개발했다. 2년여가 지난 1950년, 브래튼은 더 이상 쇼클리와 연구를 하지 않겠다는 의사를 벨 연구소 경영진에 전했고, 벨 연구소는 브래튼을 다른 연구팀으로 발령했다. 1967년 벨 연구소에서 은퇴한 브래튼은 모교인 휘트먼 칼리지로 돌아가 남은 인생을 교수로서 물리학 강의와 연구에 바쳤다.

### 존 바딘

존 바딘John Bardeen은 차분한 인상에 말수가 적을뿐더러 말 주변도 없는 전형적인 학자 유형의 인물이다. 이렇듯 차분하고 조용한 분위기와는 달리, 그의 내면에는 과학자로서의 예리한 통찰력, 과학적 난제에 대한 강한 도전정신, 동료 과학자들과의 치열한 경쟁의식이 타오르고 있었다. 바딘이 노벨상 역사에서 유일하게 물리학상을 두 번 수상하게 된 것은 수학과 물리학에 대한 그의 천부적인 재능뿐 아니라 그의 성격 덕분이기도 하다. 벨 연구소에서 함께 트랜지스터를 개발한, 말주변 좋고 외향적인 월터 브래튼의 성격과는 정반대인 셈이다. 성격이 다른 두 사람은 서로를 이해하고 존중하면서 각자의 전문 분야인 실험과 이론에서 보완적 관계를 형성했으며, 일상에서도 평생 가까운 관계를 유지했다. 아마 두 사람 모두 브리지 게임을 즐기는 것도 도움이 되었을 것이다. 바딘과 브래튼의 관계는 휼렛과 패커드의 관계를 떠올리게 한다. 서로 보완하는 동반자를 만나는 것은 성공에 필요한 필수요소까지는 아니더라도 매우 중요한 요소인 것은 사실이다.

바딘은 1908년생으로 브래튼보다 여섯 살 아래, 쇼클리보다는 두 살 위다. 부친은 미국 의과대학의 명문 존스 홉킨스 대학교Johns Hopkins University 의과대학의 첫 졸업생으로, 졸업 후 한동안 존스 홉킨스 대학에서 교수로 재직했다. 위스콘신 대학교에서 의과대학을 설립하자 부친은 위스콘신 대학교로 자리를 옮겨 위스콘신 대학교 초대 의과대학 학장을 역임했다. 바딘은 위스콘신 주 매디슨Madison에서 출생, 대학을 마칠 때까지 위스콘신에서 지냈다.

그는 초등학교와 중학교 재학 시절에 영재반에서 수업을 받았고 고등학교에 입학한 후 13세에 고등학교 졸업에 필요한 모든 과목을 이수했다. 나이가 어려 대학에 곧바로 진학하는 대신, 다른 고등학교로 전학해 2년 동안 수업을 받은 뒤 15세 되던 해 위스콘신 대학교에 입학했다. 대학에서 전기공학을 전공하는 한편, 수학과 물리학에도 흥미가 많아 이 분야 과목들도 두루 수강했다. 그의 탁월한 수학 실력은 위스콘신 대학교 때 이미 정평이 나 있었다. 학부를 마치고 계속해서 석사과정을 밟는 동안 그는 디랙Dirac, 디바이Debye, 하이젠베르크Heisenberg 등 당대 거장급의 유럽 물리학자들이 위스콘신 대학교를 방문하는 기간 중에 개설된 강의를 수강하면서 양자역학 분야에 관심을 갖게 되었다.

바딘의 석사과정 논문은 석유 유정 발굴에 전기공학의 응용에 관한 내용이었다. 그가 석사과정을 마친 1929년은 미국 경제 대공황이 시작된 해였다. 따라서 대학을 갓 졸업한 젊은이들을 채용하는 회사가 거의 없었다. 다행히 지도교수의 추천을 받아 바딘은 대형 석유회사인 걸프 오일Gulf Oil Corp. 연구소에 들어갔다. 2년 남짓 이곳에서 근무하는 동안 그는 자신의 진정한 흥미와 열정이 수학과 물리학에 있음을 알게 되었고, 이 분야의 박사과정에 진학하기 위해 직장을 떠났다. 당시 미국의 어려운 경제 사정을 감안하면 안정된 직장인 걸프 오일을 떠나기로 결정한 것은 결코 쉬운 일이 아니었다.

바딘은 1933년 가을, 프린스턴 대학교Princeton University 박사과정에 진학해 1936년 고체물리에 대한 연구로 박사학위를 받았다. 1930년대 미국의 대학은 히틀러가 집권한 독일의 나치 정권을 피해 미국으로 온 저명한 물리학자들을 받아들여 양자역학과 고체물리학 분야의 연구에 급속한 발전을 이루고 있었다. 아인슈타인이 프린스턴 대학교의 고등연구원Institute of Advanced Studies 평생 연구원직을 수락하고 미국에 정착한 것이 대표적인 예다. 바딘의 박사학위 지도교수인 유진 위그너Eugene Wigner도 헝가리 출신의 젊고 유능한 고체물리학자로 훗날 노벨 물리학상을 수상했다. 프린스턴 대학교에서 박사학위를 취득한 바딘에게 하버드 대학교에서는 3년간 연구직을 보장하는 펠로우십fellowship을 제안했고, 이 제안을 받아들여 하버드 대학에서 연구 생활을 시작했다.

하버드 대학에서 바딘이 관심을 가지고 연구한 과제 중 하나가 고체의 **초전도 현상**을 이론적으로 규명하는 작업이었다. 초전도 현상이란 저온에서 금속이나 합금의 전기적 저항이 완전히 사라지고 완벽한 도체가 되는 현상을 말한다. 1911년 실험적으로 처음 관찰된 초전도 현상을 이론적으로 설명하기 위해 아인슈타인, 블로크Bloch, 파인먼Feynman 등 내로라하는 세계적인 물리학자들이 도전했으나 모두 실패했다. 바딘이 하버드 대학교에서 수행한 초전도 현상 연구는 훗날 일리노이 대학교University of Illinois 교수로 재직하면서 초전도 현상을 성공적으로 규명하는 데 기초가 되었다.

바딘은 3년 동안 하버드 대학교 연구원 생활을 마친 뒤 미니애폴리스에 있는 미네소타 대학교 물리학과 교수로 부임해 교육과 연구 생활을 시작했다. 그러나 제2차 세계대전이 일어나자 미국 국방성은 학계와 산업계의 과학자들을 소환하여 국방성 산하 연구소에서 근무하게 했다. 이때 바딘은 1941년 미네소타 대학교를 휴직하고 워싱턴 DC에 있는 해군 연구소에서 종전될 때까지 근무했다. 1945년 종전이 되자 벨 연구소에서는 유능한 고체물리학자로 명성이 자자한 바딘의 영입을 추진했고, 바딘은 미네소타 대학교로 돌아가는 대신 벨 연구소에 입사해 쇼클리의 고체 소자 개발팀에 합류했다.

바딘이 쇼클리 연구진에 합류하자 벨 연구소는 실험물리의 대가인 브래튼, 이론물리학자인 바딘, 카리스마와 리더십을 갖춘 쇼클리, 이 세 사람을 주축으로 이상적인 연구진을 구성했다고 판단했을 것이다. 개발 초기의 작업은 쇼클리가 새로운 소자의 구조를 제안하면 브래튼이 소자를 제작하는 식으로 이루어졌다. 그러나 소자들은 쇼클리가 예상했던 대로 작동하지 않았고, 쇼클리와 브래튼은 그 이유를 찾아낼 수가 없었다. 쇼클리 팀에 합류하자마자 바딘은 쇼클리가 고안한 소자들이 왜 작동하지 않는지 이유를 규명하는 작업에 착수했다. 오래 지나지 않아 바딘은 소자가 작동하지 않는 것은 고체 표면에 **'계면 상태**surface states'가 존재해 이 때문에 전계(전기장)가 고체 내부로 침투하지 못해 소자가 작동하지 않는다고 설명했다. 쇼클리는 자신의 문제를 팀원인 바딘이 해결했다는 사실로 자존심에 큰 상처를 입었고, 바딘과 브래튼의 연구에 더 이상 관여하지 않기로 결정한다. 그 후 개발은 바딘과 브래튼 두 사람이 진행하게 되었고 두 사람은 마침내 1947년 말 트랜지스터를 성공적으로 제작했다.

미국 정부가 존 바딘의 탁월한 과학적 업적을 기념하기 위해 2008년 3월에 발행한 기념우표.

트랜지스터가 발명된 후에도 쇼클리는 지나친 경쟁 심리로 브래튼, 바딘과의 접촉을 기피했고, 이들의 관계는 갈수록 경색되어갔다. 브래튼과 바딘이 제작한 트랜지스터는 '**점 접촉형 트랜지스터**point-contact transistor'라 불리는데 지금 보면 매우 원시적인 소자다. 쇼클리는 후속 개발 과제인 **접합형 트랜지스터**junction-type transistor 연구에 브래튼과 바딘을 참여시키지 않고 혼자 비밀리에 진행했다. 뿐만 아니라 쇼클리는 자신이 수행하던 연구 과제 중에서 중요하지 않다고 판단되는 과제들을 바딘에게 떠넘기기도 했다. 비록 말수가 없는 바딘이지만 쇼클리의 독선을 참아가며 계속 그의 그늘에 가려 지낼 수는 없었다. 바딘은 결국 벨 연구소를 사직하고 1951년 일리노이 대학교 물리학과에서 교수 생활을 시작했다.

일리노이 대학교의 연구 분위기에 바딘은 마치 물고기가 물을 만난 듯했다. 바딘은 일리노이 대학교에서 일찍이 관심을 가졌던 초전도 현상 연구를 본격적으로 시작했다. 이를 위해 수학박사 쿠퍼Cooper를 연구팀에 영입하고 대학원 박사과정의 슈리퍼Schrieffer와 함께 지난 40년 동안 물리학계에서 내로라하는 저명한 학자들이 도전했다가 모두 실패한 초전도 현상의 이

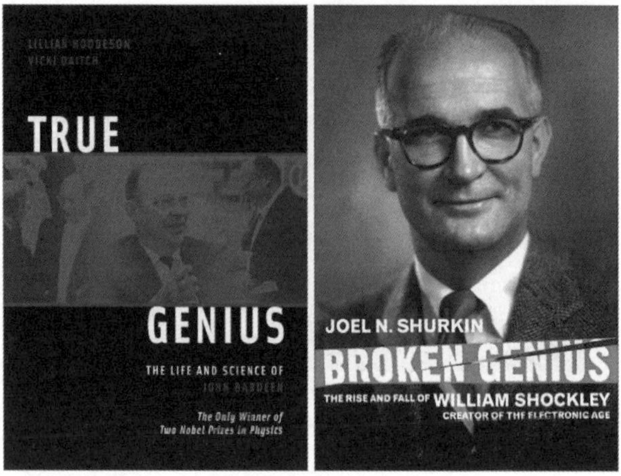


**왼쪽** | 2002년에 출간된 존 바딘의 전기 『진정한 천재』 표지.
**오른쪽** | 2006년에 출간된 윌리엄 쇼클리의 전기 『망가진 천재』 표지.

론을 정립하는 작업에 착수했다. 일리노이 대학교에 부임한 지 불과 6년 만인 1957년, 바딘의 연구팀은 마침내 초전도 현상을 이론적으로 설명하는 데 성공했다. 이 이론은 바딘, 쿠퍼, 슈리퍼 세 사람 이름의 첫 글자를 따 'BCS 이론'으로 불린다. 바딘은 이 연구 업적으로 쿠퍼, 슈리퍼와 함께 1972년 노벨 물리학상을 수상함으로써 같은 분야에서 노벨상을 두 번 수상하는 최초이자 유일한 인물이 되었다.

바딘이야말로 조용한 천재, 진정한 과학자라 하겠다. 그는 83세를 일기로 1991년에 세상을 떠났다. 바딘의 일생을 다룬 책이 2002년에 출간되었는데 제목은 『진정한 천재 *True Genius*』다. 그에게 어울리는 적절한 제목이라 하겠다. 반면, 2006년에 출간된 쇼클리의 일생을 다룬 책은 『망가진 천재 *Broken Genius*』인데 이 또한 적절한 제목이지 싶다. 각기 다른 저자가 쓴 두 권의 책 제목이 묘한 대비를 이루어 흥미롭다.

## 윌리엄 쇼클리: 천재 물리학자의 일그러진 인생

이제 반도체 시대의 도래와 실리콘 밸리의 탄생에 큰 영향을 미친 윌리엄 쇼클리에 대해 좀 더 자세히 살펴보자. 쇼클리는 트랜지스터 개발에 대한 공로로 노벨 물리학상을 공동 수상했고, 실리콘 밸리의 태동과 관련한 역할로 '실리콘 밸리의 아버지Father of Silicon Valley', '전자산업 시대의 개척자' 등으로 불리기도 한다. 프레더릭 터먼을 '실리콘 밸리의 대부Godfather of Silicon Valley'라고 부르듯 쇼클리도 '실리콘 밸리의 아버지'로 불릴 만한 자격이 있다. 하지만 주변 사람들이 감당하기 힘든 괴팍한 성격과 인생 후반부에 보여준 논란 많은 행적은 그의 인생에 오점을 남겼다. 그의 인생 말년에 이르러 젊은 시절의 친구들을 비롯해 그를 아는 대부분의 사람들이 그와 관계를 끊었고, 그의 이름을 입에 올리는 것조차 꺼릴 정도로 그는 주류 사회에서 기피 대상이 되었다. 심지어 그의 자녀들까지 그 곁을 떠났다. 이러한 사실들로 반도체와 20세기 전자공학에 기여한 과학자로서 쇼클리의 공로가 제대로 빛을 발하지 못하는 면이 있어 아쉬운 감이 있다.

쇼클리의 인생은 50세까지의 전반과 그 후 79세를 일기로 세상을 떠날 때까지의 후반으로 크게 나눌 수 있는데 전반과 후반의 인생은 극명한 대비를 이룬다. 그의 전반기 인생은 트랜지스터를 발명하고 반도체와 전자산업에 커다란 영향을 끼친 천재 과학자로서의 삶이었던 데 비해 후반 인생은 인간 지능의 유전성, 인종 간의 지능 격차, 인종 개량 등 '**유제닉스**eugenics'에 편집증처럼 매달린 일그러진 인생이었다.

천재 과학자에서 우생학의 전도사로 그의 삶이 바뀌게 된 분기점은 바로 1957년 회사의 핵심 연구 인력 여덟 명이 집단 이탈한 사건이었다. 화가 난 쇼클리가 '여덟 명의 배신자들traitorous eight'이라고 불렀다는 그 과학기술자들은 쇼클리 반도체 연구소를 집단 사직한 뒤 1957년 9월 페어차일드 반도체를 설립함으로써 실리콘 밸리 탄생의 주역이 되었다. 이들이 빠져나가자 쇼클리의 회사는 걷잡을 수 없는 내리막길로 치달았다. 회사 설립 이후 흑자를 낸 해가 한번도 없었던 쇼클리 반도체 연구소는 1960년에 클리블랜드의 한 회사가 인수했고, 이어서 1966년 거대기업 ITT에 매각된 뒤 결국 간판을 내렸다. 이러한 과정을 거치는 동안 회사 운영에서 물러난 쇼클리는 스탠포드 대학 교수로 강의와 연구에 몰두했다. 그는 반도체, 고체물리, 전자공학 등에서 강의를 하고 세미나를 주관했지만 연구 활동은 전자공학과는 전혀 관계없는 유제닉스였고, 65세에 스탠포드 대학교에서 정년퇴임한 후에도 유제닉스 연구를 계속했다.

유제닉스는 인간의 지능과 인성 등 인간의 질을 개선하려는 노력이다. 유제닉스 주창자에 따르면, 인류의 질은 방관하고 있으면 다윈의 진화론과는 반대 방향으로 흘러 인류 전체의 평균 질이 점점 낮아진다고 주장한다. 적자생존, 자연도태로 요약되는 다윈의 진화론은 생물이 자연계에서 진화하는 원리를 설명하지만, 문명사회에서 생활하는 인류는 진화론과는 반대로 진화한다는 것이다. 다시 말해, 지능이 낮거나 생활 능력이 떨어지는 사람들, 이를테면 알코올 중독자, 정신장애자, 범죄자 등 사회적으로 문제가 있는 사람들일수록 자식을 많이 낳고 또한 사회보장 제도, 자선활동 따위의 혜택으로 자손 증식이 계속되어 그 결과 인류 전체의 평균 질이 낮아진다는 논리다. 이를 방지하고 인간의 질을 개선하려면 정부가 개입해서 결혼 금지, 불임 시술, 유산 등을 유도하거나 강제적으로 실시해야 한다고 주장한다.

유제닉스는 20세기 초에 미국에서 인기를 얻었다. 유럽 각국에서 밀려드는 이민자들을 받아들이던 미국은 이민자들의 질에 대해 우려하기 시작했고, 미국 시민 전체의 질을 개선하기 위한 노력이 각광을 받았다. 당시 유제닉스는 미국 지식층과 사회 지도층 인사들에게서 많은 호응을 얻었는데 노벨 화학상과 평화상을 수상한 라이너스 폴링Linus Pauling, 우드로 윌슨Woodrow Wilson 대통령, 시어도어 루스벨트Theodore Roosevelt 대통령, 당시 하버드 대학교 총장, 스탠포드 대학교 총장 등이 유제닉스 옹호자였다. 프레더릭 터먼의 부친인 루이스 터먼이 IQ 테스트를 개발해 이를 이용해서 영재를 발굴하고 영재 교육에 대한 연구를 수행한 것도 인간의 질을 개선하려는 노력 가운데 하나였다.

이러한 사회 분위기로 미국의 많은 주에서는 유제닉스와 관련한 법을 제정하고 시행했다. 20세기 전반의 약 50년 동안 정부 시책으로 미국 전역에서 강제 불임 시술을 받은 사람이 무려 6만 명에 달했다. 유제닉스 활동은 특히 캘리포니아에서 활발했는데 미국 전역에서 강제 불임 시술을 받은 사람들 중 약 3분의 1이 캘리포니아 주민이었다. 스탠포드 대학교 초대 총장인 데이비드 조던David Jordan은 연방정부의 유제닉스 정책 활동을 이끌기도 했다. 그러나 유제닉스는 독일에서 나치 정권이 인종 청소, 유대인 학살 등의 만행을 저지르며 이를 합리화하는 이론적인 근거로 사용하자 제2차 세계대전 이후로 그 활동이 퇴조했고 유제닉스라는 용어를 금기로 여기게 되었다.

쇼클리가 유제닉스에 매달리기 시작한 때는 1960년대다. 이미 퇴조한 유제닉스에 다시 불을 붙이려고 애를 쓴 것이다. 비록 유전공학자, 생물학자 또는 사회학자는 아니었지만 노벨 수상자로서 인간 개량, 인간 지능의 개선이라는 주제를 다룬 쇼클리의 학문적 비중은 무시할 수 없었다. 그는 예리한 과학자답게 통계적인 분석으로 인간의 지능, 인종 간의 지능 격차 등의 문제를 다루면서 사회적 금기로 여기는 인종 간의 지능 격차를 공개적으로 거론하기 시작했다. 미국의 어느 저명한 주간지와의 인터뷰에서 그는 흑인과 백인 간의 지능 격차를 언급하면서 흑인의 평균 IQ 점수가 백인보다 15점이 낮다고 주장했다. 또한 많은 과학자와 사회 지도층 인사들이 자신의 주장에 동조하면서도 일반 여론의 비판이 두려워 공개적으로 나서지 않는다고 목소리를 높였다. 쇼클리는 자신이 용기 있게 그 집단을 대변한다고 생각했던 것이다.

그는 또한 인간 지능은 유전성이며, 자기 자식들이 학교 성적이 좋지 못한 것은 자기 부인 때문이라고도 했다. 쇼클리가 참석하는 강연장이나 토론장에는 사람들이 몰려와 항의하기 일쑤였고, 말썽이 일어날 것을 우려한 주최 측에서 강연이나 토론을 취소하는 일도 수시로 발생했다. 시간이 흐르면서 쇼클리가 더욱더 극단적인 견해와 행동을 보이자 주류 언론에서는 점점 그를 외면했다. 쇼클리는 1980년 〈플레이보이〉 지와의 인터뷰에서 흑인 조상에 백인이 한 명 포함되면 IQ 점수가 1점이 올라간다는 납득하기 어려운 주장도 폈다. 같은 해 쇼클리는 인간의 질을 개선하려는 취지로 설립된 사설 정자은행에 자신의 정자를 기증하기도 했다. 이 정자은행은 설립 초기에 노벨상 수상자의 정자를 유치하고자 노력했지만 쇼클리만이 유일한 정자 제공자였다. 쇼클리가 1989년 79세를 일기로 세상을 떠날 무렵 두 번째 부인만이 그의 곁을 지켰다. 그의 자녀들은 부친 쇼클리의 사망 소식을 신문기사를 보고서야 알았다.

쇼클리는 1910년생으로 프레더릭 터먼보다는 10년 뒤, 그리고 휼렛과 패커드보다는 2~3년 앞서 태어났다. 스탠포드 대학교에서 지질학을 전공한 쇼클리의 어머니는 IQ 테스트에서 161점을 받은 재원이었다. 22세에 쇼클리의 아버지를 만나 결혼한 뒤 남편의 직장을 따라 영국 런던에서 생활하던 중 쇼클리를 출산했다. 쇼클리가 세 살 되던 해 그의 가족은 팔로알토로 돌아왔고, 그는 초등학교 시절까지 팔로알토에서 지냈다.

쇼클리는 어려서부터 고집과 자기주장이 엄청나게 강해 부모도 두 손들

지경이었다. 다른 아이들과 어울리는 데 문제가 있으리라 염려한 쇼클리의 부모는 여덟 살 때까지 그를 집에서 직접 가르쳤고(재택교육home schooling), 이후 기숙사 생활과 군대식 교육을 하는 인근의 사립 초등학교에 보냈다. 이 무렵 스탠포드 대학 심리학과 교수이자 IQ 테스트의 창안자로 유명한 루이스 터먼 교수(프레더릭 터먼의 부친)가 팔로알토 지역에서 우수한 초등학교 학생들을 선발해 IQ 테스트를 실시했다. 쇼클리도 테스트를 치렀는데 처음 성적은 129점, 그 이듬해 성적은 125점이었다. 루이스 터먼의 기준에 따르면 IQ 점수 135점 이상을 천재로 간주하는데 쇼클리는 이 기준대로 하면 천재의 범주에 들지 못했다. IQ 테스트는 인간의 지능을 계량화하고 측정하는 시도이지만 쇼클리의 경우에서 보듯 완벽한 테스트는 아니라 하겠다. 아니면 쇼클리가 대기만성형이었는지도 모른다. 흥미있는 점은 쇼클리가 훗날 인간 지능에 대한 연구와 인종 개량에 대한 주장을 펼치면서 자신에게 만족스럽지 못한 결과를 준 IQ 테스트를 인간 지능의 객관적인 평가기준으로 사용했다는 사실이다.

쇼클리가 초등학교를 졸업한 뒤 그의 가족은 LA로 이사했다. 그는 할리우드 고등학교를 졸업하고 LA 근교 패서디나에 있는 이공계의 명문 캘리포니아 공대(캘텍Caltech)에 진학했다. 캘텍에서 물리학을 전공하고 1932년에 졸업한 그는 MIT 대학원에 진학해 양자물리학으로 1936년에 박사학위를 받았다. 대학원 시절에 그의 과학적인 통찰력은 이미 정평이 나 있었다고 한다. 문제의 본질을 정확히 이해함으로써 복잡한 문제를 보통 사람과는 다른 각도에서 접근하여 명쾌하게 답을 내놓는 특출한 능력을 가지고 있었다. 이러한 통찰력을 갖춘 학자는 아무리 어려운 이론이라도 누구나 알아듣기 쉽게 풀어서 설명할 수 있는 능력이 있다. 훗날 스탠포드 대학 교수로 재직하면서 전자공학 강의를 할 때 쇼클리 또한 이러한 능력을 충분히 활용한 것으

스탠포드 대학 교수 시절의 쇼클리. 쇼클리 뒤의 칠판에 반도체 이론과 트랜지스터 작동원리를 설명하는 수식들이 써 있다.

로 전해진다. 그가 학생들이나 그의 회사 연구원들에게 요구한 것은 바로 날카로운 통찰력이었다. 다음의 일화는 그의 이러한 변모를 보여준다.

쇼클리는 마운틴뷰에 쇼클리 반도체 연구소를 설립한 뒤 직원으로 채용할 후보자들을 면접하기 시작했다. 면접 질문 중에는 다음과 같은 질문이 있었다.

'테니스 토너먼트에 참가한 선수는 모두 127명이다. 경기 방식은 단식이고 패자 부활전은 없다. 참가 선수의 인원이 홀수이므로 운 좋은 한 명은 첫 번째 라운드에서 부전승으로 올라간다. 이 토너먼트로 우승자를 결정할 때까지 모두 몇 경기를 치러야 하는가?'

이 문제는 누구나 풀 수 있는 문제이지만 어떤 방법으로 접근하는가가 관건이었다.

첫 번째 라운드에서는 126명이 63경기를 치르고, 두 번째 라운드에서는 첫 라운드에서 부전승한 사람을 포함해 64명이 32경기를 치르고, 그다음에는 16경기, 그다음에는 8경기 등등 해서 답은 63+32+16+8+4+2+1=126, 정답은 전부 126경기이다. 아마도 틀에 박힌 사고에 길들었다면 대부분 이렇게 문제를 풀지 않을까? 그러나 쇼클리는 이렇게 판에 박힌 해법보다는 문제의 핵심을 통찰하는 능력이 있는지에 주목했다. 토너먼트 경기 방식은 한 경기가 끝날 때마다 한 사람씩 탈락한다. 토너먼트에서 최종 승자는 한 명이므로 127명 참가 인원 중 126명이 탈락해야 한다. 그러므로 전체 경기의 수는 126이다. 이렇게 문제를 접근하면 덧셈도 필요 없이 금방 답이 나온다. 쇼클리는 면접을 보러온 과학자들에게 이 문제를 낸 뒤 초시계로 시간을 쟀다고 한다. 문제를 풀 수 있느냐보다 문제의 본질을 파악했는지가 관건이었던 것이다.

쇼클리는 1936년 MIT에서 고체의 전기적 특성에 대한 연구로 물리학 박사학위를 받았다. 거의 같은 시기인 1935년부터 1937년까지 HP 공동 창업자인 윌리엄 휼렛은 MIT에서 전자공학 석사과정을 밟고 있었다. 두 사람 모두 실리콘 밸리의 중심지 팔로알토에 뿌리를 두었다. 휼렛은 MIT에서 석사과정을 마치고 곧바로 팔로알토로 돌아간 반면, 쇼클리는 MIT 졸업 후 20년 동안 과학자로서의 황금기를 동부에서 보낸 뒤 팔로알토로 돌아간다.

MIT에서 박사학위를 받은 쇼클리는 뉴저지의 머리 힐Murray Hill에 있는 AT&T 벨 연구소에 입사해 진공관 연구를 진행했다. AT&T의 전화교환기에 사용하는 스위치를 예전의 기계식 장치에서 진공관을 사용한 전자식 교환기로 대체하려면 열악한 진공관 특성에 대한 개선이 필요했던 것이다. 현재 벨 연구소는 AT&T에서 분사한 루슨트 테크놀로지스Lucent Technologies 산하의 연구소였다가 프랑스의 알카텔Alcatel 사가 루슨트를 인수하면서 지난날과 달라진 부분이 있지만, 당시에는 우수 연구 인력을 보유한 세계적인 연구소였다. 1925년에 설립된 벨 연구소는 1937년에 이미 첫 노벨 수상자를 배출했고, 1956년 벨 연구소에 두 번째 노벨상을 안겨줄 쇼클리가 1937년에 입사해 근무를 시작한 것이다.

1941년 12월 일본의 진주만 기습으로 미국이 제2차 세계대전에 개입하자 1942년 봄 쇼클리는 국방성의 호출을 받아 벨 연구소를 휴직하고 대잠수함 작전을 수행하는 해군 프로젝트를 맡았다. 그가 수행한 연구 덕분으로 독일의 유보트U-boat는 엄청난 타격을 받았고, 미국 측의 인명 피해를 확실하게 줄일 수 있었다. 이 기간 동안 그는 핵분열에 관한 연구도 진행했는데, 그 연구는 맨해튼 프로젝트보다 앞선 것으로 핵폭탄과 원자로 건설에 중요한 과학적 성과를 가져왔다. 전쟁기간 동안 그의 군사 기술에 대한 책무에 따른 미국 국방성의 신임이 점점 높아졌다. 그는 새로 개발한 전략과 무기를 전선에 투입하고 군인들을 교육시키기 위해서 미국 국내는 물론, 유럽과 아시아 등 거의 전 세계를 군사적인 목적으로 비밀리에 여행했다.

훗날 쇼클리의 술회에 따르면, 전쟁 중 인도를 방문했을 때 많은 사람들이 매우 열악한 환경에서 사는 것을 보고 충격을 받아 지구상의 인구 문제에 관심을 갖게 되었다고 한다. 인구 증가 문제에 대한 관심이 훗날 인간 지능의 유전성, 인종 격차와 인종 개량 등의 연구에 인생 후반기를 바친 계기가 된 것으로 보인다. 종전 후 1946년 미국 정부에서는 그의 공로를 인정해 민간인에게는 최고 훈장인 '메리트 훈장Medal of Merit'을 수여했다. 군사 프로젝트에 대한 경험과 능력으로 쇼클리는 이후에도 국방성과의 관계를 유지하면서 상담과 자문을 계속했다. 그는 한국전쟁 기간 중 우리나라를 방문한 적도 있다. 1950년 말경, 미국은 새로운 무기와 작전의 효율성을 전쟁 현장에서 파악하기 위해 쇼클리를 한국전에 파견했는데, 이는 쇼클리에 대한 미국 국방성의 신임을 보여주는 또 하나의 사례라 하겠다.

1945년 제2차 세계대전이 끝나고 벨 연구소로 복귀한 뒤, 쇼클리는 과학자로서의 천재성을 발휘하기 시작한다. 종전 후 벨 연구소는 진공관을 대체할 새로운 고체 소자 개발을 본격적으로 추진했다. 이를 위해 벨 연구소는 고체물리 연구실을 개설하고 쇼클리를 연구 책임자로 임명했고 월터 브래튼과 존 바딘이 합류했다. 쇼클리는 과학자로서의 천재성뿐 아니라 일에 대한 열정으로도 유명했다. 벨 연구소의 동료들은 그가 과연 밤에 잠을 자기나 하는지 의문을 가질 정도였다고 한다. 바쁜 연구 일정을 소화하는 한편, 그는 수영과 하이킹 등 체력 단련도 소홀히 하지 않았다. 또한 고등학교 시절부터 연마한 아마추어 마술사 실력이 상당한 수준이었다고 전한다. 벨 연구소 근무 시절, 학술 대회장에 참석한 쇼클리는 자신의 논문 발표 도중에 갑자기 마술을 선보여 딱딱한 분위기를 바꿔 관중을 사로잡기도 했다.

공개 석상에서의 이러한 이미지와는 달리 그의 대인관계는 원만하지 못했다. 지나친 자존심과 우월감, 극도의 경쟁심에서 파생된 권위주의, 독선과 편집증으로 쇼클리는 주위 사람들과 마찰을 빚는 경우가 많았고, 이 때문에 벨 연구소에서의 그의 위치가 한계에 이르렀다. 사실 실리콘 밸리의 탄생에서 쇼클리는 결정적으로 두 가지 기여를 한 셈이다. 첫째는 반도체에 대한 기술적 공헌이고 둘째는 그의 성격에서 비롯된 부분이다. 그의 성격을 감당하지 못한 핵심 기술자들이 쇼클리 반도체 연구소를 사직하고 페어차일드 반도체를 설립함으로써 실리콘 밸리가 태동한 사실은 앞에서 설명한 바와 같다.

1946년 3월, 벨 연구소에 입사한 지 얼마 되지 않아 바딘이 쇼클리가 고안한 소자의 실패 원인을 규명하자 쇼클리는 자존심에 커다란 상처를 입었다. 자신도 하지 못한 원인 규명을 자기 부서의 연구원이 해냈다는 사실에 쇼클리가 충격과 굴욕감을 느꼈을 수도 있다. 바딘이 문제를 규명하고 난 뒤 쇼클리는 의욕을 상실한 듯 소자 개발에 더 이상 관여하지 않았다. 바딘과 브래튼이 트랜지스터를 발명한 직후 쇼클리는 특유의 경쟁심을 발동해 새로운 구조의 트랜지스터 개발에 몰두했다. 바딘과 브래튼이 제작한 점 접촉형 트랜지스터는 금속과 반도체가 접촉하는 부분이 진동에 민감해 작동의 안정성이나 양산성에 문제가 많았다. 점 접촉형 트랜지스터는 1953년에 비로소 소량 생산 단계에 들어섰는데 이는 점 접촉형 트랜지스터의 양산 기술이 그만큼 어렵다는 것을 보여준다.

쇼클리는 점 접촉을 제거하고 순수하게 반도체 물질 사이의 상호작용으

쇼클리(가운데 앉아 있는 사람), 바딘(왼쪽에 서 있는 사람)과 브래튼이 트랜지스터를 들여다보고 있다. 이 사진은 벨 연구소가 외부에 공식 자료로 배포한 사진 중 하나다. 벨 연구소는 모든 외부 자료에 연구 책임자인 쇼클리를 부각시켰다. 브래튼과 바딘은 자신들의 트랜지스터의 발명에 대해 쇼클리의 역할을 강조하는 벨 연구소의 방침을 매우 불쾌하게 생각했다고 한다.

로 트랜지스터 작동을 구현하려 했다. 그는 1948년 1월 초부터 외부와의 접촉을 끊고 호텔과 집에서 비밀리에 새로운 구조의 트랜지스터 설계에 몰두했다. 바딘과 브래튼을 비롯한 벨 연구소의 동료들에게 이 사실을 비밀로 했음은 물론이다. 불과 한 달도 되지 않아 쇼클리는 이 새로운 구조의 트랜지스터를 고안하고 작동원리를 이론적으로 설명했다. 이 기술에 대한 특허가 1948년 6월에 출원됨으로써 그의 자존심은 비로소 회복되었다. 이 새로운 구조의 트랜지스터는 접합형 트랜지스터로 불리는데 이로써 대량 생산이 가능한 진정한 의미의 반도체 트랜지스터가 등장했다. 접합형 트랜지스터는 전기적 성능과 양산성에서 점 접촉형과 비교할 수 없을 정도로 뛰어나다. 실리콘밸리의 반도체 산업의 시작은 접합형 트랜지스터부터였다. 따라서 쇼클리의 노벨상 공동 수상은 바딘과 브래튼의 수상에 무임승차한 것이 아닌, 접합형 트랜지스터를 개발한 공로의 대가다.

1950년 쇼클리는 벨 연구소에서 그동안 연구한 내용을 토대로 반도체와 트랜지스터의 이론을 망라한 책을 출간했다. 『반도체에서 전자와 홀 *Electrons and Holes in Semiconductors*』이라는 제목에 '트랜지스터 전자공학에 응용with Applications to Transistor Electronics'이라는 부제를 단 이 책은 551쪽의 방대한 분량으로 반도체 이론의 고전적인 저작물이다. 이 책에는 과학자로서의 그의 재능이 적나라하게 나타나 있다. 책의 서문에서 쇼클리는 이 책을

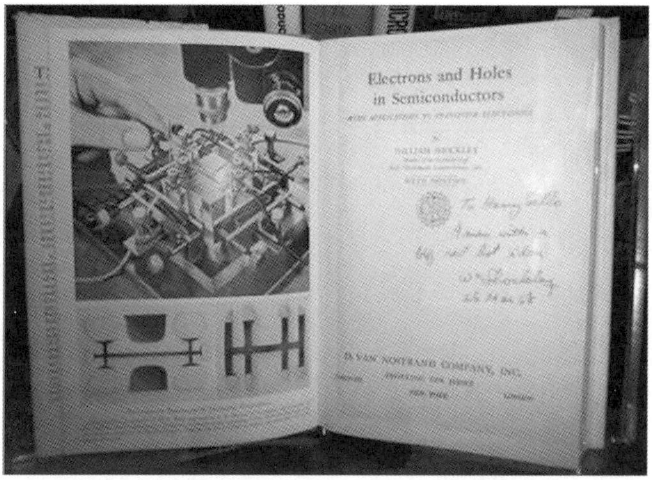


1950년에 출간된 쇼클리의 반도체 이론에 대한 기술 서적 『반도체에서 전자와 홀』. 반도체 개발 초기에 이 책은 기술자들에게 마치 바이블과 같은 역할을 했다. 사진은 컴퓨터 역사박물관에 전시되어 있는 책으로 쇼클리가 1957년 3월 26일 그의 회사 엔지니어인 해리 셀로Harry Sello에게 'A man with a big red hot idea' 라는 구절과 함께 사인해주었다.

쓰게 된 중요한 이유는 홀(hole, 실리콘 결정 내에서 전자가 하나 부족한 상태)이라고 했는데, 이는 간략하지만 의미심장한 표현이다. 반도체 내에서 전류는 전자와 홀에 따라 흐르기 때문에 홀에 대한 정확한 이해가 필요하다는 의미다. 전자와 달리 홀은 개념상으로 존재하는 입자이며, 이를 정확하게 이해하려면 양자역학적 해석이 필요하다. 그는 또 서문에서 트랜지스터는 바딘과 브래튼이 최초로 발명했다는 점을 분명히 밝혔다. 과학자로서 그의 양심을 엿볼 수 있는 대목이다. 지금은 이 책을 대학에서 교재로 사용하지는 않겠지만, 반도체를 전공하는 학생들이 혹시라도 도서관에서 이 책을 발견한다면 마치 경주의 석굴암을 둘러보듯 과학적 유산이라 생각하고 한 번쯤 들춰보는 것도 좋을 것이다.

## 쇼클리의 캘리포니아 귀향과 쇼클리 반도체 연구소 설립

1950년대에 들어서면서 벨 연구소에서 쇼클리의 위상과 경력이 한계에 이르자 그의 존재는 조직에 부담이 되기 시작했다. 많은 연구원들이 그를 기피 또는 혐오했고, 심지어는 그 때문에 벨 연구소를 떠나기도 했다. 트랜지스터를 발명한 쇼클리 연구진은 이미 1951년에 해체되었고 그해 바딘은 아예 벨 연구소를 떠났다. 이는 단지 하나의 사례에 지나지 않았다.

벨 연구소에서 쇼클리 연구팀은 해체되었지만 그들이 발명한 트랜지스터는 1950년대에 실제 상품으로 응용되기 시작했다. 미국의 25개 회사와 외국의 10개 회사에서 트랜지스터의 특허 사용권을 특허권 소유자인 웨스턴 일렉트릭에서 얻었다. 일본의 소니Sony Corp.도 그중 하나였다. 웨스턴 일렉트릭은 이름도 들어보지 못한 일본의 중소기업 소니가 이 특허로 무엇을 할 수 있을까 반신반의하며 사용권을 허락해주었다. 1952년 말에 트랜지스터를 사용한 최초의 소비자용 전자제품인 보청기가 시장에 등장했다. 보청기야말로 초기의 트랜지스터 응용 제품으로 매우 적합했다. 그 전에 진공관을 사용한 보청기는 어깨에 메거나 호주머니에 넣고 다녀야 했고 배터리 수명도 오래가지 못했다.

1954년 미국에서는 TI와 IDEA(Industrial Development Engineering Associates)가 공동 개발한 리젠시 TR-1(Regency TR-1)이란 휴대용 트랜지스터 라디오를 세계 최초로 판매하기 시작했다. 트랜지스터의 상용화가 시작되자 쇼클리는 1955년 봄, 사업을 하기로 결심하고 벨 연구소를 사직한 뒤 트랜지스터 시장 조사, 사업 자금 조달, 미국 각 지역의 사업 여건 등을 알아보기 시작했다. 이 무렵에 이미 큰 회사로 성장한 HP의 윌리엄 휼렛과도 만나 샌프란시스코 반도의 사업 환경 등에 대해서 의견을 들었다. 프레더릭 터먼은 쇼클리가 사업을 시작할 것이라는 소식을 듣고 그의 회사를 스탠포드 대학교 인근에 유치하기 위해 바삐 움직였다.

1955년 여름, 쇼클리는 과학 계측기기 회사인 베크만 인스트러먼츠Beckman Instruments의 창업자 아널드 베크만Arnold Beckman을 만나 트랜지스터 사업에 필요한 자금 지원을 의논했다. 베크만은 쇼클리가 학부를 마친 캘텍 대학원에서 화학 박사학위를 취득한 후 캘텍 화학과 교수로 재직하다가 베크만 인스트러먼츠를 설립해 기업가로 크게 성공한 인물이다. 그의 회사는 화합물의 산성도를 측정하는 전자식 측정기기(pH 미터)를 최초로 개발했으며, 과학기술 측정장비 부문에서 굴지의 회사로 성장했다.

베크만에게서 투자를 받은 쇼클리는 '쇼클리 반도체 연구소'를 베크만 인스트러먼츠의 자회사로 설립하는 데 합의했다. 베크만은 쇼클리의 회사를 베크만 인스트러먼츠 본사가 있는 LA 인근에 설립하기를 바랐으나 쇼클리는 터먼 교수의 권유에 따라 마운틴뷰에 설립하기로 결정했다. 쇼클리의 이 결정이야말로 이로부터 2년 뒤 실리콘 밸리가 산타클라라 밸리에서 탄생하게 된 결정적인 발판이 되었다. 1956년 8월, 스탠포드 대학교에서 쇼클리를 전기공학과 강사로 위촉함으로써 쇼클리와 스탠포드 대학 간의 20년에 걸친 관계가 시작된다. 사업에서 실패하고 회사 경영에서도 물러난 뒤 1963년부터 1975년에 은퇴할 때까지 쇼클리는 스탠포드 대학교 전기공학과 교수로 재직했다.

쇼클리 반도체 연구소는 1955년 9월 23일에 정식 출범했다. 스탠포드 대학교에서 남쪽으로 약 8킬로미터 떨어진 곳, 마운틴뷰의 큰길 엘 카미노와 샌안토니오San Antonio 길이 만나는 곳에서 샌안토니오 길을 따라 한 블록 들어가 창고 같은 허름한 건물에 쇼클리 회사가 입주했다. 이 건물은 쇼클리 회사가 사용한 후에도 가구점, 식품점 등으로 업종이 바뀌면서 60년 동안

**위** | 1955년 당시 캘리포니아 마운틴뷰에 자리 잡은 쇼클리 반도체 연구소.

**아래** | 이후 이 건물은 60년 동안 명맥을 이어오다가 사진에서처럼 청과물 가게가 들어섰으나 이 일대가 쇼핑 센터로 개발되면서 2015년 4월에 철거되었다.

건재했다. 그러나 이 건물은 HP 차고처럼 주정부의 역사기념물로 지정되지 못했다. 2015년에 이 건물 일대가 쇼핑센터로 재개발되면서 이 건물은 불도저에 밀려 사라졌다. 가게 앞 보도에 놓인 동판과 버스 정거장 간판처럼 보이는 안내 표지판도 건물과 함께 철거되었다.

쇼클리가 초기에 채용한 사람들 가운데 실리콘 밸리 탄생의 주역들과 그 후 실리콘 밸리를 이끌어 나간 쟁쟁한 인물들이 많다. 이는 적어도 쇼클리가 인물 검증만큼은 성공했음을 보여준다. 1956년 중반까지 쇼클리가 채용한 과학기술자 20여 명은 거의 대부분 30세 미만의 젊은이들이었다. 그중 필라델피아에 있는 전자회사 필코Philco에 근무하다 쇼클리의 눈에 띈 로버트 노이스Robert Noyce는 당시 28세였으나 트랜지스터 기술만큼은 이미 중견급으로 평가받았다. 노이스는 쇼클리 회사에 입사한 뒤 곧 쇼클리의 신임을 받아 개발팀 책임자가 되었다. 고든 무어Gordon Moore는 캘텍에서 박사학위를 받은 후 동부 볼티모어에 있는 존스 홉킨스 대학교 응용물리 연구소에서 박사후 과정을 밟고 있었다. 무어는 이곳에서 진행하는 정부의 방위산업 연구과제에 흥미를 느끼지 못하던 차에 쇼클리에게서 전화를 받고 면접을 통과해 캘리포니아로 돌아와 쇼클리 팀에 합류했다. 훗날 페어차일드 반도체와 인텔을 공동 창업해 실리콘 밸리 탄생의 주역이 된 노이스와 무어 두 사람은 이처럼 쇼클리 회사에서 만나 그들의 역사를 열어가게 되었다.

쇼클리가 회사를 설립한 이듬해인 1956년 10월, 스웨덴의 노벨상 심사위원회는 트랜지스터 발명의 중요성을 인정하여 바딘, 브래튼과 쇼클리에게 1956년 물리학 부문 노벨상을 수여한다고 발표했다. 노벨 물리학상은 순수과학 연구에 수여하는 것이 관례였고, 당시 트랜지스터와 같은 응용과학이 선정된 것은 이례적인 일이었다. 더구나 트랜지스터가 발명된 지 겨우 9년 만에 노벨상을 수여한 사실은 노벨상 심사위원회에서 트랜지스터 발명의 중요성을 높이 평가한 결과라 하겠다. 노벨상 선정 소식을 전해들은 쇼클리와 회사 직원들이 흥분에 휩싸였으리라는 것은 두말할 필요도 없다. 노벨상 수상자인 쇼클리와 함께 트랜지스터를 개발한다는 사실에 쇼클리 회사의 젊은 연구원들이 사기충천했을 법도 하다.

그러나 1957년에 들어서면서 상황은 달라졌다. 쇼클리의 독선, 실수를 용납하지 않고 관용이라고는 찾아볼 수 없는 관리 방식, 상대방에게 모욕과 굴욕감을 주는 태도는 연구원들의 사기를 떨어뜨리기에 충분했다. 연구원들이 실험을 하다 실수라도 하면 어느 학교에 다녔느냐, 박사학위 받은 것이 사실이냐, 박사학위 받았다는 사람이 그것도 모르느냐는 식으로 빈정거리기 일쑤였는데, 이는 농담 삼아 하는 말이 아닌 직설적으로 상대방을 모욕하는 말이었다. 그는 자신이 채용한 연구원들의 기술적인 역량도 믿지 못했다. 연구원들이 새로운 아이디어나 연구 결과를 그에게 보여주면 관심을 보이지 않거나 벨 연구소에 전화해 그곳 사람들의 의견을 구했다. 뒤에서 얘기하겠지만 노이스는 쇼클리의 무관심으로 노벨상 수상의 기회를 놓치기도 했다.

쇼클리는 연구 결과를 학술 논문으로 발표하는 데 더 관심이 있었고 사업을 좌우하는 트랜지스터의 양산성, 생산 비용 등과 같은 문제에는 별로 관심이 없었다. 회사 연구원이 관련 잡지나 학회에 제출하는 모든 연구 논문에 그의 이름이 항상 공동 저자로 포함되었음은 물론이다. 그는 반도체의 이론과 기술에서 늘 제일 앞선 위치에 있으려 했고, 이 위치를 빼앗긴다는 것은 그의 경쟁심과 자존심이 도저히 허락하지 않았다. 회사의 사업보다도 그에게는 과학자로서의 자존심과 노벨 수상자로서의 이미지가 더 중요했던 것이다. 다시 말해 그는 위대한 과학자였으나 사업가와는 거리가 먼 인물이었다.

1957년에 들어서자 쇼클리는 회사의 운명에 결정적으로 타격을 안겨주는 중대한 결정을 내린다. 쇼클리는 회사를 설립할 때의 목표였던 트랜지스터 개발 대신 이른바 쇼클리 다이오드Shockley diode라고 불리는 새로운 소자의 개발을 추진했다. 쇼클리 다이오드는 pnpn 네 개의 반도체 층으로 이루어진 소자로 npn 또는 pnp 세 개의 층으로 이루어진 트랜지스터보다 제작하기가 훨씬 어렵다. 그는 더 어려운 문제를 제시하고 해결함으로써 기술적인 우위를 다시 한 번 입증할 수 있다고 생각했고, 그래서 이 소자의 제작에 더 매력을 느꼈는지도 모른다. 그는 쇼클리 다이오드를 개발하면 웨스턴 일렉트릭에서 생산하는 전화교환기의 스위치로 사용될 수 있고 트랜지스터보다 더 우수한 스위치 특성을 가질 것이라고 예상했다. 그러나 이 소자는 트랜지스터처럼 범용성 제품은 아니었다. 이미 트랜지스터 개발에 상당한 진척을 보이던 노이스와 그의 동료 연구원들에게 쇼클리 결정은 대단히 이해하기 힘든 부분이었다. 대부분의 연구원들은 전자산업에 대변화를 가져올 트랜지스터가 상업적으로 성공하리라 확신하고 있었다.

종전 이후 1950년대에 들어서자 미국 경제는 호황기에 접어들었고 전자제품의 수요도 폭발적으로 늘어났다. 트랜지스터는 전자산업의 모든 제품에서 진공관을 대체할 가능성을 보여주었고, 새로운 응용 분야의 출현도 예고하고 있었다. 또한 이 시기에 시작된 미국과 소련의 우주개발 경쟁에서 신뢰성이 높은 소형 전자부품도 필요했다. 트랜지스터가 진공관과 비교해 군사장비나 우주개발에 훨씬 더 뛰어나다는 것은 분명한 사실이었다. 이러한 상황에서 쇼클리 회사의 연구원들이 쇼클리 다이오드 대신 트랜지스터 제작에 관한 연구를 계속하기를 원한 것은 당연했다. 쇼클리의 독단적인 결정으로 연구원들의 쇼클리에 대한 불만과 갈등은 점점 커져만 갔다.

노이스와 동료 연구원들은 쇼클리 다이오드를 개발하는 한편으로 쇼클리 모르게 트랜지스터 개발을 계속했다. 당연히 회사 분위기가 경직되었고 점점 긴장이 고조되었다. 쇼클리 또한 연구원에 대한 의심과 편집증으로 회사 분위기를 더욱 어렵게 몰아갔는데 이를 대표적으로 보여주는 일화가 있다. 어느 날, 쇼클리의 비서가 사무실 문에 박혀 있는 뾰족한 금속에 손이 찔렸다. 쇼클리는 자신에 대해 감정이 있는 직원이 고의로 일을 꾸민 것으로 생각하고 모든 직원에게 거짓말 탐지기 테스트를 받으라고 지시했다. 외부에서 사립 탐정을 고용해서 범인을 찾아내고야 말겠다며 으름장도 놓았다. 모든 직원이 거짓말 탐지기 테스트를 받았지만 모두 통과했다. 살펴보니, 문에 박혀 있던 핀의 윗부분이 떨어져 나가는 바람에 날카로운 못이 노출되어 손가락이 찔린 것으로 밝혀져 결국 웃지 못할 촌극으로 끝나고 말았다.

1957년 5월, 쇼클리에 대한 연구원들의 불만이 폭발 직전에 이르렀다. 연구팀의 책임자인 노이스는 연구원들과 쇼클리 사이에서 중재역할을 맡아 연구원들의 의견을 쇼클리에 전달했지만 쇼클리는 이를 받아들이지 않았다. 노이스를 비롯한 중견 연구원들은 급기야 아널드 베크만을 만나 회사 상황과 연구원들의 심경을 설명하고, 쇼클리가 회사 운영에서 손을 떼고 고문 자격으로 기술 개발 자문만 맡게 해달라고 요구했다. 베크만에게서 연구원들의 요구 사항을 전해들은 쇼클리는 엄청난 충격에 빠졌다. 회사 연구원들이 노벨상 수상자인 자신과 함께 일하는 것에 감사해야 한다고 생각했는데, 그는 배신감마저 느꼈다. 혈기 넘친 젊은 과학자들과 노벨상 수상자 쇼클리 사이에서 고민하던 베크만이 결국 쇼클리를 지지함으로써 팽팽하게 대치하던 상황은 쇼클리의 승리로 끝났다. 상황이 이렇게 되자 노이스와 무어를 비롯한 기술자 여덟 명은 쇼클리와 더 이상 일을 같이할 수 없다고 의견을 모은 뒤 회사를 떠날 방법을 찾기 시작했다.

3장

# 반도체 산업의 태동과 제2의 골드러시

쇼클리가 1955년 마운틴뷰에 쇼클리 반도체 연구소를 설립한 뒤의 2년 동안은 산타클라라 밸리에서 일어날 첨단산업 지각변동의 준비 기간이었다. 쇼클리는 1956년 10월 노벨 물리학상을 공동 수상했고 이로써 트랜지스터 발명이 얼마나 중요한지 인증되었다. 트랜지스터를 상용화하려는 쇼클리 회사에 대한 기대도 높았다. 그러나 1957년 가을, 과학기술자 여덟 명이 쇼클리와 결별하고 페어차일드 반도체를 설립하자 상황은 극적인 반전을 이룬다.

## '여덟 명의 배신자', 페어차일드 반도체 설립

1957년 5월, 쇼클리 회사 분위기를 수습하기 위해 중재에 나선 베크만은 연구원들의 요구를 거부하고 쇼클리에 대한 신임을 재확인해주었다. 베크만의 입장에서는 거물급 물리학자이며 자신의 투자 상대인 쇼클리를 지지할 수밖에 없었을 것이다. 상황이 이렇게 되자 연구원 일곱 명이 회사를 집단 사직하기로 의견을 모았다. 회사의 연구개발 책임자 로버트 노이스는 아직 이들과 합류하지 않은 상태였다. 연구원 일곱 명은 전자, 기계, 금속, 화학, 물리학 등을 전공하고 MIT, 캘텍, 스탠포드 대학 등을 졸업한 회사의 핵심 연구 인력이었다. 이들은 사직 후에 다른 회사로 옮겨 트랜지스터 개발을 계속할 방법을 찾았으나 일곱 명이나 되는 인력을, 그것도 노벨상 수상자와 일하기를 거부하고 뛰쳐나온 사람들을 받아줄 회사는 없었다. 결국 일곱 명은 회사를 창업하기로 결정했다. 그들은 노이스에게 동참하라고 요구했지만 쇼클리의 신임을 받던 노이스는 확실한 답을 주지 않았다. 노이스가 결정을 미루고 주저하는 동안 1957년 6월, 과학기술자 일곱 명은 회사를 설립할 방안을 적극적으로 모색하기 시작했다.

그들 가운데 유진 클라이너Eugene Kleiner가 32세로 가장 연장자였고, 나머지는 모두 30세 이하로 젊었다. 쇼클리 회사에서 트랜지스터 개발에 근무한 경력은 채 2년도 되지 않았지만 그들은 실리콘 트랜지스터 기술에 대해선 누구 못지않게 앞선 기술을 가지고 있다고 자부했다. 따라서 이들은 회사를 창업해 트랜지스터를 양산하겠다는 당찬 계획을 추진하는 데 주저하지 않았다. 물론 당시 그 누구도 자신들의 창업으로 훗날 실리콘 밸리가 탄생하고 전자산업에 혁신적 변화가 일어나 새로운 정보산업 시대가 열릴 것이라고는 생각하지 않았다. 그들은 단지 지긋지긋한 쇼클리를 떠나 자신들의 꿈인 트랜지스터 상용화를 새 회사에서 이루려고 한 것뿐이었다.

새 회사의 설립에 필요한 자금을 구하는 일은 유진 클라이너가 맡았다. 기계공학을 전공한 클라이너는 당시 금융계에서 일하던 부친의 소개로 뉴욕에 있는 투자은행에 창업 자금을 문의했다. 클라이너는 훗날 벤처 투자가로 변신, 1972년에 클라이너 퍼킨스Kleiner Perkins 사를 설립해 실리콘 밸리 벤처 캐피털업계에서 성공한 전설적인 인물이다. 벤처 투자회사가 밀집한 실리콘 밸리 북쪽의 멘로 파크Menlo Park에 본사가 있는 이 회사는 이후 두 명의 이름을 추가해 지금은 KPCB(Kleiner Perkins Caufield & Byers)로 불린다. 그동안 구글Google을 비롯해 쟁쟁한 첨단기업에 투자해 실리콘 밸리의 대표적인 벤처 투자회사로 자리 잡았다.

유진 클라이너의 문의를 받은 투자은행은 아서 록Arthur Rock이라는 젊은 직원에게 이 업무를 맡겼다. 하버드 대학교 경영대학원에서 MBA를 취득한 뒤 증권 분석가로 활동하다가 뉴욕의 헤이든 스톤Hayden, Stone & Co.에서 소규모 첨단기술 회사의 투자 자금에 관한 업무를 맡은 당시 30세의 아서 록은 훗날 실리콘 밸리로 이주하여 벤처 투자가로 성공, 억만장자 대열에 오른 인물이다. 그는 미국에서 본격적인 벤처 캐피털 시대의 막을 연 인물로 평가받고 있다.

아서 록은 창업 자금을 구해주기로 일곱 명의 기술자들과 합의하면서 그들의 대표 책임자로 노이스가 참여해야 한다는 조건을 내걸었다. 이 소식을 들은 노이스는 비로소 일곱 명과 함께 새 회사 설립에 참여하기로 결심했다. 투자은행이 나서서 창업 자금을 구해주기로 했으니 노이스는 이제 쇼클리의 회사를 떠나는 것이 무모한 도박이 아니라고 생각했을 것이다. 이 때문에 노이스는 기술자 일곱 명에게 계산적이고 기회주의적이라는 비난을 받기도 했다. 그러나 아서 록은 혈기방장한 일곱 명의 기술자를 중재할 노련한 책임자가 필요했고, 노이스가 이에 적합한 인물이라고 판단했다.

새 회사 페어차일드 반도체Fairchild Semiconductor Corp.가 설립되자 외부의 모든 관심은 이 회사의 책임자인 노이스에게 집중되었다. 미국의 반도체 산업을 따라잡으려는 일본에서 노이스는 마치 유명 연예인과 같은 대접을 받았다. 반면 노이스를 제외한 나머지 공동 창업자 일곱 명의 존재는 노이스의 그늘에 가려졌고, 이는 훗날 이들의 불만을 일으키는 불씨가 된다.

아서 록은 창업 자금을 구하려고 여러 투자자와 접촉했지만 노벨상 수상자인 쇼클리와 일하기를 거부하고 독립하려는, 검증되지 않은 30세 전후의 젊은 기술자들에게 투자할 사람은 쉽게 나타나지 않았다. 그러나 아서 록이 뉴욕의 사업가 셔먼 페어차일드Sherman Fairchild를 만나 그에게 사업 계획을 설명하면서 회사 설립자금 문제는 실마리를 찾기 시작했다.

셔먼 페어차일드는 미국 동부 페어차일드 가문의 후손으로, 부친 조지 페어차일드George Fairchild는 뉴욕 주 연방 하원의원을 역임하고 IBM(International Business Machines Corporation) 설립 초기에 10년 가까이 IBM 회장을 지낸 인물이다. 외아들인 셔먼 페어차일드는 부친이 IBM 회장 재직 중에 사망하자 부친이 소유하던 IBM 주식을 모두 물려받아 당시 IBM의 최대 주주였다. 그뿐 아니라 셔먼 페어차일드는 발명가로 그리고 사업가로 크게 성공한 인물이었다. 그는 하버드 대학교 재학 당시 항공 촬영에 적합한 렌즈를 개발했고, 비행기를 항공 촬영에 적합하게 개조하는 기술을 개발하기도 했다. 이 기술로 설립한 페어차일드 카메라 앤드 인스트러먼츠Fairchild Camera and Instruments사는 그가 벌인 사업에서 가장 성공한 기업으로 성장했다. 아서 록이 접촉했을 즈음 셔먼 페어차일드는 이미 여러 기업을 거느린 60대의 나이였지만 새로운 기술에 대한 관심과 열정은 여전했다. 당시 새로운 산업으로 각광받는 반도체 산업으로 진출을 모색하던 셔먼 페어차일드는 아서 록의 설명을 듣고 이들의 새 회사에 투자하기로 결심했다.

회사 창업을 위해 연구원들이 물밑에서 바쁘게 움직이던 1957년 여름, 연구원들의 움직임이 수상하다고 생각한 쇼클리는 드디어 연구원들을 한 명씩 불러 면담하기 시작했다. 쇼클리가 처음 면담한 사람은 치탱 사薩支唐, Chih-Tang Sah였다고 전한다. 중국계 미국인 사는 1956년 스탠포드 대학교에서 3년 만에 석사와 박사학위를 취득했고, 박사학위를 취득하자마자 쇼클리의 까다로운 면접시험을 통과해 입사했다. 사는 애초 여덟 명에 속하지는 않았지만 페어차일드 반도체가 설립되자 곧 쇼클리 회사를 사직하고 페어차일드 반도체에 입사해 노이스 팀에 합류했다. 그는 페어차일드 반도체에서 반도체 연구에 많은 공헌을 한 후 일리노이 대학 교수를 거쳐 플로리다 대학 교수로 재직했다. 쇼클리는 조용한 동양계 연구원 치탱 사가 알고 있는 것을 솔직히 얘기해주리라고 기대했는지 모른다. 그러나 사는 여덟 명의 움직임에 전혀 아는 것이 없어 쇼클리에게 도움이 되지 못했다.

쇼클리는 두 번째로 고든 무어를 면담했다. 고든 무어는 훗날 반도체 산업에 통용되는 '무어의 법칙Moore's Law'을 발표한 인물이다. 무어는 성격이 차분하고 신사다운 면이 있어 쇼클리는 무어가 이탈하지 않으리라고 생각했는지 모른다. 그러나 무어는 쇼클리에게 사실을 알릴 때가 되었다고 판단하여 자신을 포함한 여덟 명의 연구원들이 곧 사직할 것이라고 털어놓았다. 쇼클리가 엄청난 분노와 충격에 휩싸였으리라는 것은 쉽게 짐작할 수 있다. 쇼클리는 자신이 심혈을 기울여 선발했고 연구개발을 함께하며 실력을 키워준 핵심 연구원들이 떠난다는 사실에 깊은 배신감을 느꼈다. 이들이 회사를 떠나자 쇼클리는 이들을 '여덟 명의 배신자Traitorous Eight'라고 불렀다는 얘기가 있다. 쇼클리가 실제로 그렇게 표현했는지에 대해서는 논란의 여지가 있다. 어쨌든 쇼클리는 그 후 이들과 인간적인 인연마저도 끊었다. 가끔 학술회의에서 마주쳐도 쇼클리는 이들을 아는 체하지 않고 지나쳤다고 한다.

공동 창업자 여덟 명은 로버트 노이스를 비롯해 고든 무어, 장 회르니Jean

Hoerni, 유진 클라이너, 제이 래스트Jay Last, 셸던 로버츠Sheldon Roberts, 줄리어스 블랭크Julius Blank, 빅터 그리니치Victor Grinich다. 이 여덟 명의 이력을 간단히 소개하면 다음과 같다.

**◆ 로버트 노이스 ◆**

1927년 미국 아이오와 주에서 출생. 아이오와 소재 그린넬 칼리지 물리학 학사, MIT 물리학 박사. 필라델피아 소재 필코Philco 사에서 트랜지스터 개발 업무 중 쇼클리에게 발탁됨. 1957년 페어차일드 반도체 공동 창업, 1968년 고든 무어와 인텔 공동 창업. 1990년 사망.

**◆ 고든 무어 ◆**

1929년 샌프란시스코 남쪽 페스카데로Pescadero 출생. 캘리포니아 버클리 대학 학사, 캘텍Caltech 화학 박사. 페어차일드 반도체에서 1968년 퇴사 후 노이스와 인텔 공동 창업. 페어차일드 반도체 재직 시 1965년에 '무어의 법칙' 발표. 고든 앤드 베티 무어 자선재단Gordon and Betty Moore Foundation에서 적극적인 자선활동과 기부활동을 펴고 있음. 현재 실리콘 밸리 거주.

**◆ 장 회르니 ◆**

1924년 스위스 출생. 영국 케임브리지 대학 물리학 박사. 캘텍에서 연구원으로 근무하다 쇼클리 회사에 입사. 페어차일드 반도체 공동 창업 후 1958년 평면형 트랜지스터를 발명하여 집적회로 기술 개발의 길을 엶. 페어차일드 반도체를 사직한 뒤 1960년대에 회사 창업. 그중 인터실Intersil은 세계적인 아날로그 반도체 회사로 성장. 1997년 사망.

**◆ 유진 클라이너 ◆**

1923년 오스트리아 출생. 뉴욕 폴리텍 대학 기계공학 학사, 뉴욕대 산업공학 석사. 벨 연구소의 트랜지스터 특허권을 소유한 웨스턴 일렉트릭에서 근무하다 쇼클리 회사에 합류. 페어차일드 반도체 창업 자금을 구하는 데 중요한 역할을 맡음. 훗날 하이테크 벤처 투자가로 변신해 1972년 실리콘 밸리 벤처 투자회사의 대명사가 된 클라이너 퍼킨스 사 설립. 2003년 사망.

◆ **제이 래스트** ◆

1929년 미국 펜실베이니아 출생. 뉴욕 주 로체스터 대학 졸업 후 MIT 물리학 박사, 공동 창업자 중 가장 젊음. 공동 창업자들 중에서 제일 먼저 페어차일드 반도체를 사직한 뒤 장 회르니, 셸던 로버츠와 아멜코Amelco 사 설립. 현재 생존.

◆ **셸던 로버츠** ◆

1926년 출생. 렌셀러 공대Rensselaer Polytechnic Institute에서 금속공학을 전공한 뒤 MIT에서 금속공학 박사. 제이 래스트, 장 회르니와 아멜코 사 설립. 2014년 사망.

◆ **줄리어스 블랭크** ◆

1925년 뉴욕 출생. 뉴욕 시립대학 기계공학 학사. 페어차일드 반도체를 사직하고 다른 회사에서 근무하다가 1978년 자이코Xicor 설립. 2004년 인터실Intersil Corp.에 매각. 2011년 사망.

◆ **빅터 그리니치** ◆

1924년 출생. 워싱턴 대학 학사, 스탠포드 대학 전기공학 박사. 페어차일드 반도체 사직 후 반도체 회사 창업 및 버클리 캘리포니아 대학과 스탠포드 대학에서 강의. 2000년 사망.

공동 창업자 여덟 명이 페어차일드 반도체 설립에 관한 모든 절차를 마무리 짓고 모회사인 페어차일드 카메라 앤드 인스트러먼츠의 임원, 그리고 투자은행 담당자와 회사 설립 문서에 서명한 것은 1957년 9월 19일이다. 회사 설립 절차를 끝내고 이들은 팔로알토의 2층 목조 건물에 입주했다. 쇼클리의 회사와는 2킬로미터 거리로 꽤 가까웠다.

1960년대에 들어서자 산타클라라 밸리에 반도체 산업의 열기가 들불처럼 퍼져 반도체 회사들이 우후죽순 들어서기 시작했다. 페어차일드 반도체의 설립으로 쇼클리 시대는 종말을 향해 치달았다. 우수한 연구 인력 여덟 명을 한꺼번에 잃은 쇼클리는 이 같은 일을 되풀이하지 않으려고 독일 출신

페어차일드 반도체를 창업한 여덟 명의 공동 창업자. 사진 앞쪽 가운데가 로버트 노이스, 시계 반대 방향으로 장 회르니, 줄리어스 블랭크, 빅터 그리니치, 유진 클라이너, 고든 무어, 셸던 로버츠와 제이 래스트가 둘러앉아 있다(사진 출처: 마운틴뷰 소재 컴퓨터 역사박물관).

과학기술자들을 채용했다. 미국 기술자들과 달리 유럽식 교육을 받았으니 회사와 상사에 성실히 복종하리라고 기대했기 때문이다. 그러나 쇼클리의 회사는 1960년대 초까지 단 한 해도 흑자를 내지 못했다.

새로운 기술의 사업화에 적극적이었고 쇼클리를 믿고 지원했던 아널드 베크만도 계속되는 쇼클리 회사의 적자를 견디지 못해 결국 회사를 매각했다. 그 후 쇼클리는 반도체 사업의 꿈을 접고 산업계에서 물러난 뒤 1963년 스탠포드 대학 교수로 부임했고, 1975년에 정년퇴직했다. 스탠포드 대학 교수 시절 그리고 정년퇴직 후 인종 개량과 유제닉스 연구에 매달린 그의 행적으로 말미암아 주류 사회에서 이단아로 취급받아 그의 과학적인 공로마저 상처받게 되었다는 사실은 앞장에서 이미 설명했다.

첨단기술 사업의 최고경영자는 기술자 출신이 대부분이다. 기술자가 최고경영자가 되면 지난날 기술자 시절에 지녔던 기술적 우월감을 과감히 버려야 한다. 경영자가 해야 할 일은 능력 있는 사람을 찾아 그들에게 일을 맡긴 뒤 그들이 즐겁게 일할 수 있는 분위기를 조성해주는 일이다. 쇼클리는 우수한 연구 인력을 영입하는 데는 성공했으나 그들이 입사한 뒤에는 연구원들의 실력을 불신하거나 경쟁 상대로 생각했고, 그들의 의견을 무시하고 모든 결정을 독단적으로 내렸다. 회사가 연구 논문을 쓰기 위한 곳인지, 제품을 개발하고 생산해 판매하기 위한 곳인지 구분이 안 될 정도였다.

반면, 페어차일드 반도체의 연구개발 책임자 노이스는 연구원들이 자유롭게 생각할 수 있는 분위기를 보장하고 기술 도전을 하도록 끊임없이 그들을 자극하고 격려했다. 쇼클리의 회사와 페어차일드 반도체의 실패와 성공이 극명하게 갈린 지점은 바로 이 부분이었다. 두 회사 모두 최상의 연구진을 보유했고, 그중 핵심 연구원 또한 두 회사에서 모두 근무했다. 그럼에도 쇼클리 회사는 실패했고, 페어차일드 반도체는 성공한 사실을 되새길 필요가 있다.

## 실리콘 밸리의 시초, 페어차일드 반도체

팔로알토의 이스트 찰스턴로East Charleston Road 844번지에는 연두색 페인트로 칠한 오래된 2층 목조 건물이 있다. 페어차일드 반도체Fairchild Semiconductor Corp.가 창업 당시 입주한 이 건물은 쇼클리의 회사에서 샌앤토니오 가를 따라 북쪽으로 약 2킬로미터 떨어진 거리에 있다. 페어차일드 반도체 창업자 여덟 명이 출퇴근길이나 점심시간에 얼마든지 쇼클리와 마주칠 가능성이 높을 정도로 이 건물은 쇼클리의 회사와 가깝다. 이 건물은 1991년 캘리포니아 주정부에서 역사기념물 1000호로 지정했는데 현재 몇몇 사업체가 입주해 사무실로 사용하고 있다. 건물 정문 앞에는 기념 동판이

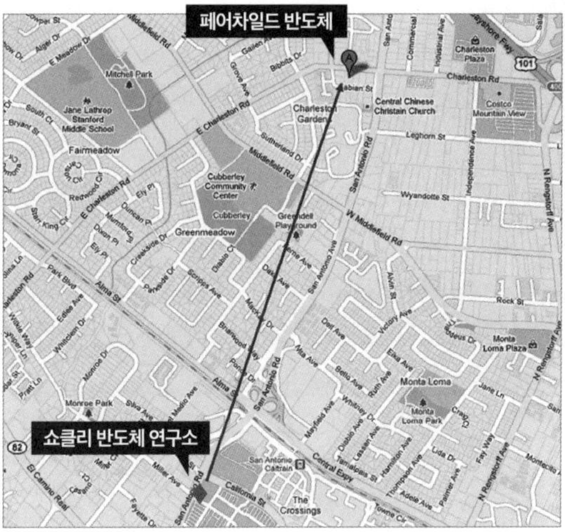


쇼클리의 회사와 페어차일드 회사의 주변 지도. 기술자 여덟 명이 마운틴뷰에 있는 쇼클리의 회사에서 사직하고 약 2킬로미터 북쪽 팔로알토의 이스트 찰스턴로에 페어차일드 회사를 설립했다.

있어 이 장소와 건물의 역사적 의미를 알려준다. 이 건물 사무실에서 일하는 사람들 얘기에 따르면, 이 건물에 찾아와 동판을 들여다보고 기념사진을 찍는 경우가 요즘도 한 달에 한 번 정도 있다고 한다.

이 기념 동판에는 '상업적으로 실용화한 최초의 집적회로'라는 제목 아래 "이곳에서 1959년, 페어차일드 반도체의 로버트 노이스 박사는 '평면형' 기술에 기반한 상업적으로 생산 가능한 집적회로를 최초로 발명하여 실리콘 밸리의 반도체와 전자산업에 혁명을 불러왔다"는 글이 새겨져 있다. 여기서 한 가지 주목할 것은 이 건물을 실리콘 밸리의 탄생지라 하지 않고 단지 집적회로를 발명한 곳이라고 표기한 점이다. 그 이유는 이 건물보다 휼렛패커드 사가 창업했던 '차고'가 먼저 캘리포니아 역사기념물로 지정받으면서 그 기념 동판에 '실리콘 밸리의 탄생지Birthplace of Silicon Valley'라고 표기했기 때문이 아닌가 싶다. 그러나 페어차일드 반도체 창업이 실리콘 밸리 태동에 직접적인 계기가 되었으므로 HP 차고를 실리콘 밸리의 탄생지라 한 것은 적절하지 않다.

페어차일드 반도체 기념 동판에 상업적 또는 실용화한 '최초의 집적

**위** | 페어차일드 반도체가 창업 당시 입주했던 건물의 현재 모습. 이 건물은 현재 작은 사업체들이 입주해 사무실로 사용하고 있다.

**아래** | 페어차일드 반도체가 창업 당시 입주했던 건물 앞에 있는 기념 동판이 이 건물의 역사적 의미를 알려 준다. 왼쪽은 캘리포니아 주정부의 역사기념물 1000호를 알리는 동판이며, 오른쪽은 전기공학과 컴퓨팅 부문 국제 전기전자 공학자협회IEEE 이정표(반도체의 평면 공정과 집적회로, 1959년) 동판이다.

회로'라는 점을 강조했다는 사실도 주목할 부분이다. 집적회로는 TI(Texas Instruments) 사의 잭 킬비Jack Kilby와 페어차일드 반도체의 로버트 노이스가 거의 같은 시기에 독자적으로 발명한 것으로 인정한다. 킬비의 특허는 집적회로의 기본 개념을 기술하고 있지만 노이스의 특허는 고집적도 칩 생산을 가능하게 한 실용적인 집적회로 기술이다. 현재 생산되는 반도체 칩의 집적회로 기술은 노이스의 특허에 기반하고 있다.

페어차일드 반도체를 창업한 뒤 노이스는 연구개발 책임자로 기술 개발을 총괄했고, 모회사 페어차일드 카메라 앤드 인스트러먼츠는 부사장을 파견해 그 밖의 업무를 총괄하고 동부의 본사와 연결하는 임무를 맡겼다. 페어차일드 반도체는 조직에 구애받지 않고 수직, 수평으로 자유롭게 의사소통하는 분위기를 조성하여 트랜지스터의 양산이라는 뚜렷한 목표로 출발했다. 실리콘 밸리 기업의 주된 목표는 새로운 첨단기술을 상용화하여 사업으로 성공하는 것이다. 그렇다고 실리콘 밸리가 반드시 원천 기술의 산실일 필요도 없다. 물론 실리콘 밸리에서 수많은 원천 기술이 개발되었고 상용화에 성공했지만 다른 곳에서 개발한 원천 기술을 실리콘 밸리에서 상용화에 성공한 경우도 많다. 여기서 강조할 점은 실리콘 밸리의 궁극적인 목표가 첨단 기술의 상용화에 있다는 사실이다.

페어차일드 반도체가 설립될 당시의 반도체 산업은 저마늄 트랜지스터가 주류였고 실리콘 트랜지스터는 아직 걸음마 수준이었다. 따라서 실리콘 트랜지스터 제작에 필요한 핵심 장비와 자재를 구하기가 힘들었다. 이 때문에 페어차일드 반도체 연구진은 핵심 장비와 자재를 자체 개발하여 사용했다. 예를 들어 칩 생산의 원자재인 웨이퍼wafer, 즉 실리콘 기판은 결정 결함이 매우 적고 불순물 함량도 매우 낮다. 지금은 실리콘 웨이퍼를 전문으로 생산 공급하는 대형 회사들이 있어 삼성전자나 하이닉스와 같은 반도체 칩 생산 회사는 웨이퍼를 이 회사들에서 구입하면 된다.

그러나 당시에는 실리콘 단결정을 성장하는 일 자체가 새로운 기술이었으므로 페어차일드 반도체는 자체 기술로 실리콘 결정 성장crystal growth 장비를 제작해 실리콘 웨이퍼를 만들었다. 사진 식각photo etching 공정에 필요한 정교한 사진기, 감광 물질인 포토레지스트photoresist, 실리콘 산화막을 제거하는 화학용액, 세정액 등의 장비와 재료들도 자체 개발하여 사용했다. 이 같은 노력의 결과로 페어차일드 반도체는 창업 후 얼마 지나지 않아 업계에서 가장 앞선 기술을 보유하게 되었다.

페어차일드 반도체가 창업한 1957년 9월은 시기적으로 좋았다. 1950년대 미국의 경제 호황에 힘입어 전자제품의 수요가 급증했고 진공관을 대체해 저마늄 다이오드와 트랜지스터가 이미 활용되고 있었다. 그러나 저마늄 소자의 열적·전기적 특성의 한계로 실리콘 소자에 대한 관심이 점차 높아졌다. 특히 군사장비에 사용되는 전자부품에는 저마늄보다 성능과 신뢰성이 높은 반도체 소자가 필요했으므로 미국 국방성은 자연스럽게 실리콘 트랜지스터에 관심을 돌렸다. 미국의 첨단기술 개발 초기에는 방위산업이 개발 촉진제의 역할을 하는 경우가 많다. 세계 최강의 군사력을 유지하기 위해 막대한 예산을 사용하는 미국 국방성이야말로 신기술 초기에 고가의 신제품을 구입하는 유일한 고객이기 때문이다. 20세기 초반의 레이더 기술과 라디오 기술이 그렇고, 2장에서 언급한 최초의 현대식 디지털 컴퓨터 에니악에서처럼 초기 컴퓨터 제작과 기술 발전에서도 그렇다. 트랜지스터의 출현으로 이제 군사장비의 크기와 무게, 전력 소모, 신뢰성 등이 진공관을 사용한 장비에 비해 획기적으로 향상되었다. 저마늄 트랜지스터의 뒤를 이어 성능과 신뢰성이 뛰어난 실리콘 트랜지스터가 방위산업에서 우선 응용되는 것은 당연한 추세였다.

페어차일드 반도체가 출범한 지 2주일이 지난 1957년 10월 4일, 구소련은 세계 최초의 인공위성 스푸트니크Sputnik 1호를 쏘아올려 지구 궤도에 진입시키는 데 성공했다. 스푸트니크 1호 발사 성공에 세계는 경탄했지만 미국은 충격에 휩싸였다. 게다가 구소련은 스푸트니크 1호를 발사한 지 불과 두 달 만인 1957년 12월 3일에 스푸트니크 2호를 발사했다. 무중력 상태가 생명체에 미치는 영향을 조사하기 위해 개 한 마리를 탑승시킨 스푸트니크 2호는 생명체가 탑승한 최초의 인공위성이 되었다. 제2차 세계대전이 종료되고 한국전쟁도 끝난 뒤의 1950년대는 미국과 구소련이 세계의 주도권을 다투는 냉전시대로 들어선 시기다. 따라서 이 무렵에 미국 국방성이 군사력 향상에 투자와 지원을 아끼지 않았음은 물론이다. 구소련이 스푸트니크 1호를 발사하기 전 미국도 인공위성 발사를 시도한 적이 있다. 그러나 그 시도는 실패로 끝났다. 따라서 미국은 구소련이 스푸트니크 1, 2호 발사에 성공하자 뒤통수를 얻어맞은 듯한 충격과 함께 구소련의 군사력 우위에 대한 위기감이 고조되었다. 미국의 과학교육 제도와 교육 현실에 대한 반성 등 난리가 났다. 이러한 국내외적 상황은 페어차일드 반도체의 초기 사업에 도움이 되었다.

1958년 1월, IBM은 미국 공군이 장거리 신형 폭격기에 탑재할 컴퓨터 개발에 부심하고 있었다. 이 컴퓨터가 제대로 성능을 발휘하려면 고성능의 실리콘 트랜지스터가 필요했지만 이 같은 실리콘 트랜지스터를 구할 수가 없었다. 당시 트랜지스터 기술에서 가장 앞섰던 TI도 실리콘 트랜지스터를 생산하지 못한 시점이었다. 이런 상황에서 페어차일드 반도체는 실리콘 트랜지스터 제작과 공급을 논의하기 위해 IBM과 접촉을 시도했다. 회사 설립 후 겨우 넉 달이 되었고 트랜지스터를 생산한 경험이 전혀 없는 신생 회사 페어차일드 반도체를 IBM이 탐탁하게 생각할 리 만무했다. IBM에서 요구하는 트랜지스터 설계 구조를 갖춘 확산형 실리콘 트랜지스터의 제작은 페어차일드 반도체에는 모험이나 다름없었다. 그러나 노이스는 기술 개발의 책임자로서 연구팀의 기술력을 정확히 파악하고 있었고, IBM에서 요구하는 실리콘 트랜지스터 개발이 가능하리라고 판단했다. 1958년 2월, 노이스는 IBM을 설득하는 데 성공, IBM과 실리콘 트랜지스터 공급 계약을 체결했다. 당시 저마늄 트랜지스터가 개당 약 5달러였는데 IBM은 실리콘 트랜지스터 가격으로 개당 150달러를 제시했으니 실리콘 트랜지스터에 대한 IBM의 기대가 얼마나 컸는지 짐작할 수 있다.

IBM이 요구하는 실리콘 트랜지스터의 개발로 페어차일드 반도체는 사업 목표가 분명해졌다. 이 프로젝트를 성공적으로 수행할 경우 페어차일드 반도체는 단숨에 실리콘 트랜지스터의 선도 기업으로 부상하게 된다. 실패할 가능성에 대비해 노이스는 pnp형 트랜지스터 개발팀과 npn형 트랜지스터 개발팀을 구성해 두 프로젝트를 동시에 추진했다. 고든 무어가 담당한 npn형 트랜지스터 개발은 불과 3개월 만인 1958년 5월 시작품 제작에 성공했고, 그해 여름 생산에 들어가 IBM에서 요구한 트랜지스터 100개를 예정대로 공급했다. 그해 가을 전자제품 전시회에서 이 트랜지스터를 선보인 페어차일드 반도체는 확산형 실리콘 트랜지스터를 생산하는 세계 최초의 회사가 되었다. 쇼클리의 회사에서 시작된 노이스와 무어의 긴밀한 인간관계는 페어차일드 반도체에서 비로소 결실을 맺기 시작했고, 훗날 두 사람은 페어차일드 반도체를 사직하고 인텔을 공동 창업한다. 이러한 과정으로 노이스는 프레더릭 터먼에서 휼렛과 패커드, 그리고 쇼클리에 이어서 실리콘밸리의 맥을 이은 인물이 되었다.

### 로버트 노이스

로버트 노이스Robert Noyce는 1927년 12월 12일생으로 미국 중부 아이오와 주에서 출생했다. 부모 모두 대학을 졸업한 엘리트로 부친은 목사였고, 사형제만 있는 노이스는 그중 셋째였다. 형제들은 유년기에 1930년대 미국의 경제 대공황을 겪으면서 자랐지만 자식 교육에 대한 부모의 열정으로 부족함 없이 성장했다. 장남 돈 노이스Don Noyce는 컬럼비아 대학교 대학원에서 화학 박사학위를 받은 뒤 버클리 캘리포니아 대학 교수가 되어 형제들의 모범이 되었다.

목회 활동을 하는 부친을 따라 어린 시절에는 아이오와 주 곳곳을 여러 차례 옮겨 살았지만 로버트가 12세 되던 해 아이오와 한복판에 있는 작은 마을 그린넬Grinnell에 정착하여 이곳에서 고등학교와 대학을 마쳤다. 고등학교 시절에는 친구들과 어울려 놀고 과외활동과 아르바이트 등 바쁘게 보내면서도 성적은 전 과목 A를 받아 친구들을 놀라게 했다. 그는 특히 수학과 과학에서 탁월한 실력을 보였고, 키 170센티미터로 그리 크지는 않았지만 운동으로 다져진 근육질 몸매와 균형 잡힌 체격으로 여학생들에게 인기가 많았다. 대학에 진학한 노이스는 당시 인기 종목인 풋볼이나 농구 대신 수영과 다이빙에 몰두했다. 그 집념의 결과로 노이스는 그린넬 대학이 속한 대학연맹에서 다이빙 챔피언에 오르기도 했다.

그린넬은 당시 인구 6천 명 정도의 작은 마을이었다. 이곳 그린넬 칼리지Grinnell College는 학부 학생 수가 약 1천7백 명인 작은 사립학교로, 2015년 현재 미국의 리버럴 아트 칼리지 가운데 전국 19위에 올라 있다. 그린넬 칼리지에서 고등학교 졸업을 앞둔 노이스에게, 대학에 입학하면 물리학 실험실 조교로 임명하겠다는 내용으로 입학 권유서를 보내왔다. 실험실 조교는 대부분 대학원생들에게 맡겨왔던 터라 대학의 이러한 파격적인 권유를 받아들여 노이스는 1945년 그린넬 대학에 입학해 물리학을 공부했다. 지도교수 그랜트 게일Grant Gale은 그의 대학 시절에 든든한 후원자가 되어주었다. 이후 페어차일드 반도체에 근무하면서 쓰지 않는 회사의 반도체 장비를 그린넬 대학에 기증해 게일 교수의 은혜에 보답하기도 했다.

게일 교수는 트랜지스터 공동 발명자인 존 바딘과 위스콘신 대학교 동창이자 기숙사 방친구이기도 했다. 벨 연구소에서 트랜지스터 발명을 외부에 공식 발표했던 1948년 가을, 노이스는 대학 4학년이었다. 트랜지스터 발명 소식을 접한 게일은 벨 연구소에 있는 친구 존 바딘을 만나 관련 논문과 트랜지스터 샘플을 받아 노이스와 함께 트랜지스터 작동원리를 연구했다. 그 덕분에 노이스는 학부를 졸업할 무렵, 당시 최첨단기술인 트랜지스터의 기본 이론과 작동원리를 이해하게 되었다.

그러나 대학 생활이 순탄한 것만은 아니었다. 노이스는 대학 생활에서 중요한 일부분인 파티와 관련하여 한바탕 곤욕을 치르기도 했다. 대학 3학년 때 그가 생활하던 기숙사에서 하와이 루아우(luau, 땅속에 통째로 파묻어 구운 돼지를 함께 먹으며 즐기는 하와이 민속 축제) 파티를 열기로 했다. 루아우에 쓸 돼지를 구해오는 역할을 맡은 노이스와 동료 한 명은 파티 전날 밤 학교 근처 농가에 몰래 숨어들어 새끼 돼지 한 마리를 훔쳐왔다. 이 돼지는 다음 날 흙 속에서 구워져 루아우 파티에 학생들의 입을 즐겁게 했다.

그런데 일이 터지고야 말았다. 돼지의 주인은 다름 아닌 그린넬 시의 시장이었고, 경찰은 돼지 절도범들을 눈 깜짝할 사이에 찾아냈다. 노이스와 동료 학생이 죄를 자백하고 사과했지만, 시장은 그린넬 대학에 이 학생들을 처벌하라고 요구했다. 주산업이 농축산업인 아이오와에서는 가축 절도를 상당히 중대한 범죄로 다루었다. 따라서 젊은 학생들이 장난삼아 한 일로 이해하고 관대하게 넘어갈 수도 있었지만 돼지 주인인 시장은 이번 일을 본보기로 삼겠다는 듯, 학교 당국에 두 학생을 퇴학시키라고 요구했다.

노이스는 지도교수를 비롯하여 학교 당국의 중재로 간신히 퇴학을 면하는 대신 6개월 정학 처분을 받았다. 노이스는 정학 기간 동안 학교를 떠나 뉴욕에서 일을 하고 돌아와 남은 학기를 마치고 졸업했다.

지도교수 게일의 권고로 MIT 대학원에 진학한 노이스는 고체물리 연구로 1953년 박사학위를 받은 뒤 필라델피아에 있는 전자회사 필코에 취직했다. 그러나 미국 정부에서 수주한 연구 과제를 수행하던 노이스는 차츰 필코의 업무에 의욕을 잃어갔다. 1956년 쇼클리에게 전화를 받은 노이스는 주저하지 않고 쇼클리 회사에 입사했다. 그 후 페어차일드 반도체를 설립하기까지의 과정은 앞에서 설명했다.

### 페어차일드 반도체의 성장과 집적회로의 발명

페어차일드 반도체는 설립 초기부터 비약적으로 성장했다. 직원 수는 설립 2년 만에 2백 명으로 늘었고 매출도 증가했다. 노이스의 직책은 연구소 소장이었으나 연구개발뿐 아니라 실질적인 업무의 많은 부분에 관여했다. 동부에 있는 본사와의 연결만은 본사에서 파견된 부사장이 담당했다. 1950년대를 마감할 무렵 페어차일드 반도체는 양적인 성장뿐 아니라 기술적으로도 중요한 성과를 거두었다. 공동 창업자 여덟 명 가운데 스위스 출신 장 회르니가 기존의 **메사**(mesa, 사다리꼴)**형 트랜지스터**를 대체하는 **평면**planar **형 트랜지스터**를 고안해냈다. 이 평면형 트랜지스터는 당시 모든 회사에서 생산하던 메사형에 비해 제조 기술에 획기적인 개선을 가져왔으며, 이로써 같은 칩 위에 트랜지스터 여러 개를 형성하여 연결해서 복잡한 기능을 구현할 수 있는 집적회로 제조의 길이 열렸다. 회르니의 평면형 트랜지스터 발명으로 마치 트랜지스터에 바퀴가 달린 셈이 되었고, 이제는 집적회로라는 날개를 다는 일만이 남았다.

회르니의 평면형 트랜지스터 기술을 이용해 트랜지스터와 다이오드, 저항 등 여러 소자를 하나의 칩 위에 구현하는 집적회로 기술은 노이스가 이루었다. 1959년 1월 노이스가 자신이 고안한 집적회로 기술을 연구 노트에 기록한 뒤 두 달이 지난 1959년 3월, TI는 킬비의 집적회로 발명을 외부에 공식 발표했다. 킬비의 특허는 집적회로의 기본 개념에 대한 내용이고, 노이스의 집적회로는 각종 소자들을 형성하여 연결하는 실용적인 기술이다. 페어차일드 반도체는 노이스의 집적회로 기술을 1959년 7월에 특허 출원했다. TI와 페어차일드 반도체는 특허권과 집적회로 발명의 공로를 놓고 10여 년에 걸쳐 소송을 벌였다. 결국 두 회사는 킬비와 노이스를 집적회로 공동 발명자로 인정하기로 하고, 두 회사의 특허상호 사용권Licensing에 합의함으로써 소송을 종결지었다. 집적회로의 등장으로 반도체 산업은 날개를 달고 비약적으로 발전한다.

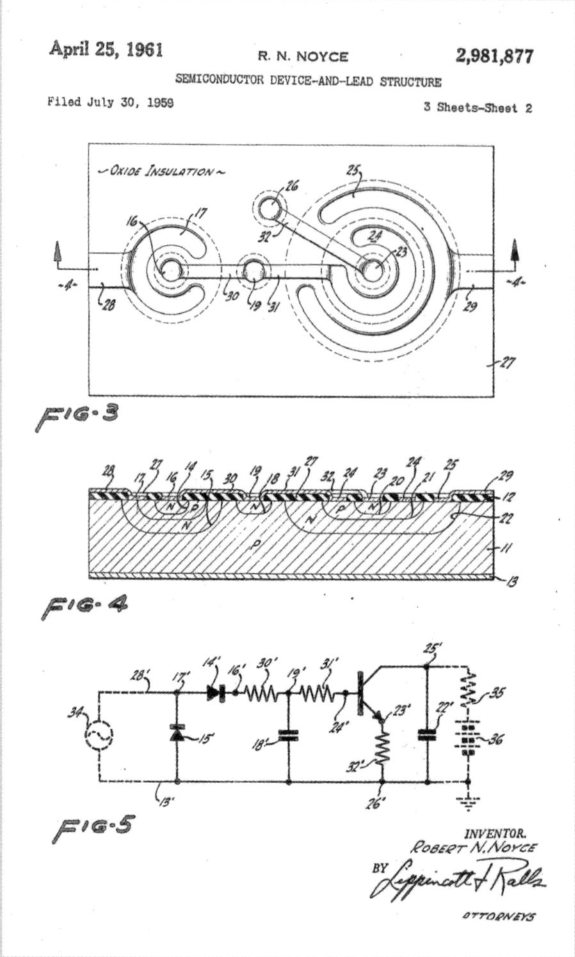


**위** | 로버트 노이스의 집적회로 특허 가운데 일부분.

**아래** | 잭 킬비가 집적회로의 개념을 기록한 연구 노트 복사본(마운틴뷰 소재 컴퓨터 역사박물관 소장).

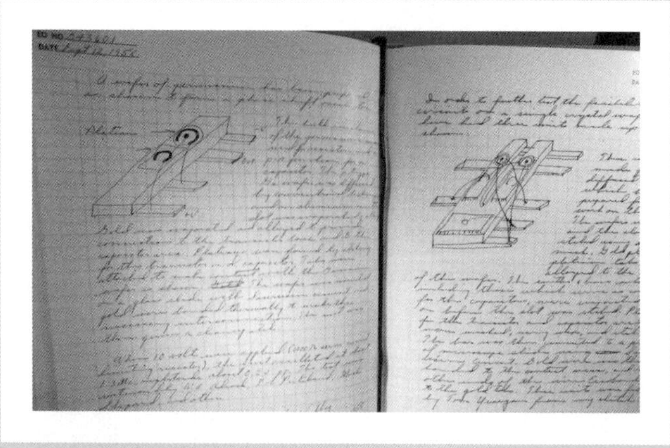

집적회로가 반도체 산업뿐 아니라 전자산업 전반에 끼친 영향을 인정해 노벨상 심사위원회는 2000년 노벨상 물리학상 공동 수상자로 잭 킬비를 선정했다. 애석하게도 1990년에 사망한 노이스는 노벨상 수상의 기회를 얻지 못했다. 다음에서 설명하겠지만 노이스에게는 노벨상 수상 기회가 또 한 번 있었다. 그러나 노이스는 노벨상과는 인연이 없었는지, 이 역시 불발로 끝나고 말았다.

## 소니의 트랜지스터 라디오, 노벨상으로 이어진 에사키의 연구

1950년대의 트랜지스터와 관련해 언급할 부분은 일본의 소니 사에 관한 얘기다. 소니는 실리콘 밸리와 관련이 없으며, 미국 회사도 아니다. 그러나 소니가 1950년대 트랜지스터를 자체 개발하여 휴대용 라디오를 개발한 뒤 상용화에 성공했다는 사실은 의미하는 바가 크다. 소니가 1955년 트랜지스터 라디오를 처음으로 출시할 당시, 이미(1954년부터) 미국에서는 TI가 설계하고 IDEA(Industrial Development Engineering Associates)의 사업 부문인 리젠시에서 생산한 트랜지스터 라디오가 리젠시Regency TR-1이라는 이름으로 판매되고 있었다. 그러나 일반 소비자용 전자제품에 트랜지스터를 사용해 세계 시장에서 엄청난 성공을 거둔 것은 소니가 처음이었다. 비록 트랜지스터 기술이나 상품 개발에서 세계 최초는 아니었지만, 소니가 트랜지스터 라디오 시장에서 최초로 성공을 거두었다는 것은 중요한 사실이며, 이 점은 실리콘 밸리 기업의 면모와 비슷하다.

이렇듯 소니는 일본의 대기업인 도시바, 미쓰비시, NEC, 히다치 등 대형 전기전자 기업과는 전혀 다른 형태를 띤 독자적인 기업이었다. 소니는 기술자들이 맨주먹으로 창업해 그들의 기술력과 땀, 그리고 비전으로 짧은 기간에 세계적인 기업으로 도약한 회사다.

소니는 이부카 마사루井深大와 모리타 아키오盛田昭夫가 1946년에 창업한 회사다. 이부카는 1945년 제2차 세계대전이 종전되자 기술자 몇 명과 함께 도쿄에서 사업을 시작했다. 곧이어 모리타가 가담했으며, 1946년 정식으로 회사를 등록해 출범했다. 설립 당시의 회사는 도쿄통신공업(東京通信工業 Tokyo Tsushin Kogyo, Tokyo Telecommunications Engineering Corp.), 일본 발음으로 '도쿄추신고교,' 약칭으로는 '도추코'라고 했다.

이부카는 처음 사업을 할 때 고장 난 라디오와 단파 수신기들을 수리하는 일로 회사를 꾸려 나갔고 이어서 전기담요, 전기밥솥 등을 제작 판매해 확장해 갔다. 곧이어 제작 판매한 녹음기 또한 일본 국내 시장에서 큰 성공을 거두며 기술력을 인정받았다. 녹음기의 성공은 소니가 기술력뿐 아니라 시장을 개척하는 능력도 매우 뛰어남을 보여주었다. 기존 시장에서 후발업체로 진입해 시장 점유율을 높여가는 통상적인 전략이 아니라 새로운 시장을 개척해 처음부터 독보적인 위치를 차지한 것이다. 녹음기 시장에서 성공을 거둔 것은 전쟁이 끝난 뒤에도 여전히 교육시설이 부족한 일본의 학교 현장에서 어학 교육용으로써 녹음기의 교육 효과에 착안한 소니가 학교와 학부모 등을 고객으로 삼은 것이 적중했기 때문이다. 지난날의 워크맨Walkman이나 워치맨Watchman, 그리고 최근 소니의 게임기 '플레이스테이션PlayStation' 등에서 보듯이, 소니는 기발한 제품들로 새로운 시장을 개척하는 능력이 있었다. 트랜지스터 라디오가 성공할 수 있었던 것은 기존의 라디오 시장에 뛰어들었다기보다는 한층 더 가볍고 작게, 주머니에 넣고 다니는 소형 라디오를 개발하여 젊은 층을 주요 고객으로 한 새로운 시장을 창출했기 때문이다.

소니, 곧 도추코가 트랜지스터에 관심을 가진 것은 1952년이었다. 1952년 봄, 사업차 미국을 방문한 이부카는 웨스턴 일렉트릭에서 트랜지스터에 대한 특허 사용권을 2만 5천 달러로 하여 다른 회사들에 허용하기로 했다는 소식을 들었다. 당시 벨 연구소와 웨스턴 일렉트릭의 주요 관심사는 오로지 AT&T에서 사용하는 전화교환기에 내장된 기계식 스위치와 진공관을 트랜지스터로 대체하는 일이었다. 따라서 컴퓨터나 일반 소비자용 전자제품 등에 쓰이는 트랜지스터를 생산하려는 회사에 특허권 사용을 허가해주기로 한 것이다. 당시 트랜지스터를 사용한 상용제품으로 보청기가 유일했다. 또한 트랜지스터를 사용한 라디오가 제작되기는 했지만 군수용 기기였고, 미국의 일반 소비자용 트랜지스터 라디오의 개발은 그리 급한 사업이 아니었다. 트랜지스터의 주파수 특성이 라디오에 필요한 성능에 크게 미치지 못한 것도 이유 중의 하나였지만, 집의 거실에 진공관 라디오를 가구처럼 놓아두고 가족이 둘러앉아 듣는 것으로 만족하고 있었다. 손바닥만 한 라디오를 들고서 어디에서나 듣는 라디오의 개념이 아직 생소한 때였다. 포터블 진공관 라디오가 있기는 했지만 크고 무거울뿐더러 배터리 수명도 짧아 실용적이지 못했다.

녹음기 이후로 후속 제품에 고심하던 이부카는 미국 출장을 끝내고 돌아온 뒤 트랜지스터 특허 사용권을 취득하여 세계 최초로 상용 트랜지스터 라디오를 개발하기로 결심했다. 특허 사용권을 취득해도 트랜지스터 제조 방법은 가르쳐주지 않았기 때문에 자체에서 제조 방법을 터득하든가, 아니면 RCA(Radio Corporation of America) 등 이미 트랜지스터를 생산하는 회사와 별도로 계약을 체결하고 사용료를 지불한 뒤 제조 기술을 들여와야 했다. 도시바, 미쓰비시, 히타치와 같은 큰 회사들은 사용료를 지불하고 RCA에서 제조 공정을 도입해 트랜지스터 개발에 착수하고 있었다.

이부카는 독자적인 개발을 추진하기로 결단을 내렸다. 1953년 당시 직원 수가 125명에 지나지 않는 도추코의 이 결정은 대단한 모험이고 무모할 수도 있는 일이었다. 미국 회사에서 특허권을 취득하려면 먼저 일본 정부 통상산업성(이하 약칭으로 통산성)의 허가를 받아야 했다.

그러나 트랜지스터가 새롭고 어려운 첨단기술 분야라는 사실을 알고 있는 통산성은 규모가 보잘것없고 영세한 도추코에 허가를 내주지 않았다. 전후 경제가 어려운 시기에, 2만 5천 달러라는 거액의 외화를 들여가며 특허권을 취득해 트랜지스터를 자체 개발하려는 그들의 계획이 무모한 수준을 넘어 불가능으로 비쳤기 때문이다. 웨스턴 일렉트릭도 '도추코'라는 이름을 들어본 적이 없었으니, 이부카와 모리타는 그들에게 도추코를 이해시키고 설득하는 데 많은 시간과 노력을 기울였다.

통산성의 허가가 나지 않은 상황에서 1953년 미국 출장에 나선 모리타는 먼저 웨스턴 일렉트릭과 특허 사용권 계약을 체결하는 데 성공했다. 단, 일본 통산성의 허가를 받아야 한다는 조건이 붙었다. 우여곡절 어려움을 겪은 뒤 1954년 초, 통산성의 승인을 얻자 이부카와 모리타는 트랜지스터 개발에 본격적으로 착수했다. 그러나 어려움은 이제부터 시작이었다. 벨 연구소에서 발명한 지 5년밖에 안 된 트랜지스터는 도추코의 개발팀 모두에게 생소한 기술이었다. 도추코뿐 아니라 트랜지스터는 이 무렵 대부분의 일본 사람에게 미지의 소자였다. 따라서 트랜지스터 개발에 필요한 기술 자료와 정보도 없었고 필요한 장비를 일본 국내에서 구하기도 힘들었다. 이때부터 도추코 기술자들의 밤낮 없는 노력이 시작되었다. 트랜지스터에 대한 기술 자료와 정보를 미국에서 입수하는 한편, 저마늄 단결정을 성장시키는 기본 연구부터 시작했다. 단결정 성장에 필요한 장비가 시중에 없었던 탓에 장비를 자체 개발해서 사용했다.

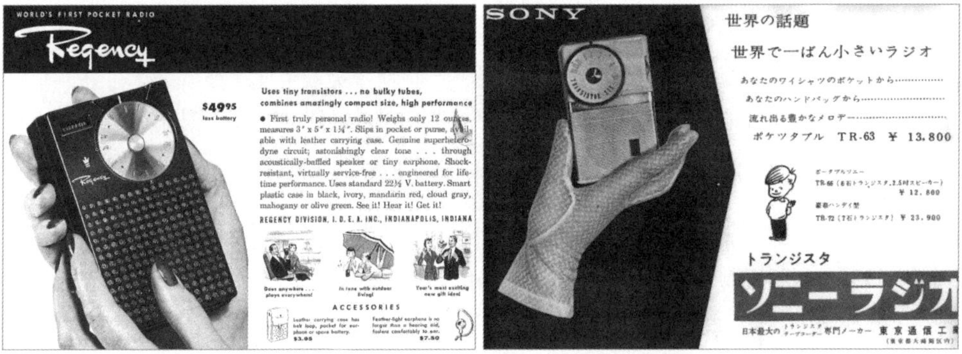


레전시 TR-1(왼쪽)과 소니의 TR-63(오른쪽)의 광고. 크기와 두께(TR-1: 127 x 76 x 31.8 mm, 22.5볼트, TR-63: 114 x 71 x 38 mm, 9볼트)에서 소니가 더 작고 가볍고 가격도 훨씬 싸 미국과 유럽에서 엄청난 인기를 끌었다. 레전시에서 이미 트랜지스터 라디오의 장점을 소개했으니, 소니는 '세계에서 가장 작은 라디오'라는 점을 부각시켰다. 이 모델의 성공으로 회사 이름을 '소니 코퍼레이션'으로 바꾸는 결단을 내린다(사진 출처: www.pinterest.com).

이러한 상황은 쇼클리의 회사나 페어차일드 반도체 연구팀이 트랜지스터를 개발할 때와 비슷하다. 놀랍게도 도추코 연구팀은 1년이라는 짧은 기간에 저마늄 트랜지스터를 제작하는 데 성공했다. 도추코는 1955년 트랜지스터 라디오 첫 번째 모델을 개발하고, 같은 해 8월 TR-55라는 모델 이름으로 출시했으며, 이때부터 자사 제품에 '소니'라는 상표 이름을 사용하기 시작했다. 트랜지스터 양산 기술을 터득한 도추코는 일본 내 다른 전자회사에도 트랜지스터를 판매하기 시작했다. 전자제품 사업뿐 아니라 반도체 사업에도 진출한 것이다. 1957년에는 주머니에 넣고 다닐 수 있는 라디오 TR-63을 출시했는데 이 제품은 당시 세계 최소형 라디오로 미국과 유럽에서 폭발적인 인기를 끌었다. 이로써 도추코는 트랜지스터 라디오 사업에서 대성공을 거두었고 소니라는 상표 이름도 국제적인 인지도를 얻었다.

세계적인 기업을 염두에 두던 이부카와 모리타는 이때가 회사의 이름을 바꾸기에 적절한 시점이라 판단하여, 1958년 초 마침내 회사 이름을 '소니 코퍼레이션Sony Corporation'으로 바꾸었다. 일본의 사업 관행으로 볼 때 소니라는 이름은 대단히 파격적이었다. 회사 안팎에서 적지 않은 반대가 있었음은 물론이다. 그러나 세월이 흐른 지금, 그들의 판단이 옳았음이 입증되었다. 소니는 세계적인 기업으로 성장했고, 이후 전자산업을 중심으로 영화와 음반 등의 엔터테인먼트 회사로 변모했다. 회사 이름에 전자나 기타 수식어가 없이 단순히 소니 코퍼레이션이라 한 것은 미래에 전자산업 일변도의 소니에서 탈피하려 한 의도가 있었기 때문이다.

소니가 성장하는 과정에서 주춤하거나 실패한 상황도 물론 있다. 트랜지스터를 생산해 반도체 산업에 일찍 진출했지만 집적회로의 생산 참여는 오히려 늦었다. 훗날 **메모리 반도체** 사업에도 진출했지만 강력한 업체는 되지 못했다. 영상 녹화기인 VCR 포맷 표준 선정 과정에서 소니의 베타맥스 BetaMax가 기술적으로 우수함에도 VHS에 패한 것은 실패 사례 가운데 대표적이다. 엔터테인먼트 사업을 강화하는 과정에서 소니 본연의 텃밭인 TV 등 소비자 전자제품 사업은 기존의 기술적 우위와 경쟁력을 잃었고, 특히 세계 TV 시장에서 한국의 삼성과 LG에 밀려났다. 예전에는 가격이 좀 비싸더라도 개의치 않고 소니 제품만을 구매하는 충성스러운 고객층이 있었다. 소니만의 독특한 성능과 품질, 그리고 디자인 등이 높은 제품 가격을 보상한다고 믿었기 때문이다. 당시 소니의 뛰어난 기술력과 제품 개발, 시장 개척 능력은 세계 수많은 기업에서 관심의 대상이었지만, 지금은 소니라는 상표가 퇴조한 면이 있다.

최근 들어 반도체, LCD TV, 휴대전화 분야에서 한국의 전자산업이 획기적인 성장을 이루었고, 이에 국내 기업들이 소니를 추월했다는 보도를 가끔 접한다. 그러나 소니는 철저하게 기술로 출발했으며, 여전히 기술적인 저력을 가지고 있다. 지금부터 60년 전, 소니에서 근무하던 에사키 연구원이 자신이 수행한 연구로 1973년 노벨상을 받았다는 사실을 상기할 필요가 있다.

### 에사키의 터널 다이오드 발견

소니가 트랜지스터 라디오 첫 번째 모델 TR-55를 출시한 이듬해 1956년, 도쿄대학교 출신의 물리학자 에사키 레오나江崎玲於奈가 소니 연구개발팀에 합류했다. 당시 소니는 트랜지스터를 AM 라디오뿐 아니라 FM 라디오와 TV에도 사용하기 위해 주파수 특성이 향상된 트랜지스터가 필요했는데 에사키가 이 과제를 담당했다.

에사키는 1925년 오사카에서 태어나 1947년 도쿄대학교 물리학과에서 석사학위를 받은 뒤 1959년 같은 대학에서 물리학 박사학위를 받았다. 말하자면 에사키는 소니에 입사, 근무하면서 도쿄대학교의 박사과정을 밟았다. 에사키가 소니에서 연구하던 중 발견한 고체 내부에서 전자의 터널링 현상은 박사학위 논문으로 이어졌고, 훗날 그에게 노벨상 수상의 영예를 안겨 주었다.

에사키는 실리콘 또는 저마늄의 pn 접합 다이오드에서 p 영역과 n 영역 양쪽에 모두 높은 농도의 불순물이 주입되었을 때 비정상적인 전류 전압 특성이 나타나는 것을 발견했다. 비정상적이라는 것은 기존의 고전 물리학으로 설명할 수 없는 특성이라는 뜻이다. 고전 물리학에서는 전자가 고체 안에서 흐를 때 이 전자가 가지고 있는 에너지보다 더 높은 에너지 장벽을 만나면 뚫고 지나갈 수가 없으며 따라서 전류도 흐를 수 없다. 이 고전 물리학의 설명은 벽에 테니스 공을 칠 때 공이 벽에 부딪히면 넘어갈 수 없고, 공의 높이가 벽보다 높아야 넘어갈 수 있는 상황과 비슷하다. 그러나 양자물리학에 따르면 전자는 입자인 동시에 파동과 같은 성격을 지니고 있어 에너지 벽이 높더라도 장벽의 두께가 얇으면 전자가 장벽을 통과할 확률이 있다. 이 현상은 전자가 에너지 장벽을 뚫고 지나간다는 뜻에서 전자의 터널링 electron tunneling 현상으로 불린다. 에사키는 자신이 관찰한 전류 전압 특성을

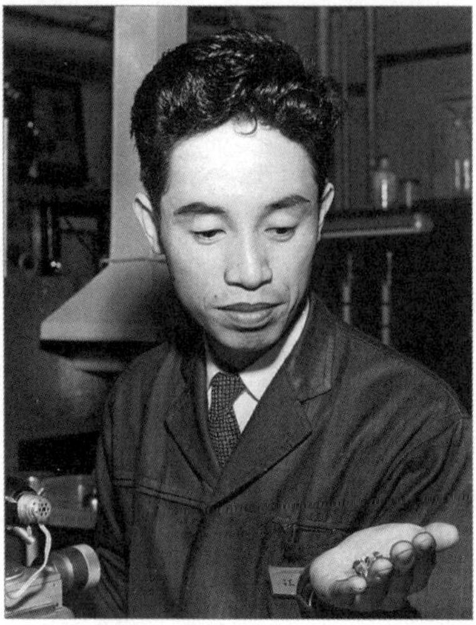

1959년 12월 29일 일본 도쿄 소니에서 일본 물리학자 에사키 레오나가 '에사키 디오이드'를 보여주고 있다(사진 출처: Wikimedia commons).

양자역학적으로 설명하는 데 성공했고, 이에 따라 이 소자는 '터널 다이오드tunnel diode' 또는 '에사키 다이오드Esaki diode'로 불린다. 그때까지 실험 자료가 없어 이론에 머물렀던 고체 내에서의 전자 터널링 현상을 에사키가 최초로 실험을 통해 확인했고 이를 이론적으로 규명했다. 이 공로로 그는 1973년 노벨 물리학상을 수상했고, 역대 네 번째로 일본에 노벨상을 안겨주었다.

## 반도체와 노벨상

노벨상은 대부분 순수과학이나 기초과학 분야에 수여하는 것이 통례로 되어 있다. 따라서 응용과학이자 공학인 반도체 기술은 노벨상 심사 대상 분야와는 거리가 있다. 그러나 반도체 기술이 첨단산업 전반에 미친 엄청난 영향을 인정해 노벨상 심사위원회는 반도체와 관련한 업적에 대해 모두 다섯 차례의 노벨 물리학상을 수여했다.

쇼클리, 바딘, 브래튼이 트랜지스터를 발명한 공로로 1956년에 공동 수상한 것이 처음이고, 1973년 에사키의 수상이 두 번째다. 이들의 연구는 고체물리학의 범주로 볼 수 있으니 노벨상 분야의 범주에서 크게 벗어나지 않는다. 그러나 집적회로의 발명에 대해 노벨상을 수여한 세 번째는 반도체 기술이라는 공학적 업적이 산업과 사회에 가져다준 엄청난 파급 효과를 인정한 결과라 하겠다. 반도체와 관련한 세 번째의 노벨상은 집적회로를 발명한 잭 킬비, 그리고 이종 접합 트랜지스터Heterojunction Transistor 연구를 한 조레스 알표로프Zhores Alfyorov와 허버트 크로머Herbert Kroemer가 수상했다. 킬비와 함께 당연히 공동 수상할 자격이 있던 로버트 노이스는 먼저 세상을 떠나 수상하지 못했다. 반도체 기술과 관련한 네 번째 노벨상은 2009년 윌러드 보일Willard Boyle과 조지 스미스George Smith가 수상했다. 그들이 1969년 벨 연구소에 재직할 때 발명한 CCD(charge-coupled device)로 디지털 사진이 가능하게 된 공로를 인정받았다. 다섯 번째는 청색 발광 다이오드를 발명한 공로로 2014년 아카사키, 아마노, 나카무라, 이렇게 일본인 과학자 세 명이 공동 수상했다.

노벨재단은 1901년부터 물리학, 화학, 의학, 문학, 평화의 다섯 분야에서 세계적으로 뛰어난 업적을 이룬 사람들을 선발해 시상해왔다. 1968년 스웨덴의 중앙은행은 노벨을 추모하는 의미에서 경제 분야의 상을 신설했는데, 현재는 이 경제 부문의 상도 보통 노벨상으로 간주한다. 노벨상 수상자 선정에는 몇 가지 원칙이 있다. 그중 하나가 생존 인물에게만 시상한다는 점이다. 이 원칙은 다음에서 설명하겠지만 반도체와 관련한 노벨상 수상에 중대한 결과를 가져왔다. 또 한 가지는 한 부문의 공동 수상자 수를 최다 세 명으로 제한한다는 점이다. 또한 자연과학 분야인 물리·화학 부문의 경우, 연구 결과가 노벨상의 선정 대상에 들려면 충분한 시간을 거쳐 연구 결과가 검증되고 그 성과가 입증되어야 한다. 따라서 물리학과 화학 부문은 경우에 따라 연구를 수행한 시점에서 상당한 세월이 흐른 뒤에 수상할 수도 있다. 물론 그때까지 연구를 수행한 사람이 생존해 있어야 한다.

1950년대 이후 노벨 물리학상은 대부분 양자역학, 소립자 이론, 우주의 생성과 진화, 초전도 등과 같은 기초과학 분야에서 수상했다. 반도체 기술은 일반적으로 응용과학 또는 공학의 범주에 속하므로 노벨상 심사 대상에서 주 관심 분야가 아니었다. 로버트 노이스가 페어차일드 반도체에 근무할 때 그의 자녀들이 노이스에게 "아빠는 노벨상을 언제 받아요?" 하고 물은 적이 있었다. 그는 자신의 연구는 노벨상 심사 대상이 아니라서 수상이 어려울 것이라고 답했다고 한다. 노이스의 그 대답은 반은 맞고 반은 틀린 말이 되었다. 왜냐하면 반도체와 관련해 노벨상 심사위원회는 다섯 번에 걸쳐 노벨상을 수여했고, 노이스 또한 수상 대상이었으나 아쉽게도 수상 기회를 얻지 못했기 때문이다. 킬비는 집적회로를 발명한 지 41년이 지난 2000년에 노벨상을 수상했다. 이 기간 동안 반도체 기술은 개별 소자에서 시작해 초고집적도의 집적회로를 생산하는 기술로 발전했고 컴퓨터의 크기, 성능과 가격을 개선해 PC 시대를 열었으며 이어 인터넷 시대가 도래하게 되었다. 집적회로를 발명한 지 41년 뒤 킬비가 노벨상을 수상한 것은 매우 다행한 일이다. 그러나 또 다른 집적회로의 발명자 노이스는 1990년에 사망해 아쉽게도 노벨상 수상의 영광을 누리지 못했다.

### 노벨상에 불운했던 로버트 노이스

노이스가 노벨상을 수상할 수 있었던 기회는 집적회로를 발명하기 전에도 있었다. 노이스가 쇼클리 반도체 연구소에서 근무하던 1956년 8월, 그는 pn 접합 다이오드의 p 영역과 n 영역에 불순물을 높은 농도로 주입하면 전

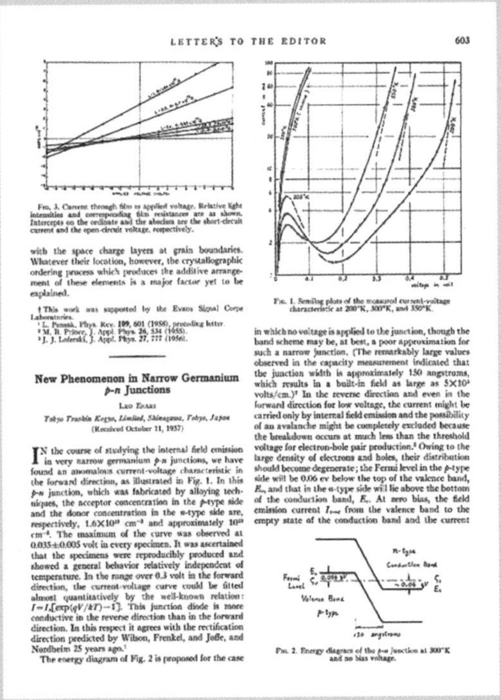



Fig. 3. Current through film vs applied voltage. Relative light intensities and corresponding film resistances are as shown. Intercepts on the ordinate and the abscissa are the short-circuit current and the open-circuit voltage, respectively.

with the space charge layers at grain boundaries. Whatever their location, however, the crystallographic ordering process which produces the additive arrangement of these elements is a major factor yet to be explained.

† This work was supported by the Evans Signal Corps Laboratories.
[1] L. Pensak, Phys. Rev. 109, 601 (1958), preceding letter.
[2] M. B. Prince, J. Appl. Phys. 26, 534 (1955).
[3] J. J. Loferski, J. Appl. Phys. 27, 777 (1956).

## New Phenomenon in Narrow Germanium *p-n* Junctions

Leo Esaki
*Tokyo Tsushin Kogyo, Limited, Shinagawa, Tokyo, Japan*
(Received October 11, 1957)

In the course of studying the internal field emission in very narrow germanium *p-n* junctions, we have found an anomalous current-voltage characteristic in the forward direction, as illustrated in Fig. 1. In this *p-n* junction, which was fabricated by alloying techniques, the acceptor concentration in the *p*-type side and the donor concentration in the *n*-type side are, respectively, $1.6\times10^{19}$ $cm^{-3}$ and approximately $10^{19}$ $cm^{-3}$. The maximum of the curve was observed at 0.035±0.005 volt in every specimen. It was ascertained that the specimens were reproducibly produced and showed a general behavior relatively independent of temperature. In the range over 0.3 volt in the forward direction, the current-voltage curve could be fitted almost quantitatively by the well-known relation: $I=I_s[\exp(qV/kT)-1]$. This junction diode is more conductive in the reverse direction than in the forward direction. In this respect it agrees with the rectification direction predicted by Wilson, Frenkel, and Joffe, and Nordheim 25 years ago.[1]

The energy diagram of Fig. 2 is proposed for the case in which no voltage is applied to the junction, though the band scheme may be, at best, a poor approximation for such a narrow junction. (The remarkably large values observed in the capacity measurement indicated that the junction width is approximately 150 angstroms, which results in a built-in field as large as $5\times10^5$ volts/cm.)[2] In the reverse direction and even in the forward direction for low voltage, the current might be carried only by internal field emission and the possibility of an avalanche might be completely excluded because the breakdown occurs at much less than the threshold voltage for electron-hole pair production.[3] Owing to the large density of electrons and holes, their distribution should become degenerate; the Fermi level in the *p*-type side will be 0.06 ev below the top of the valence band, $E_v$, and that in the *n*-type side will lie above the bottom of the conduction band, $E_c$. At zero bias, the field emission current $I_{v\to c}$ from the valence band to the empty state of the conduction band and the current

Fig. 1. Semilog plots of the measured current-voltage characteristic at 200°K, 300°K, and 350°K.

Fig. 2. Energy diagram of the *p-n* junction at 300°K and no bias voltage.

**왼쪽** | <피지컬 리뷰*Physical Review*> 1958년 1월호에 게재된 에사키의 터널 다이오드 논문.

**아래** | 노이스가 예상한 다이오드의 전기적 특성과 이론적 설명을 연구 노트에 기록한 내용. 그래프와 그림에서 보듯 두 사람이 발견한 내용이 같다. 노이스가 기록한 날짜가 1956년 8월 14일이므로 에사키가 1957년에 수행한 연구보다 앞선다. 에사키는 이 연구 결과로 노벨상을 수상했으나 노이스의 기록 내용은 연구 노트에 묻혀 있어 노벨상 수상 기회를 얻지 못했다.

(자료 제공: Leslie Berlin, 스탠포드 대학교 실리콘 밸리 자료 보관실.)

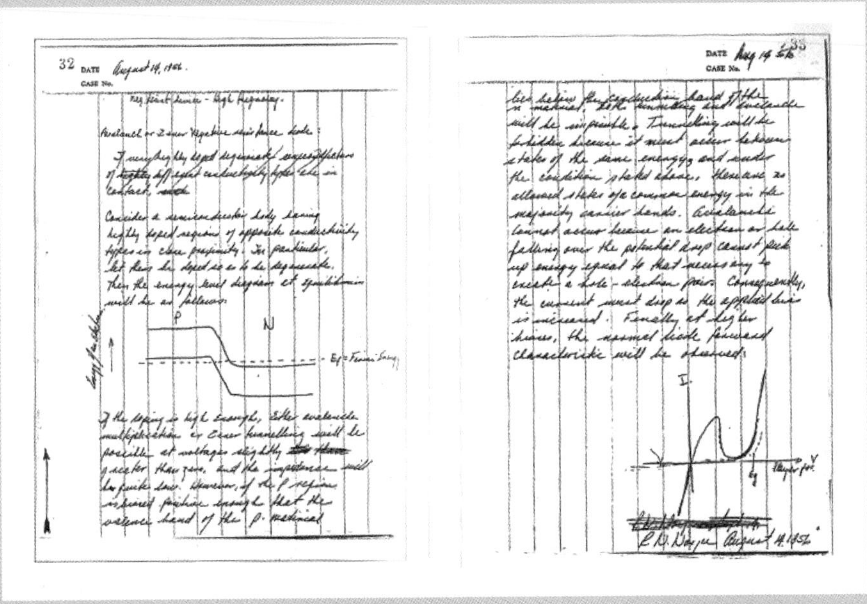

류 전압 특성에서 네거티브 저항을 보이는 전압 구간이 있을 것이라고 예측했다. 네거티브 저항이란 전압이 증가할 때 정상적인 동작과는 반대로 전류가 감소하는 현상을 말한다. 노이스는 이 현상이 양자역학에서 설명하는 전자의 터널링 때문이라고 생각했고, 이 내용을 에너지 대역 그림, 전압 전류 간의 특성 그래프와 함께 연구 노트에 기록했다. 이 내용은 실험으로 검증되지 않고 이론에 머물렀지만 얼마 지나지 않아 에사키가 실험으로 관찰한 것과 같은 내용이다.

노이스는 연구 노트에 기록한 내용을 쇼클리에게 보여주고 그의 의견을 구했다. 과학기술자들은 새로운 발명이나 발견을 했을 경우 자신의 연구 노트에 기록한 뒤 다른 연구원들에게 검토를 받고 그들의 서명을 받는 것이 관례다. 서명한 사람들은 새로운 아이디어의 증인이 되는 셈인데 이 절차가 바로 특허 출원의 첫 번째 단계다. 고체물리학의 대가인 쇼클리가 노이스가 기술한 현상을 이해하지 못했을 리 없다. 그러나 쇼클리는 부하 직원이 새로운 현상을 발견했다는 사실에 대해 자존심이 상했는지는 몰라도, 노이스의 아이디어에 냉담한 반응을 보였다. 결국 노이스는 자신의 이론을 실험으로 검증할 기회를 얻지 못했다.

### 노이스의 예측과 에사키의 터널 다이오드

1957년 여름, 도쿄의 찌는 듯한 날씨에 소니의 연구실에서 불순물 농도가 높은 pn 접합 다이오드의 전기적 특성을 측정하던 에사키는 네거티브 저항을 보이는 전압 구간이 있음을 관찰했다. 노이스가 이보다 1년 전에 예측했던 현상이 에사키가 제작한 다이오드에서 측정된 것이다. 에사키는 실험 결과와 이론을 정리한 논문을 1958년 물리학회 학술지에 게재하고, 곧이어 국제학술회의에서 발표해 학계에서 그 결과를 공식 인정받았다. 에사키가 연구 결과를 발표한 1958년 6월의 유럽 국제학술회의 의장은 바로 쇼클리였다.

발표자와 논문에 대한 간략한 소개를 맡은 쇼클리는 에사키의 연구 결과에 대해 고체 내에서 전자의 터널링 현상을 가장 적절하게 보여주는 연구 결과라고 소개하며 찬사를 보냈다. 이랬던 그가 노이스의 연구 노트에 기록된 내용에는 왜 냉담한 반응을 보였는지, 단지 추측만 있을 뿐이다. 앞서 말한 대로 에사키는 이 연구 결과로 1973년 노벨상을 수상했다. 상을 받으려면 실력뿐 아니라 운도 따라야 한다는 말이 있지만, 노벨상의 경우에는 오래 사는 지구력도 필요하다. 노이스는 운이 없어 노벨상 첫 번째 수상 기회를 놓쳤고, 지구력이 없어 두 번째 수상 기회를 놓쳤다.

### 노벨상과 한국의 과학기술

노벨상을 수상하는 것은 개인의 명예이자 국가의 영예이기도 하다. 우리나라에서도 매년 10월 초, 노벨상 수상자 발표 시기에 많은 관심을 기울인다. 지금까지 우리나라에서는 자연과학 분야에서 노벨상 수상자를 배출한 적이 없다(평화상만 제외하고, 다른 분야도 마찬가지이지만). 따라서 해마다 노벨상 수상자 발표가 끝나는 시점이면 우리의 과학 수준과 현실을 다시 돌아보게 된다. 언론에서는 우리의 과학 수준이 노벨상에 얼마나 근접해 있는지, 노벨상 수상이 가능한 한국인 과학자는 누구인지 등을 보도한다.

2008년 노벨 물리학상 공동 수상자 세 명 가운데 두 명은 일본인, 한 명은 미국 국적의 일본인이었을 때 특히 더 심했다. 이 같은 현상은 2014년에도 반복되었는데 2014년 노벨 물리학상은 일본인 세 명이 공동 수상했다. 이러한 결과를 놓고 언론에서는 우리는 왜 일본처럼 할 수 없는가 하는 자성도 있었고, 일본이 하는데 우리라고 못할 리 없다는 자신감도 비쳤다.

그러나 일본이 했으니 우리도 할 수 있다는 발상은 근거 없는 단순한 경쟁 심리의 표출일 뿐이다. 일본은 일찍부터 기초과학을 중요하게 여겨 기초과학 교육과 연구에 많은 투자를 했으며, 게다가 기초과학에 걸맞게 국민성이 꼼꼼하다는 사실을 우리는 알고 있다. 일본인들의 노벨상 수상 경력은 이러한 과학 기반에 따른 성과물이다. 에사키와 킬비의 경우도 기초과학과 공학의 토양이 충실한 분위기에서 연구에 매진하다 보니 노벨상을 수상하는 연구 결과가 나온 것이다. 따라서 장기적인 안목으로 기초과학 교육과 연구를 활성화해야 하는 이유가 여기에 있다.

최근 들어 우리나라가 반도체, 휴대전화, LCD TV 등 첨단 전자 기술에서 일본을 추월하는 양상을 보이고 있으니 우리의 과학기술도 이에 걸맞게 발전하고 있다고 생각하기 쉽다. 따라서 60년 전 소니 연구실에서 일어난 결과에 주눅들 필요가 없으며, 우리도 이제는 그 정도 연구 업적을 이룰 능력이 있다고 주장할지 모른다.

그렇다면 에사키의 연구 시점에서부터 시계를 60년 후인 현재로 돌려놓고, 60년 전 당시 소니와 비슷한 상황을 가상해 보자. 실리콘의 수명이 다해 가는 즈음에 실리콘 트랜지스터 대신 새롭고 획기적인 나노소자, 예를 들어 **탄소 나노 튜브**와 같은 소자가 외국의 연구소에서 최근에 발명되었다고 하자. 이를 상품화하기 위해 국내 기업체가 이 외국 연구소에서 특허 사용권을 획득했다고 치자. 특허에 기재된 내용 외에는 제조 기술을 따로 가르쳐주지도 않고, 알려진 기술 자료도 없는 상황에서 국내 기업체가 과연 2년 안에 세계 최초의 상품을 개발할 수 있을지, 그리고 연구에 참여한 연구원들이 기술 개발 과정에서 노벨상을 수상할 만한 업적을 이룰 수 있을지를 냉정히 판단할 필요가 있다.

우리의 전반적인 과학기술력을 단순히 소니와 비교하는 것은 적절하지는 않겠지만, 우리의 기초과학과 기술력이 상대적으로 취약한 것은 엄연한 사실이다. 이에 대해 정부의 정책과 지원을 탓하는 경우가 많다. 물론 정부의 정책이 기초과학 기술력에 큰 영향을 미치는 것은 사실이다. 그러나 한 가지 근본적인 문제는 우리의 국민성에 있지 않나 싶다. 한강의 기적을 이룬 경제성장에서 우리는 '빨리빨리'를 국민성의 미덕으로 내세운다. 반도체, TV, 휴대전화 등 첨단 제품 시장에서 후발국가로 출발했음에도 세계 시장을 석권할 수 있었던 것도 이 같은 국민성 덕분이다. 그러나 이러한 국민성은 제조기술 개발에 적합할 수 있지만 기초과학의 실력을 다지는 데는 바람직하지 않다. 노벨상은 빨리빨리 해서 수상하는 것이 아니기 때문이다. 수십 년 앞을 내다보며 묵묵히 자신의 연구 분야에 매진하는 국민성이 자리 잡을 때 비로소 가능한 일이다.

## MOS 트랜지스터의 선구자 강대원 박사

벨 연구소는 1960년 반도체 기술 역사에서 기념비적인 또 하나의 연구 결과를 발표했다. 벨 연구소의 연구원으로 재직하던 강대원 박사가 세계 최초로 **MOS**(Metal Oxide Semiconductor) **트랜지스터** 제작에 성공, 작동원리를 규명해 반도체 기술의 흐름이 **바이폴라**bipolar **트랜지스터**에서 MOS 트랜지스터로 바뀌는 데 결정적인 공헌을 했다는 내용이다. MOS 트랜지스터의 출현으로 우리가 지금 보는 초고집적도의 집적회로 제작이 가능해졌다. 따라서 MOS 트랜지스터를 최초로 제작한 강대원 박사의 공로는 트랜지스터 발명에 견줄 만하다.

강대원 박사는 1931년생으로, 1955년 서울대학교 물리학과를 졸업하고 곧바로 미국 유학길에 올라 1992년 61세를 일기로 타계할 때까지 미국에서 경력을 쌓았다. 대학 재학 중에 한국전쟁을 겪은 세대인 그는 오하이오 주립대학에서 1956년 물리학 석사와 1959년 박사학위를 받았다. 박사과정을 마친 뒤 뉴저지 주 머리 힐에 있는 벨 연구소에 입사해 실리콘 MOS 트랜지스터 연구에 참여했다. 벨 연구소에 입사한 지 1년이 안 된 시점에서 MOS 트랜지스터 제작의 기술적 문제를 해결하고 그 결과를 1960년 9월 학회에 공식 발표했다.

당시 MOS 트랜지스터는 새로운 아이디어는 아니었다. 독일의 물리학자 릴리엔펠트Lilienfeld가 1933년에 획득한 특허에서 전계 효과를 이용한 MOS 트랜지스터를 이미 이론적으로 기술했다. 1950년대 초 벨 연구소에서도 반도체 표면의 전기적 특성에 대한 연구와 MOS 트랜지스터에 대한 연구가 있었다. 그러나 반도체 표면 절연막과 관련한 기술적 문제로 MOS 트랜지스터 제작이 늦춰지고 말았다. 그 결과 최초의 트랜지스터 제작이라는 영광은 바딘과 브래튼이 발명한 바이폴라 트랜지스터에 돌아갔다. 릴리언펠트가 1933년에 기술한 MOS 트랜지스터를 현실화하는 데 27년의 세월이 걸렸고, 그 일을 강대원 박사가 최초로 해낸 것이다.

바이폴라 트랜지스터보다 늦게 개발되었지만 MOS 트랜지스터는 얼마 지나지 않아 바이폴라를 대체하고 반도체 기술과 제품의 주력 기술로 자리잡았다. 바이폴라 트랜지스터는 실리콘 칩 위에서 차지하는 면적이 크고 전력 소모가 많아 집적회로에 사용할 경우 집적도를 올리는 데 한계가 있다. 이에 비해 MOS 트랜지스터는 면적이 훨씬 작고 전력 소모가 적으며 공정도 바이폴라에 비해 간단해 집적도를 훨씬 높일 수 있다. 1970년대 들어서 MOS 기술이 향상됨에 따라 MOS 트랜지스터는 바이폴라 트랜지스터를 급속히 대체하기 시작한다. 바이폴라 트랜지스터는 지금은 일부 제한된 응용

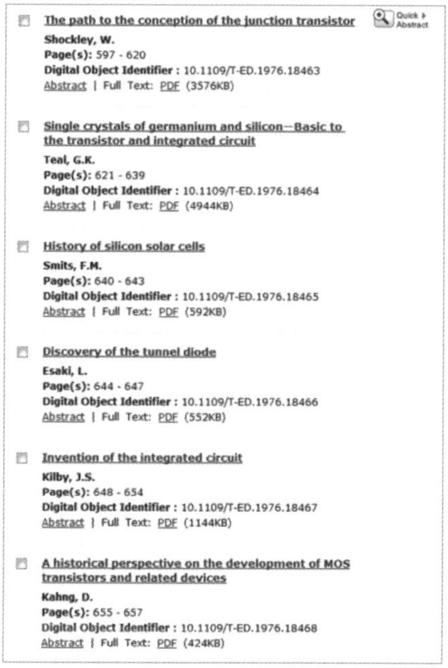

The path to the conception of the junction transistor

Shockley, W.
Page(s): 597 - 620
Digital Object Identifier : 10.1109/T-ED.1976.18463
Abstract | Full Text: PDF (3576KB)

Single crystals of germanium and silicon—Basic to the transistor and integrated circuit

Teal, G.K.
Page(s): 621 - 639
Digital Object Identifier : 10.1109/T-ED.1976.18464
Abstract | Full Text: PDF (4944KB)

History of silicon solar cells

Smits, F.M.
Page(s): 640 - 643
Digital Object Identifier : 10.1109/T-ED.1976.18465
Abstract | Full Text: PDF (592KB)

Discovery of the tunnel diode

Esaki, L.
Page(s): 644 - 647
Digital Object Identifier : 10.1109/T-ED.1976.18466
Abstract | Full Text: PDF (552KB)

Invention of the integrated circuit

Kilby, J.S.
Page(s): 648 - 654
Digital Object Identifier : 10.1109/T-ED.1976.18467
Abstract | Full Text: PDF (1144KB)

A historical perspective on the development of MOS transistors and related devices

Kahng, D.
Page(s): 655 - 657
Digital Object Identifier : 10.1109/T-ED.1976.18468
Abstract | Full Text: PDF (424KB)

CONTRIBUTORS 787

**Robert N. Hall** (SM'53–F'67) was born on December 25, 1919, in New Haven, CT. He received the Ph.D. degree in Physics from the California Institute of Technology, in 1948. He joined the research staff of General Electric Corporate Research and Development, in 1948, where he has pursued various phases of semiconductor research. His early investigations resulted in the alloy process for making p-n junctions and in the p-i-n structure which is basic to power rectifier and thyristor construction. Analysis of these junctions led to the recognition of recombination via deep-level impurities. Dr. Hall later explored fundamental aspects of tunnel diodes and participated in the discovery and early investigations of stimulated emission in semiconductor lasers. His recent work has centered on the preparation and properties of extremely pure germanium and on the development of gamma-ray detectors made from it. He has written or coauthored numerous technical papers and articles pertaining to his fields of work and has been awarded 38 U.S. patents.

Dr. Hall is a Fellow of the American Physical Society and a member of the Electrochemical Society. He has served on the Administrative Committee of the IEEE Group on Electron Devices and as Chairman of that Group's Technical Committee on Solid State Devices. He served eight years on the Editorial Board of the PROCEEDINGS OF THE IEEE and is a member of the Honorary Editorial Advisory Board of the *Journal of Solid-State Electronics*. In 1963, he received the David Sarnoff Award in Electronics, and in 1970, he was elected to be a Coolidge Fellow of the General Electric Corporate Research and Development.

**George H. Heilmeier** (S'58–M'52–SM'66–F'71) was born May 22, 1936, in Philadelphia, PA. He received the B.S. degree in electrical engineering from the University of Pennsylvania, Philadelphia, PA in 1958, and the M.S.E., M.A., and Ph.D. degrees in solid state materials and electronics from Princeton University, Princeton, NJ, in 1960, 1961, and 1962, respectively.

**Dawon Kahng** (S'56–M'60–F'72) was born on May 4, 1931 in Seoul, Korea. After serving with the Korean Marine Corps, he resumed his studies at Seoul University, Seoul, Korea, and in 1955, received the B.Sc. degree in physics. He received the M.Sc. and Ph.D. degrees from Ohio State University, Columbus, OH, in 1956 and 1959, respectively.

While at Ohio State University, he was engaged in teaching as well as in the study of diffusion of impurities into silicon through a growing oxide layer. He joined Bell Laboratories, Murray Hill in 1959 and worked on feasibility studies of MOS transistors and hot electron devices on silicon epitaxial film doping profile studies. Since 1964, he has been supervising groups concerned with the development of Schottky barrier high-frequency diodes, studies of large gap and ferroelectric semiconductors, and luminescence in the visible and charge-coupled devices. More recently, he has been concerned with development of nonvolatile semiconductor memories and associated silicon integrated circuits.

Dr. Kahng is a member of Sigma Xi and Pi Mu Epsilon. He is a Life Member of the Korean Physical Society. He has authored or coauthored more than thirty-five technical articles, including a book chapter, and holds twenty-two U.S. Patents. He is a recipient of the 1975 Stuart Ballantine Medal of the Franklin Institute.

**Jack S. Kilby** (S'47–A'48–M'55–F'66) was born in Jefferson City, MO, on November 8, 1923. He received the B.S.E.E. degree from the University of Illinois, in 1947, and the M.S.E.E. degree from the University of Wisconsin, in 1950.

During World War II he served with the OSS in India and China. In 1947, he was employed by Centralab division of Globe-Union, Inc., where he worked on thick-film circuits. In 1958, he joined Texas Instruments, Inc. and began the development of monolithic integrated circuits. He was responsible for integrated circuit development until 1970, when he began a leave of absence. Since that time he has worked as a consultant and on the independent development of new electronic products.

Mr. Kilby is a member of Eta Kappa Nu and the National Academy of Engineers. For his integrated circuit work, he received the Sarnoff medal of the IRE, in 1966, was co-recipient of the Ballantine Medal of the Franklin Institute, in 1967, and received the National Medal of Science, in 1969, the Distinguished Alumni Award of the University of Illinois, in 1973, and the Zworykin Medal of the National Academy of Engineers, in 1975.

**왼쪽** | IEEE 논문집 <*Transactions on Electron Devices*> 1976년 7월호 특집의 논문 목차 일부. 맨 위가 쇼클리의 트랜지스터 발명에 대한 글이고 밑에서 두 번째가 잭 킬비의 집적회로 발명에 대한 글, 맨 아래가 강대원 박사의 MOS 트랜지스터 개발에 대한 글이다.

**오른쪽** | 강대원 박사의 약력(오른쪽 위). 강대원 박사 아래에 잭 킬비의 약력이 보인다.

분야에 쓰일 뿐 대부분의 반도체 집적회로는 MOS 트랜지스터를 기본으로 하고 있다. 현재 DRAM, SRAM 등 메모리 반도체, PC의 CPU(central processing unit) 칩 등을 비롯해 해마다 전 세계 반도체 매출의 90퍼센트 이상이 MOS 트랜지스터를 사용한 제품이 차지하고 있다. 강대원 박사의 연구 결과가 반도체 기술과 산업의 흐름을 바꾸어 놓은 매우 중요한 업적임을 알 수 있다. 당시 동양인이 거의 없던 벨 연구소에서 29세의 강대원 박사가 연구에 참여한 지 1년 만에 이룬 쾌거다.

이후 강대원 박사의 중요한 연구 업적으로는 1967년에 발표한 불휘발성 메모리Nonvolatile Memory에 대한 연구가 있다. 그는 부유층 폴리 게이트

서울대 반도체 공동연구소는 2014년 개소 26주년을 맞아 MOS 트랜지스터의 선구자인 강대원 박사의 업적을 기리고, 미래 세대에게 동기를 부여한다는 취지로 연구소 입구에 강대원 박사의 흉상을 세웠다(사진 © 지성사).

Floating poly gate에 전자를 가두어 정보를 기록하는 새로운 소자를 고안했는데 이 기술은 현재 널리 쓰이는 **플래시 메모리** Flash Memory의 기본 구조다. 강대원 박사는 벨 연구소에서 오랫동안 연구원으로 재직하다가 일본 기업 NEC(Nippon Electric Corporation)가 컴퓨터 기반기술 연구를 위해 1989년 미국 뉴저지에 설립한 NEC 연구소NEC Research Institute의 초대 사장으로 취임해 1992년 타계할 때까지 재직했다.

4장

# 실리콘 밸리의 비약적 성장

1950년대에 과수원이 늘어섰던 산타클라라 밸리는 1960년대 들어서 반도체 산업을 필두로 하는 첨단기술 중심지로 바뀌어갔다. 이 시기에 많은 반도체 회사들이 산타클라라 밸리에 설립되었고 본격적인 반도체 시대의 막이 올랐다. 반도체 칩 제조에 필요한 장비, 재료, 서비스, 자금 투자 등 연관 산업도 동시에 발전해 산타클라라 밸리가 자급자족하는 첨단기술 단지로 부상하는 데는 그리 오래 걸리지 않았다. 반도체 산업에 필요한 기술 인력은 스탠포드 대학, 버클리 캘리포니아 대학, 산타클라라 대학 등 인근 대학에서 공급받았고, 과수원에서 일하던 노동력으로 양질의 노동력을 공급받았다.

1960년대는 반도체 산업이 트랜지스터에서 집적회로로 옮겨가는 시기였다. 당시 반도체 기술과 실리콘 밸리 발전의 주역은 페어차일드 반도체였고 페어차일드 반도체 성장의 핵심 인물은 로버트 노이스와 고든 무어였다. 페어차일드 반도체의 성공은 노이스의 영감inspiration과 무어가 흘린 땀perspiration의 결실이라는 말처럼, 반도체 사업을 실질적으로 총괄한 노이스와, 그의 오른팔 역할을 하면서 기술 개발을 이끈 무어의 상호 보완적 관계가 페어차일드 반도체의 성장에 기여했다. 당시 산타클라라 밸리는 캘리포니아 골드러시의 신흥도시와 같은 분위기였고 마침내 '실리콘 밸리'라는 이름을 얻는다.

## 페어차일드 반도체의 성장과 페어칠드런

1960년대에 페어차일드 반도체는 양적·질적으로 눈부신 성장을 했다. 설립한 지 겨우 5년 만인 1962년 말 페어차일드 반도체의 직원 수는 3천 명으로 늘었고 1965년에는 기존 대기업체인 TI와 모토롤라에 이어 반도체 생산량 3위 업체로 올라섰다. 페어차일드 반도체에서 발생한 수익으로 모기업 페어차일드 카메라 앤드 인스트러먼츠 사의 영업 실적이 좋아져 주가가 급등했다. 그러나 페어차일드 반도체에서 발생한 수익은 반도체 사업에 재투자되지 않고, 많은 부분이 모기업의 다른 사업에 사용되었다. 이에 대해 페어차일드 반도체 직원들의 불만이 점점 커졌고, 우수한 직원들이 페어차일드 반도체를 떠나 결국 페어차일드 반도체가 쇠퇴하는 원인이 되었다.

초기에 페어차일드 반도체는 웨이퍼 공정과 조립, 시험 등 반도체 생산에 필요한 모든 공정을 실리콘 밸리를 비롯해 북가주 일대에 널려 있는 페어차일드 반도체 공장에서 수행했다. 반도체 칩을 패키지에 넣는 조립 공정과 전기적 특성 시험을 위해 고용한 직원 수가 수천 명에 이르렀다. 반도체 조립은 노동집약적 산업이다. 경쟁 업체와의 원가 경쟁이 심해지면서 페어차일드 반도체는 반도체 조립을 임금이 낮은 아시아 국가에 내보내기로 결정하고 1960년대 중반 홍콩에 조립공장을 설립했다. 홍콩의 임금이 이내 가파른 상승세를 보이자 페어차일드 반도체는 1960년대 후반, 한국에 페어차일드 코리아를 설립하고 반도체 조립공장을 가동했다. 비슷한 시기에 모토롤라와 전직 페어차일드 반도체 직원들이 창업한 시그네틱스Signetics도 한국에 조립공장을 세우고 가동에 들어갔다. 반도체 조립산업은 낮은 임금에 의존하는 노동집약적 산업이긴 하지만 당시 이 기업들의 한국 진출은 한국이 반도체 산업에 첫발을 내딛는 계기가 되었다.

### 페어차일드 반도체의 기술 혁신

1960년대의 페어차일드 반도체는 양적인 성장과 더불어 기술 혁신도 이끌었다. 노이스가 1959년 집적회로를 발명한 것이 대표적인 예다. 이에 앞서 공동 창업자인 장 회르니가 1959년 평면 공정planar process을 개발해 노이스가 집적회로를 발명할 수 있는 발판을 마련해주었다. 평면 공정은 이제까지의 트랜지스터 생산기술인 메사형 트랜지스터의 문제점들을 해결하고 집적회로 기술 개발의 길을 열어준 중요한 발명이다. 회르니가 평면 공정으로 제조한 트랜지스터를 발표하는 행사에서 트랜지스터에 침을 뱉었다는 일화가 있다. 그가 침을 뱉었음에도 산화막으로 보호한 트랜지스터는 여전히 잘 작동했다고 한다.

1960년 중반 페어차일드 반도체에서 발명한 CMOS(Complementary MOS)도 매우 중요한 기술적 공헌이다. 모스MOS는 트랜지스터의 구조를 표현하는 'Metal Oxide Semiconductor'의 약자로 '금속산화물 반도체'라는 의미다. CMOS는 상호보완형, 줄여서 '상보형 MOS'로 불리는데 페어차일드 반도체의 기술자 프랭크 완라스Frank Wanlass가 1963년에 발명한 전자회로 설계 기법에 기반하고 있다. CMOS는 두 가지의 MOS 트랜지스터, 즉 N-채널 MOS(NMOS)와 P-채널 MOS(PMOS) 트랜지스터를 조합해서 전자회로를 설계하는 기법으로, 전력 소모를 획기적으로 줄이고 작동 속도도 개선한 이상적인 반도체 기술이다. 마치 자연에서 음과 양의 적절한 조화와 비슷한 이치다. CMOS 기술의 등장으로 우리가 현재 사용하는 컴퓨터 CPU, 메모리 반도체 칩과 같은 수억 개의 트랜지스터를 내장한 고집적 고성능 반도체 칩 설계와 제작이 가능해졌다. 따라서 CMOS의 발명은 반도체 기술 발전사에서 중요한 이정표의 하나로 평가된다.

CMOS가 발명되기 전 1960년대 초에 등장한 최초의 MOS 반도체 칩은 PMOS 기술을 사용했고 NMOS 기술의 어려움 때문에 NMOS 제품이 등장하기까지는 시간이 조금 더 걸렸다. 이어 CMOS를 실용화하기 시작한 것은 1970년대 들어서였다. 뒤에 더 자세히 얘기하겠지만 한국에도 1970년대 초반에 CMOS 칩을 생산하는 회사가 있었다. 이 회사는 당시의 반도체 기술 중에서도 최첨단기술로 손꼽히는, 세계에서 CMOS 칩을 생산하는 다섯 회사 중 하나였다. 우리나라 반도체 산업의 시초로 기록되는 한국반도체주식회사가 바로 그 주인공으로, 설립 후 몇 년 지나지 않아 삼성그룹에 인수되었지만 한국 반도체 산업의 초석 역할을 했다.

### 집적회로 등장에 얽힌 이야기

페어차일드 반도체는 노이스의 집적회로 기술을 특허 출원한 후 집적회로 개발을 본격 추진해 1961년 업계 최초로 집적회로를 출시했다. 새로운 변화의 시도가 외부 기득권의 반발에 부딪치는 일은 흔히 있지만, 페어차일드 반도체의 집적회로 개발 노력은 회사 내부의 거센 반발에 부딪쳤다. 당시 페어차일드 반도체의 매출은 거의 개별 소자인 트랜지스터에 의존하고 있었으므로 집적회로를 판매하기 시작하면 트랜지스터 판매에 지장이 있으리란 우려 때문이었다. 당시 집적회로 생산 기술은 초보 단계로 낮은 수율收率, 다시 말해 높은 불량률과 이 때문에 높은 제조 원가를 우려해 집적회로의 시장성을 회의적으로 보는 시각이 많았다.

실제로 집적회로 등장 초기에는 집적회로를 사용하는 것보다 개별 소자들을 사다가 납땜해서 연결해 쓰는 편이 훨씬 비용이 적게 들었으니, 사용자인 고객 입장에서도 집적회로의 등장은 반갑지 않았다. 개별 트랜지스터를 납땜하고 연결해서 회로를 설계하는 데 익숙해진 기술자들은 집적회로가 등장하면서 회로설계 업무와 납땜할 일이 줄어든 반면에 집적회로를 사용한 설계기술을 배워야 한다는 데 거부감을 가지기도 했다. 반도체 산업의 속성인 '창조를 위한 파괴creative destruction'를 이해하기 이전의 시점이었다.

'창조를 위한 파괴'란 신기술이 등장하여 신제품이 기존 제품을 대체함으로써 기존 제품을 도태시키는 현상을 말한다. 트랜지스터가 등장한 뒤 진공관이 구시대의 유물이 된 것이 좋은 예다. 우리나라가 세계 시장에서 주도권을 쥐고 있는 메모리 반도체의 경우도 매 세대마다 창조적 파괴가 일어나 메모리 집적도가 낮은 이전 세대를 대체해간다. 이러한 창조적인 파괴로 제품의 성능과 신뢰도가 향상되고 가격이 낮아져 기존 시장이 확장되고 응용 분야가 늘어나 새로운 시장이 열린다.

당시에는 반도체 산업의 이러한 속성을 이해하기 전이었으므로 페어차일드 반도체뿐 아니라 TI, 모토롤라 등 대형 업체를 비롯해 반도체 업계 전반에서 집적회로의 상업적인 성공 여부에 대한 논란이 많았다. 반도체 사업의 수익성은 웨이퍼 한 장에서 판매 가능한 칩을 몇 개 얻을 수 있는지, 즉 수율이 얼마나 높은지가 관건이다. 이때 업계에서는 수학적인 모형을 동원해 반도체의 수율을 이론적으로 제시하면서 낮은 수율 때문에 집적회로는 상업적으로 성공하기가 거의 불가능하다는 주장도 나왔다. 세월이 지난 지금, 되돌아보면 머쓱한 이런 이론들이 당시에는 내로라하는 이공계 전문가들에게서 만만치 않게 제기되었던 것이다.

페어차일드 반도체에서 집적회로 개발 책임을 맡은 고든 무어조차 초기에는 집적회로 개발에 부정적인 입장이었다. 결국 페어차일드 반도체 내부에서 집적회로 개발의 찬반을 놓고 격렬한 토론이 벌어졌다. 집적회로를 발명한 노이스는 자신의 견해를 밝히지 않고 격론을 벌이는 직원들을 지켜보기만 했다. 이는 그의 관리 방식을 보여주는 한 예이다. 노이스는 새로운 기술에 대한 비전을 제시하고 연구원들을 독려하는 능력이 탁월했지만 실제 업무를 추진하고 상세한 실무를 챙기는 데는 크게 신경 쓰지 않았다. 그의 경영철학은 유능한 기술자들을 선발해서 그들에게 비전과 동기를 부여하고 연구 분위기를 마련해준 뒤 믿고 맡기는 것이었다. 이러한 까닭에 페어차일드 반도체의 연구 분위기는 자유로웠다. 연구원들은 입사한 뒤 1년 동안 회사의 공식적인 개발 업무에 얽매이지 않고 자신의 아이디어에 따라 스스로 연구할 수 있었다. 그러나 이러한 분위기는 머지않아 연구와 생산에 틈이 생겨 어긋나는 등 심각한 문제를 일으켰고 페어차일드 반도체가 내리막길을 걷는 원인으로 작용한다.

집적회로 개발에 대해 회사에서 충분히 지원하지 않는다고 판단한 기술자들이 집적회로 상용화를 추진하려고 무리를 지어 페어차일드 반도체에서 나와 새 회사를 설립하기 시작했다. 가장 먼저 회사를 박차고 나온 무리는 다름 아닌 페어차일드 반도체의 공동 창업자인 장 회르니, 유진 클라이너, 제이 래스트, 셸던 로버츠였다. 그동안 이들은 공동 창업자이면서도 노이스의 그늘에 묻혀 있다는 불만이 쌓인 상태였다. 게다가 회사에서 집적회로 개발을 주목하지 않자 그들은 새 회사를 창업할 좋은 구실이라는 판단에 주저하지 않았다. 쇼클리의 회사에서 기술자 여덟 명이 트랜지스터를 상용화하기 위해 뛰쳐나왔듯이, 이제 그중 네 명이 집적회로를 상용화하려고 불과 3년 전에 공동 창업했던 회사를 미련 없이 떠났다. 직원들이 회사에 충성하기보다 기술에 충성하는 실리콘 밸리의 문화가 이때 이미 시작되고 있었다. 이 네 사람은 1961년 2월 남가주 LA 근교에 아멜코 반도체Amelco Semiconductor라는 회사를 설립하고 집적회로 개발에 착수했다.

이로써 페어차일드 반도체는 공동 창업자 여덟 명 가운데 절반인 네 명을 그것도 불과 3년여 만에 한꺼번에 잃었다. 그들의 이탈로 회사가 술렁거렸을 테고, 남은 공동 창업자들은 상당한 충격을 받았을 것이다. 창업자도 떠나는데 우리라고 남아 있을 필요가 있을까 하는 분위기가 직원들 사이에 팽배해졌을 법도 하다. 나머지 공동 창업자들도 결국 1960년대를 마감하기 전 모두 페어차일드 반도체를 떠난다.

흥미로운 점은, 회르니를 비롯한 네 사람을 아멜코의 모회사인 텔레다인Teledyne에 소개해 페어차일드의 이탈을 도운 인물이 다름 아닌 아서 록Arthur Rock이었다는 사실이다. 기술에 충성하는 기술자들의 새 회사 창업을 위해서라면 물불 가리지 않고 자금원을 찾아 나서는 투자 은행가의 진면목을 보여주는 사건이었다. 아서 록은 이로써 실리콘 밸리의 벤처 투자가 제1호라는 그의 경력을 다져 나가기 시작한다.

네 명의 공동 창업자들이 페어차일드 반도체를 떠나자 마치 기다렸다는 듯이 많은 사람들이 새로운 기회를 찾아 떠나기 시작했다. 집적회로 개발에 참여했던 또 다른 기술자 네 명이 1961년 마운틴뷰 남쪽에 있는 서니베일에 시그네틱스라는 회사를 설립했다. 시그네틱스는 집적회로의 초기 주자로 1960년대 호황기를 누리며 반도체 중견회사로 성장했으며, 1966년에는 한국에 시그네틱스 코리아를 설립하여 반도체 조립공장을 가동했다. 이 회사는 1970년대 중반 유럽의 필립스Philips 사가 인수한 뒤 1980년대 후반 서니베일에 최신 연구개발용 건물을 짓는 등 재기를 노렸으나 반도체 산업의 부침을 견디지 못하고 결국 간판을 내렸다. 한국의 시그네틱스 코리아는 영풍그룹에 매각되어 시그네틱스 이름만 유지한 채 반도체 조립과 시험 사업을 계속하고 있다.

1950년대 중반 미국 전체에 몇 안 되던 반도체 회사가 1961년 말에는 150여 개로 늘어났다. 1961년 산타클라라 밸리에는 페어차일드 반도체에서 갈라져 나온 회사만 해도 20개 정도였다. 페어차일 반도체의 직원들은 새 회사에서 채용하기에 좋은 후보자들이었고 실제로 수많은 직원들을 페어차일드 반도체에서 빼내갔다. 새 회사 대부분이 마운틴뷰와 그 인근 지역인 서니베일, 산타클라라, 팔로알토 등에 설립되었다. 따라서 직원들은 유망해 보이는 새 회사에서 좀 더 좋은 조건을 제시하면 기꺼이 자리를 옮겨 그 다음 날 새 직장에서 근무를 시작했다. 심지어 페어차일드 반도체의 주차장 뒷문에 버스를 세워 놓고 퇴근하는 기능직 사원들을 단체로 실어 날라 새 회사에서 면접하는 일도 있었다. 기업 간의 치열한 경쟁, 기업의 기밀과 재산을 철저하게 보호하는 현재의 기업 풍토에 익숙한 사람들은 이해하기 힘든 현상이다.

실리콘 밸리에서는 최근 몇몇 경쟁사에서 상대방 회사의 직원을 채용하지 않기로 담합했던 사실이 밝혀져 문제가 된 적이 있다. 생전에 스티브 잡스가 애플 CEO로 재직할 때 주도해서 구글, 인텔, 어도비Adobe, 애플 등 대기업 간에 이루어진 담합 때문에 피해를 입었다고 주장하는 기술자들이 법정 소송을 제기하면서 큰 물의를 일으킨 것이 얼마 전의 일이다.

그러나 1960년대의 자유로운 분위기는 실리콘 밸리의 발전을 위해 유익한 부분이 많았다. 기술자들이 회사를 옮겨 다님으로써 기술이 쉽게 이전되었다. 그곳 회사들은 경쟁관계이면서도 공생관계이기도 했다. 여러 회사 직원들 사이에 개인적 친분이 있는 경우가 많아 어려울 때는 서로 돕기도 했다. 예를 들어 웨이퍼 공정에 쓰이는 화학용액이 급히 필요하거나 장비 부품이 필요할 때 서로 빌려주고 돌려받는 일들도 종종 있었다. 돌아보면 낭만적인 시절로 보이는 당시의 풍토는 실리콘 밸리 전체의 기술 수준을 단기간에 끌어올리는 데 도움이 되었던 것이다.

페어차일드 반도체에서 파생된 회사들은 '페어칠드런'이라는 애칭으로 불렸다. 페어칠드런의 설립은 1960년대 후반까지 계속 이어졌는데 노이스와 무어가 1968년에 창업한 인텔Intel과 제리 샌더스Jerry Sanders를 비롯한 여덟 명의 직원들이 1969년에 설립한 AMD(Advanced Micro Devices)가 말하자면 1960년대 페어칠드런 행렬에서 막차를 탄 회사다. 1970년 이후 페어칠드런에서 파생된 회사들은 손자 격이라는 뜻으로 페어그랜드칠드런 Fairgrandchildren이라고 불리기도 한다. 페어칠드런과 페어그랜드칠드런을 합쳐 모두 1백여 개의 회사가 페어차일드 반도체에서 생겨났으니 페어차일드 반도체를 실리콘 밸리의 원조라고 부르는 이유가 바로 여기에 있다.

## 고든 무어와 무어의 법칙

페어차일드 반도체에 근무하던 고든 무어는 1965년 전자산업계 주간지 〈일렉트로닉스*Electronics*〉에 반도체 기술의 동향과 발전 추이에 관한 글을 기고했다. 1965년 4월 19일자에 실린 이 글에서 무어는 반도체 기술의 발전으로 장래에 개인용 컴퓨터와 휴대용 전화기 등이 실용화되고, 통신과 자동차 등 산업 전반에 큰 변화와 발전이 있을 것이라 전망했다. 50년이 지난 지금, 그의 예측은 현실로 나타나 이 전자기기들은 생활필수품이 되었고 반도체 칩은 전자산업을 비롯한 산업계 전반에 핵심 부품으로 사용되고 있다.

무어는 전자산업의 눈부신 발전을 전망하면서 1975년까지 앞으로 10년간 반도체 칩에 내장된 트랜지스터의 수, 즉 반도체 칩의 집적도가 매년 두 배씩 증가하리라는 것을 그래프로 정리하여 예측했다. 집적회로가 등장한 뒤 1965년까지 불과 4년이 지난 시점에서 그리 많지 않은 자료를 분석해 이러한 결론을 이끌어낸 그의 통찰력이 대단하다. 이 그래프는 1975년까지의 예측이지만 고대 마야 문명의 달력이 2012년에 끝난 것처럼 반도체의 종말이 1975년이라는 뜻이 아니라 그 후의 예측은 불확실하다는 의미다.

무어는 그동안의 자료를 다시 분석해 그 결과를 1975년 12월 연례 국제전자소자 학술회의IEDM: International Electron Devices Meeting에서 발표했다. 이 시기는 무어가 노이스와 함께 인텔을 창업한 뒤였다. 이 논문에서 무어는 반도체 칩 집적도 증가 추세에 관한 처음의 예측을 수정해 1970년대 말부터는 2년마다 집적도가 두 배 증가할 것으로 예측했다. 다시 말해 1970년대 말부터는 집적도 증가 속도가 1965년에 예측했던 것보다 두 배 느려질 것이라는 의미다. 그 후의 전반적인 기술 발전 추이를 보면, 반도체 제품과 기술의 종류에 따라 차이가 있지만 칩 하나에 내장되는 소자 수가 두 배로 증가하는 기간은 대략 1년에서 2년 사이이다.

그렇다면 왜 하필 1년에서 2년 사이인가? 물론 칩의 집적도를 6개월 또는 3개월에 두 배 늘릴 수도 있고, 원하면 당장 두 배로 늘릴 수도 있다. 그러나 현재의 기술력 한계 이상으로 집적도를 늘리다 보면 칩의 제조 원가와 불량률이 높아지고, 이에 따라 제품 가격이 상승하는 부작용이 생긴다. 미국 국방성처럼 고집적도의 칩을 높은 가격에 구매하는 고객도 있지만, 이는 일반 상용화를 위한 기술은 아니다. 무어의 법칙은 가장 경제적인 조건, 다시

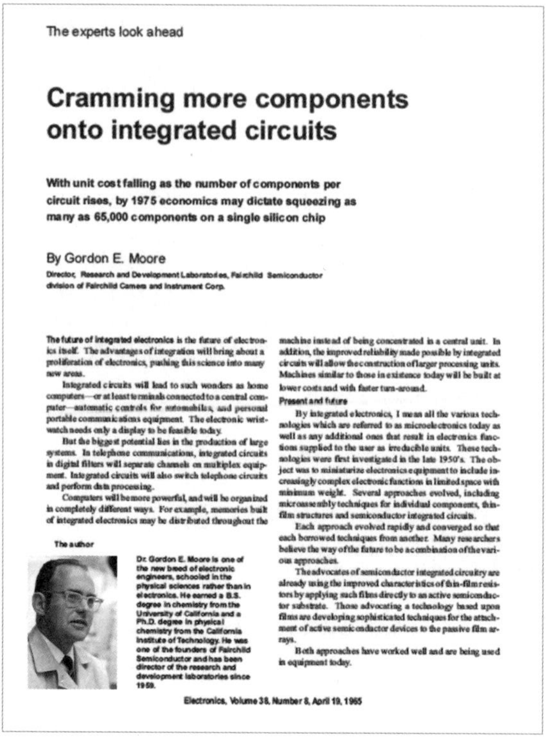

The experts look ahead

# Cramming more components onto integrated circuits

**With unit cost falling as the number of components per circuit rises, by 1975 economics may dictate squeezing as many as 65,000 components on a single silicon chip**

By Gordon E. Moore

Director, Research and Development Laboratories, Fairchild Semiconductor division of Fairchild Camera and Instrument Corp.

**The future of integrated electronics** is the future of electronics itself. The advantages of integration will bring about a proliferation of electronics, pushing this science into many new areas.

Integrated circuits will lead to such wonders as home computers—or at least terminals connected to a central computer—automatic controls for automobiles, and personal portable communications equipment. The electronic wristwatch needs only a display to be feasible today.

But the biggest potential lies in the production of large systems. In telephone communications, integrated circuits in digital filters will separate channels on multiplex equipment. Integrated circuits will also switch telephone circuits and perform data processing.

Computers will be more powerful, and will be organized in completely different ways. For example, memories built of integrated electronics may be distributed throughout the machine instead of being concentrated in a central unit. In addition, the improved reliability made possible by integrated circuits will allow the construction of larger processing units. Machines similar to those in existence today will be built at lower costs and with faster turn-around.

**Present and future**

By integrated electronics, I mean all the various technologies which are referred to as microelectronics today as well as any additional ones that result in electronics functions supplied to the user as irreducible units. These technologies were first investigated in the late 1950's. The object was to miniaturize electronics equipment to include increasingly complex electronic functions in limited space with minimum weight. Several approaches evolved, including microassembly techniques for individual components, thin-film structures and semiconductor integrated circuits.

Each approach evolved rapidly and converged so that each borrowed techniques from another. Many researchers believe the way of the future to be a combination of the various approaches.

The advocates of semiconductor integrated circuitry are already using the improved characteristics of thin-film resistors by applying such films directly to an active semiconductor substrate. Those advocating a technology based upon films are developing sophisticated techniques for the attachment of active semiconductor devices to the passive film arrays.

Both approaches have worked well and are being used in equipment today.

**The author**

Dr. Gordon E. Moore is one of the new breed of electronic engineers, schooled in the physical sciences rather than in electronics. He earned a B.S. degree in chemistry from the University of California and a Ph.D. degree in physical chemistry from the California Institute of Technology. He was one of the founders of Fairchild Semiconductor and has been director of the research and development laboratories since 1959.

Electronics, Volume 38, Number 8, April 19, 1965

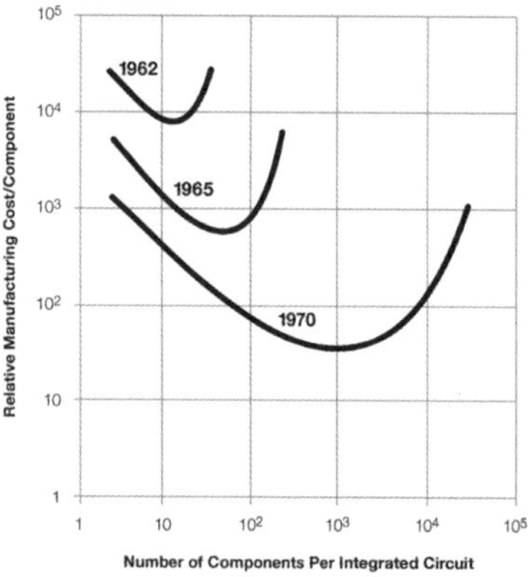


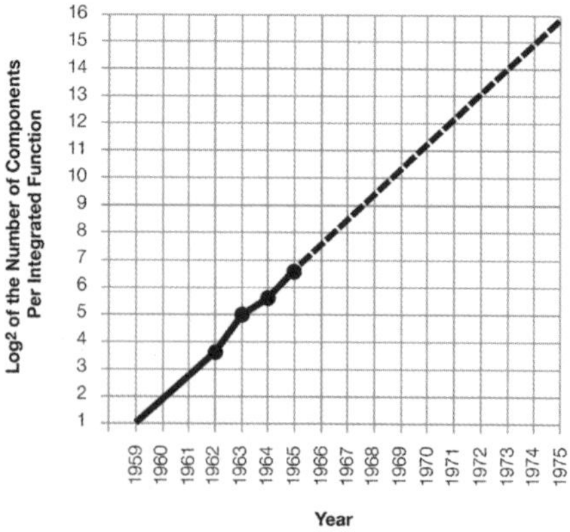


무어가 <일렉트로닉스> 1965년 4월 19일자에 기고한 기념비적인 글의 첫 페이지. 이 글에서 무어가 예측한 반도체 기술 발전의 추이는 훗날 '무어의 법칙'으로 불리며, 50년이 지난 지금까지 반도체 기술 발전의 속도를 제시하는 메트로놈과 같은 역할을 해왔다. 아래의 그래프는 반도체 기술의 발전으로 앞으로 컴퓨팅 파워 개발 비용이 일정한 속도로 줄어듦을 나타낸 것이다.

말해 원가가 가장 낮은 조건을 유지하면서 집적도를 늘리는 데 걸리는 기간을 언급한 것이고, 이 점이 무어가 관찰한 반도체 기술 발전 속도의 핵심이다. 실리콘 밸리는 노벨상급의 연구 결과를 얻는 곳이기도 하지만 중요한 것은 상품화를 위한 첨단기술 개발지라는 사실을 염두에 두어야 한다.

이러한 반도체 기술 발전 추이에 대한 예측을 '무어의 법칙Moore's Law'이라 한다. 물론 겸손한 무어가 스스로 법칙이라고 했을 리 없다. 2007년 10월 스탠포드 대학교에서 열린 페어차일드 반도체 설립 50주년 기념 좌담회에 토론자로 참석한 무어는 자신의 견해가 '법칙'으로 불리면서 반도체 기술 발전의 지침이 되리라고는 생각지도 못했다는 겸손함을 보였다. 전하는 바에 따르면 '무어의 법칙'이라는 표현은 1970년경 캘리포니아 공대 교수인 카버 미드Carver Mead가 무어의 예측을 언급하면서 이를 '무어의 법칙'이라고 부른 뒤부터 반도체 산업계에서 일반적으로 통용되는 표현이 되었다. 무어의 법칙은 물론 뉴턴의 법칙이나 아인슈타인의 상대성이론과 같은 자연과학의 법칙은 아니다. 반도체 기술 발전의 추이를 관찰하여 일관성 있는 흐름을 읽어낸 뒤 미래에 대한 예측을 했으므로 '반도체 기술 발전에 따른 집적도 향상 추이와 이에 따른 예측'이 적합한 표현일 것이다.

국내의 모 전자회사에서 한때 회사의 메모리 반도체 기술력을 대내외에 과시하기 위해 당시 메모리 사업을 총괄한 임원의 이름을 딴 법칙을 공표한 적이 있다. 무어의 법칙과 다를 것 없는 이 법칙을 국내 언론에서 크게 보도했다. 물론 회사 마케팅 전략의 하나라고 해석할 수 있지만 무어가 자신의 이름을 딴 법칙에 대해 겸손함을 보였던 태도와는 매우 대조된다. 무릇 법칙이란 충분한 검증이 끝난 뒤에 비로소 타당성이 있을 때 제삼자가 이름을 붙이는 것이 통례다. 세계 기업으로 성장한 한국의 몇몇 기업은 이제 이러한 사안에 대해서도 세심한 주의를 기울일 때가 되었다. 이로부터 몇 년 뒤 이

전자회사는 이 임원의 이름을 딴 법칙을 더 이상 언급하지 않기로 결정했으니 늦게나마 옳은 결정을 했다고 본다.

무어의 법칙은 발표 후 50년 동안 잘 적용되어 왔다. 그러나 그의 예측이 50년간 유효했다기보다는 반도체 업계가 무어의 법칙을 기술 발전 속도의 일반적인 지침으로 삼아 이 지침에 맞춰 부단히 노력해 왔다고 보는 것이 타당하다. 마치 메트로놈의 일정한 박자처럼 무어의 법칙은 반도체 기술 발전 속도에 일정한 박자를 제공해준 셈이다. 다시 말해, 무어의 법칙에서 제시한 기술 발전의 추이에 뒤지면 그 반도체 회사는 기술 개발 경쟁에서 뒤지는 것으로 인식했기 때문에 반도체 업계 전반에서 무어의 법칙에서 제시한 추이에 맞추려고 부단히 노력한 결과라는 뜻이다. 반도체 기술 개발은 엄청난 투자와 위험부담이 뒤따른다. 무어의 법칙은 반도체 업계 전체가 공감하는 기술 발전 속도의 지침을 제시해 기술 개발을 비교적 예측 가능하게 한 공로가 있다.

## '실리콘 밸리' 명칭을 얻은 산타클라라 밸리

1960년대 반도체 산업의 열기로 가득 찬 산타클라라 밸리는 마치 서부 개척시대의 신흥도시와 같은 분위기였다. 당시 이 지역의 발전상은 언론을 통해 미국 전역과 해외에 수시로 보도되었다. 1971년 1월, 전자산업계의 주간지 〈일렉트로닉 뉴스*Electronic News*〉의 기자 돈 호플러Don Hoefler는 산타클라라 밸리에 대한 기사를 '실리콘 밸리 미국Silicon Valley USA'이라는 제목으로 3회에 걸쳐 연재했다.

실리콘은 반도체 칩 생산에 쓰이는 기본 소재이며, 웨이퍼라 불리는 반

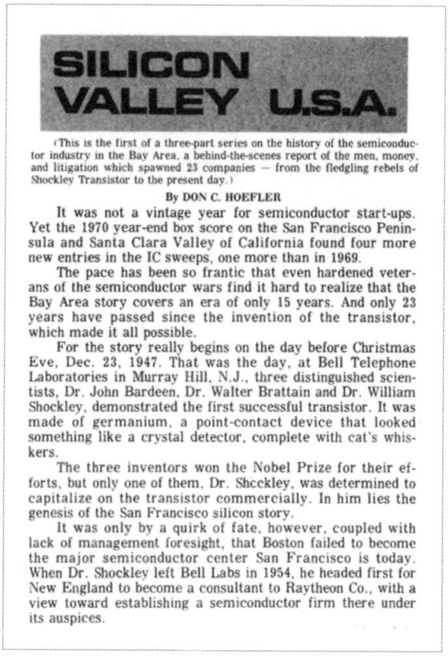
SILICON VALLEY U.S.A.

(This is the first of a three-part series on the history of the semiconductor industry in the Bay Area, a behind-the-scenes report of the men, money, and litigation which spawned 23 companies — from the fledgling rebels of Shockley Transistor to the present day.)

By DON C. HOEFLER

It was not a vintage year for semiconductor start-ups. Yet the 1970 year-end box score on the San Francisco Peninsula and Santa Clara Valley of California found four more new entries in the IC sweeps, one more than in 1969.

The pace has been so frantic that even hardened veterans of the semiconductor wars find it hard to realize that the Bay Area story covers an era of only 15 years. And only 23 years have passed since the invention of the transistor, which made it all possible.

For the story really begins on the day before Christmas Eve, Dec. 23, 1947. That was the day, at Bell Telephone Laboratories in Murray Hill, N.J., three distinguished scientists, Dr. John Bardeen, Dr. Walter Brattain and Dr. William Shockley, demonstrated the first successful transistor. It was made of germanium, a point-contact device that looked something like a crystal detector, complete with cat's whiskers.

The three inventors won the Nobel Prize for their efforts, but only one of them, Dr. Shockley, was determined to capitalize on the transistor commercially. In him lies the genesis of the San Francisco silicon story.

It was only by a quirk of fate, however, coupled with lack of management foresight, that Boston failed to become the major semiconductor center San Francisco is today. When Dr. Shockley left Bell Labs in 1954, he headed first for New England to become a consultant to Raytheon Co., with a view toward establishing a semiconductor firm there under its auspices.

호플러가 1971년 1월 <일렉트로닉 뉴스>에 3회에 걸쳐 연재한 기사의 첫 면. 이 기사의 제목으로 산타클라라 밸리는 '실리콘 밸리'라는 이름을 얻었다. 이 자료는 마운틴뷰의 컴퓨터 역사박물관에 소장되어 있다.

도체 기판은 단결정 실리콘이다. 실리콘(Si, 규소)은 지구상에서 산소 다음으로 풍부한 원소인데 예를 들어 바닷가 모래는 실리콘 산화물이다. 호플러는 그 기사에서 캘리포니아 골드러시 때와 같은 열기에 가득 찬 당시의 산타클라라 밸리와 반도체 산업의 동향을 상세히 소개했다. 그 기사의 제목으로 산타클라라 밸리는 '실리콘 밸리'라는 이름을 얻었고, 호플러는 '실리콘 밸리'라는 이름을 지은 인물이 되었다. 간단히 영어 두 단어로 이 지역의 산업적·지형적 특성을 담아낸 '실리콘 밸리'보다 더 적절한 표현은 없을 것 같다. 샌프란시스코 반도 남단에서 시작된 실리콘 밸리의 첨단산업은 그 후 반도 전체로 확대되었고, 샌프란시스코가 인터넷 시대에 IT 기술 개발의 중심지로 떠오르면서 샌프란시스코 만 지역 전체가 실리콘 밸리가 되어가는 느낌이다.

실리콘 밸리가 지구 어느 곳에서도 그 유례를 찾아볼 수 없는 기술혁신의 중심지로 자리 잡자 미국 곳곳에서, 그리고 세계 각국에서는 실리콘 밸리를 본보기로 하여 첨단기술 단지 조성에 나섰다. 이 단지들은 자칭 타칭으로 '실리콘' 뒤에 그 지역의 지형적 특성을 나타내는 단어를 연결해 첨단기술 단지의 별명으로 사용했다. 참고삼아 그 단지들을 소개한다.

우리나라에서는 첨단 과학기술 단지를 표현할 때 '대덕 밸리'처럼 보통 '실리콘' 대신 단지의 지역 이름 뒤에 '밸리'라는 단어를 붙인다. 우리나라는 지형상 산이 많아 대부분 지역에 '밸리'라는 단어를 사용해도 어울릴지 모른다. 비록 국제적인 관행과는 반대이지만, 어쨌든 첨단 과학기술 단지라는 의미를 전달하려는 목적은 달성했다고 본다.

그러나 우리나라가 반도체 등 몇몇 첨단기술 분야에서 세계적 강국으로 부상했음에도 국제적으로 한국의 첨단기술을 나타내는 별칭이 없다. 타이완과 일본이 이 분야에 별칭을 가지고 있는 것과 비교해 좀 의아하기도 하다. 이는 우리의 첨단산업이 몇몇 대기업에 집중되어 있기 때문이기도 하지만, 첨단산업의 기지로 인정받고 그에 걸맞은 이름을 얻으려면 개별 기업의 규모뿐 아니라 첨단산업의 전반적 여건도 고려 대상이 되기 때문이다. 타이완의 경우 TSMC(Taiwan Semiconductor Manufacturing Company) 등 대형 반도체 회사를 비롯해 크고 작은 여러 반도체 회사와 컴퓨터 회사, 부품 회사가 많이 있음을 떠올릴 필요가 있다. 우리가 첨단기술의 강국이라고 자부하고 있을 때 밖에서는 우리와 전혀 다른 시각으로 보고 있는지도 모를 일이다. 어쨌든 우리도 이제는 실리콘 페닌슐라Silicon Peninsula라는 이름 하나쯤은 얻을 때가 되었다.

## 미국 내 지역

| | |
|---|---|
| 실리콘 밸리Silicon Valley | 캘리포니아 주 샌호세 인근 지역 |
| 실리콘 데저트Silicon Desert | 애리조나 주 피닉스 인근 지역 |
| 실리콘 마운틴Silicon Mountain | 콜로라도 주 콜로라도스프링스 |
| 실리콘 툰드라Silicon Tundra | 미네소타 주 미니애폴리스/세인트폴 |
| 실리콘 포리스트Silicon Forest | 오리건 주 포틀랜드 |
| 실리콘 힐스Silicon Hills | 텍사스 주 오스틴 |
| 실리콘 레인 포리스트Silicon Rain Forest | 워싱턴 주 시애틀 |
| 실리콘 앨리Silicon Alley | 뉴욕시 |
| 실리콘 프레리Silicon Prairie | 시카고 |
| 실리콘 스웜프Silicon Swamp | 플로리다 주 페리 |
| 실리콘 트라이앵글Silicon Triangle | 노스캐롤라이나 주 롤리 |

## 세계 각 지역

| | |
|---|---|
| 실리콘 툰드라Silicon Tundra | 캐나다 오타와 |
| 실리콘 아일랜드Silicon Island | 타이완 |
| 실리콘 드래곤랜드Silicon Dragonland | 중국 베이징 |
| 실리콘 하버Silicon Harbor | 홍콩 또는 상하이 |
| 실리콘 아일랜드Silicon Island | 일본 규슈 지역 |
| 실리콘 플레토Silicon Plateau | 인도 방갈로르 |
| 실리콘 와디Silicon Wadi | 이스라엘 |
| 실리콘 글렌Silicon Glen | 스코틀랜드 |
| 실리콘 페닌슐라Silicon Peninsula | 한국(비공식 명칭, 필자가 추가한 것임) |

## 페어차일드 반도체의 쇠퇴와 몰락

기술 발전의 속도가 빠른 반도체 산업에서 변화하는 기술과 시장 추세, 그리고 경쟁사들의 도전에 적절히 대응하지 못하면 전성기를 누리던 회사도 오래지 않아 내리막길에 들어서고 결국 몰락하는 운명을 맞을 수 있다. 실리콘 밸리가 생긴 이후 규모와 상관없이 많은 회사들이 이러한 운명을 겪었다. 페어차일드 반도체는 실리콘 밸리의 원조 기업임에도 이 같은 운명이 비교적 일찍 찾아온 편이다. 페어차일드 반도체는 1960년대에 전성기를 누렸으나 1960년대 말에 이르러 핵심 연구원들이 대거 빠져 나가는 사건이 벌어졌다.

반도체 산업은 주기적으로 생산시설에 대규모 투자는 물론, 연구개발에도 꾸준한 투자가 필요하다. 연구개발의 성공을 위해서는 유능한 과학기술자들을 확보하고 그들이 보람을 느끼고 일할 수 있는 분위기를 조성하는 것은 필수요건이다. 페어차일드 반도체의 모회사 페어차일드 카메라 앤드 인스트러먼츠는 반도체 사업에서 발생한 이익을 반도체 사업에 재투자하기보다는 다른 분야로 사업을 확장하는 데 사용했다. 그러잖아도 우후죽순 생겨난 실리콘 밸리의 새 회사들에 많은 인재들을 빼앗기던 페어차일드 반도체가 모회사의 이러한 경영 방침으로 더욱 타격받은 것은 당연했다. 페어차일드 반도체 직원들의 사기는 떨어지고 기회가 있으면 회사를 떠나려는 분위기가 팽배해졌다. 이처럼 혼란스러운 1960년대 후반, 앞으로 실리콘 밸리와 미국의 반도체 산업을 대표할 내셔널 세미컨덕터, 인텔, AMD 등이 설립된 것도 무리가 아니었다. 또한 페어차일드 반도체는 내부적으로 고질적인 병폐에 시달렸는데, 고든 무어가 이끄는 연구개발팀과 찰리 스포크가 이끄는 생산부서 간의 갈등이었다.

### 찰리 스포크

찰리 스포크Charlie Sporck는 실리콘 밸리 반도체 기업사에 발자취를 남긴 인물 가운데 한 명이다. 그는 뉴욕 주에서 태어나 성장했고 코넬 대학에서 기계공학을 전공한 뒤 뉴욕 주 제너럴 일렉트릭GE의 반도체 공장에서 근무했다. 페어차일드 반도체 설립 2년 뒤인 1959년 GE에서 발탁된 스포크는 반도체 생산 전문가로 페어차일드 반도체에서 생산성 향상, 원가 절감 등에 탁월한 능력을 발휘했다. 그는 생산 전문가답게 직설적인 화법을 즐겼고, 필요 없는 군더더기를 싫어하는 성격으로 유명했다. 스포크는 페어차일드 반도체에서 8년간 근무한 뒤 1967년에 내셔널 세미컨덕터의 사장으로 취임했다. 내셔널 세미컨덕터는 원래 1959년 동부 코네티컷 주에서 설립했으므로 설립 연도로 따지면 인텔이나 AMD보다 연도가 한참 앞서고 페어차일드 반도체와 거의 비슷하다. 내셔널 세미컨덕터는 스포크를 사장으로 영입한 뒤 1968년에 본사를 산타클라라로 이전, 아날로그 제품에 주력하여 실리콘 밸리의 대표적인 반도체 회사로 성장했다. 그러나 2011년 TI에서 인수 합병함으로써 실리콘 밸리 반도체 원조 기업의 하나였던 내셔널 세미컨덕터는 간판을 내렸다.

스포크는 CEO나 사업가보다는 공장장 같은 인상을 지닌 인물이다. 그는 사장 집무실을 일반 직원과 똑같이 칸막이한 작은 방을 사용했고, 매일 자신의 트럭을 몰고 출퇴근했다는 얘기는 실리콘 밸리에서 자주 오르내리는 전설 가운데 하나다. 스포크가 내셔널 세미컨덕터 사장으로 취임한 직후 어려운 회사 경영을 타개하기 위해 비용을 절감하느라 한동안 회사 잔디밭을 방치해 잡초가 무성해졌다. 직원 가운데 누군가가 장난 섞인 항의로 양 몇 마리를 본사 건물 앞 잔디밭에 풀어놓아 풀을 뜯어 먹게 했고, 이튿날 그에 관한 기사와 사진이 새호세 신문에 크게 보도되기도 했다. 스포크의 이러한 행적은 같은 페어차일드 반도체 출신으로 AMD를 창업한 제리 샌더스와는 정반대다. 샌더스는 언제나 멋진 정장을 차려 입고 운전 기사가 딸린 롤스로이스를 타고 다녔다. 회사가 번창하던 시절에는 전 직원을 위해 샌프란시스코의 일급 호텔에서 연말 파티를 열었고, 회사 창립 25주년에는 영국 록 가수 로드 스튜어트Rod Stewart를 초청해 기념 파티를 여는 등 화려한 면모를 과시했다. 샌더스에 관해서는 인텔과 AMD를 다룰 때 다시 언급하기로 한다.

### 수면 위로 떠오른 갈등

페어차일드 반도체에서 찰리 스포크는 생산부서를 총괄하며 제품 생산을 탄탄한 반석 위에 올려놓았다. 하지만 무어의 연구개발팀과 스포크의 생산부서와의 관계는 원만하지 못했다. 연구개발팀이 개발한 새로운 공정을 생산 라인으로 이전하는 과정에서 많은 문제가 발생했고, 연구개발팀과 생산부서 간의 회의는 격렬한 토론장이 되기 일쑤였다. 토론 중에 흥분을 이기지 못해 손으로 책상을 내리치다가 손뼈가 부러진 사람이 있을 정도였다. 두 팀 사이에 불화가 생긴 것은 어찌 보면 당연한 이치였다. 연구개발과 생산을 총괄하는 노이스는 회의 도중에 격렬한 토론이 벌어지면 대부분 듣기만 할 뿐 결론을 내리거나 중재하는 일이 없었다고 한다. 노이스는 자신이 나서기보다 실무자들에게 위임해 그들 스스로 해결책을 찾기를 기대했던 것이다. 노이스는 미래의 비전을 제시하는 데는 뛰어났지만, 성장기에 들어선 회사를 운영하는 데 필요한 관리력은 부족했다. 페어차일드 반도체의 연구개발팀과 생산부서 간의 갈등은 해결책을 찾지 못하고 이렇게 오랫동안 방치되었다.

페어차일드 반도체가 집적회로를 발명했음에도 반도체 산업의 주된 흐름이 개별 소자인 트랜지스터에서 바이폴라 집적회로로 바뀌고, 또다시 바이폴라 집적회로에서 MOS 집적회로로 바뀔 때 이에 재빠르게 대처하지 못한 이유 중 하나가 연구개발팀과 생산부서 간의 갈등 때문이었다. 이후 페어차일드 반도체의 연구개발팀이 벨 연구소가 발명한 CCD(Charge Coupled Device)를 1970년대에 업계 최초로 상품화하는 등 선도적 연구를 수행했지만, 이러한 연구개발 결과를 생산으로 연결해 매출에 직접 기여하는 데에는 여전히 문제가 있었다. 이렇듯 연구개발팀과 생산부서의 불협화음은 페어차일드 반도체의 경쟁력을 떨어뜨리고 경영을 악화시키는 심각한 원인이 되었다.

반도체 산업은 호경기와 불경기가 주기적으로 반복되는 특성이 있다. 1966년 반도체 경기의 하락으로 페어차일드 반도체의 실적 또한 악화되었고, 그 여파로 모회사인 페어차일드 카메라 앤드 인스트러먼츠의 전체 경영 실적에 압박이 가해졌다. 모회사에서는 일방적으로 경영 실적 부진의 책임을 페어차일드 반도체 탓으로 돌렸다. 동부 대기업의 보수적인 기업문화를 가진 모기업과 자유분방한 실리콘 밸리 기업문화를 가진 페어차일드 반도체의 경영진 사이에 예전부터 갈등이 없었던 것은 아니다. 수년 동안 반도체 사업에서 발생한 막대한 수익으로 다른 사업 분야에 투자해 확장하다가 막상 경기가 침체되고 경영 실적이 부진하자 그 탓을 반도체 사업에 돌리는 모기업 경영진의 태도에 페어차일드 반도체 임직원들은 울화가 치밀었다. 이런 상황에 질려버린 생산 책임자 찰리 스포크는 1967년 봄, 내셔널 세미컨덕터에서 제안한 CEO직을 수락하고 페어차일드 반도체를 떠났다. 노이스의 조직에서 고든 무어와 함께 양대 축을 이루며 생산의 달인으로 인정받던 스포크의 이탈은 페어차일드 반도체에 큰 손실이 아닐 수 없었다.

그 이듬해인 1968년, 마침내 페어차일드 반도체에 지각변동이 일어났다. 창업자 여덟 명 중 마지막 남은 두 명이자 회사의 핵심 인물인 노이스와 무어가 동시에 페어차일드 반도체를 사직한 것이다. 이는 페어차일드 반도체를 뒤흔드는 충격적인 사건이었고, 실리콘 밸리 전체가 술렁거리며 두 사람의 다음 행보를 주시했다. 이후 노이스와 무어는 얼마 지나지 않아 인텔을 창업했고, 두 사람이 페어차일드 반도체를 떠난 뒤에도 임직원들의 이탈은 계속되었다. 1969년 제리 샌더스를 비롯해 모두 여덟 명이 페어차일드 회사에서 나와 인텔과 오랜 경쟁을 벌이게 되는 AMD(Advanced Micro Devices)를 창업했다. 페어차일드 반도체는 외부에서 새 경영진을 영입해 재기를 시도했으나 돌이킬 수 없는 내리막길로 들어섰다.

### 페어차일드 반도체를 사직한 노이스와 무어

1966년과 1967년은 페어차일드 반도체와 모기업 페어차일드 카메라 앤드 인스트러먼츠 모두에 어려운 시기였다. 어려운 경영 환경을 극복하고자 모회사는 1968년 초 페어차일드 반도체의 경영진을 개편하기 위해 새 CEO를 찾기 시작했다. 주위에서는 당연히 노이스가 새 CEO의 후보에 포함되리라 생각했고 본인도 그렇게 생각했다. 그러나 모기업 회장인 셔먼 페어차일드Sherman Fairchild는 로버트 노이스가 아직 젊고 기업 경영의 연륜이 짧다는 이유로 새 CEO의 후보로 고려조차 하지 않았다. 이에 실망한 노이스는 1968년 봄 페어차일드 반도체를 떠나기로 결심을 굳혔다. 그는 무어와 함께 새 회사를 창업해 메모리 반도체 사업을 추진할 계획이었지만, 노이스의 오른팔과 같은 무어는 노이스의 창업 계획이 탐탁지 않았다. 굳이 위험부담을 안고 새 회사에 동참할 이유가 없다고 생각한 무어는 노이스의 제안을 거절했다. 노이스가 CEO가 되지 못한 불만은 노이스의 문제이지, 연구개발 책임자인 무어는 페어차일드 반도체에 불만이 없었다.

하지만 계속되는 노이스의 설득에 무어는 결국 그와 행동을 함께하기로 했다. 노이스가 1968년 6월 말 페어차일드 반도체를 사직하고 나서 며칠 뒤, 노이스의 사직으로 회사가 여전히 떠들썩하던 7월 초에 무어는 조용히 회사에 사직서를 제출했다. 노이스와 무어의 사직과 창업은 1960년대에 많은 사람들이 페어차일드 반도체를 떠난 뒤에 이어진 창업 대열에서 절정에 이른 사건이었다. 이듬해 1969년에는 페어차일드 반도체에서 영업을 담당하던 제리 샌더스가 동료 일곱 명과 함께 AMD를 창업했다. 내셔널 세미컨덕터와 더불어 실리콘 밸리 반도체 산업을 대표하는 세계적인 반도체 회사 인텔과 AMD는 이렇게 1년을 사이에 두고 설립되었다. 이후 30년간 끊임없는 법정 소송을 벌인 인텔과 AMD의 숙명적인 경쟁관계와 법정 공방에 얽힌 이야기는 뒤에서 자세히 소개한다.

페어차일드 반도체를 내리막길로 들어서게 한 문제들은 노이스와 무어가 재직하던 중에 이미 시작되었지만, 그들이 떠난 뒤 페어차일드 반도체는 다시 회복할 기회를 얻지 못했다. 노이스가 떠나자 셔먼 페어차일드는 애리조나 피닉스에서 모토롤라의 반도체 사업을 총괄하던 레스터 호건Lester Hogan을 파격적인 대우를 보장하고 영입했다. 호건은 물리학 박사로 하버드 대학교에서 교수 생활을 하다가 모토롤라에 영입되어 반도체 사업을 총괄해왔다. 호건은 모토롤라에서 함께 일하던 고위급 임원 상당수를 페어차일드 반도체에 영입했고, 그 임원들도 모토롤라의 중간 간부급 직원들을 페어차일드 반도체에 영입했다. 마치 점령군이 페어차일드 반도체를 접수하는 듯한 상황이 벌어졌으니 기존 페어차일드 반도체 직원들의 사기는 땅에 떨어질 수밖에 없었다. 그 결과, 호건을 비롯한 새 경영진은 페어차일드 반도체의 재건에 실패했으며, 호건의 후임으로 윌프레드 코리건Wilfred Corrigan이 취임했지만 그 역시 페어차일드 반도체의 재건에는 역부족이었다.

모기업 페어차일드 카메라 앤드 인스트러먼츠는 결국 1979년 페어차일드 반도체를 프랑스의 다국적 석유회사 슐럼버거(창립자는 프랑스계 네덜란드인 형제 슐룸베르거Schlumberger)에 매각했다. 당시 석유회사들은 사업 다변화를 위해 반도체 사업에 진출하는 추세였고 슐럼버거의 페어차일드 반도체 인수도 그중 하나였다. 페어차일드 반도체를 인수한 슐럼버거는 생산시설 개선과 연구개발 등에 막대한 자금을 쏟아 부었다. 그러나 1980년대 반도체 산업의 전반적인 경기 침체와 일본 반도체 회사들의 공세로 페어차일드 반도체의 경영 상태는 위기에 처했고 결국 모회사인 슐럼버거의 경영마저 압박했다. 견디다 못한 슐럼버거는 페어차일드 반도체를 매각할 방침을 세우고 인수 상대를 찾던 중 일본의 컴퓨터 업체인 후지쓰와 협상을 벌였다.

1980년대에 들어서 일본 반도체 회사들이 메모리 반도체 덤핑 등으로 공세를 펼치자 미국 반도체 회사들은 일본에 대한 감정이 매우 좋지 않았다. 게다가 실리콘 밸리의 원조인 페어차일드 반도체를 일본 회사에 매각한다는 것은 미국의 자존심에 관계되는 문제이기도 했다.

당시는 일본 국내 부동산 활황에 힘입어 일본 투자가들이 미국의 부동산과 미국 회사들을 열심히 사들이던 시기였고, 미국에서는 이에 대해 우려의 목소리가 터져 나오고 있었다. 그 우려는 1989년 뉴욕의 록펠러 센터Rockefeller Center가 일본 미쓰비시 계열의 부동산 회사에 팔리면서 절정에 이르렀다. 국민감정은 감정상의 문제일 뿐, 사업은 사업 규칙에 따라 움직였다. 록펠러 센터는 일본 투자 그룹에 넘어갔고 캘리포니아 몬터레이Monterey에 있는 유명한 페블 비치Pebble Beach 골프장도 일본인들이 인수했다.

그러나 페어차일드 반도체가 후지쓰에 매각되는 것은 사정이 달랐다. 미국 정부가 나서서 이 매각 협상을 반대했다. 그 이유는 페어차일드 반도체에서 생산 공급하는 반도체 제품 상당량이 미국 국방성을 비롯한 방위산업과 나사NASA의 우주개발, 크레이Cray **슈퍼컴퓨터** 등 미국 안보와 관련한 분야에 사용되었으므로 페어차일드 반도체가 후지쓰에 매각될 경우 국가 안보에 영향을 줄 수 있기 때문이었다. 결국 후지쓰와의 매각 협상은 무산되었다. 대신 슐럼버거는 1967년부터 찰리 스포크가 CEO로 재직하면서 비약적으로 성장한 내셔널 세미컨덕터에 페어차일드 반도체를 매각하기로 결정하여 1987년 8월 내셔널 세미컨덕터에 인수 합병되었다. 마치 첨단산업의 속성인 '창조를 위한 파괴'를 스스로 실천하듯, 페어차일드 반도체는 실리콘 밸리의 탄생과 페어칠드런을 파생했으며, 집적회로의 발명으로 반도체 기술 혁신을 주도해 반도체 산업의 토양을 기름지게 했으나 스스로는 30년을 넘기지 못하고 반도체 역사에서 사라졌다.

페어차일드 반도체 창립 50주년 기념 좌담회가 2007년 10월 4일 스탠포드 대학교 강당에서 열렸다. 이 사진은 필자가 직접 찍은 것으로 좌담회에 참석한 세 명의 페어차일드 반도체 창업자(줄리어스 블랭크, 제이 래스트, 고든 무어. 가운데 세 사람), 창업 자금을 주선한 아서 록(맨 오른쪽)이 토론 진행자 레슬리 벌린과 얘기하며 50년 전 창업 시절을 회고하고 있다. 그 위 스크린에 창업 직후 로버트 노이스를 중심으로 창업자 여덟 명이 앉아서 찍은 영상이 보인다.

페어차일드 반도체의 흔적을 보여주는 마운틴뷰의 도로 표지판.

페어차일드라는 이름은 지난날 그곳에서 일했던 직원뿐 아니라 실리콘 밸리의 사람들에게 향수를 불러일으키는 묘한 매력이 있다. 내셔널 세미컨덕터에 합병된 후에도 과거 직원들과 실리콘 밸리 역사에 관심 있는 사람들이 해마다 페어차일드 반도체 창립 기념일에 모여 페어차일드 반도체의 지난날을 돌아보는 시간을 가진다. 또한 사업적인 면에서도 그 이름은 여전히 무시할 수 없는 가치를 지니고 있다. 내셔널 세미컨덕터는 1997년 사업 구조를 재편하면서 주력 사업과 일치하지 않는 사업부를 분사할 때 전력용 반도체 사업을 페어차일드 반도체라는 이름으로 독립시켰다.

이렇게 해서 페어차일드 반도체는 반도체 산업계에 다시 등장했다. 하지만 이 회사는 실리콘 밸리를 탄생한 원래의 페어차일드 반도체와는 전혀 관계가 없고 상징적으로 이름만 계승했을 뿐이다. 아무튼 페어차일드 반도체는 우리나라 부천에 있는 삼성전자의 비메모리 사업부를 인수하는 등 한때 사업을 확장했으나 최근 경영 부진에 시달리다가 2015년 11월 애리조나주에 본사가 있는 ON 세미컨덕터에 매각됨으로써 마침내 우여곡절 많은 회사의 운명을 다했다.

5장

# 실리콘 밸리의 자존심
## : 인텔과 AMD

1960년대에 집적회로가 실용화된 후 1970년대는 세계 반도체 시장이 폭발적으로 성장했고, 미국의 반도체 산업이 최고의 전성기를 누리던 시기였다. 일본과 유럽 회사들의 추격이 시작되기는 했으나 아직 미국 반도체 업계에 위협이 될 정도는 아니었다. 반도체 기술과 제품을 선도하고 세계 반도체 시장에서 압도적 우위를 차지한 미국의 반도체 회사들이 세계 반도체 수요의 대부분을 공급했다. 실리콘 밸리의 대표적 반도체 회사인 인텔, AMD, 내셔널 세미컨덕터가 사업의 기반을 다진 시기도 바로 1970년대였고, 페어차일드 반도체의 대를 이은 반도체 회사들의 창업도 계속되었다. 내셔널 세미컨덕터에 대해서는 앞장에서 살펴보았기에 여기서는 인텔과 AMD의 창업에 얽힌 이야기, 기업사에서 보기 드문 두 회사의 처절한 경쟁과 소송, 법정 공방에 얽힌 얘기를 소개한다.

## 노이스와 무어의 인텔 창업

페어차일드 반도체를 사직하고 인텔을 창업한 1968년, 로버트 노이스는 41세의 젊은 나이였음에도 이미 반도체 업계뿐 아니라 미국 전자산업계에서 영향력 있는 인사였다. 노이스의 명성은 반도체 산업의 열기가 고조되던 일본 언론과 업계에서도 유명 인사 대접을 받을 정도로 대단했다. 당시 일본은 미국의 반도체 산업을 추격하기 위해 국가 차원에서 전력을 기울이던 시점이었고, 노이스는 일본에서 우상과 같은 존재였다.

이러한 위상을 가진 노이스가 1968년 6월 페어차일드 반도체를 사직한 것은 대단한 사건이었다. 이 소식이 언론에 보도되자 미국의 반도체 업계는 앞으로 그가 어떤 움직임을 보일지에 관심을 집중했다. 그가 다른 회사의 CEO로 취임할지, 아니면 새 회사를 설립할지를 놓고 추측이 난무했다. 노이스와 무어는 자신들의 거취를 묻는 질문에 일절 언급하지 않고 새 회사 설립에 착수했다.

1968년 8월, 노이스와 무어는 새 회사의 이름을 두 사람 이름의 첫 글자를 따서 'NM 일렉트로닉스Electronics'로 정했다. 두 사람이 고심 끝에 결정한 이름이었지만 외부의 반응은 부정적이었다. 먼저 'NM 일렉트로닉스'는 듣는 사람에게 선명한 인상을 심어주지 못했다. 게다가 NM은 미국 뉴멕시코New Mexico 주의 약자이므로 뉴멕시코 어딘가의 작은 전자회사 같은 인상을 줄 수도 있었다. 두 사람은 회사의 사업 내용이 담겨 있고 누구나 쉽게 떠올릴 수 있는 이름을 다시 찾기 시작했고, 마침내 '인티그레이티드 일렉트로닉스Integrated Electronics'를 축약 합성해 '인텔Intel'로 결정했다. 그러나 '인텔'은 당시 호텔 가맹점을 운영하는 미국 회사에서 '인터내셔널 호텔International Hotel'이라는 의미로 이미 사용하고 있었다. 노이스와 무어는 '인텔'이라는 이름에 미련을 버리지 못해 호텔 회사에서 상호를 사들인 뒤 회사 이름을 정식으로 인텔로 바꿨다.

2001년에 발생한 9·11 테러 이후 테러와의 전쟁을 선언한 미국에서 언론의 보도 기사 제목에 'Intel'이라는 단어가 종종 눈에 띈다. 이는 인텔 회사를 의미하는 것이 아니라 'intelligence(정보)'를 줄인 말이다. 어쨌든 PC가 생활의 필수품이 된 지금 '인텔'이라는 회사 이름은 '인텔 인사이드' 광고 등의 홍보로 기술자뿐 아니라 일반 사람들에게 'IBM'이나 'GE'처럼 친숙해졌다.

노이스와 무어가 새 회사를 창업한다는 사실이 알려지자 이들 사업에 투자를 원하는 사람들에게서 전화가 걸려오기 시작했다. 조금 과장하자면 현금 가방을 든 투자자들이 노이스의 집 앞에 줄을 서다시피 하는 상황이 벌어졌다. 노이스는 메모리 반도체 시장의 비약적인 성장을 예견했고 메모리 반도체를 인텔의 주력 사업으로 정했지만 외부에는 사업 계획을 일체 비밀로 했다. 그는 상세한 사업 계획서를 작성하지 않았고 그런 계획서를 작성하는 성격도 아니었다. 또한 노이스에게 사업 계획서를 보여 달라거나 사업 설명을 요구하는 투자자도 없었다. 노이스와 무어가 시작하는 사업의 내용이 무엇이든 투자자들은 상관하지 않았고, 단지 그들의 사업에 투자할 수 있기만을 원했다.

1990년대 후반 실리콘 밸리에 닷컴dotcom 붐이 일어났을 때 인터넷 관련 사업이라면 메모지 한 장에 적힌 사업 아이디어만 보고 무조건 투자하던 '묻지 마 투자'를 노이스와 무어는 이보다 이미 30년 전에 경험했던 것이다. 창업 자금 조달의 실무는 페어차일드 반도체를 설립할 때 투자를 성사시킨 아서 록이 맡았다. 1960년대 말 실리콘 밸리에는 벌써 20여 개의 벤처 투자회사가 성업 중이었다. 페어차일드 반도체의 창업과 더불어 페어차일드 반도체에서 나온 제이 래스트, 장 회르니 등 네 명의 창업에 적극 관여한 아서 록은 벤처 투자가의 창시자라고 할 수 있다. 록은 인텔을 창업할 때의 자금 조달뿐 아니라 훗날 애플 컴퓨터의 창업에도 투자하는 등 벤처 투자가로 크게 성공해 억만장자 반열에 올랐다.

인텔 창업 당시, 노이스의 새 회사에서 투자를 받는다는 공고가 정식으로 발표된 뒤 이틀 만에 투자가 마무리되었으니 땅 짚고 헤엄치는 식이었다. 이런 상황이었으니 아서 록은 필요한 자금을 어떻게 확보할 것인가가 아니라 어느 투자자를 거절해야 하는가에 신경 써야 했다. 자금 조달이 마무리된 후 투자를 거부당한 사람들의 불만을 무마하는 것이 급선무였다.

인텔 투자에 참여한 투자자 가운데 노이스의 모교인 아이오와 주의 그린넬 대학도 있었다. 노이스는 그린넬 대학의 대학발전후원회 회원이었으므로 대학 당국은 당연히 노이스의 회사에 투자하기를 희망했다. 이때 네브래스카 주 출신으로 주식 투자의 귀재이자 '오마하의 현인Oracle of Omaha'이라 불리는 워런 버핏Warren Buffett이 그린넬 대학의 대학발전재단 이사로 있었다. 버핏의 투자 철학은 고지식할 정도로 보수적이어서 하이테크 산업처럼 자신이 잘 모르는 분야에는 투자하지 않는 것을 원칙으로 하고 있었다. 그가 초기에 투자하고 이후 그의 지주회사가 된 버크셔 해서웨이Berkshire Hathaway는 원래 방직회사였다. 이처럼 그가 투자한 분야는 방직회사를 비롯해 보험회사, 가구회사, 맥도널드 햄버거, 아이스크림 회사, 코카콜라, 철도회사 등 따분한 느낌을 주는 회사가 많다.

1990년대 중반에 마이크로소프트의 빌 게이츠를 만나기 전까지 그는 컴퓨터를 만져 보지도 않았다. 회사의 재무제표나 주식 분석 등은 철저히 머리와 연필과 종이에 의존했다. 그만큼 자신의 능력에 자신감이 있었다. 닷컴 붐 시절에 많은 사람들이 인터넷을 비롯한 하이테크 회사에 정신없이 투자할 때에도 그는 투자하지 않았다. 하지만 그린넬 대학이 노이스의 새 회사에 투자하려는 계획에 대해 버핏은 흔쾌히 동의했다. 기술은 모르지만 노이스와 무어라는 인물에 대해서는 알고 있었기 때문이다. 인텔 투자로 그린넬 대학은 훗날 막대한 수익을 얻었고 학교 재정이 튼튼해졌음은 물론이다.

대학발전재단 이사로서 그린넬 대학의 기부금을 비롯해 자산에 관한 전략에 관여한 버핏은 대학 당국이 인텔 투자에서 얻은 수익을 방만하게 운용하는 것을 가까이서 지켜볼 수밖에 없었다. 물론 그린넬 대학의 수익은 투자수익일 뿐 기부금은 아니었지만, 학교발전기금을 방만하게 운용하는 것을 본 뒤로는 자신의 기부활동에 대해 매우 신중하고 소극적인 태도를 가지게 되었다. 단 예외는 있었다. 신뢰할 수 있는 자선사업의 동지 빌 게이츠를 만나 의기투합하면서 버핏이 자신의 거의 모든 재산을 게이츠의 자선재단에 기부하기로 한 결정은 언론에 널리 보도된 바와 같다. 이에 관한 얘기는 11장 '하이테크 너드들의 기부 활동'에서 다시 다루기로 한다.

인텔의 본사는 산타클라라에 있다. 창업 직후에는 마운틴뷰에 있는 건물에 입주했는데 페어차일드 반도체가 창업했던 건물에서 몇 블록 떨어지지 않은 곳이었다. 노이스가 사장 겸 CEO를 맡고 무어가 부사장을 맡아 회사 내부 업무를 총괄했다. 인텔이 설립되자 곧바로 페어차일드 반도체를 사직하고 합류한 앤드루 그로브Andrew Grove는 기술 개발과 생산을 담당했다. 페어차일드 반도체 발전에 발목을 잡았던 연구개발과 생산의 불협화음이라는 전철을 밟지 않기 위해 인텔은 초기부터 연구개발과 생산을 단일 조직으로 묶어 앤드루 그로브에게 맡겼다. 이들은 기술 개발을 위한 실험용 웨이퍼의 공정을 생산 라인에 있는 생산 장비를 사용해 처리함으로써 개발이 완료된 뒤 양산으로 이전하는 과정을 순조롭게 했다.

인텔의 생산 규모가 커지고 웨이퍼 팹wafer fab이라 불리는 반도체 칩 제조공장이 미국과 해외 여러 곳에 설립되면서 연구개발과 생산을 같은 팹에

산타클라라에 있는 인텔의 본사 로버트 노이스 빌딩. 건물 1층에 인텔 박물관이 있다.

서 진행하는 것이 더 이상 불가능해졌다. 이때 생산 팹의 장비와 시설을 연구개발용 팹과 똑같이 맞추는 이른바 '정확한 복제copy exactly'라는 인텔의 개념이 싹텄다고 할 수 있다. 최고경영층 세 명의 관리 방식과 그들이 맡은 임무는 환상의 조합이라 할 만하다. 이후 이들이 인텔의 CEO직을 이어간 30년 동안 인텔의 기업문화가 정착되었고 세계적인 대기업으로 발전했다. 노이스에 대해서는 앞에서 언급했으므로 이제 무어와 그로브에 대해 간략하게 살펴본다.

### 고든 무어

고든 무어Gordon Moore는 캘리포니아에서 태어나고 자란 캘리포니아 토박이다. 1929년 1월에 태어난 그는 샌프란시스코에서 남쪽으로 약 60킬로미터 떨어진 곳, 태평양이 눈앞에 펼쳐진 한적한 마을 페스카데로Pescadero에서 성장했다. 페스카데로는 스페인어로 '생선 장수'라는 뜻으로, 태평양 해안을 따라 남북으로 뻗은 1번 고속도로와 가까이 있다. 거의 90년 전 그가 태어났을 때나 지금이나 크게 달라진 것이 없어 보이는 소박한 마을이다. 부친은 동네에서 단 한 명뿐인 경찰관이었고, 무어는 어려서부터 집에서 키우는 젖소의 우유를 짜며 자랐다. 중·고등학생 시절에 무어는 수학, 화학과 물리 등을 잘했다고 하니 이공계 적성인 것은 확실했다. 어린 시절, 이웃에게서 크리스마스 선물로 화학 실험기구 세트를 받은 것이 그가 화학에 흥미를 느낀 계기가 되었다.

그는 버클리 캘리포니아 대학교에서 화학을 전공한 뒤 남가주 패서디나에 있는 캘텍Caltech에서 1954년 화학 박사학위를 받았다. 이후 동부 볼티모어의 존스 홉킨스Johns Hopkins 대학교 응용물리 연구소에서 박사후 과정을 밟으면서 정부의 방위산업 관련 연구를 했다. 무어는 그 연구 과제에 흥미를 느끼지 못했고, 학회에 제출한 논문의 단어 하나당 국민 세금이 얼마가 사용되는지를 계산하는 등 따분한 생활이었다고 술회한 적이 있다. 반도체는 종합 기술이다. 전자공학뿐 아니라 재료, 물리, 화학, 기계공학 등 광범한 기술이 동원된다. 때마침 1956년 화학 전문가를 찾던 쇼클리가 무어에게 전화를 했고, 무어는 주저하지 않고 고향 캘리포니아로 돌아왔다. 이는 그의 인생에서 대전환점이 되었다.

쇼클리의 회사에 입사한 뒤 무어의 행적에 대해서는 앞에서 설명한 바와 같다. 페어차일드 반도체에서 근무하는 동안 '무어의 법칙'을 발표해 유명해졌다. 노이스와 함께 인텔을 공동 창업했고, 이후 노이스의 후임으로 인텔 CEO와 회장직을 역임한 뒤 일선에서 물러났다. 무어는 조용하고 겸손한 인간성, 과학자로서의 치밀함과 끈기, 관리자로서의 능력을 두루 갖춘 인물이다. 그는 바다낚시를 즐기면서 은퇴 후의 인생을 자선사업에 주력하며 보내고 있다. 2001년에 무어가 모교인 캘텍에 기부한 6억 달러의 기부금은 미국 대학 기부 역사상 최대 액수였고 이 기록은 지금까지 유지되고 있다. 그는 거액을 기부한 동기가 무엇인지를 묻는 질문에 "캘텍에서 공부한 덕분에 오늘의 내가 있게 되었다"고 간단히 답했다.

무어는 현재 80대 후반의 나이로 여생을 실리콘 밸리에서 보내면서 자신과 부인의 이름을 딴 '고든 앤드 베티 무어 재단Gordon and Betty Moore Foundation'을 세워 사회복지 향상을 위해 재산을 환원하고 있다. 그의 재단은 휼렛의 재단, 패커드의 재단과 더불어 미국 굴지의 자선재단으로 자리 잡고 있는데 11장 '하이테크 너드들의 기부 활동'에서 더 자세히 설명하기로 한다. 그의 인생은 과학자로서, 인간으로서, 그리고 사회 일원으로서 우리 모두에게 귀감이라 할 수 있다. 그에게 '실리콘 밸리의 신사Gentleman of Silicon Valley'라는 별명을 붙여주는 것이 어떨까?

### 앤드루 그로브

앤드루 그로브Andrew Grove는 1936년 헝가리 부다페스트에서 유대인 가정의 외아들로 태어났다. 어린 소년 시절에 제2차 세계대전을 겪은 그로브는 전쟁 기간 중 신분을 숨기고 나치의 핍박을 간신히 모면했다. 그러나 종전 뒤 헝가리는 구소련의 공산주의 치하가 되었고, 1956년 열여덟 살인 그는 가족을 뒤로하고 홀로 헝가리를 탈출하여 1957년 미국에 입국했다. 영어를 할 줄도 몰랐던 그가 뉴욕에서 대학을 마치고 버클리 캘리포니아 대학에서 박사학위를 받은 뒤, 페어차일드 반도체를 거쳐 인텔 CEO 지위에 올라 인텔을 세계 최대의 반도체 회사로 성장시키기까지 그의 입지전적 인생은 아메리칸 드림을 이룬 대표적인 예라 하겠다.

그로브는 1960년 뉴욕의 시티 칼리지City College of New York에서 화공학 학사를 취득한 뒤 버클리 캘리포니아 대학교에서 1963년 3년 만에 화공학 박사학위를 받았는데, 박사학위 논문은 반도체와 관련이 없는 유체역학에 관한 내용이었다. 그로브가 졸업 후 페어차일드 반도체에 입사할 때 그를 면접한 사람은 다름 아닌 고든 무어로, 무어는 그로브의 출중한 능력을 금세 알아보았다. 그로브의 박사과정 지도교수는 무어에게 보낸 추천서에서 "진정한 의미에서 비상한 인물이며, 이 사람을 채용하는 회사는 매우 행운이다"라고 썼는데 머지않아 이 말이 현실로 나타났다. 무어의 연구개발팀에 배치된 그로브는 두각을 보이기 시작했고, 1968년 무어가 페어차일드 반도체를 떠날 무렵 무어 밑에서 연구소 부소장직을 맡고 있었다. 노이스와 무어가 인텔을 창업하자 곧바로 인텔에 입사해 32세라는 젊은 나이에 인텔의 연구개발과 생산을 총괄하는 책임을 맡았다. 직선적이고 저돌적인 그의 관리 방식은 인텔의 기업문화와 회사의 이미지를 정립하는 데 큰 영향을 끼쳤다. 무어에 맞대어 별명을 붙이자면 실리콘 밸리의 상어라고나 할까?

노이스나 무어는 직접 저술한 책이 한 권도 없는 데 비해 그로브는 반도체 기술과 하이테크 기업 경영에 관한 책을 여러 권 저술했다. 그중 기술 서적으로는 1967년에 출간한 『반도체 소자의 물리학과 기술*Physics and Technology of Semiconductor Devices*』이 있다. 필자가 1970년대 중반 한국과학원(현재의 KAIST)에서 공부할 때 이 책이 반도체 과목의 교재였다. 반도체 소자에 대한 물리적 이론과 기술들을 간결하게 설명한 내용으로, 출간한 지 50여 년이 지난 지금도 반도체 교재로 손색이 없을 정도로 핵심 이론들이 잘 정리되어 있다.

그가 저술한 기업 경영에 관한 책으로는 1996년에 출간한 『편집증을 가진 자만이 살아남는다*Only The Paranoid Survive*』가 유명하다. 이 책에서 그로브는 인텔에 재직할 때 겪은 위기와 이를 헤쳐 나가면서 경영철학으로 삼은 '편집증으로 하는 관리Management by Paranoid'를 다루었다. 새로운 기술이나 신제품이 등장하여 회사 사업에 위협을 가할 가능성이 있을 때, 이 때문에 회사의 성장 추세가 변곡점에 이르렀을 때 이것이 잡음과 같은 일시적인 현상인지 또는 진정으로 새로운 신호인지를 분간하려면 경영자는 편집증에 가까울 정도로 항시 촉각을 곤두세우고 있어야 한다는 그의 지론은 모든 기업 경영자가 새겨들을 만하다.

1986년에 그로브 재단을 설립한 그는 자선활동을 꾸준히 펼쳐 왔으며 1997년에는 〈타임〉지 올해의 인물로 선정되기도 했다. 인텔에서 은퇴한 후에는 미국 사회의 고질적 문제 가운데 하나인 의료혜택과 의료제도의 전반적인 개혁을 위해 기회가 있을 때마다 목소리를 냈다. 그가 전립선암과 파킨슨 병을 치료받으면서 미국 의료산업의 문제점을 직접 경험했기 때문일 것이다. 그러나 그가 술회했듯이, 아무도 그의 말을 지난날 인텔 CEO 시절 때처럼 경청하지 않았다. 그로브는 여생을 실리콘 밸리에서 보내다가 2016년 3월 79세를 일기로 세상을 떠났다.

## 인텔의 반도체 사업: 메모리와 마이크로프로세서

컴퓨터에 사용되는 여러 가지 부품 가운데 가장 핵심 부품은 기억장치로 사용되는 메모리 소자와 연산 및 논리 기능을 하는 **마이크로프로세서** microprocessor다. 1960년 중반 컴퓨터의 기억장치는 금속의 자성을 이용해 데이터를 기록하는 **마그네틱 코어 메모리** magnetic core memory가 주종을 이루었다. 마그네틱 코어 메모리는 미세한 고리 모양의 자성체와 가느다란 전선을 엮어 만드는 노동 집약적인 사업이라 메모리 용량을 늘리는 데 한계가 있었다.

1960년대 초 집적회로가 실용화되자 메모리 반도체는 마그네틱 코어 메모리를 대체할 신기술로 각광받았다. 고든 무어가 페어차일드 반도체에 재직할 때 1965년 잡지에 기고한 글에서, 반도체 기술 발전으로 메모리 반도체의 비트bit 수가 기하급수적으로 늘어날 것이며 이에 비트당 가격이 하락해 앞으로 컴퓨터에 널리 쓰이게 될 것이라 예측했다. 이 예측이 훗날 '무어의 법칙'으로 불리는 반도체 기술 발전의 추이다. 이러한 상황에서 노이스와 무어는 1968년 인텔을 창업하면서 메모리 반도체를 회사의 주력 제품으로 선정했다. 사실 1960년대 중반까지만 해도 메모리 반도체의 가격이 높아 범용 제품으로 사용하기에는 이른 시점이었다. 이 당시 메모리 반도체 가격은 1비트당 약 50달러였으므로 미국 국방성만이 유일한 고객이었다.

시간이 흐르자 무어가 예측한 대로 반도체 기술 발전과 더불어 메모리 가격이 급속히 낮아졌다. 16킬로비트kb DRAM(dynamic random access memory)이 판매된 1978년에 1비트당 가격이 0.05센트로 떨어져 1960년대 중반에 비해 10만 배로 낮아졌다. 메모리 반도체의 천문학적인 가격 하락은 반도체 기술이 1960년대의 바이폴라bipolar 집적회로에서 1970년대 모스MOS 집적회로로 옮겨가면서 가능해졌다. 강대원 박사의 MOS 트랜지스터 개발 공로가 왜 중요한지를 알 수 있는 대목이다.

노이스는 이러한 기술 발전 추이와 메모리 반도체의 엄청난 사업성을 예견하고 인텔을 창업할 때 메모리 반도체를 회사의 주력 제품으로 선정했다. 현재 전 세계 마이크로프로세서 시장에서 80퍼센트 이상을 차지하고 있는 인텔을 보면서 인텔이 마이크로프로세서 칩으로 출발했으리라고 생각하는 사람들이 있을지 모르지만 인텔은 메모리 반도체를 생산 판매하는 업체로 출발했다. 현재 메모리 반도체 시장의 주력 제품인 DRAM의 원천 기술은 1966년 뉴욕 주에 있는 IBM 왓슨 연구소T. J. Watson Research Center에서 발명했다. 그러나 DRAM 제품을 개발해 최초로 상품화한 회사는 인텔이며, 곧 인텔이 DRAM의 원조 기업이다.

### 인텔의 메모리 반도체 사업

DRAM 개발에 앞서 창업 초기에 인텔은 SRAM(static random access memory) 개발에 주력했다. 이를 위해 바이폴라 SRAM 메모리와 MOS SRAM 메모리 개발을 동시에 추진했다. "달걀을 한 바구니에 모두 담지 말라"는 격언처럼 실패에 대비해 두 개발 과제를 동시에 추진함으로써 위험부담을 줄이고, 또한 두 개발 과제의 경쟁을 유도하는 효과도 있었다. 바이폴라 SRAM 개발은 제조 기술이 비교적 성숙단계에 있었으므로 인텔은 예정에 맞춰 개발을 완료해 64비트 SRAM을 1969년 5월 시장에 출시했다. 바이폴라 SRAM은 속도는 빠르지만 전력 소모가 많고 집적도가 낮을 뿐 아니라 가격이 비싸서 마그네틱 코어 메모리를 대체할 수 없었다. 마그네틱 코어 메모리는 MIT 대학에서 원천 특허를 보유하고 있었고, 당시 거의 모든 컴퓨터의 주 기억장치로 쓰이고 있어 MIT에 엄청난 특허료를 벌어다주는 효자 같은 제품이었다.

반도체가 등장한 이후 전자산업은 진공관 기술에서 트랜지스터와 집적회로를 이용한 신기술로 빠르게 옮겨갔다. 마그네틱 코어 메모리도 이제 진공관과 비슷한 운명에 처했다. 값싸고 성능 좋은 메모리 반도체의 등장은 시간 문제였기 때문이다. 프레더릭 터먼이 MIT에서 박사학위를 받고 스탠포드 대학교에 돌아와 교수가 되었을 때 그는 서부를 전자기술 개발의 중심지로 도약시키고자 했고, 그의 꿈이 마침내 현실로 이루어지는 중이었다.

두 번째 프로젝트인 MOS SRAM 개발은 마그네틱 코어 메모리를 대체하는 것이 목표였다. 당시 MOS는 바이폴라에 비해 기술의 연륜이 짧고 제조 기술상의 문제점으로 개발에 어려움이 많았다. 회사의 사활이 걸린 MOS

SRAM 개발을 맡은 앤드루 그로브는 인텔 최초의 MOS 메모리 제품이 될 SRAM 1101의 개발에 총력을 기울였다. 1101은 P-채널 SRAM 메모리로 용량은 256비트였다. 1969년 3월 그로브의 MOS 메모리팀이 완벽하게 작동하는 1101 칩을 얻자 회사는 흥분에 휩싸였다. 1101 칩의 양산 기술을 확보하고 제품의 신뢰성을 개선하는 데 시간이 걸려 1101을 시장에 출시한 것은 6개월이 지난 1969년 9월이었다. 힘든 노력 끝에 출시한 제품이었으나 1101은 시장에서 성공하지는 못했다. 전기적 성능이 충분치 못했을 뿐 아니라 집적도가 256비트에 불과해 마그네틱 코어 메모리에 비해 비트당 가격이 훨씬 높았다. 컴퓨터의 메모리에 널리 사용되려면 1101보다 집적도를 높이고 비트당 가격을 훨씬 더 낮춰야 했다. 이를 위해서는 DRAM의 개발이 필수적이었다. 인텔은 곧이어 DRAM 개발에 착수했다.

DRAM 메모리 셀은 1966년에 뉴욕 주 요크타운 하이츠Yorktown Heights에 있는 IBM 왓슨 연구소의 로버트 데너드Robert Dennard가 발명했으며, IBM은 이에 대한 특허를 1968년에 획득했다. 그러나 이 DRAM 셀을 이용해 세계 최초로 DRAM 제품 1103을 1970년 10월에 출시한 것은 인텔이었다. 1103은 집적도가 1024비트로, 반도체 시장에서 상업적으로 성공한 최초의 DRAM 제품이다. 기술적으로 완벽한 제품은 아니었지만 1103은 시장에서 호평을 받았고, 매출에 크게 기여해 인텔을 메모리 반도체에서 선두 주자 위치에 올라서게 했다.

1972년 인텔의 연간 매출액 2천3백만 달러의 대부분이 1103의 매출로, 인텔에 거의 독점에 가까운 사업을 보장해주었다. 1103의 대성공으로 인텔의 MOS 메모리가 마그네틱 코어 메모리를 대체해 컴퓨터의 주 기억소자로 사용되는 계기가 되었고, DRAM은 반도체 기술 개발을 선도하는 제품으로 자리 잡게 된다. 이 같은 추세에 따라 미국, 일본, 유럽 각국의 반도체 회사들이 본격적으로 메모리 반도체 개발에 가세함으로써 DRAM 개발 경쟁은 한 치 앞을 내다볼 수 없는 상황이 연출되었다. 실제로 인텔은 다음 세대인 4킬로비트(4,096비트) DRAM 개발 경쟁에서 다른 회사에 뒤져 그 회사 제품을 세컨드 소싱second sourcing해야 하는 상황에 처했으니, 이렇듯 메모리 기술 개발 경쟁은 일찌감치 치열하게 불이 붙었다.

1980년대에 들어서 일본 회사들이 메모리 시장에서 미국과의 기술 격차를 줄이며 무차별 덤핑 공세를 퍼붓자 미국 회사들은 DRAM을 비롯한 메모리 사업에서 철수하기 시작했다. 인텔은 창업 이래 메모리 반도체가 주력 사업이었음에도 1985년 DRAM 사업을 포기하는 중대한 결정을 내렸다. DRAM 사업을 포기하고 인텔은 전원이 끊겨도 데이터가 보존되는 EPROM(Erasable programmable read only memory) 메모리 사업을 유지했지만 그래도 메모리 사업은 더 이상 주력 사업이 아니었다. DRAM 사업에서 철수한 뒤 인텔은 마이크로프로세서를 주력 사업으로 내세워 다시 태어난다.

### 마이크로프로세서의 탄생

1970년대 초, 인텔은 메모리 사업에 집중하면서도 한쪽에서는 다가올 미래에 인텔의 운명을 바꾸어 놓을 프로젝트를 조용히 진행했다. 바로 인텔과 일본의 한 전자회사가 공동 추진한 프로젝트였다. 1969년 봄, 비지콤Busicom이라는 일본의 소규모 전자회사가 전자계산기에 사용할 반도체 칩 생산을 위해 인텔과 접촉함으로써 마이크로프로세서 출현의 막이 올랐다. 일본의 도시바, 샤프, 산요 등 대형 전자회사들이 전자계산기 개발에 앞다투어 뛰어들 때였다. 비지콤은 개인용 전자계산기보다 더 복잡한 기능을 가진 업무용 계산기의 개발 계획을 세우고 계산기 제작에 필요한 집적회로 칩 설계에 착수했다.

반도체 칩 생산시설이 없는 비지콤은 칩 생산시설을 찾던 중 인텔과 접촉했고, 1969년 6월 인텔은 비지콤이 설계한 칩을 생산하기로 합의했다. 당시 미국의 반도체 회사들은 칩 생산시설, 다시 말해 웨이퍼 팹이라는 반도체 생산공장이 없는 회사가 집적회로를 설계해서 생산을 위탁하면 웨이퍼 공정을 해주는 사업을 곁들여 하고 있었다. 말하자면 지금의 웨이퍼 파운드리wafer foundry 사업에 해당하는데, 현재 타이완의 TSMC(Taiwan Semiconductor Manufacturing Company)나 UMC(United Microelectronics Corp.)처럼 파운드리 사업을 전문으로 하는 회사가 출현하기 이전이었다. 따라서 웨이퍼 팹을 갖춘 반도체 회사들은 웨이퍼 생산 능력의 일부분을 다른 회사에서 위탁한 칩 생산에 활용하기도 했다. 계산기가 상당히 복잡해 비지콤은 계산기를 제작하는 데 모두 칩 12개가 필요하리라고 예측했고, 회로 설계 기술자들을 인텔에 파견해 칩 설계에 착수했다.

노이스는 비지콤 개발 과제에 테드 호프Ted Hoff를 인텔 측 책임자로 임명했다. 테드 호프는 스탠포드 대학교에서 전기공학 박사학위를 받은 후 인텔 창업 직후 노이스가 영입한 인물로 컴퓨터 전문가였다. 노이스는 인텔이 메모리를 생산해 컴퓨터 시장에 판매하려면 반도체 전문가뿐 아니라 컴퓨터 전문가도 필요하다고 생각했던 것이다. 호프는 비지콤 과제를 수행하는 과정에서 최초로 마이크로프로세서 칩을 설계해 훗날 '마이크로프로세서의 아버지'라는 칭호를 듣게 된다. 호프가 비지콤에서 제안한 칩 설계를 분석한 결과, 칩 12개로도 부족할지 모르고 전체 칩 세트의 가격을 비지콤이 원하는 수준에 맞추는 것 역시 불가능해 보였다. 그 대안으로 호프는 프로그램이 가능한 범용 **논리회로** 칩을 중심으로 모두 칩 4개로 구성된 칩 세트를 비지콤에 제안했다. 비지콤이 이 제안을 수용함에 따라 프로그램이 가능한 범용 논리회로 칩, 다시 말해 마이크로프로세서가 탄생하게 되었다.

호프가 설계한 마이크로프로세서는 비지콤이 칩에 대한 소유권을 가지고 있었다. 이 칩은 프로그래밍을 하기에 따라서 전자계산기뿐 아니라 여러 가지 용도로 쓰일 수 있는 범용 칩이다. 노이스와 호프 두 사람은 이 범용 칩의 응용 가능성에 대해 큰 기대를 걸었다.

인텔 최초의 마이크로프로세서 인텔 4004 개발의 주역인 네 명의 기술자. 왼쪽에서 두 번째가 테드 호프다(사진 출처: 마운틴뷰 소재 컴퓨터 역사박물관).

그러나 회사 내의 다른 사람들에게 마이크로프로세서는 관심 밖의 일이었다. 이 새로운 칩의 응용 분야를 이해하는 사람도 없었을 뿐 아니라 직원들 대부분이 DRAM 개발에 매달려 다른 생각을 할 틈이 없었다. 평소 노이스의 생각을 잘 이해하고 대부분 그의 뜻을 따르던 무어도 마이크로프로세서의 미래에 대해서는 확신이 없었다. DRAM의 개발과 생산 책임자인 그로브에게 마이크로프로세서는 차라리 없어졌으면 하는 프로젝트였다. 그로브의 주 관심사는 밤낮으로 DRAM의 수율을 올리는 것이었고, 회사의 사활은 DRAM에 달려 있으니 DRAM 이외에 다른 프로젝트에 신경 쓸 여유가 없다고 생각한 것이다. 이렇듯 세 사람이 지닌 각각 다른 능력과 식견, 즉 노이스의 미래에 대한 비전, 무어의 관리 능력과 그로브의 끈질기고 저돌적인 추진력이 단기간에 인텔을 기술과 제품에서 선두의 위치에 올라서게 했고, 역경을 넘어선 뒤에는 장기적인 발전을 이끈 원동력이 되었다.

당시 TI도 범용 논리회로 칩을 개발하고 있었기에 인텔은 마이크로프로세서 개발을 서둘러 추진하기로 결정했다. 이에 앞서 비지콤이 소유한 마이크로프로세서 칩의 소유권을 인수해야 했다. 비지콤은 당시 회사의 경영 상

(왼쪽부터) 인텔의 연구개발과 생산을 총괄하는 책임을 맡은 그로브를 비롯해 노이스와 무어가 함께 자리했다. 이 세 사람은 각자의 능력과 식견으로 인텔을 기술과 제품에서 선두의 위치에 올라서게 했다(사진 출처: Andy Grove, Robert Noyce and Gordon Moore(1978) by Intel Free Press, CC BY-SA).

태가 좋지 않아 인텔의 요구를 받아들여, 전자계산기가 아닌 다른 제품에 마이크로프로세서를 사용할 수 있는 권한을 인텔에 넘겼다. 이때가 1971년 9월이었다. 두 달 뒤인 1971년 11월, 인텔은 최초의 마이크로프로세서 제품 인텔Intel 4004를 출시했고, 인텔의 마이크로프로세서는 이러한 과정을 거쳐 마침내 탄생했다. 4004는 P-채널 MOS 제품으로 전기적인 성능이 그다지 우수하지 못해 컴퓨터의 CPU로 사용하기에는 역부족이었다. PC에 사용할 수 있는 성능을 갖춘 제품이 등장하기까지는 약 2년이 더 지나야 했다.

1973년에 인텔은 N-채널 MOS 제품인 8비트 마이크로프로세서 인텔 8080을 발표했다. 8080은 비로소 PC의 CPU에 필요한 성능과 기능을 갖췄으며 PC 시대가 열리는 데 기여했다. 뉴멕시코 주에 소재한 전자회사 MITS(Micro Instrumentation and Telemetry Systems) 사는 인텔 8080을 CPU로 탑재한 **마이크로컴퓨터** 알테어Altair 8800을 1974년 시장에 선을 보였는데 이 제품은 사용자들에게서 호평을 받았고, 상업적으로 성공한 최초의 마이크로

컴퓨터가 되었다. 당시는 PC라는 용어가 사용되기 전이라 소형 컴퓨터는 마이크로컴퓨터라는 이름으로 불렸다.

### 인텔의 전자 손목시계 사업

1970년대 초, 반도체 회사들의 관심을 끈 제품으로 디지털 전자 손목시계용 칩이 있다. 작은 수은 전지로 작동하는 전자 손목시계는 칩의 전력 소모가 매우 적어야 한다는 것이 필수요건이다. CMOS 기술로 설계 제조된 칩은 전력 소모가 매우 적다. 1963년 페어차일드 반도체의 프랭크 완라스가 CMOS 회로 설계 기술에 대한 특허를 출원한 이후 1960년대 말에 이르러 CMOS 설계와 공정 기술은 양산이 가능한 수준에 도달했다. RCA, 모토롤라, TI 등이 당시 CMOS 기술의 선두에 있었다.

1970년대 들어서 미국과 일본의 여러 반도체 회사가 CMOS 기술로 전자시계 칩을 생산하기 시작했고 그중에는 전자 손목시계 완제품 생산에 직접 뛰어든 회사도 있었다. 전자 손목시계 생산은 조립사업이라 홍콩처럼 임금 수준이 낮은 곳이 미국에 비해 당연히 경쟁력이 높았으므로 기술로 승부하는 반도체 회사가 조립사업에 뛰어드는 것은 위험이 컸다. 그러나 전자 손목시계가 처음 시장에 등장할 때의 가격은 수천 달러였고 제조업체들은 이 시계를 귀금속상에서 판매했다.

최초의 전자 손목시계로 알려진 미국 해밀턴Hamilton 사의 펄사Pulsar는 LED를 장착해 빨간색으로 표시해 시와 분만을 알려주는 단순한 구조였지만 가격은 2천 달러가 넘었다. 그러나 전자 손목시계 시장이 곧 폭발적으로 성장하리라는 전망에 따라 기존의 기계식 시계 회사뿐 아니라 반도체 회사들까지 이 시장에 관심을 가졌다. 인텔은 1972년 7월 마이크로마Microma라는 미국의 소규모 전자시계 회사를 인수해 전자시계 칩 생산뿐 아니라 전자

시계 완제품을 생산 판매하는 사업에 진출, 일반 소비자용 전자제품 사업에 뛰어들었다.

그러나 인텔은 전자시계의 극심한 가격 경쟁에 시달리다가 3년 뒤인 1975년에 막대한 손실을 입고 사업을 접었다. 인텔의 전자시계 사업을 언급하는 이유는 이 CMOS 전자시계 칩 사업이 한국의 반도체 산업 역사에서 중요한 의미를 갖기 때문이다. 한국에서 최초의 반도체 칩 제조회사로 기록된 한국반도체주식회사가 경기도 부천에 웨이퍼 팹을 건설하고 CMOS 공정으로 전자 손목시계 칩 생산에 나선 것은 1970년대 중반이었다. 이에 대한 자세한 내용은 10장에서 다루기로 한다.

## 페어칠드런 막차를 탄 제리 샌더스의 AMD 창업

노이스가 페어차일드 반도체를 떠난 뒤 페어차일드 반도체는 모토롤라에서 레스터 호건을 CEO로 영입했고, 이어서 호건을 따라온 모토롤라의 간부들이 페어차일드 반도체의 경영진을 접수했다. 호건은 하버드 대학교 교수로 재직하다 모토롤라에 영입되어 애리조나 주 피닉스에 있는 모토롤라 반도체 사업 부문을 TI에 버금가는 규모로 키운 인물이다. 호건의 경영 방식은 매우 보수적이라 자유분방한 실리콘 밸리의 근무 분위기와는 어울리지 않았다. 동부에 자리한 모회사 페어차일드 카메라 앤드 인스트러먼츠의 보수적이고 경직된 경영 방식에 이미 식상해 있던 페어차일드 반도체 직원들에게 호건의 보수적이고 권위적인 경영 방식은 반감을 불러일으키기에 충분했다. 이러한 상황에서 페어차일드 반도체의 유능한 판매사원으로 승승장구하던 제리 샌더스의 승진을 놓고 새 경영진이 거부하자 샌더스는 1968

서니베일에 있는 AMD 본사 전경. 건물의 모습이 백악관White House과 비슷하다고 해서 '작은 백악관'이라는 별명이 붙었다. 필자가 AMD에 근무할 당시 2000년대 중반까지도 이 건물 입구 로비에 제리 샌더스의 흉상이 있었는데 지금도 있는지 모르겠다.

년 페어차일드 반도체를 사직했다.

제리 샌더스는 원래 LA 지역 영업 담당자였다가 페어차일드 반도체 본사로 와서 영업을 맡았다. 승진이 거부되자 사표를 낸 뒤 LA로 내려가 앞으로의 행보에 대해 숙고하던 샌더스에게 페어차일드 반도체 동료 일곱 명이 찾아와 함께 새 회사를 창업하자고 제안했다. 이듬해 1969년, 이들이 서니베일에 AMD(Advanced Micro Devices)를 창업함으로써 1960년대 페어칠드런 행렬의 막차를 탔다. 인텔보다 규모는 작지만 AMD는 마이크로프로세서 시장에서 인텔과 쌍벽을 이룬다. 지난 50년간 수많은 반도체 회사들이 실리콘 밸리에서 창업하고 소멸하는 과정에서 AMD는 실리콘 밸리를 대표하는 회사로 성장했다. 또한 인텔과 함께 미국 반도체 산업의 자존심을 지키고 있는 회사로 꼽힌다.

AMD의 창업 과정에는 인텔과 비교해 하늘과 땅만큼의 차이가 있다. 샌더스는 반도체 업계에서 유능한 영업사원으로 인정받았으나 노이스처럼 인지도가 있는 인물은 아니었다. 뿐만 아니라 정통 기술자 출신의 노이스와 달리 샌더스는 전문 기술자가 아니었으므로 샌더스에게 기꺼이 창업 자금을 지원해주겠다는 투자자가 없었다. 페어차일드 반도체와 인텔의 창업을 도왔던 벤처 투자가 아서 록도 샌더스의 투자 요청을 일언지하에 거절했다. 훗날 샌더스는 창업 당시를 회고하면서 다음과 같이 한탄한 적이 있다. 노이스는 전화기를 5분만 붙들고 있으면 5백만 달러의 투자가 들어오는데 자신은 전화기를 5백분 붙들고 있어도 5달러도 투자받기가 어려웠다고.

그러나 샌더스의 능력을 알고 그를 믿은 페어차일드 반도체의 전·현직 직원들이 십시일반으로 투자를 했고 마침내 투자은행에서 투자를 받는 데 성공했다. 흥미로운 점은 이보다 1년 진 인텔을 창업한 노이스가 개인적으로 AMD에 투자를 했다는 사실이다. 사업 초기에 인텔과 AMD 사이에는 이렇듯 상호 보완적인 면이 있었지만, 훗날 처절한 경쟁관계가 되리라고는 상상하지 못했을지 모른다.

제리 샌더스는 타고난 달변가에 유명 영업자답게 청중을 휘어잡는 카리스마가 있었다. AMD의 경영 상황이 매우 좋지 않은 때에도 샌더스는 어려움을 극복해내면 회사의 앞날이 밝으리라는 느낌을 듣는 사람에게 전해주는 능력이 있었다. 이러한 자신감이 있었기에 인텔과의 경쟁과 오랜 법정 투쟁을 헤쳐나가면서도 여러 차례 위기를 극복한 것으로 보인다. 샌더스는 은퇴 후 LA 근교 베벌리힐스에서 여생을 보내고 있다. AMD의 CEO로 약 30년 동안 재직하면서 그가 보여준 능력과 독특한 그의 방식은 가끔 반도체 업계에서 회자되고 있다.

**제리 샌더스**

1936년 시카고에서 출생한 제리 샌더스Jerry Sanders는 대학에서 전기공학을 전공한 공학도였다. 그의 어린 시절은 그다지 유복하지 않았던 것 같다. 샌더스는 다섯 살 때 부모의 이혼으로 조부모의 손에서 자랐다. 샌더스는 스스로도 인정하듯이, 할 말이 있으면 반드시 해야 하는 성격이었고 이 때문에 학교 다닐 때 싸움도 많이 했다.

그는 고등학교를 우등생으로 졸업했으나 어렸을 때부터 꿈이 할리우드에 가서 영화배우가 되는 것이었다. 샌더스는 자신의 외모와 말솜씨에 상당한 자신감이 있었고, 체육관에서 몸을 근육질로 단련하는 데에도 신경을 썼다. 그러나 할아버지의 설득으로 할리우드 스타의 꿈을 잠시 접고 일리노이 대학교에 진학해 전기공학을 전공했다.

일리노이 주 어배너 샴페인Urbana Champaign에 자리한 일리노이 대학교는 미국 주립대학교 중에서 10위 권 안에 들며 공과대학 수준도 높다. 샌더스는 반도체 산업에서 이룬 업적으로 일리노이 대학교 전기공학과의 '뛰어난 동문distinguished alumni' 명단에 올라 있다. 하지만 그의 대학 생활은 순탄치 않았다. 샌더스는 대학 1학년 때 일리노이 대학교에서 열린 풋볼 경기 관람을 끝내고 친구와 함께 학생들의 파티 장소로 갔다. 파티장에서 친구와 동네 건달들 사이에 싸움이 벌어졌고, 이를 말리려고 끼어들었다가 친구가 먼저 도망가는 바람에 혼자 남아 엄청나게 두들겨 맞고 쓰레기통에 던져졌다. 다행히 지나가던 사람에게 발견되어 병원 응급실로 실려 갔지만 상태가 심각해 가족들은 그가 살아나지 못할 거라며 마음의 준비를 했다고 한다.

대학교를 졸업한 샌더스는 모토롤라에서 반도체 영업 업무를 시작했고, 1년 후 1959년 페어차일드 반도체에 영입되어 LA를 비롯한 남가주 지역의 영업 업무를 담당했다. 1965년에 실리콘 밸리에 있는 본사로 옮길 때까지 샌더스는 남가주 지역의 중요한 고객들을 많이 확보해 능력을 인정받았다. 소문에 따르면 남가주에서 근무하는 동안 할리우드 스타의 꿈을 버리지 못해 영화배우가 되려고 몇 차례 시도했으나 재능이 충분치 않다는 판정을 받았다고 한다.

샌더스는 훗날 자신이 공동 창업한 AMD가 성공을 거둬 돈을 많이 벌게 되자 LA에 있는 저택에서 할리우드 스타들과 파티를 하고 회사 창립 기념파티에 영국 록 가수 로드 스튜어트를 초빙하는 등 연예계 인맥을 과시하면서 할리우드에 진출하지 못한 한을 해소한 것으로 보인다. 그의 이러한 성격 때문에 1970년대 AMD는 파티를 잘 하는 회사로 실리콘 밸리에 소문나기도 했다. 아무튼 실리콘 밸리에 있는 페어차일드 반도체 본사로 옮긴 뒤 샌더스는 전 세계 영업판매를 총괄하는 위치로 승진하리라 기대했으나 레스터 호건을 비롯한 모토롤라 출신의 새 임원진이 대거 영입되면서 이 기대가 무산되자 페어차일드 반도체를 떠났다.

인텔과 AMD의 회사 문화는 창업자 개인의 스타일이 다른 것처럼 많은 차이가 있다. 인텔이 앞서가는 기술과 제품으로 시장을 선도한 데 비해 AMD는 자금이 충분치 못했으므로 회사 설립 초기부터 다른 회사의 제품을 세컨드 소싱하는 것을 주요 전략으로 삼았다. 다시 말해 호환성이 있는 제품을 싼 가격에 공급하는 것이 AMD의 전략이었다. 인텔과의 마이크로프로세서 세컨드 소싱도 이 같은 사업 전략의 하나였다. 초기에 두 회사 모두 윈-윈win-win하려는 의도로 시작한 AMD의 마이크로프로세서 세컨드 소싱은, 그러나 두 회사 간의 길고 지루한 법정 소송의 빌미를 제공했다.

AMD가 어려운 시기를 넘기고 경영 상태가 개선된 1991년, <일렉트로닉 비지니스*Electronic Business*>는 1991년 11월 18일자 잡지에서 AMD와 제리 샌더스에 대한 얘기를 표지 기사로 소개했다. 사진은 잡지 표지에 실린 제리 샌더스.

1987년 마이크로프로세서 특허 관련 소송에서 시작하여 특허 침해, 불법 영업 행위 등으로 이어진 두 회사의 분쟁은 한 편의 대하소설처럼 펼쳐졌다. AMD는 규모가 몇 배나 더 큰 인텔과의 법정 소송, 치열한 제품 개발 및 가격 경쟁 등으로 그동안 여러 번 생사의 고비를 맞았으나 샌더스가 파티장의 싸움에서 기사회생했듯이 그때마다 고비를 넘기고 일어서는 끈질김을 보여왔다. 근 30년에 걸친 인텔과 AMD의 법정 소송은 기업들이 생존과 시장 장악을 위해 얼마나 치열한 싸움을 벌이는지를 극명하게 보여준다. 법정 공방의 승패는 기업의 시장독점과 소비자의 이해에 직접 영향을 미치므로 기업과 소비자 모두에게 매우 중요한 사안이다. 인텔과 AMD의 법정 공방에 얽힌 이야기를 소개하기로 한다.

## 인텔과 AMD: 30년에 걸친 계약과 분쟁

### 세컨드 소싱 계약

인텔과 AMD 두 회사는 페어차일드 반도체에서 직접 파생된 실리콘 밸리 1세대 기업이다. 이 두 회사는 창업 초기에는 전혀 상반된 사업 전략으로 출발했다. 인텔의 전략은 예나 지금이나 충분한 자금과 우수한 기술력을 바탕으로 기술 개발을 선도하면서 신제품을 개발해 시장을 선점하는 것이다. 회사 창업 당시 메모리 칩을 주력 제품으로 선정한 이유도 여기에 있었다. 메모리 반도체는 정보 저장의 기본 단위인 셀cell이 칩 위에 가로와 세로로 무수히 반복되는 형태를 띠고 있어 공정 기술의 한계를 파악하거나 공정상의 결함을 발견하기 쉽다. 메모리 비트 집적도를 향상시키려면 보유하고 있는 장비의 능력과 기술을 한계에 이르기까지 밀어붙여야 하기 때문에 차세대 기술 개발에 사용하기 적합한 제품이다. 경쟁사가 이와 유사한 제품을 개발해 시장에 뛰어들면 인텔은 제품 가격을 낮추고 다음 세대의 기술로 옮겨 새로운 제품을 먼저 내놓는다. 이렇게 경쟁사를 따돌리는 것, 말하자면 블루오션blue ocean 경영을 추구하는 것이 인텔의 전략이다.

이에 비해 AMD는 창업 초기에 자금력과 기술력이 취약해 인텔처럼 기술과 제품 개발을 선도할 수 있는 입장이 아니었다. 따라서 AMD는 우선 다른 회사 제품을 세컨드 소싱하면서 자체 기술과 제품을 확보해 나가고자 했다. 세컨드 소싱이란 제품을 처음 개발해 시장에 내놓은 회사가 이 제품을 다른 회사들도 제조할 수 있게 특허 사용권과 기술을 제공함으로써 제품의 공급원을 다양화하는 것을 말한다. 세컨드 소싱의 이점은 고객의 입장에서 보면 새로 개발된 칩의 공급을 한 회사에만 의존해야 하는 위험부담이 해소되어 안심하고 이 제품을 구매할 수 있는 환경이 형성된다는 점이다. 또한 여러 공급원에서 제품이 공급되기 시작하면 처음 제품을 개발한 회사와 가격 및 품질에서 경쟁이 일어나 고객에게 도움이 되기도 한다. 칩을 공급하는 회사의 입장에서 보면 세컨드 소싱으로 새로운 제품을 시장과 고객이 쉽게 받아들이므로 시장 규모가 단기간에 확대되는 이점이 있다. 다시 말해 신제품을 처음 개발한 회사와 세컨드 소싱하는 회사들은 시장과 고객의 확대라는 상승 효과를 기대할 수 있다.

원래 세컨드 소싱은 1960년대 케네디 정부에서 국방장관을 지낸 로버트 맥나마라Robert McNamara가 국방성에서 부품 구매 절차를 개혁하기 위해 실시한 방안이었다. 곧 국방성 부품 구매를 단독 회사에 발주할 경우에 생기는 불합리한 구매 가격을 개선하려는 것이 그 의도였다. 맥나마라가 취임하기 전 국방성 관련 사업에 납품되는 부품들의 공급원이 단독인 경우가 많았고 이 때문에 구매 가격이 부풀려져 예산 낭비가 심했다. 예를 들면 국방성에서 구매하는 품목 중에 비행기 안에서 사용하는 커피 컵 하나가 수백 달러, 나사 못 하나가 수십 달러라는 사실이 언론에 보도된 적이 있었다. 국방장관 재직 전에 포드 자동차 사장을 역임한 맥나마라에게 이러한 구매 관행이 어떻게 비쳐졌을지는 눈에 보이듯 뻔한 일이다. 그는 국방성에 납품되는 모든 부품의 공급원을 두 회사 이상으로 제도화했다. 이후 컴퓨터 업계에서 세컨드 소싱을 적극적으로 채택함으로써 반도체 업계에서도 일반화되었다.

AMD는 사업 초기에 주로 페어차일드 반도체와 모토롤라의 제품들을 세컨드 소싱했는데 여기에 제리 샌더스의 풍부한 마케팅과 영업 경험이 활용되었다. 예를 들어 페어차일드 반도체가 개발해 시장에서 성공한 OP 앰프(operational amplifier, 연산 증폭기) µA730이라는 제품은 AMD를 비롯한 몇몇 회사에서 세컨드 소싱했다. 세컨드 소싱하는 회사는 페어차일드 반도체의 제품 이름을 사용할 수 없었다. 하지만 AMD는 제품 이름에 사용하는 숫자는 고유한 제품 이름으로 인정받지 못한다는 사실에 착안하여 µA730과 호환성을 가지는 AMD 제품 이름을 Am730으로 정했다. 고객이 보기에 Am730은 µA730의 호환 제품임을 쉽게 알 수 있고, 따라서 전혀 다른 제품 이름을 사용한 호환 제품 업체에 비해 유리한 위치를 차지했다.

AMD는 곧이어 인텔 제품의 세컨드 소싱도 시작했다. AMD는 1976년 인텔과 양사 간 특허 전반에 대해 상호 사용권 계약을 체결했고 이로써 마이크로프로세서를 포함한 포괄적인 세컨드 소싱이 가능해졌다.

인텔의 마이크로프로세서 개발은 1974년 8비트 CPU 8080 개발을 계기로 본궤도에 올랐다. 인텔 8080을 CPU로 장착한 마이크로컴퓨터가 등장하면서 비로소 일반인의 마이크로컴퓨터에 대한 관심이 높아지기 시작했다. 8080을 CPU로 장착한 마이크로컴퓨터로는 MITS사의 알테어 8800이 대표적이다. 그러나 이 제품은 일반인이 쉽게 사용할 수 있는 컴퓨터가 아니었기에 주로 컴퓨터 전문가나 애호가들에게 인기가 있었다.

알테어 8800 이외에도 다양한 소형 컴퓨터들이 군소 회사에서 제작 판매되었다. 시장에 출시된 CPU 제품도 인텔 8080을 비롯해 모토롤라의 M6800 등 다양했다. 1977년 실리콘 밸리에서 창업한 애플 컴퓨터는 모토롤라의 M6800을 장착하고 키보드와 모니터를 채용한 애플 I을 개발했는데 이 제품이 지금과 같은 형태를 갖춘 최초의 PC다. 곧이어 춘추 전국시대와 같은 PC 시장이 전개되었고, IBM이 1981년 IBM PC를 출시함으로써 PC는 IBM 표준으로 통일, 일반인이 사용할 수 있는 기기로 자리 잡았다.

IBM은 1979년 인텔에서 출시한 16비트/8비트 혼합형인 8088을 IBM PC의 CPU로 채택함으로써 앞으로 인텔 x86 계열의 마이크로프로세서 제품들이 PC에 독점적으로 사용되는 길이 열렸다. IBM은 IBM PC를 출시하면서 안정적인 CPU 칩의 공급을 보장받기 위해 인텔에 마이크로프로세서의 세컨드 소싱을 다른 반도체 회사들에 허용하라고 요구했다. 이에 따라 인텔은 AMD와 1976년에 체결했던 양사 간 특허 상호 사용권 계약을 1982년에 갱신할 때 AMD에 인텔의 x86 마이크로프로세서를 생산 판매할 수 있게 허가해 주었다.

그러나 1980년대 후반에 이르러 반도체 경영 환경이 급변하자 1987년 인텔은 AMD와 체결했던 특허 사용권 계약을 파기했다. 이에 대해 AMD가 소송을 제기함으로써 첨단기술 산업에서 유례를 찾아보기 힘든 치열한 법정 분쟁이 시작되었다. 이 분쟁은 결국 1995년에 양사가 합의함으로써 종지부를 찍었으나 이 기간 동안에 보여준 두 회사의 관계는 기업 간 적대적인 경쟁관계의 대표적인 사례로 꼽힌다. AMD는 그 후 인텔의 제품 판매 관행을 문제 삼아 반독점법Antitrust Laws 위반 혐의로 인텔을 미국, 일본, 유럽, 한국 등지에 제소해 한동안 공방이 진행되었다.

### 인텔, AMD의 30년에 걸친 계약과 분쟁

IBM PC가 출시된 지 6개월 후인 1982년 2월, 인텔과 AMD는 x86 마이크로프로세서의 세컨드 소싱을 포함한 양사 간 특허 상호 사용권 계약을 체결했다. 비록 인텔이 원한 계약은 아니었지만 대형 고객인 IBM의 요구에 따를 수밖에 없었다. 일단 계약을 체결해서 IBM의 요구를 수용한 뒤 시일이 지난 뒤에 이 계약을 무력화하자는 것이 인텔의 작전이었다. 이 계약의 중요한 내용은 다음과 같다.

> 1982년부터 1985년까지 AMD는 인텔에 사용권 대금으로 현금을 지불하고 세컨드 소싱을 한다. 1986년 이후부터는 AMD가 개발한 제품을 인텔이 필요한 경우 세컨드 소싱을 한다. 양사가 서로 상대방의 제품을 세컨드 소싱할 때 그 양이나 질에 차이가 있을 경우 그 차이에 해당하는 부분을 상대방 회사에 대금으로 지불한다. 세컨드 소싱의 양이나 질이라 함은 제품의 판매량과 각 제품의 기술적 난이도를 의미한다. 양사는 세컨드 소싱의 양과 질을 점수로 평가하는 방법에 대해서도 합의한다. 계약은 앞으로 10년간 유효하고 5년이 경과한 뒤부터는 어느 쪽이든 상대방에 1년 전에 통지함으로써 계약을 파기할 수 있다. 계약 이행 여부에 문제가 생겼다고 판단될 경우 정식 법정 소송을 제기하기에 앞서 중재자를 통해 분쟁을 해결하도록 노력한다.

신사 협정처럼 보이는 이 계약에 합의를 했으나 인텔과 AMD는 계약 의도가 전혀 달랐다. AMD의 제리 샌더스는 신제품의 생산기술을 인텔로부터 이전받는 입장이므로 모든 일이 계약서에 명기한 대로 이행되기를 기대했다. 그러나 당시 인텔의 사장 앤드루 그로브의 생각은 달랐다. IBM의 압력 때문에 AMD와 계약을 체결했으나 '계약은 계약이고, 비즈니스는 별도의 사안'이라는 생각을 가지고 있었다. 계약 체결 후 처음 2년 동안 두 회사는 큰 이견 없이 계약을 이행해 나가는 듯했다. 이 기간은 IBM PC가 출시된 뒤 인텔 칩이 PC 시장에서 인정받아 확고한 기반을 구축하려면 두 회사에 서로가 필요한 시기였기 때문이다. 인텔은 후속 제품인 80186과 80286에 대해서도 AMD에 세컨드 소싱을 허용하고 AMD는 이에 대해 사용료를 지불하기로 합의했다.

1986년 이후부터는 AMD가 세컨드 소싱에 대해 일방적으로 돈을 지불하는 것이 아닌, 양사가 상호 세컨드 소싱한 결과를 놓고 차이가 나는 부분에 대해 보상하기로 되어 있었다. 두 회사 간에 계약을 둘러싸고 마찰의 조짐이 보이기 시작한 것은 1985년이 다가오면서였다. 인텔은 AMD에서 개발한 PC 주변회로 칩인 **하드 디스크 컨트롤러**hard disk controller **칩**과 **그래픽스 칩**을 세컨드 소싱하지 않기로 결정했다. 인텔은 AMD 칩이 너무 커서 원가 경쟁력이 없다는 것을 이유로 들었다. 그러나 AMD는 인텔에 다른 의도가 있는 것으로 생각했다.

기술을 선도해 나가는 회사에서 흔히 나타나는 현상으로 'NIH(not invented here)' 증세가 있는데 이는 다른 회사에서 개발한 새로운 기술을 인정하지 않거나 무시하고 문제점만을 부각하려는 심리를 말한다. 일반적으로 기술에 대한 자부심과 우월감이 강한 회사일수록 이 증세가 심한데, 특히 IBM은 NIH 증세가 심한 회사로 알려져 있었다. IBM은 신생기업인 인텔의 메모리 제품들이 가격이나 성능 면에서 우수함에도 초기에는 거들떠보지도 않았고, 구매하지 않았다. 마이크로프로세서의 경우도 비슷했다. DRAM을 발명했고 반도체 첨단기술에서 지존의 위치에 있다고 자부하는 IBM이 NIH 증세를 갖는 것은 당연한 일일지도 모른다.

IBM은 PC를 설계하면서 비로소 인텔 칩을 본격적으로 사용하는데, 모토롤라 칩의 개발이 지연되었기 때문이다. 이에 못지않게 인텔도 기술에 대한 자부심이 대단했으므로 AMD의 칩을 세컨드 소싱하는 것은 경제적인 면에서뿐 아니라 자존심에도 내키지 않는 일이었다. 인텔이 AMD 칩을 세컨드 소싱하지 않으면 상호 간의 세컨드 소싱 균형이 무너지고, 부족한 부분에 대해 AMD가 인텔에 보상해야 하므로 경제적인 부담은 AMD 쪽에 있다. 따라서 AMD는 인텔의 주장에 따라 칩 크기를 줄이는 등 개선 작업을 했으나 인텔의 결정을 뒤집을 수 없었다. 이 무렵 인텔 내부에서는 이미 AMD 칩을 더 이상 세컨드 소싱하지 않기로 결정한 상태였다.

1985년이 되자 인텔은 최초의 32비트 제품인 차세대 마이크로프로세서 80386을 발표했다. 80386은 인텔의 기존 제품에 비해 CPU 칩의 성능을 획기적으로 개선한 제품으로 인텔은 이 제품의 성공에 대해 큰 기대를 걸었다. 그러나 당시 컴퓨터 사용자들이 80286을 장착한 컴퓨터의 성능에 만족하고 있던 터라 80386을 채용해 가격이 비싼 신형 컴퓨터가 시장에 등장하기까지 시간이 걸렸다.

뿐만 아니라 1980년대 들어서 일본 반도체 회사들이 미국 회사들을 상대로 DRAM 시장에서 전면전을 선언하며 덤핑 공세에 나서면서 미국 반도체 회사들의 경영 상태가 흔들리기 시작했다. 여기에 1985년에 불어닥친 전반적인 반도체 경기 침체로 인텔을 비롯한 실리콘 밸리 회사들의 경영 상태가 매우 어려워졌다. 마이크로프로세서 공급에 차질을 우려한 IBM이 인텔 지분 20퍼센트를 인수한 것도 바로 이 무렵이다.

인텔은 결국 1986년 DRAM 시장에서 철수했다. DRAM 사업 포기는 반도체 업계 최초로 DRAM 제품을 개발해 메모리 시장을 개척했고 메모리 반도체의 원조임을 자처해온 인텔의 자존심에 깊은 상처를 남겼다. 그러나 이 결정은 인텔이 메모리 회사에서 마이크로프로세서 회사로 다시 태어나는 전환점이 되었고, 또한 세계적인 반도체 거대 기업으로 성장하는 계기가 되었다.

DRAM 사업에서 철수한 인텔은 이제 마이크로프로세서 사업에 회사의 운명을 걸게 되었으므로 80386의 세컨드 소싱을 다른 회사에 허용하지 않고 독점적으로 공급하려는 계획을 세웠다. 그동안 인텔 칩 8088을 장착한 IBM PC와 80286을 채용한 PC AT가 시장에서 대성공을 거둠으로써 인텔의 입지가 강화되었고, 이로써 인텔은 자사 CPU 칩의 세컨드 소싱은 더 이상 필요없다는 자신감이 생긴 것이다. 게다가 IBM에서 80386을 채용한 신형 컴퓨터의 개발을 서두르지 않아 80386을 채용한 컴퓨터의 시장 도입이 기대했던 것보다 지연될 우려도 있었다. 이런 상황에서 80386의 세컨드 소싱을 허용할 경우 경쟁사에 추격해올 시간적 여유를 주게 되는 셈이라 80386 세컨드 소싱을 허용하지 않으려는 것이 인텔의 입장이었다.

그러나 PC 제조업체들을 안심시키고 AMD를 마지막 순간까지 묶어두기 위해 인텔은 80386의 세컨드 소싱도 AMD에 허용할 것처럼 행동했다. AMD도 그렇게 믿고 있는 듯했다. 하지만 인텔은 이미 80386의 세컨드 소싱을 일절 허용하지 않기로 결정한 상태였다. 이 사실을 모른 채 AMD는 80386의 세컨드 소싱을 위해 1985년부터 인텔과의 접촉을 시작했으나 인텔은 지지부진 시간을 끌며 명확한 답변을 주지 않았다.

1987년 초, 기다리다 지친 AMD는 양사가 합의한 대로 법정 소송에 앞서 중재자를 통해 이 문제를 해결하고자 했다. 1987년 2월은 1982년 2월에 체결한 계약이 만 5년이 되는 시점이고 5년이 지난 후에는 쌍방 어느 쪽이든 상대방에 1년 여유를 주고 이 계약을 파기할 수 있었다. AMD의 중재 신청을 접한 인텔은 1987년 4월, 이 계약을 1988년 4월자로 파기하겠다고 AMD에 통보했다. 80386의 세컨드 소싱을 허용하지 않겠다는 입장을 처음으로 공식적으로 밝힌 것이다. 당시 인텔 지분 20퍼센트를 소유한 IBM이 세컨드 소싱 권리를 이미 가지고 있었으니 인텔이 AMD와의 계약을 파기해도 컴퓨터 업계는 불안해할 필요가 없다는 것이 인텔의 계산이었다. 그러자 AMD는 캘리포니아 주 법정에 소송을 제기하고 분쟁 해결을 의뢰했다. 이로써 장기간에 걸친 복잡하고 치열한 법정 투쟁의 막이 올랐다.

소송은 역소송을 불러왔고 판결은 재심 청구와 항소로 이어졌다. 80386에서 시작된 소송은 80486을 비롯한 다른 제품으로 확대되었다. 인텔은 막강한 자금력을 바탕으로 경쟁사를 고사시켜 독점적인 위치를 확보하려 했다. AMD는 CEO 제리 샌더스를 야전 사령관으로 삼아 "경쟁은 좋은 것이다 Competition is good"라는 구호를 내걸고 고객들에게 독점의 폐해를 부각하면서 소비자의 권익에 호소하며 회사 사활이 걸린 법정 투쟁에 나섰다.

80386에 대해 법원의 중재를 요청한 AMD는 이 분쟁이 석 달 정도면 해결되고 세컨드 소싱 권리를 얻어낼 수 있으리라 기대했다. 인텔의 의도를 전혀 파악하지 못한 낙관적인 예상이었다. 이에 대해 인텔은 방대한 분량의 자료를 법원에 제출하면서 재판을 장기전으로 끌고 갔다. 소송의 결말이 나기까지는 3년이 걸렸고 이에 따라 AMD의 힘도 소진되었다. 판결이 나기 전 1990년 AMD는 월 스트리트에서 회생이 어려운 회사라는 평가를 받았다.

1990년, 소송을 담당한 판사는 인텔이 1982년의 계약을 위반했다고 결론을 내렸고, 후속 작업으로 1992년 2월 인텔에 대해 위약금 1천5백만 달러를 AMD에 지불할 것과 80386의 세컨드 소싱 권리 및 판매를 허용할 것을 명령했다. 인텔은 이에 불복해 재심을 청구했고 재심은 인텔의 승리로 끝났다. 이에 대해 AMD는 캘리포니아 주 대법원에 상고했고 1994년 말, 캘리포니아 대법원은 재심 결과를 뒤집고 원심의 판결을 존중함으로써 소송의 최종 승리는 AMD에게 돌아갔다.

인텔은 80386을 둘러싼 소송에서 패했으나 그 판결로 영업에 그다지 영향을 받지 않았다. 1985년에 80386을 출시한 이후 인텔은 최종 판결이 날 때까지 거의 독점적으로 공급하면서 막대한 매출과 이익을 올렸다. AMD도 소송이 진행되는 동안 자체적으로 80386 개발을 진행해 1990년 8월에 완료했다. 따라서 80386의 세컨드 소싱을 이제 와서 AMD에 허용하는 것은 양사 모두에게 별 의미가 없었다. 이 판결 결과는 AMD에는 실속 없는 승리인 셈이었고, 오히려 패한 인텔이 실질적인 이득을 얻었다. 이 소송이 진행되는 동안 AMD는 인텔과 또 다른 일곱 건의 소송에 휘말렸나. 그중 하나가 인텔이 **마이크로 코드**micro code 저작권 침해를 이유로 AMD에 제기한 소송이다.

1990년, 인텔은 AMD가 개발한 **매스 코프로세서**math coprocessor, 수식 계산에 적합하게 설계된 칩 AMD 80C287에 대해 인텔의 마이크로 코드 저작권을 침해했다 하여 샌호세에 있는 미국 연방법원에 고소했다. 이 소송은 1992년 1심에서 인텔이 승소하여 AMD는 영업에 심각한 타격을 받게 될 상황에 처했다. 그러나 1심 재판 과정에서 인텔이 법원에 제출한 서류 중 일부 내용을 변조한 사실이 드러나 1994년 2월의 재심 판정에서는 AMD가 승소했다. 이 판정 결과 AMD는 인텔 마이크로 코드 사용을 보장받았고 이로써 80C287뿐 아니라 80386과 후속 제품인 80486의 제조 판매가 가능해졌다.

AMD 80386은 세컨드 소싱 제품이 아닌 인텔 마이크로 코드를 사용해 AMD가 자체 개발한 제품이므로 AMD는 이 제품을 Am386이라는 이름으로 판매했다. 이에 대해 인텔은 386이 인텔의 고유 상표trademark라 하여 상표 불법 사용으로 AMD를 고소했다. 그러나 1991년 3월, 캘리포니아 법원은 386이 인텔 고유의 상표라는 주장을 기각함으로써 이 소송은 인텔의 패소로 끝났다. 소송이 끝난 후 인텔은 80386과 80486을 타사 제품과 차별화하기 위해 인텔 386, 인텔 486이라는 제품으로 판매하기 시작했다. 또한 이를 계기로 인텔은 앞으로 마이크로프로세서 제품 이름을 다른 회사가 모방하지 못하도록 제품 이름에 숫자가 아닌 고유 명칭을 사용하기로 결정했다. 80586이 되었어야 할 그다음 세대 제품에 인텔은 펜티엄Pentium이라는 이름을 채택했고, AMD는 애슬론Athlon이라는 이름을 사용했다.

마이크로 코드를 둘러싼 1994년 2월의 판정 결과로 두 회사의 큰 분쟁은 일단 마무리가 되었다. 어느덧 1976년에 인텔과 AMD 양사 특허 상호 사용권 및 마이크로 코드 사용 등을 합의한 20년 유효기간의 포괄적인 계약 종료 시점이 다가오고 있었다. 1994년, 지금까지 벌여온 처절한 법정 공방을 이제 정리할 시점이 되었다는 공감대가 두 회사에 형성되기 시작했다. 그동안 양사 간의 처절한 법정 공방으로 인텔의 앤드루 그로브와 AMD의 제리 샌더스는 사업상의 범위를 넘어 이제 개인적인 감정의 골까지 깊어져 있었다. 그로브는 인텔이 막대한 개발 비용과 기술력을 투입해 개발한 신제품과 그 시장에 AMD가 무임승차한다고 생각했다. 샌더스는 그로브를 필요에 따라 사업상의 계약을 헌신짝처럼 버리는 신뢰할 수 없는 사람으로 여겼다.

이렇게 두 사람의 관계가 악화되자 인텔과 AMD는 남은 법정 소송을 정리하기 위해 제2선 경영진에 그에 관한 협상을 일임하기로 했다. 인텔은 훗날 그로브의 뒤를 이어 CEO에 오른 스탠포드 대학 교수 출신 크레이그 배럿Craig Barrett에 위임했고, AMD는 리치 프레빗Rich Previtt에게 위임했다. 배럿은 최고운영책임자, 프레빗은 사장직을 맡고 있었으며, 두 사람 모두 원만하고 합리적인 성격이라 소송을 마무리하는 데 적합한 인물들이었다.

1995년 1월, 인텔과 AMD는 양사 간에 진행 중이던 모든 법정 소송을 취하하는 내용을 포함한 포괄적인 합의를 전격 발표했다. 양사는 과거에 일어난 일에 대해 앞으로 소송을 제기하지 않는다는 데에도 합의했다. 또한

AMD는 80486 이후의 제품에 대해 마이크로 코드의 사용 권리를 포기하는 데 동의했다. 1995년 말로 종료되는 1976년의 계약을 대체할 양사 간의 새로운 특허 상호 사용권에 대해서도 합의했다. 그 결과 두 회사는 상대방의 마이크로 코드를 사용하지 않으면서 서로 호환성 있는 제품을 개발할 수 있는 길을 열어 놓았다.

이 합의로 회사 규모가 훨씬 작은 AMD는 안도의 숨을 내쉬었다. 소송 비용으로 해마다 평균 4천만 달러를 지출했을 뿐 아니라 경영진이 소송에 매달리느라 회사 업무에 신경 쓸 겨를이 없었다. 인텔의 파상적인 소송 공세에서 대부분 승소했다 해도 실속이 없었던 AMD는 이제 더 이상 소송 걱정 없이 사업에 전념할 수 있게 된 것을 큰 성과로 여겼다. 그러나 앞으로 자체 개발로 인텔과 경쟁해야 하는 부담도 생겼다. AMD와의 소송에서 대부분 패소한 인텔은 소송에서는 패했지만 전략대로 시간을 벌었고 실익을 챙겼다. 이로써 양사 간의 법정 소송은 일단 막을 내렸으나 2000년대에 들어서 양사 간의 공방은 새로운 국면을 맞는다.

그동안 인텔에 일방적으로 소송을 당하던 AMD가 2000년대에 들어서 공세에 나섰다. AMD는 인텔의 제품 판매 관행을 문제 삼아 반독점법 위반 혐의로 인텔을 미국, 일본, 유럽, 한국 등 세계 각국에 제소하기 시작했다. 2000년 이전의 법정 공방 사안이 기술 사용권, 특허 침해 등인 데 비해 2000년 이후의 공방은 시장에서의 거래 관행과 반독점법 위반이 쟁점이었다. AMD는 인텔이 PC CPU 시장에서의 막강한 위치를 이용해 컴퓨터 제조업체에 대해 AMD 제품 사용을 포기하도록 종용하고 이를 위해 회유, 압력, 협박한다고 주장했다. AMD 제품 사용을 포기하지 않으면 기존에 공급하던 인텔 제품의 공급을 중단한다는 경고와 함께 인텔 제품으로 전환하는 경우에는 거절하기 힘든 가격 혜택을 주는 등의 방법으로 AMD를 시장에서 고사시키려 한다는 내용이었다.

AMD는 맨 처음 2000년 유럽공동체EU에 대해 유럽 시장에서 인텔의 불공정한 거래 관행을 조사해줄 것을 요청했다. 인텔은 모든 거래는 합법적인 테두리 안에서 이루어졌다고 주장했다. 2002년, EU는 그간의 조사 결과를 토대로 AMD의 주장에 근거 없다고 잠정적인 결론을 내렸다. 그러나 2004년, AMD가 EU에 정식 제소함에 따라 EU는 인텔에 대한 재조사를 시작했고 2005년 7월 독일, 이태리, 스페인, 영국에 있는 인텔의 유럽 현지 회사들과 유럽의 PC 제조업체들을 기습적으로 방문해 수색했다. 유럽 각국의 인텔에 대한 조사는 2008년까지 계속되었다. 2008년 2월 EU의 공정거래 담당자들은 인텔의 유럽 사무실과 유럽의 전자제품 회사들을 다시 한 번 전격적으로 수색했다.

일본에서는 2002년 일본 공정거래위원회가 일본 시장에서 인텔의 거래 관행을 조사하기 시작했다. 2004년 4월 일본 공정거래위원회는 인텔의 일본 사무소들을 기습 방문해 수색했다. 이 조사 과정에서 일본의 한 컴퓨터 제조업체 구매 담당자는 인텔의 회유가 마치 마약과 같은 효능이 있었다고 진술했다. 한국에서는 2005년 6월 한국 공정거래위원회가 한국 시장에서 인텔의 거래 관행을 조사하기 시작했다. 2006년 2월 한국 공정거래위원회는 인텔의 서울 사무소를 새벽에 전격 방문해 수색했다. 해외 각국에서 진행되는 상황을 지켜보던 AMD는 2005년 6월 인텔을 반독점법 위반 혐의로 미국 법원에 정식으로 제소했다.

인텔에 대한 세계 각국의 조사는 2008년 이후 마무리 단계에 접어들었다. 2008년 6월 한국 공정거래위원회는 인텔에 대해 공정거래법 위반 혐의로 2천5백만 달러의 벌금을 부과했다. 이 벌금은 약 1년 뒤 유럽이 인텔에 부과한 액수에 비하면 아무것도 아니었다. 2009년 5월 EU는 인텔에 대해

14억 5천만 달러에 이르는 벌금을 부과했다. 인텔은 혐의를 부인하며 EU의 결정에 불복하고 재심을 청구했다. 한편, 상황이 이렇게 되자 인텔은 AMD와 합의를 모색하기 시작했다. 인텔은 2009년 11월 AMD가 2005년 6월 미국 법원에 제기한 소송을 취하하는 조건으로 AMD에 12억 5천만 달러를 지불하고 앞으로 거래 관행을 개선하겠다는 합의를 발표했다.

미국의 공정거래위원회FTC는 인텔과 AMD가 합의를 발표한 지 한 달 뒤 2009년 12월에 인텔을 제소했다. 미국은 조지 부시 정부 당시 유럽과 아시아에서 진행된 인텔에 대한 조사에 방관하고 있다가 오바마 정부가 들어선 후 비로소 대응에 나선 것이다. 이는 더 이상 방관할 수 없는 처지에 놓인 미국 정부가 자유시장 원칙을 침해하는 행위를 용납하지 않겠다는 상징적인 태도였다. 1990년대 마이크로소프트에 대해 미온적인 제재를 가했던 당시 정부의 대응과 비슷한 면이 있다.

어쨌든 FTC의 제소에는 인텔에 대해 마이크로프로세서, 그래픽스 프로세서, 칩셋 등의 시장에서 공정한 경쟁을 해치는 행위, 예를 들어 판매대금 환불, 끼워 팔기, 고객에 대한 협박, 경쟁사 제품에 대한 근거 없는 비방 등을 금지하는 내용을 담고 있다. 인텔은 2010년 8월 FTC가 제시한 포괄적인 요구 사항을 수용함으로써 FTC와 합의했다.

공정한 거래, 자유 경쟁이 보장되는 건전한 시장이 중요하다는 것은 새삼 말할 필요도 없다. 샌더스가 소송 기간 중에 내세운 "경쟁은 좋은 것이다"라는 짧은 구호가 사람들에게 강렬한 의미를 전달한 것도 그 때문이다. 경쟁 없는 시장에서는 소비자들이 선택의 여지없이 독점업체에 끌려 다니는 운명이 된다. 경쟁 없는 첨단기술은 고인 물처럼 정체될 수 있다. 독점체재에서 기술 개발은 고객을 위한 개발이 아니라 회사만을 위한 개발이 될 수도 있다.

한 예로 마이크로소프트가 2007년 봄에 출시한 PC 운영체계 윈도우즈 비스타Windows Vista는 소비자들에게 좋은 반응을 얻지 못했다. 많은 사용자가 기존의 윈도우즈-XT를 선호했다. 그러나 별 수 없이 컴퓨터 상점에서는 일제히 윈도우즈 비스타를 장착한 PC를 판매하기 시작했고 기존의 윈도우즈-XT 컴퓨터는 자취를 감췄다. 소비자들이 할 수 있는 일은 마이크로소프트 사에 불만을 전하는 일뿐이었다. 고객의 불평에 결국 마이크로소프트는 윈도우즈-XT도 병행해서 판매하겠다고 약속했지만, 이렇듯 경쟁이 없는 시장에서는 소비자만 고달플 뿐이다.

6장

# PC 시대의 개막
## : 변모하는 실리콘 밸리

골드러시 때의 신흥도시 같았던 1960년대 실리콘 밸리의 열기는 1970년대에도 계속되어 1971년 산타클라라 밸리는 마침내 '실리콘 밸리' 라는 이름을 얻는다. 1970년대에 집적회로의 발전과 함께 반도체 산업이 급속히 성장하면서 유럽과 일본 등 세계 각국에서 새로운 성장 산업으로 주목받았다. 일본 정부는 1971년 반도체 기술 개발을 국가 과제로 인식하고 이를 위해 통상산업성 주도 아래 민간기업, 대학, 정부 출연 연구소 등이 참여하는 고집적도 집적회로 개발 과제를 시작했다. 1973년 10월에 터진 중동 전쟁은 원유 위기를 불러왔고 이 때문에 1974년부터 세계 경제가 침체기에 빠져들었으나 반도체 기술 개발의 열기는 여전했다. 집적회로 기술 발전으로 컴퓨터의 소형화가 가능해졌고 당시 마이크로컴퓨터라 불리던 소형 컴퓨터의 성능이 향상되어 PC 시대의 개막을 예고했다.

1981년에 막이 오른 PC 시대는 그 이전에 이미 실리콘 밸리에서 준비되고 있었는데 애플 컴퓨터가 이 준비 작업에 중요한 역할을 했다. 한편, 일본 정부의 반도체 개발 과제는 1970년대 후반부터 가시적인 성과가 나타났고, 그 결과 1980년대에 이르러 실리콘 밸리를 비롯한 미국의 반도체 산업에 지각변동이 일어났다.

## IBM PC의 등장과 PC 시대의 개막

1970년대 마이크로컴퓨터 시장은 알테어 8800을 개발한 MITS 사를 비롯해 커머도어Commodore, 애플Apple, 라디오 섁Radio Shack 등 대부분 소형 업체들이 주도했다. IBM을 비롯한 대형 컴퓨터 업체들은 마이크로컴퓨터 시장이 컴퓨터 전문가나 애호가에 국한된 것으로 생각해 마이크로컴퓨터 개발에 관심이 없었다.

그러나 마이크로컴퓨터는 1975년부터 1979년 사이에 수요가 폭발적으로 늘어나 이제 컴퓨터 애호가의 전유물을 넘어서 일반인이 사용할 수 있는 범용 제품의 가능성을 보였다. 1970년대 초에 마이크로컴퓨터를 기술자들의 장난감 정도로 치부하던 대형 컴퓨터 회사들도 더 이상 이러한 추세를 방관할 수 없게 되었다. 이에 따라 IBM은 1970년대 후반 포터블 컴퓨터Portable Computer라 불리는 IBM 5100과 IBM 5120을 개발해 시장에 내놓았으나 이 제품들은 실패로 끝났다.

1978년 인텔은 16비트 마이크로프로세서 8086을 발표하고 이듬해 1979년에 8086의 동생격인 8088을 출시했다. 8088은 칩 내부에서는 8086처럼 16비트 명령어로 작동하지만 칩 외부와의 데이터 입출력은 8비트로 실행했다. 따라서 8비트인 8080을 채택했던 기존의 컴퓨터 제품들은 설계를 크게 바꾸지 않고 8088을 장착해 성능을 높일 수 있는 이점이 있었다. IBM은 1981년에 출시한 IBM 최초의 마이크로컴퓨터에 인텔의 8088을 장착했다. IBM은 이 컴퓨터를 'IBM PC'라고 이름 붙였는데 이로써 마이크로컴퓨터 대신 '퍼스널 컴퓨터PC: Personal Computer'라는 이름이 널리 쓰이게 되었다. 1981년 8월에 출시된 IBM PC는 컴퓨터 전문지식이 없는 일반 사람들이 업무용이나 개인 용도로 쉽게 사용할 수 있는 컴퓨터였다. IBM PC는 시장에서 대성공을 거두었고 이로써 본격적인 PC 시대가 열렸다.

IBM의 경영진이 PC를 개발하기로 결정한 것은 1980년 8월이었고 제품은 1981년 8월에 출시되었다. 불과 12개월 만에 개발을 완료하고 출시가 가능했던 것은 PC라는 제품의 특성을 이해한 IBM이 **메인프레임**main frame 컴퓨터(대형 컴퓨터)를 설계·개발하는 데 사용했던 전통적인 개발 방식에서 벗어나 PC에 적합한 새로운 개발 방식을 채택했기 때문이다. 메인프레임의 개발은 거의 모든 하드웨어와 소프트웨어를 IBM 자체 기술과 제품에 의존하는 수직적인 방식이라 반도체의 기술 발전, 생산 원가, 신제품 개발 속도 등 업체 간 경쟁이 치열한 PC 개발에는 적합하지 않았다. 따라서 PC 개발을 위해 IBM은 마이크로프로세서를 비롯한 반도체 부품과 소프트웨어 등을 모두 외부에서 조달하기로 결정했다. IBM은 PC 개발을 비밀리에 추진했고 예정대로 1981년 8월에 제품을 시장에 내놓을 수 있었다.

IBM PC는 시장에서 기대를 훨씬 뛰어넘는 대단한 성공작이었다. 연간 매출 5만 대를 기대했던 IBM PC의 총 판매량은 초기 3년 동안 75만 대를 기록했다. IBM PC의 출현으로 반도체와 소프트웨어 산업에 지각변동이 일어나 인텔과 마이크로소프트가 각각 반도체와 PC 소프트웨어 산업에서 거대 기업으로 성장하는 계기가 되었다. 다음에서 간단히 언급하겠지만 IBM이 PC 설계에 인텔과 마이크로소프트를 선택한 배경에는 몇 가지 비화가 있다. 이 일화는 사업의 성공은 기술력뿐 아니라 운에도 좌우된다는 것을 보여준다. 또한 DRAM이 PC의 주요 부품으로 사용됨으로써 1980년대부터 DRAM의 수요가 폭발적으로 증가하기 시작했다. 이는 일본 기업들이 1990년대에 메모리 반도체에서 세계 시장을 석권하는 길을 열어주었고, 뒤를 이어 한국의 대기업들이 반도체 사업에 진출하는 계기가 되었다.

IBM PC 개발팀은 컴퓨터의 CPU로 원래 모토롤라의 16비트 마이크로프로세서를 사용할 계획이었다. 당시 모토롤라의 마이크로프로세서 제품은 시장에서 호평을 받고 있었다. 8비트 제품의 경우, 모토롤라 제품 M6800은 인텔의 8080보다 성능면에서 우수하다는 평가를 받았다. 모토롤라에서 개발 중이던 16비트 제품 M68000도 인텔의 8086이나 8088보다 성능이 우수할 것이라고 예상한 IBM PC 개발팀은 M68000을 IBM PC 설계에 사용하기로 했다. 그러나 모토롤라의 M68000 개발이 지연되자 IBM은 급히 제2의 PC 개발팀을 구성하고 새로운 설계에 착수했다. 설계 기간을 단축하기 위해 IBM은 이미 판매하던 '디스플레이라이터Displaywriter'라는 제품의 회로 설계를 최대한 활용하기로 했다. 디스플레이라이터는 문서작성 용도로 개발한 워드 프로세싱 시스템word processing system이다. 디스플레이라이터에는 인텔 8088 칩이 장착되어 있어 제2의 PC 개발팀은 8088을 사용해 PC 설계를 완료했다.

IBM PC에 사용할 8088 칩의 원활한 공급을 보장받기 위해 IBM은 인텔에 8088의 세컨드 소싱을 다른 회사에 허용하라고 요구했다. 당시 인텔 사장 앤드루 그로브는 세컨드 소싱에 거부감을 가지고 있었다. 대신 그로브는 인텔 자체의 생산 능력을 충분히 확보해서 세컨드 소싱의 필요성을 없애고 인텔을 유일한 공급원으로 내세우려 했다. 그러나 IBM과 같은 대형 고객의 요구를 무시할 수 없어 인텔은 8088을 비롯해 앞으로 x86 계열 제품의 세컨

알테어 8800 마이크로컴퓨터(사진 출처: Wikimedia Commons by Michael Holley)

드 소싱 업체로 AMD를 선정해 IBM의 요구를 수용한 사실은 앞장에서 설명한 바와 같다.

IBM은 PC에 사용할 16비트 **운영체계**OS: operating system 프로그램의 개발을 위해 캘리포니아 몬터레이에 자리한 디지털 리서치Digital Research라는 회사와 접촉했다. 디지털 리서치는 인텔 8080의 8비트 운영체계 프로그램 CP/M을 개발한 업체로, CP/M은 알테어 8800을 비롯해 인텔 8080을 채용한 마이크로컴퓨터들의 OS 표준이 되다시피 한 제품이다. 따라서 IBM이 16비트 운영체계 개발을 디지털 리서치에 의뢰하려 한 것은 적절한 수순이었다.

그러나 디지털 리서치는 무슨 이유에서인지 IBM과의 개발 계약을 거부했다. 세간에는 자유분방한 실리콘 밸리 기질의 디지털 리서치 사장이 동부의 거대 기업 IBM을 못마땅하게 생각해 예정된 회의에 참석하지 않고 휴가를 갔다는 소문이 돌았고, 이 소문에 대해 디지털 리서치 사장은 회의가 예정된 날 실리콘 밸리로 급히 출장을 갔다고 반박하는 등 당시 상황이 어수선했다. IBM 팀은 결국 사장을 만나지 못하고 계약서를 디지털 리서치에 남겨

둔 채 떠났으며, 디지털 리서치는 이 계약을 거부했다. 이렇게 해서 디지털 리서치는 굴러 들어온 호박을 차내는 우를 범하고 말았다.

디지털 리서치와의 계약이 무산된 IBM은 이어 마이크로소프트의 빌 게이츠와 폴 앨런에게 16비트 운영체계 개발을 타진했다. 마이크로소프트는 IBM에서 요구하는 개발 기간이 매우 짧았음에도 1980년 말 IBM과 PC용 16비트 운영체계 개발에 합의했다. 그러나 게이츠와 앨런은 애초 IBM을 위해 16비트 운영체계 프로그램을 개발할 생각이 없었다. 그들은 시애틀 컴퓨터Seattle Computer Products라는 회사에서 자체 용도로 임시 개발한 8086용 16비트 운영체계 프로그램 86-DOS에 대한 사용료를 2만 5천 달러에 취득한 후 이를 IBM PC의 8088에서 작동할 수 있게 프로그램 수정 작업을 했다. 그들은 이 프로그램을 MS-DOS라 이름 붙였고 IBM이 이 프로그램을 승인하자 1981년 6월, 시애틀 컴퓨터에 5만 달러를 지불하고 86-DOS에 대한 모든 권리를 인수받았다. 게이츠와 앨런이 시애틀 컴퓨터에 마이크로소프트와 IBM 간의 개발 계약을 일체 비밀로 했음은 물론이다.

1981년 8월 인텔 8088을 장착하고 마이크로소프트 MS-DOS를 운영체계로 탑재한 IBM PC가 시장에 출시됨으로써 인텔과 마이크로소프트는 오늘의 거대 기업이 되는 첫걸음을 내딛었다. 지난 역사를 돌아보면 성공한 기업의 그늘에는 자신들도 모르는 사이에 기회를 놓친 불운한 기업들이 있다. 첨단기업의 성공을 위해 기술력은 당연한 필요조건이지만, 성공의 충분조건으로 운도 따라야 한다는 사실을 IBM PC의 개발 과정이 잘 보여준다. 만약 모토롤라가 M68000 개발을 예정된 기간에 차질 없이 완수했거나 디지털 리서치가 16비트 운영체계 개발에 합의했다면 오늘의 반도체 산업과 PC 소프트웨어 산업의 지형은 전혀 다른 모습을 보였을지도 모른다.

## 애플 컴퓨터

실리콘 밸리에서 PC에 대한 관심이 고조되기 시작한 시점은 IBM에서 IBM PC를 출시하기 6년 전인 1975년으로 거슬러 올라간다. 물론 당시는 PC라는 용어가 통용되기 전으로 홈 컴퓨터 또는 마이크로컴퓨터라는 용어가 사용되던 때다. 당시 대표적 제품인 알테어 8800을 비롯한 마이크로컴퓨터는 지금의 PC에 비하면 매우 원시적인 제품이다. 키보드나 마우스, 모니터와 같은 입력·출력 장치도 없고, 대신 상자 모양의 컴퓨터 앞면에 부착된 스위치와 전구 상태를 조작하거나 종이 테이프 입력기를 사용해야 했다. 따라서 일반인이 사용할 수 있는 범용 제품이 아닌 기술자나 컴퓨터 애호가들이 주로 사용하는 제품이었다. 이들에게도 컴퓨터 완제품을 조립하고 프로그램을 작성해 컴퓨터를 제대로 작동하는 것이 쉬운 일은 아니었다.

### 홈브루 컴퓨터 클럽

이러한 상황에서 1975년 봄, 실리콘 밸리에 홈브루 컴퓨터 클럽Homebrew Computer Club이라는 모임이 결성되어 PC 개발의 구심점 역할을 한다. 이 클럽은 이름에서 알 수 있듯이 자발적이고 순수한 컴퓨터 동호인 모임인데 회원 간의 정보 교환으로 컴퓨터 기술의 이해를 높이고 궁극적으로는 가격이 저렴하고 일반인들이 손쉽게 사용할 수 있는 컴퓨터, 다시 말해 PC를 개발하는 것이 목표였다. 클럽 창립 초기에는 회원 30여 명이 창립자의 집 차고에서 격주로 모임을 가졌으나, 1975년 말 회원 수가 5백여 명으로 늘어나 스탠포드 대학교 선형입자 가속기 센터SLAC: Stanford Linear Accelerator Center의 강당에서 정기 모임을 가질 정도로 규모가 커졌다.

이 무렵 HP에 근무하던 스티브 워즈니악Steve Wozniak은 클럽 창립 초기

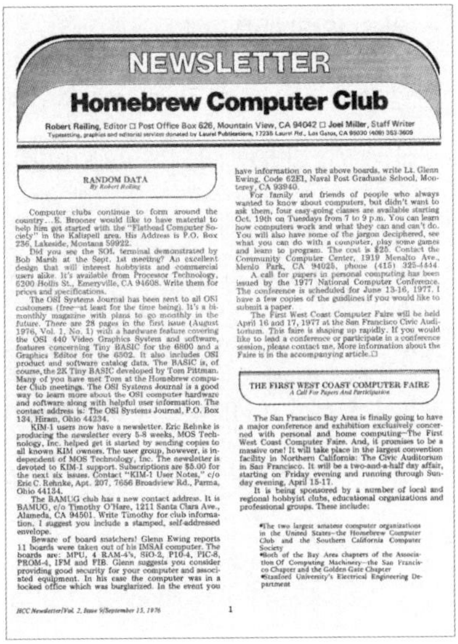
NEWSLETTER

Homebrew Computer Club

Robert Reiling, Editor □ Post Office Box 626, Mountain View, CA 94042 □ Joel Miller, Staff Writer
Typesetting, graphics and editorial services donated by Laurel Publications, 17235 Laurel Rd., Los Gatos, CA 95030 (408) 353-3609

RANDOM DATA
*By Robert Reiling*

Computer clubs continue to form around the country…E. Brooner would like to have material to help him get started with the "Flathead Computer Society" in the Kalispell area. His Address is P.O. Box 236, Lakeside, Montana 59922.

Did you see the SOL terminal demonstrated by Bob Marsh at the Sept. 1st meeting? An excellent design that will interest hobbyists and commercial users alike. It's available from Processor Technology, 6200 Hollis St., Emeryville, CA 94608. Write them for prices and specifications.

The OSI Systems Journal has been sent to all OSI customers (free—at least for the time being). It's a bi-monthly magazine with plans to go monthly in the future. There are 28 pages in the first issue (August 1976, Vol. 1, No. 1) with a hardware feature covering the OSI 440 Video Graphics System and software, features concerning Tiny BASIC for the 6800 and a Graphics Editor for the 6502. It also includes OSI product and software catalog data. The BASIC is, of course, the 2K Tiny BASIC developed by Tom Pittman. Many of you have met Tom at the Homebrew computer Club meetings. The OSI Systems Journal is a good way to learn more about the OSI computer hardware and software along with helpful user information. The contact address is: The OSI Systems Journal, P.O. Box 134, Hiram, Ohio 44234.

KIM-1 users now have a newsletter. Eric Rehnke is producing the newsletter every 5-8 weeks, MOS Technology, Inc. helped get it started by sending copies to all known KIM owners. The user group, however, is independent of MOS Technology, Inc. The newsletter is devoted to KIM-1 support. Subscriptions are $5.00 for the next six issues. Contact "KIM-1 User Notes," c/o Eric C. Rehnke, Apt. 207, 7656 Broadview Rd., Parma, Ohio 44134.

The BAMUG club has a new contact address. It is BAMUG, c/o Timothy O'Hare, 1211 Santa Clara Ave., Alameda, CA 94501. Write Timothy for club information. I suggest you include a stamped, self-addressed envelope.

Beware of board snatchers! Glenn Ewing reports 11 boards were taken out of his IMSAI computer. The boards are: MPU, 4 RAM-4's, SIO-2, PIO-4, PIC-8, PROM-4, IFM and FIB. Glenn suggests you consider providing good security for your computer and associated equipment. In his case the computer was in a locked office which was burglarized. In the event you have information on the above boards, write Lt. Glenn Ewing, Code 62EI, Naval Post Graduate School, Monterey, CA 93940.

For family and friends of people who always wanted to know about computers, but didn't want to ask them, four easy-going classes are available starting Oct. 19th on Tuesdays from 7 to 9 p.m. You can learn how computers work and what they can and can't do. You will also have some of the jargon deciphered, see what you can do with a computer, play some games and learn to program. The cost is $25. Contact the Community Computer Center, 1919 Menalto Ave., Menlo Park, CA 94025, phone (415) 325-4444.

A call for papers in personal computing has been issued by the 1977 National Computer Conference. The conference is scheduled for June 13-16, 1977. I have a few copies of the guidlines if you would like to submit a paper.

The First West Coast Computer Faire will be held April 16 and 17, 1977 at the San Francisco Civic Auditorium. This faire is shaping up rapidly. If you would like to lead a conference or participate in a conference session, please contact me. More information about the Faire is in the accompanying article.□

THE FIRST WEST COAST COMPUTER FAIRE
*A Call For Papers And Participation*

The San Francisco Bay Area is finally going to have a major conference and exhibition exclusively concerned with personal and home computing—The First West Coast Computer Faire. And, it promises to be a massive one! It will take place in the largest convention facility in Northern California: The Civic Auditorium in San Francisco. It will be a two-and-a-half day affair, starting on Friday evening and running through Sunday evening, April 15-17.

It is being sponsored by a number of local and regional hobbyist clubs, educational organizations and professional groups. These include:

- The two largest amateur computer organizations in the United States—the Homebrew Computer Club and the Southern California Computer Society
- Both of the Bay Area chapters of the Association Of Computing Machinery—the San Francisco Chapter and the Golden Gate Chapter
- Stanford University's Electrical Engineering Department

*HCC Newsletter/Vol. 2, Issue 9/September 15, 1976* 1

1975년 3월에서 1986년 12월까지 활동한 컴퓨터 동호인의 모임인 홈브루 컴퓨터 클럽의 회보(Volume 2, Issue 9, September 15, 1976)(사진 출처: The original uploader was Swtpc6800 at English Wikipedia).

부터 스티브 잡스Steve Jobs와 함께 이 모임에 참여했다. 워즈니악은 틈틈이 시간 내어 설계 제작한 애플 I을 들고 와서 회원들에게 선을 보여 큰 호평을 받았다. 옆에서 이를 지켜보던 스티브 잡스가 애플 I을 본격적으로 제작해서 판매하자고 워즈니악을 설득한 끝에 애플 컴퓨터 창업으로 이어진다.

따라서 홈브루 컴퓨터 클럽은 컴퓨터 역사에서 PC 시대를 여는 데 중요한 역할을 한 것으로 평가받고 있다. IBM, DEC(Digital Equipment Corporation) 등 대형 컴퓨터 회사가 PC에 대한 대중의 관심을 외면하고 PC를 컴퓨터 애호가들의 장난감으로 치부하고 있을 때, 홈브루 컴퓨터 클럽은 PC에 대한 대중의 관심과 시대의 흐름을 이끄는 구심점 역할을 했다. 미국 동부의 대형 컴퓨터 회사들이 PC로 이행하는 컴퓨터의 추세를 읽지 못하는 동안 실리콘밸리의 홈브루 컴퓨터 클럽이 컴퓨터 산업의 변화를 주도해 나간 것이다.

### 워즈니악의 애플 I 개발

홈브루 컴퓨터 클럽 초기에 회원들의 주 관심사는 인텔의 8080을 장착한 마이크로컴퓨터 알테어 8800이었다. 1975년 3월 초, 홈브루 컴퓨터 클럽 첫 모임에서 알테어 8800을 접하고 돌아온 워즈니악은 컴퓨터에 모니터를 장착해서 사용의 편이도를 대폭 개선할 컴퓨터 설계에 착수했다. 이 컴퓨터 설계 작업은 워즈니악에게 기술적으로 어려운 일은 아니었다. 대학에 다니면서 그리고 HP에 근무하면서 비디오 게임기와 컴퓨터 터미널Computer terminal을 개발하면서 쌓은 경험으로 그는 컴퓨터 터미널과 키보드의 전문가가 되어 있었다.

워즈니악이 해결할 설계 작업의 관건은 모니터와 키보드를 마이크로프로세서 최신 제품과 결합해 사용하기 쉽고 가격이 저렴한 컴퓨터를 만드는 일이었다. 가격이 비싼 인텔 8080 대신 워즈니악은 가격이 싸고 성능은 우수한 모스 테크놀로지Mos Technology 사의 6502를 CPU로 채택하고 모니터를 살 필요없이 TV를 컴퓨터 모니터로 사용할 수 있게 해 가격을 낮췄다. 워

애플 I 마이크로컴퓨터의 완성된 회로기판. 사진 위쪽에 워즈니악의 사인 'Woz'가 보인다. (마운틴뷰 소재 컴퓨터 역사박물관 소장)

즈니악은 집에서 회로를 설계하고 근무 시간 전후와 주말에 HP에서 납땜과 측정을 하며 3개월 만에 컴퓨터를 완성했다. 워즈니악과 잡스는 이 컴퓨터를 애플 I이라고 이름 붙였다. '애플 I'은 키보드를 사용해서 프로그램을 입력하고 결과를 모니터 스크린에서 볼 수 있게 설계한 최초의 마이크로컴퓨터다.

워즈니악과 잡스는 컴퓨터 모니터로 사용할 TV와 컴퓨터 회로기판, 키보드, 회로 설계도 등을 차에 싣고 클럽 모임에 가 클럽 회의장 복도에 탁자를 놓고 그 위에 컴퓨터를 설치한 뒤 회원들에게 동작을 보여주고 회로 설계도를 나누어 주었다. 애플 I에 대한 회원들의 반응은 폭발적이었다. 이 컴퓨터 클럽은 동호인 모임이라 원하는 회원 누구나 워즈니악의 회로 설계에 따라서 부품을 조립해 회원 스스로 컴퓨터를 만들 수 있어 많은 회원들이 애플 I 설계도를 받아 갔다. 그러나 실제로 컴퓨터를 제작한 회원들은 많지 않았다. 회원들의 동향을 관찰한 잡스는 회원들이 애플 I을 좋아하면서도 직접 제작하지 않은 것은 그들이 배선하고 납땜하는 일을 싫어하거나 그럴 시간이 없기 때문이라 판단했다. 잡스는 워즈니악을 설득해 사업에 나서게 된다.

#### 스티브 잡스와 스티브 워즈니악

잡스와 워즈니악은 쿠퍼티노에 있는 홈스테드 고등학교Homestead High School 동문이다. 잡스가 워즈니악의 4년 후배이므로 두 사람이 고등학교를 같이 다닌 기간은 없다. 잡스는 고등학교에 다니는 동안 전자기술에 관심이 많았고 학생들 사이에서 전자기술의 지존으로 군림할 만큼 자부심도 대단했다. 잡스는 이미 졸업한 선배 워즈니악의 전자기술 실력에 얽힌 전설적인 얘기도 들었다. 잡스가 워즈니악을 처음 만난 것은 고등학교 3학년, 워즈니악이 버클리 캘리포니아 대학 3학년인 1971년의 일이다. 워즈니악을 처음 만난 뒤 잡스는 기술에서만큼은 도저히 워즈니악과 비교할 수 없다는 사실을 인정한다.

이후 의기투합한 두 사람은 급속히 가까워졌고 잡스는 워즈니악의 비상한 기술력을 인정하는 대신 자신은 워즈니악이 제작한 전자기기들의 상품 가치에 주목해 돈 벌 방법을 궁리하기 시작한다. 대학 재학 시절에 워즈니악이 심심풀이로 만든 '블루 박스Blue Box'는 AT&T 전화교환기의 허점을 이용해 미국 내 장거리 전화와 국제전화를 무료로 할 수 있는 기기였다. 워즈니악은 블루 박스를 사용해 로마 교황청에 전화를 해 자신을 미국 국무장관인 헨리 키신저Henry Kissinger라고 소개하는 장난을 하기도 했다. 워즈니악은 주위 사람들이 블루 박스에 대해 찬탄하는 것으로 만족했으나 잡스는 워즈니악에게 블루 박스를 만들어 팔자고 제안했다. 잡스는 블루 박스가 용돈이 궁한 대학생들에게 인기가 많으리라 생각했고, 실제로 두 사람은 대학교 기숙사를 찾아다니며 블루 박스를 팔아서 용돈을 벌기도 했다.

홈브루 컴퓨터 클럽 회원들이 워즈니악이 설계한 컴퓨터에 좋은 반응을 보이자 잡스는 워즈니악에게 컴퓨터 회로를 프린트 기판으로 제작해서 판매하자고 제안했고 워즈니악도 이에 동의했다. 이 일은 본격적인 사업을 의미했고 이들은 머지않아 회사를 설립해 사업을 추진하게 된다. 워즈니악이 25세, 잡스가 21세인 1975년 11월, 회사 이름을 애플 컴퓨터로 정하고 동업partnership 형태의 회사를 설립했다. 그 무렵 잡스는 틈틈이 시간을 내어 오리건 주의 사과 농장에 있는 명상 캠프에 다녀오곤 했는데 회사 이름을 '애플 컴퓨터'로 정한 것도 이와 관련이 있어 보인다. 잡스는 고등학교 시절부터 동양철학, 불교, 선, 명상 등에 관심이 많았고, 이를 위한 캠프가 오리건 주의 사과 농장에 개설되어 있어 자주 드나들었다.

### 애플 컴퓨터 창업

워즈니악은 평생직장으로 여겼던 HP를 그만둘 생각이 없어 HP에서 근무를 계속하면서 애플 컴퓨터의 업무를 병행했다. 애플 I의 컴퓨터 회로기판 사업은 순조롭게 진행되어 이듬해 1976년에는 제법 큰 수주를 받아 수익을 올렸다. 기판 제작 작업은 잡스가 사는 집 차고에서 했는데 작업량이 늘어나면서 거실도 일부 사용했고 잡스의 여동생도 나서서 그들의 일을 도왔다. 이 여동생도 잡스처럼 입양아였다.

잡스가 회로기판의 판매를 위해 분주히 뛰는 동안 워즈니악은 애플 II의 설계에 몰두해 1976년 8월에 제작을 완료했다. 애플 II는 흑백인 애플 I과 달리 색상 기능을 갖추고 카세트테이프를 데이터 저장 장치로 사용하는 등 애플 I에 비해 성능이 혁신적으로 개선되었다. 이로써 일반 사람들이 쉽게 사용하고 실제로 유용하게 사용할 수 있는 PC가 탄생했다. 애플 II는 판매에서도 대성공을 거두어 초기에 애플 컴퓨터의 간판 제품으로 수년간 회사를 급속히 성장시킨 원동력이 되었다. 애플 II 설계가 완료됨에 따라 잡스와 워즈니악은 PC 사업을 본격적으로 추진하기 위해 투자자를 찾아 나섰다.

애플 컴퓨터의 간판 제품으로, 초기에 회사 성장의 원동력이 된 애플 II 마이크로컴퓨터(마운틴뷰 소재 컴퓨터 역사박물관 소장)

잡스와 워즈니악이 애플 컴퓨터를 창업한 잡스의 집. 그들은 차고와 거실에서 회로기판을 조립했다. 로스앨토스에 있는 이 집은 현재 사람이 살지 않으며 애플 사가 관리하고 있다.

그러나 히피 차림의 두 젊은이에게 투자하겠다는 사람은 쉽게 나타나지 않았다. 1960년대와 1970년대에 미국의 젊은이들을 휩쓸었던 히피 물결은 샌프란시스코와 버클리가 그 중심지였으므로 당시 잡스와 워즈니악의 히피 같은 행색은 특별할 것이 없었다. 그러나 이 무렵 잡스는 동양철학, 선, 명상 등에 심취되어 과일과 채소만 먹고 목욕도 하지 않는 독특한 생활방식을 고집하고 있었다. 맨발과 긴 머리에 목욕을 하지 않아 몸에서 냄새가 나는 그의 행색은 거지와 별로 다를 바가 없었을 것이다.

우여곡절 끝에 잡스와 워즈니악은 마침내 투자자를 구했고, 이 투자자를 만남으로써 PC 역사를 창조한 애플 컴퓨터 회사가 탄생하게 된다. 애플에 투자자로 나선 사람은 머지않아 PC 시대가 열릴 것으로 확신하던 마이크 마쿨라Mike Markkula였다. 마쿨라는 LA에 있는 남가주 대학교USC: University of Southern California에서 전기공학 학사와 석사를 받은 후 페어차일드 반도체와 인텔에서 근무했다. 그는 페어차일드 반도체와 초창기 인텔에 근무하면서 받은 회사 주식 덕분에 재산이 늘어나 당시 34세 젊은 나이에 이미 현업에서 은퇴한 상태였다. 잡스와 워즈니악을 만나 애플 II를 본 마쿨라는 그 자리에서 애플 컴퓨터에 투자하기로 결정했다.

PC에 대한 마쿨라의 비전은 컴퓨터 동호인이나 기술자 등 제한적인 고객만을 생각하던 잡스와 워즈니악의 소박한 비전을 훨씬 뛰어넘었다. 그는 PC가 일반인 누구나 사용할 수 있는 기기가 될 것이라 생각했고, 그 시기가 곧 다가올 것으로 보았으며 그 시장을 애플 컴퓨터가 주도해 나가기를 기대했다. 잡스와 워즈니악, 그리고 마쿨라는 1977년 1월 3일 애플 컴퓨터를 주식회사로 등록했고, 비로소 애플 컴퓨터 사가 탄생했다.

이후 애플 컴퓨터의 성공 신화는 전 세계 기업의 역사에서 신데렐라와 같은 성공 사례가 되었음은 두말할 필요가 없다. 마쿨라는 애플 컴퓨터에 현금 25만 달러를 투자한 대가로 회사 지분의 3분의 1을 받아 지금은 억만장자가 되었다. 그는 애플 투자자일 뿐 아니라 1997년까지 이사회의 이사, CEO와 회장직을 맡아 오랫동안 회사 경영에 관여하며 애플 컴퓨터의 기반을 다지는 데 결정적인 역할을 하여 애플 제3의 공동 창업자라는 평가를 받기도 한다.

사업의 성공은 기술만으로 될 수 없고 또 사업 감각만으로도 될 수 없다. 투자자를 만났다고 해서 성공이 보장되는 것도 아니다. 사업의 시기도 성공에 결정적인 요소가 될 수 있고 이는 운이 따라야 한다는 말과도 통한다. 애플 컴퓨터의 성공은 이 모두가 절묘하게 어우러진 결과라 하겠다. 워즈니악의 탁월한 기술력, 잡스의 불세출의 사업 감각과 추진력으로 두 사람은 거의 완벽한 보완적 관계를 이루었고, 비전을 가진 투자자 마쿨라가 가세함으로써 성공에 필요한 요소를 갖추었다. 사업의 시기도 좋았다. 아직 대형 컴퓨터 회사들이 PC 시장에 관심을 가지고 있지 않을 때였다. 따라서 1981년 IBM에서 IBM PC를 출시할 때까지 PC 시장은 애플 컴퓨터의 독무대나 다름없었다.

## 실리콘 밸리 토종, 워즈니악과 잡스

워즈니악과 잡스의 관계는 매우 특이하다. 재주는 곰이 넘고 돈은 중국 사람이 번다는 말이 있는데, 두 사람의 관계에도 이와 비슷한 면이 있다. 물론 애플 컴퓨터의 성공으로 곰이나 중국 사람 모두 하이테크의 유명인사가 되었고 컴퓨터의 역사를 새로 쓰는 위업을 이루었으며 그 과정에서 돈도 크게 벌었다. 그러나 결국 곰과 중국 사람과의 관계는 오래가지 못하고 서로 앙금을 가진 채 헤어지고 만다. 이유는 여러 가지가 있겠지만 두 사람의 성격이 너무 다른 것이 가장 큰 이유가 아닌가 싶다. HP 공동 창업자인 윌리엄 휼렛과 데이비드 패커드에서 보듯이, 성격과 생활방식이 다른 창업자들이 서로 보완하며 상승 효과를 내는 경우도 물론 있다. 그러나 워즈니악과 잡스는 컴퓨터와 전자기술에 대한 공통 관심사를 빼고 나면 거의 성격이 정반대였다. 게다가 극단적인 면이 있는 잡스의 성격은 이들이 원만한 관계를 유지하는 데 걸림돌로 작용했다.

워즈니악은 어린 시절부터 장난을 좋아했지만 자식 교육에 신경을 많이 쓰는 부모 밑에서 자란 전형적인 중산층 가정의 모범생이었다. 그는 내성적이어서 고등학교까지 수업 시간에 스스로 손을 들어 선생님의 질문에 대답한 적이 한번도 없었다. 전자기술자였던 워즈니악의 부친은 워즈니악이 초·중등학교 시절에 아들과 많은 시간을 함께 보내며 워즈니악이 과학과 전자기술에 흥미를 갖는 데 결정적인 영향을 주었다. 워즈니악의 어머니 역시 아들의 교육과 성장에 세심하게 배려한 것으로 알려졌다.

이와 달리 잡스는 출생 직후 양부모 가정에 입양되어 성장했다. 잡스의 양부모는 나름대로 잡스의 성장과 교육에 많은 노력을 했으나 사람들은 잡스의 출생과 성장 환경이 그의 성격 형성에 큰 영향을 끼친 것으로 보고 있다. 젊은 시절의 잡스는 저돌적이고 직선적이며 자기주장과 경쟁심이 매우 강해 기존 권위를 무시하거나 저항하는 성향을 보였다. 잡스는 자신에 대해 오만에 가까운 우월감을 가지고 있어 무언가 남다른 일을 해서 이 우월감을 과시하려 했다. 그의 행동이나 사고에는 이해타산만이 있을 뿐 인간적인 면을 볼 수 없었다. 이런 성격은 잡스가 사업을 추진하는 데 긍정적인 요소로 작용했지만 부정적인 요소로도 작용했다. 잡스에게는 진정한 친구란 없어 보였고 사업을 위해 내 편 아니면 적이 있을 뿐이었다.

또한 그는 젊은 시절에 가까운 주변 사람들에게 상식적으로 이해할 수 없는 행동을 하기도 했는데 이는 그의 심리에 자기 과시욕과 냉혹한 요소가 있음을 보여준다. 카리스마가 강한 성격이라 그를 열렬히 추종하는 사람들을 모을 수 있어 그가 만약 정치에 뛰어들었다면 독재자가 되었을 것이라는 견해도 있다. 실제로 잡스는 애플 컴퓨터의 성공을 배경으로 한때 정치 무대에 뛰어들까 고민한 적이 있었다. 그 문제로 조언을 구한 어느 정치 전문가가 그에게 정치 입문을 포기하라고 권유했다고 한다.

워즈니악과 잡스는 실리콘 밸리가 배출한 실리콘 밸리 토종 기술자이며 기업가다. 또한 이들보다 앞선 실리콘 밸리의 위대한 인물들, 예를 들어 윌리엄 쇼클리, 프레더릭 터먼, 윌리엄 휼렛, 데이비드 패커드, 로버트 노이스, 고든 무어, 앤드루 그로브와는 성장 과정과 교육 배경이 매우 다르다. 위의 인물들은 모두 과학기술자로서 엘리트 과정을 거친 수재들이다. 그들은 최고 수준의 대학과 대학원에서 공부했고 우수한 연구기관에서 첨단기술 개발에 몸담은 경력이 있다.

그러나 워즈니악과 잡스는 말하자면 독학 자수성가 형이다. 그들은 내세울 만한 대학 교육을 받지도 않았고, 컴퓨터를 체계적으로 공부하지도 않았다. 물론 워즈니악은 35세에 버클리 캘리포니아 대학에 복학해 4학년 과정을 마치고 졸업장을 손에 쥐었으나 애플 컴퓨터에서 떠난 이후의 일이다. 그는 고등학교를 졸업한 뒤 대학을 세 군데 옮겨 다니며 각 대학교에서 1년씩 공부했다. 그러다 버클리에서 대학교 3학년을 마치고 그토록 바라던 HP에 엔지니어로 취직했다.

스티브 잡스의 대학 교육은 더 내세울 것이 없다. 대학 교육이라고는 오리건 주에 있는 사립대학 리드 칼리지Reed Collage에 입학해 한 학기 다닌 것이 전부다. 비싼 등록금을 내면서 대학을 다니는 것에 회의를 느끼던 잡스에게 학교에서는 1년간 무료로 청강할 수 있게 배려해 주었다. 잡스는 흥미가 있는 과목들을 골라 무료로 청강한 후 실리콘 밸리로 와서 애플을 창업할 때까지 전자회사에서 기능직 사원으로 일했다.

워즈니악과 잡스 두 사람 모두 전자제품과 전자기술에 대단한 열정을 가졌으나 이들이 전자제품과 컴퓨터를 대하는 시각은 전혀 달랐다. 워즈니악은 새로운 기술과 제품을 배우고 만드는 데서 만족과 희열을 느꼈다. 반면, 잡스는 신기술이나 제품을 접하면 어떻게 만들어 어떻게 팔 것인가를 항상 생각할 정도로 사업과 영업적인 면에서 일찍부터 탁월한 감각을 보였다. 이 두 사람은 사업의 동료로서 자신들의 비상한 능력과 잡초 같은 근성을 발휘해 첨단산업 역사에 길이 남을 일을 성취했다. 실리콘 밸리의 뛰어난 엘리트 기술자들을 보다가 워즈니악과 잡스를 보면서 문득 떠오르는 사람이 있다. 우리나라 프로 바둑 기사인 서봉수 9단이다. 초창기 국내 바둑계를 일본에서 공부한 기사들이 주름잡던 시절, 서봉수 9단은 국내 토종 기사로서 잡초와 같은 승부 근성으로 성공해 인기를 얻지 않았던가.

**전자기술의 신동 워즈니악**

전자회로와 컴퓨터 설계에 실력 있는 기술자들이 넘쳐나는 실리콘 밸리에서 스티브 워즈니악이라는 이름은 지금도 경외의 대상이다. 그만큼 그의 타고난 실력은 아직까지 견줄 만한 상대가 없는 독보적인 경지에 올라 있다는 얘기다. 그는 흔히 '워즈Woz'라는 별명으로 불리는데 그에게 잘 어울린다. 물론 워즈니악Wozniak을 줄인 별명이지만 그의 컴퓨터 설계 능력이 마치 마법사의 경지에 올랐다는 것을 암시하듯, 영화 「오즈의 마법사Wizard of Oz」를 줄인 이름처럼도 들린다.

스티브 워즈니악은 폴란드계 미국인으로 1950년생으로 LA 인근에서 태어났다. 부친은 LA 동북쪽 패서디나에 있는 이공계 명문 대학 캘텍에서 전기공학을 전공했고 대학교 풋볼팀에서 쿼터백으로도 활약했다. 워즈니악이 일곱 살 때 부친이 직장을 남가주에서 실리콘 밸리의 서니베일에 있는 록히드Lockheed 사로 옮기게 되어 가족이 서니베일로 이사했다. 그 후 워즈니악은 서니베일에서 성장했고 지금도 이곳 실리콘 밸리에 거주하고 있다. 서니베일은 산타클라라, 마운틴뷰와 더불어 실리콘 밸리의 심장부에 해당하는 지역으로 반도체 회사를 비롯한 첨단 정보 기술회사가 밀집해 있다.

그의 부친은 서니베일의 록히드에서 오랫동안 방위산업 기술자로 근무했다. 록히드는 세계적인 항공우주 산업 분야의 회사로 미국 곳곳에 있는 여러 사업부에서 민간 항공기를 비롯해 전투기, 헬리콥터, 미사일 등을 개발 생산한다. 미국 방위산업에 관련된 중요한 첨단기술 과제들을 주로 수행하며 이 과제들은 대외비인 경우가 많다. 특히 1960년대에 록히드는 냉전시대의 무기개발과 소련과의 우주개발 경쟁에서 국방성과 NASA의 주 계약자로 선정되어 사업이 매우 호황이었다. 실리콘 밸리에 반도체 산업이 대규모로 일어나기 전, 서니베일의 록히드는 당시 샌프란시스코 반도에서 직원을 가장 많이 고용한 회사였고 주로 미사일 개발을 맡았다.

서니베일 북쪽을 동서로 가로 지르는 237번 고속도로 바로 옆에 위치한

서니베일에 있는 록히드 사 건물. 1950년대에 록히드 사는 서니베일에서 가장 큰 회사였고, 워즈니악의 부친이 이곳에 근무했다.

이 회사의 건물은 대형 안테나로 둘러싸여 있고 유리창이 전혀 없는 콘크리트 상자와 같은 모양이라 무언가 심상치 않은 일을 하고 있다는 인상을 쉽게 받는다. 워즈니악의 부친은 이곳에서 잠수함에서 발사하는 미사일을 개발했다 한다. 그러나 부친은 가족이나 주위 사람들에게 자신의 일을 한번도 언급한 적이 없었다. 가족들은 그저 냉전시대에 극비의 국방 연구과제를 수행하는 것으로 짐작만 했다.

워즈니악의 부친은 워즈니악이 어렸을 때부터 과학에 흥미를 갖도록 많은 도움을 주고 이끌어 주었다. 전자기술 및 과학 전반에 대해 자상하게 설명해줌으로써 워즈니악이 어려서부터 이 분야에 눈을 뜨고 흥미를 갖는 데 결정적인 영향을 미쳤다. 워즈니악도 어린 나이에 전자기술과 컴퓨터에 빠져들 수 있었던 것은 모두  부친 덕분이었다고 술회했다.

부친의 도움이 컸지만 워즈니악의 능력도 비상했다. 그는 세 살 때 글을 읽기 시작했고 초등학교 6학년 때 치른 IQ 테스트의 점수가 200점이 넘었다고 한다. 그가 훗날 성취한 일들이 거의 독학으로 습득한 지식의 결과라는 점에서 볼 때 그가 비상한 능력을 가지고 있다는 사실에는 의심의 여지가 없다. 따라서 그가 만약 원했다면 실리콘 밸리의 엘리트들처럼 정통적인 엘리트 과정을 밟아 명문 대학에서 박사학위를 취득하고 세계적인 연구소에서 근무할 수도 있었을 것이다. 그러나 그는 컴퓨터를 직접 설계·제작하고 싶은 열망이 강했기에 엘리트 교육과정을 거치는 것은 그다지 중요하지 않았다. 대신 그는 자신의 열정을 좇아 젊은 시절의 인생을 컴퓨터 설계와 제작에 쏟아 부음으로써 컴퓨터 역사에서 새로운 장을 펼쳤다.

워즈니악은 내성적인 성격이라 자기 방에 혼자 들어앉아 전자기기를 만들거나 컴퓨터 설계에 몰입하는 데 그리 힘들지 않았을 것으로 보인다. 그렇다 해도 외톨이는 아니었다. 초·중·고등학교 시절에 같은 또래의 친구들과 어울려 다니며 장난을 곧잘 쳤다. 그는 사람들을 골탕 먹이는 장난을 좋아했는데 전자기술에 대한 그의 지식과 재능이 장난하는 데 매우 유용하게 쓰였다. 워즈니악은 회고록의 전체 내용 가운데 상당 부분을 어린 시절 그가 했던 장난에 대해 쓸 정도였다. 이런 장난들은 주위에 웃음을 선사했고 워즈니악은 이를 즐겼다. 그가 컴퓨터 설계에 몰입한 것도 말하자면 인생을 즐기는 한 가지 방법이었을지 모른다.

반면, 그는 사람이나 조직을 관리하는 일에는 흥미가 없었다. 애플 컴퓨터는 창업한 지 얼마 지나지 않아 급성장을 하면서 워즈니악의 기술력보다는 조직에 따라 움직이는 대형 회사로 바뀌어 갔다. 큰 회사에서 한낱 기술자로서 한계를 느낀 워즈니악은 애플 컴퓨터를 설립한 지 불과 8년 만에 자신이 세운 회사를 미련 없이 떠났다.

워즈니악은 초등학교 3학년부터 중학교 때까지 매년 북가주의 학생과학 경연대회에 출품해서 최우수상을 독차지하다시피 했다. 이 과학 경연대회는 실리콘 밸리뿐 아니라 샌프란시스코와 새크라멘토 지역까지 포함했는데 워즈니악은 이 대회를 석권하다시피 했으니 아마도 당시에 과학 신동으로 불리지 않았나 싶다. 그가 출품한 과제들은 그 나이에 비해 상당히 앞선 내용들이었다. 워즈니악은 초등학교 5학년에 이미 컴퓨터 논리회로의 기본이 되는 **불 대수**Boolean algebra를 익히고 드모르간De Morgan의 정리를 이해했다. 6학년이 되자 그는 논리회로 IC들을 조합해 전자식 틱택토tic-tac-toe 게임을 제작해 과학 경연대회에 출품했다. 또한 이때 아마추어 무선사 자격시험에 합격해서 정식 햄 라디오 무선사가 되었으며, 부친과 함께 송수신기를 직접 제작해 교신에 성공했다고 한다.

중학교 2학년 때 그는 과학 경연대회에 디지털 논리회로인 10자리 가산기와 감산기를 출품했다. 이때부터 워즈니악은 **디지털 회로**설계에 빠져들었고, 고등학교에 들어가자 **미니컴퓨터**를 직접 설계하는 일에 착수했다. 당시 컴퓨터는 메인프레임 컴퓨터 시대를 지나 미니컴퓨터가 등장해 컴퓨터의 새로운 시대가 열리고 있었다. 워즈니악은 DEC, 데이터 제너럴Data General, HP 등과 같은 회사의 미니컴퓨터 설명서를 구해 탐독하고 컴퓨터 회로설계를 시도했다. 물론 워즈니악이 혼자서 미니컴퓨터를 제작하는 것은 현실적으로 불가능한 일이지만 그는 바닥과 벽에 붙여 놓은 종이에 컴퓨터의 회로설계도면을 작성하고 수정하기를 반복했다. 최신 디지털 IC를 사용해서 컴퓨터의 기능을 개선하거나 회로설계를 최적화하는 작업을 종이 위에 반복하는 동안 그의 컴퓨터 실력은 크게 향상되었다.

워즈니악의 대학 생활은 매년 학교를 옮기는 바람에 떠돌이와 같은 생활이었다. 1968년 고등학교를 졸업한 워즈니악은 캘리포니아에 있는 대학을 마다하고 친한 친구와 함께 콜로라도 주 볼더Boulder에 있는 콜로라도 대학교University of Colorado에 입학했다. 그러나 콜로라도 대학교에서 1학년만 마치고 캘리포니아로 돌아온다. 미국의 주립대학교는 소속 주 학생들의 등록금은 싸지만 다른 주에서 온 학생들은 사립대학교와 맞먹을 정도로 등록금이 비쌌던 탓에 봉급쟁이 기술자인 워즈니악의 부친은 그에게 1학년만 마치고 캘리포니아로 돌아와서 학업을 계속하라고 권했다. 때마침 워즈니악은 콜로라도 대학에서 징계를 받던 중이었다. 장난기가 발동한 워즈니악이 학교의 컴퓨터 센터를 해킹한 것이 발각이 난 때문이었다.

워즈니악은 미련 없이 콜로라도를 떠나 집으로 돌아온 후 집 근처의 디 앤자 칼리지De Anza College에서 대학 2학년을 마쳤다. 디 앤자 칼리지는 2년제 초급대학으로 캘리포니아 주민들에게는 등록금이 매우 싸고 거의 누구나 다닐 수 있게 개방되어 있다. 이러한 2년제 대학들은 커뮤니티 칼리지Community College라고 불리는데 커뮤니티 칼리지를 졸업한 뒤 4년제 정규대학 3학년에 편입해 공부를 계속할 수 있다.

디 앤자 칼리지를 졸업한 워즈니악은 버클리 캘리포니아 대학에 편입해 대학 3학년을 마쳤다. 때마침 HP에서 엔지니어를 모집한다는 소식을 들은 그는 대학교 4학년 학업을 보류하고 HP에 지원해 합격했는데 이때가 1973년 초였다. 그는 HP에서 전자계산기 설계를 담당했다. 비록 원하던 컴퓨터 설계업무는 아니었으나 HP에 근무하게 된 것만으로도 그는 꿈이 이루어진 것처럼 만족했고 평생직장을 얻었다고 생각했다.

HP에 근무하는 동안 워즈니악은 여가 시간에 틈틈이 컴퓨터를 제작했고 결국 애플 컴퓨터를 창업하게 된 밑거름이 된다. 하지만 애플 컴퓨터를 창업한 후 애플 II 설계를 마지막으로 회사를 떠났고, 젊은 나이에 산업계에서 은퇴한 것이나 다름없는 처지가 되었다. 워즈니악은 한동안 이렇다 할 일을 하지 않았다. 애플의 성공에서 얻은 막대한 재산으로 비행기 조종을 하고 야외 음악회를 개최하는 등 유유자적 인생을 즐기며 살았다. 마치지 못한 대학 학업을 마무리하기 위해 1985년에 버클리 캘리포니아 대학 4학년에 복

LA에 있던 그의 저택에서 자세를 취한 스티브 워즈니악. 비록 애플에서 일찍 떠났지만 그의 표정에서 익살스러우면서도 재미있게 살아가는 모습이 보인다(사진 출처: 스티브 워즈니악 홈페이지).

학해서 이듬해 졸업장을 손에 쥐었다. 그는 남가주에서 대규모 야외 음악회를 개최해 언론의 주목을 받기도 했다. 그가 개인적인 흥미에서 개최한 그 음악회는 사업적인 면에서는 큰 손해를 보았다고 한다. 최근에는 실리콘 밸리의 스타트업에 투자를 하고 이사회 이사로 경영에 참여하기도 하며 첨단산업 행사에서 초청 강연을 하는 등 활동을 계속하고 있다.

중년에 접어든 후에도 첨단제품에 대한 관심은 여전해 그는 **세그웨이**Segway를 즐겨 타는가 하면, 전기와 가솔린 혼합형인 하이브리드 차에 심취해 속도위반으로 경찰에 적발되기도 했다. 이 속도위반 사건은 그의 인간성을 보여주는 재미있는 일화다. 2007년 7월, 워즈니악은 친구와 함께 도요타의 하이브리드 자동차 프리어스Prius를 몰고 라스베이거스로 향했다. 제한속도가 70 마일인 고속도로에서 그는 105마일로 달리다가 경찰에 적발되었다. 속도위반 벌금을 내지 않으려고 그는 법원에 출두해서 판사에게 경위를 설명하고 벌금을 면해줄 것을 호소했다.

신문 기사에 따르면 그가 판사에게 이야기한 사정이란 이렇다. 속도위반을 하기 바로 며칠 전, 그는 싱가포르를 비롯한 동남아 몇 개국을 여행하고 왔다. 동남아 국가에서는 미터법을 시행하고 있으므로 제한속도는 100킬로미터가 넘었다. 여행에서 돌아온 지 며칠 지나지 않은 날이라 그는 아직도 머릿속에서 제한속도가 100이 넘는 것으로 생각했다는 것이다. 판사가 그의 설명을 받아들이지 않았음은 물론이다. 워즈니악이 벌금이 아까워서 그랬는지, 아니면 시간도 많은데 판사에게 한번 억지를 부려보자고 생각했는지 모르겠지만, 익살스러우면서도 재미있게 살아가는 그의 인생을 보는 것 같다.

### 잡스의 기구한 출생과 성장

스티브 잡스는 그의 불같은 성격처럼 불같은 인생을 살다 갔다. 그는 어릴 적부터 당돌한 면이 있었다. 고등학교 시절에 동네 전화번호부에서 윌리엄 휼렛의 집 전화번호를 찾아내 전화를 걸어 자신에게 필요한 집적회로를 구해줄 수 있겠느냐고 물었다. 휼렛은 잡스에게 부탁받은 집적회로를 구해주었을 뿐 아니라 그해 여름 HP에서 인턴사원으로 일하게 해주었다.

1982년 애플이 급성장하자 잡스는 대기업 경영에 경험 있는 노련한 CEO가 필요하다는 판단에 당시 펩시콜라 사장 존 스컬리John Sculley를 영입하기 위해 뉴욕 주에 있는 펩시콜라 본사로 찾아가 스컬리를 만났다. 스컬리가 결심을 못하고 주저하자 잡스가 그에게 던진 말은 전설로 남아 있다.

> 당신은 남은 인생 동안 설탕물이나 팔고 있을 건가요? 아니면 나와 같이 세상을 바꾸는 일을 할 건가요?

스컬리는 자신보다 열여섯 살 나이 어린 새파란 잡스의 당돌한 말에 기가 막혔을지도 모른다. 그러나 잡스의 이 말은 스컬리에게 충격으로 다가왔고 스컬리는 애플 CEO직을 수락했다.

저돌적이고 불같은 성격은 그의 인생에 성공과 실패를 안겨준 칼의 양날과 같았다. 잡스는 스컬리가 애플 CEO에 취임한 뒤 1985년 경영진과의 갈등으로 애플에서 쫓겨나다시피 사직했다. 이후 새로운 사업으로 추진한 NeXT 사는 수익을 내지 못해 가지고 있던 재산이 바닥나 그는 거의 무일푼 신세가 되었다. 그러나 애니메이션 회사인 픽사Pixar를 조지 루커스George Lucas에게 인수한 후 픽사에서 제작한「토이 스토리Toy Story」,「벌레의 인생A Bug's Life」,「니모를 찾아서Finding Nemo」등의 영화가 크게 성공하면서 잡스는 재기의 발판을 마련했다.

1996년 애플은 경영 상태가 악화되자 잡스의 NeXT 사를 인수하는 조건으로 잡스를 다시 영입하는 특단의 조치를 취했다. 자신이 창업한 회사에 11년 후에 다시 돌아온 잡스는 한동안 연봉 1달러를 받으며 애플의 재기를 위해 노력했다. 한편, 픽사에서 제작한 영화들이 흥행에 성공하자 디즈니 사는 2006년 74억 달러에 픽사를 인수하고 잡스를 이사회 이사로 영입했다. 픽사의 인수로 잡스는 디즈니 사의 최대 개인 주주가 되었고 억만장자로 올라섰다. 그는 2011년 10월 세상을 뜰 때까지 아이팟iPod, 아이튠스iTunes, 아이패드iPad, 아이폰iPhone 등을 발표하며 애플을 세계 최대 종합 전자회사로 올려놓았다.

잡스의 인생은 한 편의 드라마로 만들어도 부족함이 없다. 2011년 그가 세상을 떠난 후 2013년에「잡스Jobs」라는 영화가 개봉되어 세간의 관심을 불러일으켰다. 영화와 TV에서 주로 가볍고 코믹한 연기를 한 애슈턴 쿠처Ashton Kucher가 잡스 역을 맡았는데, 많은 사람들이 우려한 대로 그는 잡스 역을 제대로 소화해내지 못했고, 애플 창업과 관련해 워즈니악의 역할이 제대로 반영되지 않았다는 등의 비판이 있었다. 2015년에 잡스에 관한 두 번째 영화「스티브 잡스Steve Jobs」가 개봉되어 첫 번째 영화와는 다른 각도에서 잡스와 애플을 조명하려고 시도했다. 어쨌든 두 시간 정도의 영화에 잡스의 인생을 담아내기란 힘든 일이 아닌가 싶다. 잡스의 인생에는 영화보다도 더

극적인 면들이 많다.

스티브 잡스는 1955년 2월 샌프란시스코에서 태어났다. 미혼의 생모는 그를 출산하자마자 양육을 포기하고 입양아로 내놓았다. 잡스의 생모는 아기를 입양할 양부모의 조건으로 부부가 대학교를 졸업한 사람들이어야 하며, 아이를 대학 교육까지 받게 해줄 것을 요구했다고 한다. 따라서 잡스의 생모는 고등교육을 받았을 것이라는 추측이 가능하다. 잡스를 입양한 부부는 당시 샌프란시스코에 사는 폴 잡스Paul Jobs와 클라라 잡스Clara Jobs였다. 그들은 결혼한 지 10년이 되도록 자식이 없던 차에 아기를 입양해 '스티브'라는 이름을 지어주었다. 스티브 잡스를 입양한 지 3년 후, 잡스의 부모는 여자 아기를 입양해 '패티'라는 이름을 지어주었다. 잡스의 여동생 패티는 피부색이 약간 까무잡잡한 편이었으므로 잡스와 패티를 본 사람들은 그들이 친오누이인지 의문을 가졌다고 한다.

이런 상황으로 볼 때, 어린 시절 잡스가 자신의 출생 배경에 대해 의문을 가졌으리라는 것은 쉽게 짐작할 수 있다. 애플 컴퓨터가 사업에 성공한 뒤 잡스는 1980년대 중반에 사립 탐정을 고용해 생모를 찾아냈고 자신의 출생에 얽힌 사연을 밝혀냈다. 그러나 자신의 사생활 보호에 극도로 예민했던 잡스가 생존해 있을 때만 해도 그의 출생과 관련한 자세한 내용은 공개되지 않았다. 그의 죽음 이후 일반 사람들에게 알려진 내용은 다음과 같다.

> 스티브 잡스의 생모와 생부는 위스콘신 주 매디슨Madison에 있는 위스콘신 대학교의 대학원생이었다. 생모 조앤 쉬블Joanne Schieble은 위스콘신 주 그린 베이Green Bay의 보수적인 독일계 미국인 가정에서 태어났다. 잡스의 생부는 시리아에서 위스콘신 대학교에 유학 온 압둘파타 잔달리(Abdulfattah Jandali, 미국 이름 존 잔달리John Jandali)로 대학원에서 국제정치학을 전공하고 있었다. 1955년, 두 사람의

연애로 아기가 태어났지만, 조앤 쉬블의 부친이 매우 보수적이었으므로 그녀는 가족 몰래 멀리 샌프란시스코에 가서 아이를 출산한 후 곧 입양아로 내놓았다. 순서상 아기를 입양하기로 한 사람들은 변호사 부부였으나 이들은 여자 아이를 원했으므로 아기는 그다음 순서를 기다리던 폴과 클라라 잡스에게 인계되었다. 폴과 클라라 잡스 두 사람 모두 고등학교만 졸업했으므로 조앤 쉬블이 원하는 조건에 맞지 않았다. 그러나 입양기관에서는 이들에게 아기를 대학교에 보내겠다는 약속을 받고 입양시켰다.

아기를 출산한 지 얼마 지나지 않아 조앤의 부친이 사망했고 이어 잔달리가 박사학위를 받은 후 두 사람은 결혼했다. 잡스가 출생한 지 2년 후의 일이다. 결혼한 두 사람 사이에서 머지않아 여자 아이가 태어났는데 말하자면 잡스의 친여동생이다. 그 후 생모 조앤 쉬블은 남편을 따라 시리아에 가서 한동안 생활한 후 미국에 돌아와 잔달리와 이혼하고 재혼한 뒤 지금은 조앤 심슨Joanne Simpson이라는 이름으로 알려져 있다. 조앤과 잔달리의 딸은 모나 심슨Mona Simpson이라는 이름으로 알려져 있는데 그녀는 버클리 캘리포니아 대학교를 졸업한 후 뉴욕에서 잡지사 기자로 일했다. 잡지사 기자로 일하는 동안 발표한 소설들이 〈뉴욕 타임스〉의 베스트셀러 목록에 오르고, 문학상을 수상하며 모나 심슨은 일약 중견 소설가 반열에 올랐다. 모나 심슨은 현재 UCLA 교수로 재직 중이다.

스티브 잡스는 앞서 얘기했듯이 1980년대 중반에 사립 탐정을 고용해 그의 출생에 얽힌 사연을 알아낸 뒤 마침내 생모 조앤 심슨과 친동생 모나 심슨을 만난다. 2011년 그가 사망할 때까지 이들과 연락하며 가까이 지냈으나 생부와는 일절 연락하지 않았다. 그러나 잡스는 자신이 모르는 사이에 생부와 마주친 적이 몇 번 있었다.

생부 잔달리는 시리아의 서부 도시 홈스Homs의 부유한 가정에서 태어났다. 홈스는 수년째 계속되고 있는 현재 대통령 아사드Assad의 정부군과 반정부군과의 내전에서 반정부군의 근거지로 알려진 도시다. 잔달리는 1950년대 초 레바논의 베이루트에서 대학 생활을 하는 동안 당시 이집트의 나세르 대통령이 주도한 범아랍민족 운동에 참여하기도 했다. 베이루트에서 대학을 졸업하고 미국에 유학해 위스콘신 대학에서 정치학 박사학위를 받은 잔달리는 시리아로 돌아가 잠시 생활한 후 미국에 돌아온다.

검은색 셔츠에 붉은색 스카프를 두른 2007년 스티브 잡스의 모습이다. 잡스는 자신의 성격처럼 불같은 인생을 살다가 2011년에 세상을 떠났다(사진 출처: originally posted to Flickr as (RED)s by Steve Jurvetson, CC BY).

미국으로 다시 돌아온 그는 조앤 쉬블과 이혼하고 네바다 주의 리노Reno, 워싱턴 주의 타코마Tacoma에 있는 대학에서 교수 생활을 했다. 워싱턴 주 타코마 시에 있는 퓨젯 사운드 대학교University of Puget Sound 정치학과 학과장으로 재직하던 1974년 12월에 그는 학생 10여 명을 인솔해 한 달 예정으로 이집트로 현지 조사를 떠났다. 그는 카이로에 머무는 동안 카지노에 푹 빠져 보내느라 학생들과 약속했던 현지 조사 일정을 거의 지키지 않았다.

그러던 어느 날, 잔달리가 일행의 호텔 비용을 지불하지 않은 채 갑자기 잠적했다. 잔달리에게 여행 경비를 모두 맡겼던 학생들은 졸지에 호텔에서 오도 가도 못하는 신세가 되어 이집트의 미국 대사관에 연락하고 현지 경찰에 신고하는 일이 발생했다. 이 사건은 잡스가 사망한 뒤 이 여행에 참가했던 학생들이 당시 상황을 설명하면서 다시 수면 위로 떠오르기도 했다.

아무튼 잔달리는 이 사건으로 곧 대학을 사직했고 교수로서의 경력도 끝났다. 그 후 잔달리는 이런저런 일을 하다가 1980년대에 지중해식 음식점을 실리콘 밸리에서 운영했다. 애플 컴퓨터에서 일하는 동안 잡스는 이 음식점을 가끔 찾았고 식사를 마친 뒤에는 음식점 주인 잔달리에게 인사하고 나가기도 했다. 물론 이 무렵 두 사람은 서로의 관계를 전혀 모르고 있었다.

잔달리는 그 후 라스베이거스에서 은퇴할 때까지 호텔과 카지노의 음료부문 책임자로 일했다. 잡스는 잔달리가 이집트 현지 조사 여행 당시에 일으킨 불미스러운 사건에 대해 알고 있었던 것 같다. 생전에 CBS와의 인터뷰에서 잡스는 생부에 관한 내용 중 좋지 않은 부분이 있다고 말한 적이 있다. 이는 가족에 대한 가장으로서의 역할을 제대로 하지 않은 것을 의미할 수도 있지만 이집트 여행 당시의 불미스러운 사건을 의미했을 수도 있다. 어쨌든 그는 생전에 잔달리와의 연락은 끝까지 거부한 채 세상을 떠났다.

스티브 잡스의 양부모는 블루칼라에 가까운 편이었다. 폴 잡스는 고등학교를 졸업한 후 미국의 해양 경비대에서 근무했다. 클라라를 만나 결혼한 후 폴 잡스는 자동차 수리, 중고차 판매, 자동차 차압 등의 일을 했고, 스티브 잡스를 입양할 당시 그들은 샌프란시스코에서 살았다. 그 후 샌프란시스코에서 약 50킬로미터 남쪽에 있는 마운틴뷰로 이사했고 스티브 잡스는 어린 시절을 이곳에서 보냈다. 잡스가 입학한 중학교는 마운틴뷰의 크리텐던 중학교Crittenden Middle School로 당시 이 학교는 주변 동네가 험악해서 학생들 사이에 싸움과 폭력사건이 잦아 경찰이 수시로 학교 주변을 순찰했다. 중학교 1학년을 마친 잡스는 부모에게 그 학교에는 절대 다시 안 가겠으니 다른 학교로 옮겨 달라고 했다. 잡스의 부모는 경제적으로 여유가 없어 학군 좋고 집값이 비싼 이웃 동네로 이사하기 힘들다고 잡스를 설득했으나 잡스의 고집을 꺾을 수 없었다. 결국 그의 부모는 마운틴뷰 서쪽에 인접한 로스앨토스Los Altos에 작은 집으로 이사했다. 어린 스티브 잡스는 이때 인생에서 중요한 결정을 스스로 내린 셈이다. 로스앨토스로 이사오면서 워즈니악을 만날 운명이 잡스를 기다리고 있었으니까.

로스앨토스에서 스티브 잡스는 쿠퍼티노 중학교Cupertino Middle School를 졸업하고 홈스테드 고등학교에 진학했다. 잡스가 고등학교에 입학한 1968년, 워즈니악은 석 달 전에 이 학교를 졸업했다. 워즈니악이 졸업한 뒤에 그의 재능에 대한 얘기가 홈스테드 고등학교 재학생과 교사들 사이에 전설처럼 오르내리자 잡스도 워즈니악의 이름에 곧 익숙해졌다.

잡스가 워즈니악을 처음 만난 때는 고등학교 3학년을 마친 1971년이었다. 그해 여름방학 기간 잡스는 워즈니악의 이웃에 사는 학교 친구에게서 워즈니악이 컴퓨터를 제작했으니 와서 보라는 연락을 받고 서니베일에 있는 워즈니악의 집을 찾아갔다. 워즈니악이 제작한 컴퓨터를 본 잡스는 그간 소문으로만 듣던 워즈니악의 실력을 비로소 직접 확인할 수 있었다. 자신의 전자기술 실력에 대단한 우월감을 가지고 있던 잡스는 훗날 자신보다 실력이 뛰어난 사람을 그날 처음 만났다고 술회했다.

## 일본 반도체 기업의 실리콘 밸리 공습

1970년대 후반 실리콘 밸리에서 홈브루 컴퓨터 클럽을 중심으로 PC 개발의 열기가 달아오르고 있을 때 실리콘 밸리는 일본 반도체 기업들의 위협에 직면하기 시작한다. 일본의 반도체 산업 역사는 트랜지스터가 상용화되기 시작한 1950년대로 거슬러 올라간다. 당시 히다치, 도시바, NEC 등 일본의 대기업들은 미국 회사들로부터 기술을 이전받아 저마늄 트랜지스터를 생산하고 있었다. 또한 신생기업 소니가 트랜지스터를 독자적으로 개발, 생산하고, 포터블 라디오를 제작해 세계 시장에서 대성공을 거두었다. 이렇듯 반도체 기술을 일찍 터득한 일본은 이 기세를 몰아 녹음기, TV 등 소비자 가전제품 사업으로 영역을 넓혀갔다.

그러나 반도체 기술이 저마늄에서 실리콘 트랜지스터로, 그리고 개별 소자에서 집적회로로 발전하는 동안 일본은 1970년대까지만 해도 반도체 기술에서 미국에 한발 뒤처져 있었다. 1960년대 일본 정부는 컴퓨터 산업을 중점 산업으로 육성하기 시작했고, 이를 위해 고집적도를 가진 집적회로 개발은 필수요건이었다. 1970년대에 들어서 반도체 산업을 미래의 성장 동력으로 선정한 일본 정부는 1971년 통상산업성 주도 아래 정부 산하 연구소와 기업체, 학계를 망라한 고집적도 집적회로 개발계획을 추진했다. 기술 개발과 더불어 일본 정부는 기업체에 대한 개발 자금지원, 세금 혜택 등을 시행했으며 보호무역 장벽을 내세워 미국 반도체 제품의 수입을 막았다. 일본의 반도체 산업에 대한 국가 차원의 노력은 1970년대 후반에 이르러 그 성과가 가시적으로 나타나기 시작한다.

1970년 인텔이 최초로 1킬로비트 DRAM 제품을 판매하기 시작한 후 메모리 반도체 개발은 미국 기업들이 선도했다. 인텔, 모스텍Mostek, 내셔널 세미컨덕터, TI 등 미국 대기업들의 치열한 경쟁에서, 인텔도 메모리 기술의 선두를 계속 지킬 수 있는 처지가 못 되었다. 댈러스에 있는 모스텍은 4킬로비트 제품에서 인텔을 제쳤고 16킬로비트 DRAM에서는 TI가 선두로 나서는 등 매 세대마다 신제품을 출시하는 선두 주자가 바뀌었다.

미국 회사들이 기술 개발 경쟁을 벌이는 동안 일본의 대기업들도 미국과 운명을 건 한판 승부를 준비하고 있었다. 일본의 반도체 기술 개발이 무서운 속도로 진행되면서 1970년대 말 미국 반도체 업계에서 그동안 우려하던 일이 현실로 나타나기 시작했다. 1970대 초반 집적회로 연간 매출액에서 1위에서 3위까지 차지했던 미국 회사들이 1979년 일본 회사들에 이 자리를 모두 내주고 말았다.

반도체 산업은 호황과 불황이 4년 또는 5년을 주기로 반복되는 양상을 보여왔다. 1974년과 1975년에 걸친 반도체 불황기에 미국 기업들은 생산 시설에 대한 투자를 대폭 삭감했다. 이 때문에 1970년대 후반 미국 회사들은 16킬로비트 DRAM 수요를 충당하지 못하자 일본 기업들이 그 반사이익을 보았다. 16킬로비트 DRAM은 일본 회사들이 미국 시장을 공략해 크게 성공한 최초의 제품으로, 1979년 일본 기업들의 16킬로비트 DRAM 미국 시장 점유율은 42퍼센트에 이르렀다. 2년 후 1981년 말, 일본의 64킬로비트 DRAM 제품이 미국 시장에서 70퍼센트의 시장 점유율을 기록했다. 일본의 본격적인 DRAM 시장 진출은 시기가 좋았다. DRAM의 가장 큰 수요는 PC 시장인데 1981년 8월 IBM이 PC를 출시하면서 64킬로비트 DRAM에 대한 수요가 크게 증가했기 때문이다. 이로써 일본의 메모리 반도체 산업이 세계를 제패하는 시대가 열렸다.

1980년대 들어서 일본은 메모리 반도체의 기술 개발, 생산성, 제품의 신뢰성 등 전반적인 면에서 미국을 추월하고야 만다. 1980년은 또한 메모리 반도체의 기술력뿐 아니라 반도체 산업의 균형 추가 미국에서 일본으로 기울기 시작하는 분수령을 이룬 해였다. 1979년, 미국은 일본에 대한 반도체 무역에서 1억 2천만 달러의 수출 초과를 기록했으나 이듬해인 1980년에는 4천만 달러의 수입 초과로 역전되었다. 이 반도체 무역 역조는 1970년대 초부터 꾸준히 지속된 양국 간 반도체 무역 추세의 연장선 위에 있다. 따라서 1980년대는 미국의 반도체 기업에는 격변의 시기였고, 일본 기업에는 메모리 반도체로 세계 시장을 석권한 시기였다. 일본은 1970년대에 반도체 기술 개발에 대대적으로 투자해 미국과의 기술 격차를 거의 없앴으며 시장 점유율도 꾸준히 늘려왔다. 1970년대에 철강, 자동차, 가전 산업 등에서 이미 미국을 제치고 세계 제일의 위치에 오른 일본이 이제 반도체 산업을 이 목록에 추가하게 된 것이다.

일본 기업들의 이러한 눈부신 약진은 1970년대 후반에 메모리 칩의 생산 기술과 품질 면에서 미국을 추월한 데 비롯한다. 메모리 반도체 생산성의 척도인 DRAM 수율에서 미국 기업들이 50~60퍼센트 수준에 머물렀을 때 일본 기업들은 70~80퍼센트의 수율을 달성했다. 제품의 신뢰성도 일본 제품이 미국 제품을 압도했다. 한 가지 예로 1977년부터 일본 제품의 16킬로비트 DRAM을 수입해 사용하기 시작한 HP는 회사에 납품된 일본 제품과 미국 제품의 불량률을 조사, 분석해 1980년 3월 외부에 공개했다. 이 자료에 따르면, 메모리를 장시간 사용했을 때 불량이 날 확률은 일본 제품이 미국 제품보다 6배에서 20배 정도로 낮았다. 납품된 제품에서 HP의 초기 특성검사를 통과하지 못해 반송되는 비율도 일본 제품이 눈에 띄게 낮았다.

일본 제품의 우수한 품질은 일본의 전 산업계가 품질관리에 대해 철저히 무장하고 나선 결과였다. 에드워즈 데밍Edwards Deming이 창안한 품질관리 이론이 미국에서 주목받지 못하는 동안 일본 산업계는 1970년대에 데밍의 품질관리 이론을 철저히 실무에 적용했다. 데밍의 공로에 감사하는 의미로 일본 정부가 제정한 에드워즈 데밍 품질관리상 시상식을 TV에서 중계방송할 정도로 온 국민이 품질관리로 무장하고 나선 것이다. 이 노력의 결과, 1950년대에 저질의 싸구려 제품이라는 이미지를 말끔히 씻어내고 마침내 자동차, 전자 제품 등에서 '메이드 인 저팬'은 고품질을 의미하게 되었다.

국제전자회로학회인 ISSCC(International Solid State Circuits Conference)는 세계 각국의 회사, 대학 및 연구소들이 첨단 반도체 칩 설계에 관한 논문을 발표하는 권위 있는 국제학회다. 메모리 반도체 분야에서 ISSCC는 1970년대 말까지 미국 회사들의 독무대였다. 그러나 1980년대에 들어서면서 양상이 크게 달라졌다. 1980년도 ISSCC에서 256킬로비트 DRAM을 최초로 발표한 회사는 일본의 도시바와 히다치였다. 다음 세대인 1메가비트(1,024킬로비트) DRAM은 1984년에 NEC가 최초로 발표했다. 1980년대 중반부터 ISSCC와 IEDM(International Electron Devices Meeting)과 같은 국제학회의 메모리 반도체 논문 발표장은 거의 일본 회사들의 발표장이 되어버린 느낌이었다. 일본 회사 발표자들 대부분이 익숙지 않은 영어로 발표 내용을 읽어 내려가는 동안 미국을 비롯한 각국의 참석자들은 그 내용을 열심히 듣고 이해하려는 상황이 전개되었다. 당시 도시바, 히다치, NEC, 소니, 후지쓰, 미쓰비시, 마쓰시다, 오키 등 일본의 거의 모든 대형 전자회사가 메모리 사업에 참여하고 있었으므로 일본의 기세는 막강했다.

1986년 말, 일본은 256킬로비트와 1메가비트 DRAM의 시장을 각각 80퍼센트, 89퍼센트를 점유하고 있었으니 메모리 반도체 세계시장은 이제 일본의 지배 아래 놓였다고 해도 과장이 아니었다. 여기에 일본은 미국 내 DRAM 시장 점유율을 높이기 위해 메모리 칩의 덤핑 공세에도 나섰다. 1980년대 중반, 미국의 어느 반도체 회사는 히다치의 반도체 판매담당 임원이 미국 시장 담당 판매사원들에게 내린 지침을 입수했다. 이 지침에 따르면, 히다치는 미국 반도체 회사의 메모리를 구입하는 고객에게 미국 회사의 가격보다 10퍼센트 낮은 가격을 제시하고, 미국 회사가 이에 대응해 가격을 내리면 그보다 더 10퍼센트 낮은 가격을 제시해서 판매가 성사될 때까지 이를 반복하라는 것으로 되어 있다. 마치 자폭도 마다하지 않는 가미가제식 지침처럼 보인다.

일본 회사들의 이 같은 공세에 말린 인텔, AMD, 내셔널 세미컨덕터를 비롯한 실리콘 밸리의 대부분 회사들이 1980년대에 메모리 반도체 사업에서 철수했다. 그나마 미국 중남부의 TI, 북서부의 마이크론 테크놀로지 등이 DRAM 사업을 계속하고 있었으나 이미 대세는 일본으로 완전히 기울었다. 일본은 여세를 몰아 1985년에 세계 반도체 시장의 46퍼센트를 점유함으로써 42퍼센트인 미국을 추월한 뒤 1988년과 1989년에는 점유율을 50퍼센트까지 끌어올렸다.

### DRAM을 포기한 인텔, 그리고 제2의 창업

1980년대 들어서 DRAM 사업에서 석자에 시달리던 실리콘 밸리 회사들은 메모리 사업을 축소하거나 포기하기 시작했다. 게다가 1985년과 1986년에 불어닥친 반도체 산업의 전반적인 불황은 실리콘 밸리의 기업에 큰 변화를 가져왔다. 메모리 반도체 시장에 남아 있던 기업들이 결단을 내릴 시기가 다가온 것이다. 인텔의 경우 1985년에 DRAM이 회사 전체 매출액에서 차지하는 비중은 5퍼센트에 불과했으나 DRAM의 연구개발 비용은 전체 연구개발비의 33퍼센트를 차지했다. 그럼에도 일본과의 기술 개발 경쟁에서 점차 뒤처지고 있었다.

1985년, 당시 인텔 사장 앤드루 그로브는 이 심각한 상황에 대해 CEO인 고든 무어와 나눈 얘기를 그의 책 『편집증을 가진 자만이 살아남는다』에서 다음과 같이 밝혔다.

**그로브**: 만약 이사회에서 당신과 나를 쫓아내고 새로운 경영진을 영입하면 그 사람들은 이 회사를 어떻게 운영할까요?

**무어**: (주저함 없이) 메모리 사업에서 철수할 거요.

**그로브**: 그러면 우리가 회사를 나갔다가 다시 들어온 셈치고 우리가 메모리 사업에서 철수하기로 결정하면 어떨까요?

두 사람 모두 DRAM 사업이 더 이상 희망 없다는 것을 알고 있었기에 이 대화로 서로의 생각을 확인함으로써 어려운 결단을 내린다. 인텔이 창업할 때 사업 목표로 정한 DRAM은 인텔의 얼굴과 같은 제품이었다. 1970년대 초 인텔이 업계에서 처음으로 개척한 DRAM 시장에서 스스로 철수하기로 한 결정은 두 사람에게는 결코 쉽지 않은 결단이었을 것이다. 더구나 그로브는 DRAM 개발 초기에 기술 개발을 직접 진두지휘했다. 그는 당시에 노이스가 추진한 마이크로프로세서 개발을 DRAM 사업에 방해가 되는 귀찮은 프로젝트로 여겼다. 그러나 이제는 마이크로프로세서가 인텔의 주력 제품이 되었으니 DRAM에 대한 감상적인 감정을 접을 때가 된 것이다.

이렇게 해서 인텔은 DRAM 사업에서 철수하기로 결정하고, 회사 내 충분한 협의를 거치고 이해를 구한 뒤 이듬해인 1986년 이를 공식 발표했다. 이 결정에 대해 인텔 내부에서 불만이 없지 않았으나 그로브는 각 메모리 사업장을 찾아다니며 사원들을 설득하고, 메모리 회사에서 벗어나 마이크로프로세서를 비롯한 논리회로 제품의 회사로 다시 태어나야 하는 당위성을 설명했다. 마이크로프로세서 회사로 새롭게 태어난 인텔은 1990년대에 폭발적인 성장세를 이루며 오늘의 거대 기업이 되는 기반을 쌓아올렸다.

### 파운드리 사업, 반도체 산업의 새로운 추세

1980년대 후반, 미국은 세계 반도체 산업의 주도권을 상실하기 시작했다. 일본과 유럽이 미국을 바짝 추격했고 1990년대 이후에는 한국과 타이완을 비롯해 중국, 싱가포르, 말레이시아 등 아시아 국가들이 가세했다. 일본과 한국의 뒤를 이어 타이완도 메모리 반도체 사업에 진출했으나 타이완은 파운드리foundry 사업으로 반도체 산업에 독자적인 위치를 확보했다. 파운드리 사업이란 반도체 팹이라 불리는 생산시설을 지어놓고 다른 회사가 설계한 제품들을 위탁받아 생산하는, 말하자면 위탁 생산 전문회사다. 페어차일드 반도체, 인텔, TI 등과 같이 칩을 설계해서 자사가 보유한 웨이퍼 팹에서 생산한 뒤 자체 상표로 제품을 판매하는 이전의 일괄적인 체계의 반도체 사업과는 다른 형태다.

TI에서 1980년대 초까지 25년간 근무했던 중국 출신 모리스 창Morris Chang은 머지않아 반도체 칩 설계와 생산이 이원화될 것이라고 예견했다. 그는 1987년 타이완에서 **반도체 파운드리** 업체인 TSMC(Taiwan Semiconductor Manufacturing Company)를 설립했다. 1987년은 한국의 3대 기업(삼성, 현대, LG)이 메모리 반도체 사업에 진출한 초창기로, 당시 반도체 업계에서 파운드리 개념은 새로운 사업 모델이었지만 유망한 사업 모델로는 인정받지 못했다. AMD의 CEO 제리 샌더스는 파운드리 사업 모델에 대해 촌철살인의 명수답게 "Real men have fabs"라고 일갈했다. "진짜 사나이는 반도체 공장을 가지고 사업을 한다"는 뜻인데, 다시 말해 고가의 공장을 지어놓고 다른 회사 제품을 위탁받아 생산만 해주는 사업은 사나이가 할 사업이 아니라는 뜻이다. 당시 한국의 반도체 업계에서 파운드리 사업을 보는 시각도 제리 샌더스와 비슷해서 위탁 생산은 메모리 칩 생산시설이 남아돌 때 공장을 채우는 용도로 생각했다. 그러나 모리스 창의 예견은 현실로 나타났고 이제 세계 반도체 산업은 칩 설계 전문회사와 생산 전문 파운드리, 그리고 설계부터 생산까지 모두 하는 전통적인 형태의 회사로 재편되었다. 파운드리 시장의 성장으로 TSMC는 2015년 연간 매출액이 250억 달러에 이르는 세계 최대의 파운드리 업체로 성장했다. 반면 CEO 제리 샌더스의 호기 어린 촌평과는 달리 AMD는 2008년 보유하고 있던 팹 공장을 분리 매각한 뒤 지금은 설계한 칩을 글로벌 파운드리Global Foundries, TSMC 등과 같은 파운드리 업체에서 만들어 오는 팹리스fabless 업체로 바뀌었다.

7장

# 1980년대의 실리콘 밸리
## : 하드웨어와 소프트웨어

실리콘 밸리를 탄생시킨 반도체를 비롯해 PC 시대 개막에서 핵심 역할을 한 애플 컴퓨터, 그리고 스마트 폰의 대명사가 된 애플의 아이폰에 이르기까지 실리콘 밸리는 첨단 하드웨어 개발의 중심지로 알려져 왔다. 따라서 실리콘 밸리에서 소프트웨어는 하드웨어 뒷전에 있는 듯한 인상을 줄 수도 있다. 마이크로소프트가 거대 기업으로 성장하면서 시애틀 인근 지역은 PC와 인터넷 관련 소프트웨어 산업의 중심지로 발전했고, 소프트웨어와 관련해 실리콘 밸리는 이에 견주지 못할 것처럼 보였다. 그러나 실리콘 밸리는 1980년대 이후 소프트웨어 산업에서도 첨단기술 중심지에 걸맞은 성장을 해왔다.

### Go west, young man(1)

## 래리 엘리슨의 오라클 창업

실리콘 밸리에서 소프트웨어 산업의 위상을 보여주는 대표적인 기업으로 1980년대 중반에 출범한 오라클Oracle과 1990년대 중반에 인터넷 대중화를 촉발한 넷스케이프Netscape가 있다. 넷스케이프에 관한 얘기는 1990년대의 닷컴 붐을 다루는 다음 장에서 언급하기로 하고, 여기서는 시애틀에 마이크로소프트가 있듯이 실리콘 밸리에서 소프트웨어의 거대 기업으로 성장한 오라클에 대해 살펴보자.

오라클은 2015년 회계연도의 매출액이 380억 달러에 이르는 소프트웨어 거대 기업이다. 매출액에서 마이크로소프트의 2015년 매출액 930억 달러에는 훨씬 못 미치지만 기업용 소프트웨어 분야에서는 세계 최대 회사다. 마이크로소프트가 주로 개인용 또는 업무용 소프트웨어를 개발하고 판매하는 데 비해 오라클은 대기업에서 사용하는 **데이터베이스** 관리용 소프트웨어와 같은 기업용 소프트웨어의 개발과 판매를 전문으로 한다. 따라서 오라클과 마이크로소프트는 사업에서 크게 충돌하지는 않지만 두 회사의 설립자인 래리 엘리슨Larry Ellison과 빌 게이츠Bill Gates 사이에는 개인적으로 경쟁의식이 치열하다. 이 경쟁의식은 열등의식이 있는 엘리슨 쪽에서 먼저 불을 지른 것이 아닌가 싶다. 언더독underdog이, 즉 열세에 있는 자가 열등의식을 만회하기 위해 우위에 있는 상대방을 건드리는 경우가 보통이기 때문이다. 지금은 빌 게이츠가 마이크로소프트의 경영에서 은퇴해 자선사업에 전념하고 있어 이들 사이에 개인적인 경쟁의식은 식었다고 볼 수 있다.

그러나 1990년대만 해도 이들 사이의 경쟁심은 갖가지 일화를 만들어 냈는데 그중에는 사업에 관련된 것도 있고 누가 더 큰 집을 짓고 사는가와 같은 개인적인 내용도 있다. 지기 싫어하는 강한 경쟁심과 자존심, 상대를 철저히 굴복시켜야 비로소 만족했던 엘리슨의 성격 탓이었다. 물론 이 점에서 빌 게이츠도 순순히 물러설 상대는 아니었다. 이제 70대인 그가 예전에 비해 달라지기는 했으나 젊은 시절 언론과 인터뷰할 때 엘리슨은 칭기즈칸이 했다는 말을 좌우명처럼 인용했다.

> **내가 성공하는 것만으로는 충분치 않다. 다른 사람들은 모두 망해야 한다.**
>
> (It is not enough that I succeed. Everyone else must fail.)

이 말을 인용하면서 엘리슨은 경쟁자를 용납하고 경쟁자와 공존하려다가는 자신이 망할 수 있고, 사업에서 2등에 만족하다가는 도태될 수 있다면서 오라클 직원들을 강하게 독려했다. 오라클과 엘리슨에 관해 얘기할 때 회사 오라클보다 인간 엘리슨에 초점을 맞춘 경우가 많다. 오라클은 창업과 성장 과정에서 엘리슨의 절대적인 영향 아래 있었기 때문이다. 엘리슨의 성격 또한 독특하기 때문에 그의 행동은 자주 언론의 주목을 받아왔다.

엘리슨은 책의 소재로도 매력 있는 인물이라 여러 권의 책이 출간되었다. 2003년에 출간된 케런 사우스윅Karen Southwick의 책은 엘리슨의 좌우명인 "다른 사람들은 모두 망해야 한다"를 책의 제목으로 삼았다. 마이크 윌슨Mike Wilson이 저술해 1997년에 출간한 책은 제목부터 매우 흥미롭다. 『신과 래리 엘리슨의 차이점*The Difference Between God and Larry Ellison*』이라는 제목(한국어판은 『CEO 래리 엘리슨과 오라클 신화』)에 '오라클 기업 내부Inside Oracle Corporation' 라는 부제를 달았다. 그리고 책 표지 하단에 다음과 같은 주를 붙여 놓았다. '신은 래리 엘리슨이라고 생각하지 않는다God Doesn't Think He's Larry Ellison.' 오라클을 창업하고 경영하는 과정에서 마치 신처럼 군림한 그의 스타일을 비꼬는 듯한 제목이다. 엘리슨은 자기가 마치 신인 것처럼 행동하지만 신은 자신은 엘리슨이 아니라며 손사래 치는 모습을 보는 것 같다.

엘리슨의 성격을 분석한 어느 심리학자는 엘리슨이 정치를 했으면 절대 권력을 추구하는 독재자가 되었을 것이고, 범죄의 길로 빠졌으면 조직 폭력단의 거물급 두목이 되었을 것이라고 평가했다. 다시 말해 엘리슨이 무언가 큰일을 벌일 사람이라는 얘기인데, 다행히 그가 소프트웨어 산업에 인생을 걸었으므로 오라클과 같은 대기업이 탄생하게 되었다. 정치나 조폭에 몸을 담지는 않았으나 엘리슨은 창업 후 최근까지 최고경영자로서 절대적인 위치에서 오라클을 지휘해 왔다.

**래리 엘리슨**

미국이 서부 개척의 열기에 차 있던 19세기 중반, 미국의 작가 호러스 그릴리Horace Greeley는 "젊은이여, 서부로 가라. 서부에 가서 이 나라와 함께 성장하라Go west, young man. Go west and grow up with the country"는 말로 서부를 동경하던 젊은이들의 피를 끓게 했다. 그릴리가 이 말을 한 정확한 시점에 대해서는 논란이 있는 것 같다. 19세기 후반이라는 설도 있으나 그릴리가 이 말을 한 시점은 캘리포니아 골드러시가 일어나기 전, 즉 19세기 중반이나 그 이전일 가능성이 높다. 왜냐하면 골드러시가 일어난 후에는 누가 뭐라고 말할 필요도 없이 전 세계 사람들이 서부로 몰려들었으니까. 어쨌든 이 말은 서부 개척시대의 분위기를 한층 더 띄우는 말로 인용되는데 그릴리의 원래 의도는 광활하고 비옥한 서부 땅을 개척해 농사를 지으라는 뜻이었다.

19세기의 골드러시에 이어 20세기 중반 캘리포니아에 '실리콘 러시'가 일어나자 많은 과학기술자들은 마치 "젊은이여, 서부로 가라"는 구호를 따르듯 실리콘 밸리로 이주해 그들의 꿈을 이루고자 했다. 쇼클리가 동부의 벨 연구소를 사직하고 팔로알토로 와서 회사를 설립한 것이 이 흐름의 원조가 아닌가 한다. 물론 20세기 초 리 디포리스트가 뉴욕에서 팔로알토로 이주했지만 아직 이러한 흐름이 시작되기 전이다. 쇼클리가 회사 직원을 채용하기 위해 미국 전역의 반도체 분야 과학기술자들에게 전화를 걸었고, 그의 전화를 받은 사람들이 속속 서부로 모여들었다. 로버트 노이스, 고든 무어를 비롯한 페어차일드 반도체 설립자 여덟 명이 거의 이 무렵에 서부로 왔다. 이 같은 추세는 실리콘 밸리의 성장과 더불어 더욱 활발해졌다. 1960년대 중반, 일리노이에서 대학을 다니던 래리 엘리슨은 졸업도 하지 않고 자신의 컴퓨터 프로그래밍 실력 하나만 믿고 캘리포니아 주 버클리로 이주했다.

래리 엘리슨은 1944년 8월 뉴욕에서 출생했다. 그의 생모는 10대의 유대계 미혼모로 엘리슨이 한 살이 되기도 전 양육을 포기하고 시카고에 사는 먼 친척에게 아기를 입양시켰다. 그의 양부모는 엘리슨을 친자식처럼 키웠으나 엘리슨이 고등학생 시절에 생모가 따로 있다는 사실을 눈치챈 것으로 보인다. 출생과 성장 환경을 둘러싼 이 같은 상황은 스티브 잡스와 비슷한 면이 있다. 고등학교를 졸업한 엘리슨은 어배너 샴페인에 있는 일리노이 대학교에 입학해서 2년을 다녔다. 그는 고등학교 때나 대학 때나 공부에 흥미를 갖지 못했는데 기성세대의 권위에 대한 저항감 같은 것이 있어 교수를 불신하고 수업에 흥미를 잃었다. 그나마 대학 시절에 컴퓨터 프로그래밍에 흥미를 갖게 되었고, 이 흥미가 그의 진로에 결정적인 역할을 했다.

일리노이 대학 2학년을 마친 엘리슨은 그해 여름방학을 캘리포니아 버클리에 와서 보냈다. 이 기간 동안 그는 캘리포니아 생활에 빠져들었다. 풍광 좋고 온난한 버클리는 일리노이와 크게 대비되었을 것이다. 게다가 버클리에서 멀지 않은 실리콘 밸리에는 컴퓨터 프로그래밍 일자리도 많았고 이곳의 진취적이고 자유분방한 분위기가 그의 성격에 맞았다.

버클리에서 여름을 보내고 일리노이로 돌아온 엘리슨은 학교를 시카고 대학교University of Chicago로 옮겨 물리학과에 적을 두고 프로그래밍을 공부하는 한편, 시카고 대학교 부설 아르곤 국립연구소Argonne National Laboratory에서 컴퓨터 프로그래머로 일했다. 대학 3학년을 보내는 동안 컴퓨터 실력에 자신감을 갖게 된 엘리슨은 학업을 중단하고 캘리포니아에 가기로 결심했다. 자신의 프로그래밍 실력이면 캘리포니아에 가서 일하고 인생을 즐기며 사는 데 문제없을 것이라 판단했기 때문이다. 이때만 해도 그에게는 벤처 창업을 하겠다거나 세계적인 대규모 소프트웨어 회사를 설립하겠다는 따위의 거창한 계획은 없었다. 그저 윗사람의 간섭을 받지 않고 프로그래밍을 하면서 인생을 즐기겠다는 생각뿐이었다.

엘리슨은 1966년 일리노이 생활을 마감하고 버클리로 이주했다. 이주한 직후 그는 주말에 시간제 프로그래머로 일하고 주중에는 바다로 나가 서핑을 하거나 요세미티 공원에서 하이킹을 하며 젊은 인생을 즐겼다. 주말에 근무하면 시간당 급료를 더 많이 받을 수 있어 주말에만 일을 해도 혼자 생활하는 데 경제적으로 문제가 없었다. 이 같은 생활을 몇 년 동안 하면서 엘리슨은 스탠포드 대학교 대학원에 다니던 여학생을 만나 결혼도 했다. 이 결혼은 2년도 가지 못해 끝나고 만다. 엘리슨의 씀씀이가 큰 데다 결혼한 사람으로서 경제적으로 무관심한 것이 이유 중의 하나였다. 실리콘 밸리의 기술자들 대부분이 청바지나 셔츠 등 간편한 옷차림을 즐기는 데 비해 엘리슨은 젊은 시절부터 고급 양복 정장을 차려입고 명품을 좋아하며 고급 음식점에서 식사하는 것을 즐겼다.

훗날 오라클이 대기업으로 성장한 뒤 그는 남성 잡지 표지에 양복 정장 차림으로 등장한 적도 있다. 엘리슨은 그와 일리노이 대학교 동문이며 옷 잘 입는 CEO로 소문난 AMD의 제리 샌더스와 실리콘 밸리에서 멋쟁이로 쌍벽을 이룬다. 그러나 할리우드의 스타들과 파티를 즐기고 촌철살인의 언변을 지닌 제리 샌더스와는 달리 엘리슨은 사교적인 성격은 아니다. 엘리슨은 비행기 조종을 즐기고 요트 경기에 출전하는가 하면, 대저택을 짓고 하와이의 섬을 사들이며, 한편으로는 여성 편력 등 개인 생활에서 화려한 면모를 보여 왔다.

#### 엘리슨의 오라클 설립

1970년대에 여러 회사에서 프로그램 개발을 용역받아 수행하던 엘리슨은 점차 컴퓨터 실력에 자신감을 얻었고, 그에게 일을 맡긴 회사 사람들의 실력이 대수롭지 않다고 생각했다. 자신이 회사를 직접 운영할 수 있겠다는 자신감도 생겼다. 엘리슨에게 프로그램 개발을 맡겼던 회사가 문을 닫게 되자 그는 1977년 동료 두 명과 함께 '소프트웨어 개발 연구소SDL: Software Development Laboratory'라는 회사를 설립하고 폐업하는 회사의 업무를 넘겨받았다. 오라클이 걸음마를 시작하는 단계로, 다른 회사나 정부 기관에서 용역을 받아 프로그램을 개발하는 것이 주 업무였다.

1976년 IBM의 기술자가 새로운 개념의 '**관계형 데이터베이스**relational database'에 대한 이론을 컴퓨터 학술지에 발표하자 엘리슨은 이 논문에 많은 관심을 가졌고, 이를 이용한 관계형 **데이터베이스 관리 시스템**을 회사의 주력 제품으로 개발하기로 계획했다. 당시 전문가들은 관계형 데이터베이스의 이점을 인정하면서도 실제로 이 기술을 적용한 소프트웨어를 개발해도 컴퓨터 속도가 느려 현실성이 없다고 보았다. 그러나 엘리슨은 회사의 미래를 이 신제품 개발에 걸고 1979년 회사 이름을 '관계형 소프트웨어 사RSI: Relational Software Inc.'로 바꿨다. 엘리슨은 처음 출시한 관계형 데이터베이스 제품 이름을 '오라클'이라고 지었다.

레드우드 쇼어스에 있는 오라클 본사 전경. 창업자 엘리슨의 취향에 어울리게 건물이 독특하고 멋있다.

1982년에는 회사 이름을 RSI에서 '오라클 시스템스Oracle Systems Corp.'로 변경했다. 오라클은 '현인'이라는 뜻으로 선지자적 능력을 갖춘 사람을 의미한다. 엘리슨의 선지자적인 식견은 현실이 되어 오라클은 회사의 이름에 걸맞게 발전을 거듭하면서 기업용 소프트웨어의 거대 기업으로 성장했다. 1990년대에 오라클은 잉그레스Ingres, 사이베이스Sybase, 인포믹스Informix 등 경쟁사의 도전을 차례로 물리치고 데이터베이스 관리 소프트웨어의 절대 강자로 군림했다. 이 경쟁사들은 엘리슨의 구호 "내가 성공하는 것만으로는 충분치 않다. 다른 사람들은 모두 망해야 한다"의 희생물이 된 셈이다.

오라클 본사는 실리콘 밸리 바로 북쪽에 있는 레드우드 쇼어스Redwood Shores에 있다. 모양이 원통형인 독특한 본사 건물은 멀리서도 쉽게 눈에 띄는데 마치 엘리슨의 취향을 보여주는 것 같다. 엘리슨은 오라클의 성공으로 워런 버핏에 버금가는 억만장자가 되었다. 2015년 엘리슨의 재산은 540억 달러로 빌 게이츠, 워런 버핏에 이어 미국 세 번째 부호에 올라 있다.

### 엘리슨에 대한 일화

엘리슨은 일본 문화에 많은 관심과 애착을 가진 인물이다. 엘리슨이 일본 문화를 처음 접한 것은 그가 암달Amdahl 사에 근무하던 1970년대 초로 거슬러 올라간다. 암달은 IBM에서 근무하던 컴퓨터 설계 전문가 진 암달Gene Amdahl이 IBM의 메인프레임 컴퓨터와 호환성 있는 컴퓨터를 저가에 개발 판매하기 위해 1970년 실리콘 밸리의 서니베일에 설립한 회사다. 이 회사는 설립 당시에 일본의 대형 컴퓨터 회사인 후지쓰에서 투자해 암달 사의 직원들이 일본을 방문하는 일이 잦았다.

1970년대에 일본 정부는 컴퓨터와 반도체를 미래 성장 산업으로 선정해 국가 차원에서 추진했다. 오라클을 설립하기 전, 엘리슨은 IBM 컴퓨터 프로그래밍에 대한 실력과 경험으로 1970년대 초 암달 사에 취직해 근무한 적이 있다. 회사일로 일본을 처음 방문했을 때 미국 문화만을 알고 살아왔던 그에게 일본 문화는 충격적이고 이질적인 문화였다. 특히 자연을 그대로 축소해 인간과 교감하려는 것처럼 보이는 일본식 정원에서 엘리슨은 즐겨 찾던 요세미티 국립공원의 웅장한 대자연의 모습과는 전혀 다른 감명을 받았다.

그는 사무라이 문화에 대해서도 관심을 가졌는데 어쩌면 칭기즈칸의 구호와 사무라이 문화에서 공통점을 발견했는지도 모른다. 엘리슨은 오라클 사무실에 정교한 사무라이 갑옷을 진열해 놓았다. 이 사무라이 갑옷을 보며 경쟁 상대를 물리치려는 각오를 매일 새롭게 다졌는지도 모른다. 엘리슨이 비행기 조종과 요트 경기를 좋아하는 것은 잘 알려진 사실이다. 특히 국제 요트 경기대회에는 '사요나라Sayonara'라는 요트를 타고 출전하는데, 마치 경기에서 다른 요트들을 뒤로 따돌리고 "안녕, 나중에 보자" 하면서 앞서 가는 요트가 연상된다. 어느 해인가 국제 요트 경기대회에서 경쟁팀의 요트를 앞질러 경기를 마친 그가 경비행기를 조종하고 나타나 아직도 항해 중인 경쟁팀의 요트 위로 저공 비행을 하며 약을 올렸다는 일화가 있다.

사업에 성공해 억만장자가 된 엘리슨은 2004년 실리콘 밸리의 갑부들이 모여 사는 우드사이드Woodside에 대저택을 지었다. 23에이커의 땅에 약 1억 달러(약 1100억 원)의 비용을 들여 인공 연못을 만들어 다리를 놓는 등, 교토에 있는 유명한 중세시기의 일본 저택을 그대로 옮긴 듯하다. 이 저택을 짓게 된 동기는 빌 게이츠와의 경쟁심에서 비롯되었지만, 우드사이드의 주택 건축법의 규모 제한 때문에 엘리슨의 집은 빌 게이츠가 시애틀 교외의 호숫가에 지은 대저택에 비해 규모가 작다.

엘리슨의 우드사이드 저택은 2000년대 말 미국의 부동산 경기가 침체되면서 다시 화제에 올랐다. 미국의 부동산 경기 침체는 금융기관들의 비우량 주택담보 대출subprime mortgage 남발로 2007년 중반부터 집 주인들이 대출금을 상환하지 못해 집을 압류당하는 사례가 급격히 증가함으로써 발생했다. 2008년에 들어서 비우량 대출은 미국 금융가를 강타하고 그 여파로 세계 경제가 침체기를 겪었다. 이 시점에 엘리슨의 저택이 다시 화제에 오른 것은 이 지역 신문 <샌호세 머큐리 뉴스*San Jose Mercury News*>에서 엘리슨의 저택에 부과된 재산세를 문제 삼았기 때문이다. 그 사정은 다음과 같다.

우드사이드는 팔로알토의 북쪽 산 속에 자리 잡은 부자 동네다. 웬만한 부자 동네가 아니고 실리콘 밸리에서 성공한 창업자나 CEO 등 억만장자들이 많이 살고 있는 슈퍼 부자동네다. 행정구역으로는 산타클라라 카운티 바로 북쪽에 인접한 샌마테오San Mateo 카운티에 속해 있으며 실리콘 밸리에서 조금 벗어난 지역이다. 이 동네에는 큰 사업체가 없고 대부분 주택 지역, 즉 베드룸 타운bedroom town이라 시 재정의 많은 부분을 주민들의 재산세에 의존했다. 엘리슨은 이곳에 23에이커의 땅을 사들여 대규모 저택을 지었다. 1에이커는 가로, 세로 각 약 63.6미터 크기로 미국의 도시 주택 대지는 보통

호화스러운 생활과 직설적인 표현으로 래리 엘리슨은 언론에 자주 오르내린다(사진 출처: originally posted to Flickr as Larry Ellison on stage by Oracle Corporate Communications, CC BY).

4분의 1 에이커 이하다. 따라서 우드사이드의 엘리슨 집은 대지 면적이 일반 주택의 100배 이상인 셈이었다.

그는 이전에는 우드사이드의 옆 동네인 애서턴Atherton에 살았는데 애서턴의 저택 또한 일본의 가추라 성을 본떠 지었다. 엘리슨이 마이크로소프트의 빌 게이츠를 초청해서 집 자랑을 한 곳이 애서턴에 있는 집이다. 그 후 시애틀에 더 큰 집을 지은 빌 게이츠에게 자존심이 상했는지 모르나 엘리슨도 우드사이드에 일본 양식의 저택을 새로 짓고 이사했다. 하지만 엘리슨의 우드사이드 저택은 시의 주택 건축법의 제약으로 빌 게이츠의 집보다 여전히 작다.

2007년 샌마테오 카운티에서 재산세 과세 기준으로 평가한 우드사이드의 저택 가격은 1억 7천만 달러에 달했다. 2007년 가을, 비우량 주택담보대출 문제가 터지자 미국 전역의 주택 가격이 하락했다. 이 기회를 이용해 엘리슨은 이 집의 과세 기준 가격을 낮춰달라고 카운티에 요구했다. 집의 양식이 너무 독특해서 구매자에게 인기가 없으리란 것이 그 이유였다. 물론 미국의 전반적인 주택 가격 하락도 감안한 요구였다. 샌마테오 카운티는 이 요구를 받아들여 2008년도 과세 기준 시가를 1억 달러 낮춘 7천만 달러로 책정했다. 이로써 엘리슨은 2008년도 재산세를 약 1백만 달러 절감했다. 대신 샌마테오 카운티와 우드사이드 시의 재산세 수입이 줄어들어 세금에 의존하는 이 학군의 공립학교 2008년 재정은 약 1백만 달러 적자를 겪어야 하는 상황이 벌어졌다. 지역 신문들은 엘리슨에게 이 적자분의 일부라도 부담해야 한다고 요구했지만 지역사회에 관심 없는 엘리슨에게는 마이동풍이었다.

엘리슨은 지역사회에 대한 공헌보다는 지역사회와의 마찰로 언론에 오르는 편이다. 1999년부터 2001년까지 약 2년 동안 샌호세 시와 마찰을 빚은 적도 있다. 엘리슨은 요트 경기를 좋아하는 것만큼 비행기 조종도 좋아하는 것으로 알려졌는데 그의 아들과 각자 비행기를 타고 가상 공중전을 벌일 정도였다. 샌호세 시 당국과의 마찰은 그가 샌호세 공항을 사용할 때 공항의 규칙을 지키지 않은 데서 벌어졌다.

1999년, 엘리슨은 자신이 소유한 비행기 걸프스트림Gulfstream V를 타고 아무 때나 샌호세 공항에 이착륙했다. 당시 샌호세 공항에서는 자정 이후에 크기가 규정 이상인 비행기에 대해서는 이착륙을 허용하지 않았다. 심야에 공항 주변 주택가를 비행기 소음에서 보호하기 위한 조치였다. 그의 비행기는 공항의 규정 기준을 넘어서는 크기였지만, 엘리슨은 아랑곳하지 않고 자정을 넘은 시간에 공항을 이용했다. 비행기가 크긴 해도 신형 비행기라 소음이 작아 공항의 규제를 받을 필요가 없다는 것이 그의 논리였다. 이에 대해 샌호세 시 당국에서 엘리슨 비행기의 공항 이용을 금지하자 엘리슨은 이를 법정 소송으로 끌고 갔다. 거의 2년 뒤, 판사는 샌호세 시의 조치가 불필요하게 지나쳤다고 판정해 엘리슨의 손을 들어주었다.

기존 질서를 인정하지 않고 오로지 자신의 뜻대로 하려는 엘리슨의 집요한 성격을 보여주는 일화이지만, 한편으로는 유전무죄를 떠올리게도 한다. 이러한 행동으로 엘리슨은 기업가로 성공했으나 시민으로서 그리고 사회구성원으로서는 존경받지 못하는 인물이라는 인상을 심어주었다. 엘리슨은 그래도 전혀 개의치 않고 오히려 이를 즐기는 듯하다. 엘리슨은 자신의 주변과 마찰을 빚으며 승리하는 데서 만족감을 느끼는지도 모른다.

**래리 엘리슨과 빌 게이츠**

엘리슨이 일찍부터 경쟁의식을 가지고 있는 게이츠의 마이크로소프트와 엘리슨의 오라클은 사업 영역이 다르지만 회사 초기의 발전 과정에서 비슷한 부분이 있다. 두 회사의 설립 시기는 모두 1977년이며 1980년대 초까지 비슷한 성장세를 보였다. 두 회사가 주식을 상장한 시기도 거의 같다. 오라클은 1986년 3월 12일에 주식을 상장했고, 마이크로소프트는 하루 뒤인 3월 13일에 상장했다. 우연이라기보다 이미 엘리슨은 게이츠에 대해 신경전을 벌이고 있었는지 모른다.

이후 엘리슨은 공공연하게 게이츠보다 더 부자가 되는 것이 개인적 목표라고 내세웠다. 1990년 후반 닷컴 붐이 절정에 다다를 무렵, 그는 PC 운영체계인 윈도우즈를 탑재할 필요가 없는 컴퓨터, 이른바 네트워크 컴퓨터NC: Network Computer를 개발해 마이크로소프트의 사업을 기반부터 흔드는 작업을 벌였다. 네트워크 컴퓨터는 운용체계 소프트웨어를 인터넷을 통해 대형 컴퓨터에서 내려받음으로써 개개의 컴퓨터에 윈도우즈와 같은 프로그램을 설치할 필요가 없다. 만약 엘리슨의 이 새로운 컴퓨터 개념이 성공하면 마이크로소프트의 기본 사업이 뿌리째 흔들릴 수도 있었다. 마이크로소프트의 독주가 못마땅했던 IBM과 선 마이크로시스템스가 엘리슨의 노력에 동참했다. 마이크로소프트에 큰 타격을 줄 수 있는 절호의 기회라 생각했던 엘리슨의 네트워크 컴퓨터 계획은, 그러나 실패로 끝나고 말았다.

2000년 봄, 닷컴 거품이 꺼지면서 첨단기술 주식 가격이 폭락했다. 마이크로소프트의 주식도 폭락해 빌 게이츠의 재산이 크게 줄어들었다. 이러한 상황에서 2000년 4월 엘리슨은 잠시나마 게이츠의 재산을 추월했다. 이후 오라클과 마이크로소프트 두 회사는 사업의 부침을 겪었고, 이제 엘리슨과 게이츠의 재산 차이는 게이츠 쪽으로 기울어 엘리슨이 게이츠를 추월하기 힘들게 되었다. 2015년 게이츠의 재산은 790억 달러, 엘리슨의 재산은 540억 달러다.

세계적인 갑부들이 가끔 자선활동으로 언론에 오르기도 하는데 게이츠는 자선사업에서도 단연 독보적인 위치를 차지하고 있다. 반면, 자선사업에서 크게 눈에 띄지 않는 엘리슨은 사람들을 인색하게 대하는 것으로 유명하다. 오라클의 고위 임원이 사표를 내고 떠날 때 엘리슨은 지급해야 할 상여금을 주지 않거나 주식 옵션을 받지 못하게 했다. 마치 벌을 주는 것처럼 사람을 떠나보냈다.

엘리슨이 기부를 하지 않는 것은 아니다. 그가 기부한 기금으로 1997년에 설립된 엘리슨 의료재단Ellison Medical Foundation은 인간의 노화 현상과 노인의 질병에 대한 생의학적 연구를 중점적으로 수행한다. 이에 대해 일부 사람들은 엘리슨이 진시황처럼 불로장생하려고 이 재단을 설립한 것으로 색안경을 끼고 보기도 한다. 그 동기에 관계없이 엘리슨 의료재단의 연구과제와 재단 목표는 빌 앤드 멀린다 게이츠 재단Bill and Melinda Gates Foundation이 지원하는 의료사업과 크게 대비된다. 2000년에 설립된 빌 게이츠 재단은 지구상에서 질병과 가난을 퇴치하는 데 초점을 맞추고 있다. 아프리카에서 말라리아를 퇴치하려는 노력이 그중 대표적인 지원과제다. 자선사업에서도 엘리슨은 빌 게이츠의 행동에 신경을 쓰는 듯한 인상을 볼 수 있다. 그가 엘리슨 의료재단을 설립한 때는 1997년인데, 빌 게이츠가 처음으로 자신의 자선단체인 게이츠 도서관 재단Bill Gates Library Foundation을 설립한 1996년의 이듬해다. 그 후 2000년에 빌 게이츠가 자신의 자선재단들을 통합해서 빌 앤드 멀린다 게이츠 재단으로 발족하자 엘리슨은 2001년 1억 5천만 달러를 스탠포드 대학교 또는 하버드 대학교 중 한 곳에 기부하겠다고 발표했다. 두 대학교에 당근을 매달아 경쟁하게 하는 듯한 인상을 주던 엘리슨은 5년이 지난 2006년 하버드 대학에 기부하겠다고 발표했다. 그러나 세부적인 기부 내용은 밝히지 않았다.

2006년 6월 25일 워런 버핏은 자신의 거의 모든 재산을 빌 앤드 멀린다 게이츠 재단에 기부할 것이라고 발표했다. 동시에 그는 전 세계의 부유한 사람들이 자선사업에 적극 동참해줄 것을 촉구했다. 그다음 날인 6월 26일, 엘리슨은 하버드 대학에 기부의 전제조건으로 내건 요구사항이 이행되지 않았다는 이유를 들어 하버드 대학교에 기부 계획을 전면 취소했다. 이로써 엘리슨은 5년 동안 세간의 관심을 끌었던 기부 계획에 종지부를 찍었다. 게이츠와 버핏의 엄청난 자선사업 계획 규모에 충격을 받은 돌출 행동인지, 그 의도는 알 수 없다. 이로써 엘리슨은 기부와 자선활동에 관련해 게이츠의 상대가 될 수 없음이 분명해졌다.

빌 게이츠는 실리콘 밸리의 인물은 아니지만 20세기 첨단산업을 주도한 중요한 인물 중의 한 사람으로 실리콘 밸리의 발전과 변화에 직간접으로 큰 영향을 끼쳤다. 이제 빌 게이츠에 대해 간단히 언급하기로 한다.

## 빌 게이츠와 실리콘 밸리

외아들인 빌 게이츠는 1955년에 태어났다. 부친은 시애틀에서 유능한 변호사로, 모친은 은행의 임원으로 재직해 경제적·사회적으로 성공한 가정에서 성장했다. 게이츠가 태어날 무렵, 그의 부모는 시애틀 지역의 법조계와 금융계 등에 상당한 인맥을 쌓고 있었는데 주식 투자의 귀재인 워런 버핏도 그중 한 사람이었다. 빌 게이츠가 훗날 워런 버핏과 절친한 사이가 되어 버핏의 회사 버크셔 해서웨이Birkshire Hathaway의 이사회 이사로 선임되고, 또

워런 버핏이 자신의 재산 대부분을 빌 앤드 멀린다 게이츠 재단에 기부한 것은 이런 배경에서 비롯된다.

여유 있는 가정이라 게이츠는 초·중·고등학교를 상류층 자녀가 대부분인 사립학교에 다녔다. 어려서부터 수학과 과학을 좋아하고 이 분야에 재능이 있어 부모는 빌이 대학에서 수학을 전공해 교수가 되기를 기대했다. 게이츠는 어려서부터 경쟁심이 매우 강해 게임을 하거나 놀 때 지는 것을 참지 못하는 성격이었다. 어린 시절의 게이츠는 너드nerd에 가까운 학생이었다. 너드란 착실하고 공부는 잘하지만 놀 줄 모르고 융통성 없는 학생을 가리키는 말로, 대개 이공계 학생을 너드라고 부른다. 따라서 실리콘 밸리를 '너드들의 천국'이라고 표현하기도 한다.

어렸을 적 게이츠는 학교에서 동급생들과 잘 어울리지 않고 말수도 적은데다 혼자서 몇 시간을 말없이 생각에 잠길 때가 많았다. 걱정이 된 부모가 정신과 의사에게 데리고 갔으나 별 이상이 없다는 진단이 나왔다. 그러나 그가 어렸을 적 약간의 자폐증 비슷한 증세가 있었을지 모른다는 견해도 있다. 이 증세는 재능이 뛰어난 아이들에게서 가끔 나타나는데 이런 아이들은 IQ가 대단히 높고 한 가지 일에 집착하면 몰두하는 성향이 있다. 그러던 그가 고등학교에 진학해서 그보다 2년 선배인 폴 앨런Paul Allen을 만나면서 마침내 그의 인생이 결정된다.

게이츠가 고등학교 1학년 시절, 학교에서는 학부모들이 모금한 돈으로 당시 첨단 제품인 DEC 미니컴퓨터를 구입해 학교에 설치했다. 게이츠와 앨런은 컴퓨터가 설치되자마자 방과후 시간을 거의 컴퓨터 터미널 앞에서 보냈다. 이 무렵 대부분의 고등학교 학생들에게 컴퓨터 프로그래밍은 낯선 분야였지만 게이츠와 앨런은 고등학교 시절에 이에 관한 많은 지식을 습득했다. 그들은 자동차 통행량을 조사하는 프로그램을 제작해 시애틀 인근 도시들에 판매하기도 해 일찌감치 사업가적 기질을 보여주었다. 고등학교를 졸업한 앨런은 워싱턴 주립대학에 진학했고, 게이츠는 그보다 2년 뒤 1973년 하버드 대학교에 입학했다. 각각 서부와 동부의 대학에 다니는 동안에도 두 사람은 컴퓨터 기술과 산업의 동향 등을 주시하면서 접촉을 계속했다.

폴 앨런은 1953년생으로 시애틀에서 출생했다. 앨런도 수학을 좋아하고 컴퓨터에 관심이 많아 두 사람은 금세 친구가 되었다. 앨런이 워싱턴 주립대학 2학년을 마친 1973년 가을에 게이츠가 하버드 대학교에 입학하자 앨런은 워싱턴 주립대 3학년 과정을 중단하고 보스턴에 있는 허니웰Honeywell 사에 컴퓨터 프로그래머로 취직해 게이츠가 있는 곳 가까이 이사했다. 허니웰은 미네소타 주 미니애폴리스에 본사가 있고, 건물이나 주택 내부의 온도 조절 장치로 우리에게 익숙한 이름이다. 허니웰은 컴퓨터 사업에도 진출해 1970년대 메인프레임 컴퓨터 시장에서 IBM과 경쟁하는 '일곱 난쟁이seven dwarfs' 회사 중의 하나였다.

허니웰에서 일하던 앨런은 PC 시대가 오리라 예견하고 게이츠와 함께 1975년 마이크로소프트를 창업했다. 앨런은 1982년 건강상의 이유로 마이크로소프트를 떠났으나 2015년 그의 재산은 175억 달러에 이르러 미국 갑부 순위 27위에 올라 있다. 앨런은 다방면에 관심이 많아 비행기 조종도 하고 록 밴드를 결성해 전기기타 연주를 맡아 앨범을 내기도 했다. 또 미식축구NFL 프로 팀인 시애틀 시호크스Seattle Seahawks를 소유하고 있으며, 벤처 사업에 투자하는가 하면 대학교와 박물관 등에 활발한 기부활동을 펴고 있다. 워싱턴 대학교의 컴퓨터 사이언스 센터와 스탠포드 대학교의 반도체 연구동 등이 그의 기부금으로 설립되었다. 시애틀 시호크스는 2014년 2월 슈퍼볼 경기에서 승리해 시애틀 시와 구단주 앨런에게 처음으로 NFL 우승 트로피를 안겨주었다.

마이크로컴퓨터 알테어 8800이 시장에 등장한 시점은 게이츠가 하버드 대학 2학년 새학기를 시작할 무렵이었고, 이때 앨런은 보스턴의 허니웰에 근무하고 있었다. 게이츠와 앨런은 알테어 8800이 등장하자 PC 시대가 곧 다가오리라 예견하고 PC 운영체계 소프트웨어를 개발하기로 결정했다. 이를 위해 게이츠는 하버드 대학의 학업을 포기하고 앨런과 함께 1975년 마이크로소프트를 설립했다. 대학교를 중퇴한다는 게이츠의 결정에 그의 부모는 당연히 그를 만류했고, 게이츠 본인도 많은 고민을 했을 것이다. 스티브 워즈니악이 숱한 고민 끝에 평생직장이라 생각했던 HP를 사직하고 잡스와 함께 애플 컴퓨터를 창업했을 때와 비슷한 상황이라 할 수 있다.

워즈니악이 기술을 맡고 잡스가 마케팅과 판매에 나선 것처럼 마이크로소프트에서는 사업 초기에 앨런의 프로그래밍 실력과 게이츠의 사업가적 기질이 조화를 이루었다. 1981년 IBM은 마이크로소프트의 운영체계 프로그램인 MS-DOS(Disk Operating System)를 IBM PC의 운영체계로 채택했고, 이로써 마이크로소프트의 사업은 본궤도에 올랐다. 그 후 마이크로소프트의 비약적인 성장은 이미 알려진 바와 같다.

게이츠는 마이크로소프트 경영에서 물러난 뒤 자선사업가로 변신해 자선사업의 새로운 체계를 열어가고 있다. 그러나 게이츠가 마이크로소프트 CEO로 재직하는 동안 게이츠와 마이크로소프트는 많은 사람들에게 경계와 증오의 대상이었다. 이러한 감정은 특히 실리콘 밸리에 팽배했는데 이는 실리콘 밸리의 여러 회사가 마이크로소프트와의 경쟁에서 살아남지 못한 데 있다. 오라클의 엘리슨은 기회 있을 때마다 마이크로소프트에 대한 감정을 직설적으로 표현하는 데 주저하지 않았다. 넷스케이프Netscape 사는 마이크로소프트의 희생물이 된 실리콘 밸리 회사들 가운데 대표적인 예다.

넷스케이프는 범용 인터넷 **웹 브라우저**web browser를 최초로 개발, 판매해 인터넷 시대를 열었다. 그러나 게이츠의 지휘로 넷스케이프를 무너뜨리기 위해 모든 수단과 방법을 동원한 마이크로소프트의 공세에 오래 버티지 못했다. 당시 게이츠가 "넷스케이프에 산소 공급을 중단시키라"고 마이크로소프트의 경영진에 주문한 일은 유명한 일화로 남아 있다. 마이크로소프트가 인터넷 브라우저인 인터넷 익스플로러Internet Explorer를 윈도우즈의 일부로 결합해 무료로 제공하자 넷스케이프는 더 이상 버티지 못하고 결국 AOL에 매각되어 역사의 뒤안길로 사라졌다.

**워크스테이션**과 서버 시장에서 마이크로소프트와 각축을 벌이던 선 마이크로시스템스Sun Microsystems는 실리콘 밸리에서 스타트업 회사로 시작해 성공한 실리콘 밸리의 대표 기업 중 하나다. 이 회사 역시 마이크로소프트에 대해 감정이 좋지 않은데, 이 회사의 공동 창업자이자 CEO인 스콧 맥닐리Scott McNealy는 마이크로소프트와 게이츠에 대한 감정에 관해서라면 오라클의 래리 엘리슨과 호흡이 잘 맞았다. 윈도우즈 아성을 무너뜨리기 위해 엘리슨이 네트워크 컴퓨터를 개발할 때 선 마이크로시스템스는 이 작업에 적극 가담했다. 선 마이크로시스템스는 자체 개발한 인터넷용 프로그램 언어인 자바Java의 사용권을 둘러싸고 마이크로소프트와 법정 소송을 벌인 적도 있다.

마이크로소프트는 2008년 초, 구글과의 경쟁에 뒤지면서 경영 부진에 시달리던 실리콘 밸리 기업 야후를 인수하려 했다. 그동안 인터넷 사업이 지지부진했던 마이크로소프트에 야후는 매력 있는 인수 대상이었다. 야후의 인수로 인터넷 사업의 전기를 마련하고자 마이크로소프트는 호의적인 인수 가격을 제시했다. 그러나 야후 창업자이자 당시 CEO인 제리 양Jerry Yang은 더 높은 인수 가격을 요구했다. 마이크로소프트는 이 요구를 거부하고 인수 의사를 철회했다. 야후가 마이크로소프트에 인수 합병될 절호의 기회를 놓치자 업계에서는 제리 양의 요구가 과연 적절했는지에 대한 비판이 있었다.

인수 합병이 무산된 배경에는 인수 가격에 대한 불만뿐 아니라 야후 경영진의 마이크로소프트에 대한 거부감이 작용했을 수도 있다.

당시 야후의 CEO 제리 양은 스탠포드 대학교 출신으로 실리콘 밸리 토박이다. 마이크로소프트가 실리콘 밸리에 연구개발팀을 구성하고 게이츠가 스탠포드 대학교 컴퓨터학과 건물 건축에 기부금을 내는 등 실리콘 밸리와 원만한 관계를 유지하려고 노력했지만 마이크로소프트를 바라보는 실리콘 밸리의 시각은 곱지만은 않았다.

## 선 마이크로시스템스, 실리콘 그래픽스, MIPS 컴퓨터

실리콘 밸리 초창기인 1960년대에 실리콘 밸리에서 창업한 사람들은 대부분 다른 지역 출신들이었다. 1970년대에 들어서자 스탠포드 대학교 졸업생들이 창업 대열에 나서기 시작했고 이들의 창업 활동은 1980년대에 들어서 더욱 활발해졌다. 1980년대에 PC의 발전에 이어 워크스테이션workstation이 등장했는데 1980년대에 스탠포드 대학교 출신들이 설립한 선 마이크로시스템스Sun Microsystems, 실리콘 그래픽스Silicon Graphics와 MIPS 컴퓨터가 이 분야에서 성공한 대표적인 회사들이다.

### 선 마이크로시스템스

선 마이크로시스템스(이하 선 마이크로)는 강력한 계산 능력을 갖춘 고성능 소형 컴퓨터 '워크스테이션'을 개발해 성공적인 출발을 했으며, 1990년대 후반과 2000년대 초 닷컴 붐을 타고 **인터넷 서버**를 공급함으로써 급속히 성장했다. PC가 개인용도나 일반적인 비즈니스 업무에 사용되는 데 비해 워크스테이션은 주로 이공계 분야에서 기술적인 문제를 다루는 데 사용된다.

선 마이크로는 스탠포드 대학교 출신 세 명이 모여 1982년에 설립했다. 이들 중 스콧 맥닐리Scott McNealey와 비노드 코슬라Vinod Khosla는 스탠포드 대학교 경영대학원에서 MBA를 받았다. 맥닐리는 전자기술 지식이 없는 비이공계이고, 코슬라는 인도의 대학에서 전기공학을 전공한 이공계 출신이다. 스탠포드 대학교 대학원에서 박사과정에 있던 창업자 중 유일한 기술자인 안드레아스 벡톨샤임(Andreas Bechtolsheim, 이하 애칭 앤디Andy)은 이미 컴퓨터 설계에 일가견을 이루고 있었다. 이들이 선 마이크로를 창업한 직후 버클리 캘리포니아대학 출신으로 유닉스Unix 프로그래밍 전문가인 빌 조이Bill Joy가 합류했다. 따라서 빌 조이도 선 마이크로의 공동 창업자로 여긴다.

벡톨샤임은 1955년 독일에서 태어났으며, 어렸을 때부터 전자기기를 만들며 자랐다. 독일에서 대학교를 졸업한 후 그는 미국 펜실베이니아 주 피츠버그에 있는 카네기 멜론 대학교Carnegie Mellon University 대학원에서 전기공학 석사학위를 받고 1977년에 스탠포드 대학교 대학원 전기공학 박사과정에 입학했다. 그의 연구 분야는 컴퓨터를 이용한 전자회로 설계CAD: Computer Aided Design였으므로 컴퓨터를 사용할 일이 많았다.

스탠포드 대학교 컴퓨터 센터에 있는 대형 컴퓨터의 사용 시간을 얻기가 힘들어 짜증이 난 그는 고성능 PC를 직접 제작해 자신의 연구에 사용할 계획을 세웠다. 그는 스탠포드 대학 내에서 쓰다 버린 컴퓨터들에서 부품을 구해 자신이 설계한 컴퓨터 제작에 사용했다. 이 방식은 전통으로 이어져 훗날 야후를 창업한 제리 양과 데이비드 파일로, 그리고 구글을 창업한 래리 페이지와 세르게이 브린도 학교에서 쓰다 버린 컴퓨터를 뒤져 부품을 구해 기숙사 방에서 야후와 구글에 필요한 컴퓨터를 제작했다. 벡톨샤임은 자신이 제작한 컴퓨터를 '워크스테이션'이라고 이름 붙였다. 코슬라는 벡톨샤임

1 | 2005년 9월 20일에 열린 샌프란시스코의 오픈월드 행사에서 기조연설을 하고 있는 선 마이크로시스템스의 CEO 스콧 맥닐리(사진 출처: https://www.flickr.com/photos/awads/45227110/ by Eddie Awad, CC BY).

2 | 2005년에 열린 웹Web 2.0 컨퍼런스에 참석한 비노드 코슬라(사진 출처: http://www.flickr.com/photos/x180/50433674/in/set-1076331 by James Duncan Davidson/O'Reilly Media, Inc., CC BY).

3 | 스탠포드 공학 영웅 강연 가운데 '혁신 과정'에 관한 강연을 하고 있는 앤디 벡톨샤임(사진 출처: © Norbert Stuhrmann, CC BY-SA).

4 | 선 마이크로 창업 직후 합류한 유닉스 프로그래밍 전문가인 빌 조이(사진 출처: Wikimedia Commons by SqueakBox, CC BY).

이 제작한 워크스테이션에 대한 소문을 듣고 그를 찾아가 회사 창업을 권했고, 같은 경영대학원 출신인 스콧 맥닐리도 이 사업에 동참했다. 벡톨샤임은 1982년에 박사과정을 중단하고 코슬라, 맥닐리와 함께 선 마이크로시스템스라는 회사를 설립했다. 회사 이름에서 선SUN은 'Stanford University Network'의 첫 글자에서 따왔다.

선 마이크로는 창업 후 4년 만인 1986년에 주식을 상장했고 창업 6년 만에 1988년 회사의 연간 매출액이 10억 달러에 이르는 대기업으로 성장했다. 1990년 후반 닷컴 붐 시절에 급성장해 2003년 회사의 시장가치는 100억 달러를 넘어섰다. 이후 선 마이크로는 경쟁사들과의 치열한 경쟁으로 회사 경영이 적자로 돌아섰다. 특히 마이크로소프트의 윈도우즈를 탑재한 저가의 워크스테이션이 선 마이크로에 큰 위협이 되었다. 이 여파로 1984년부터 CEO를 맡은 스콧 맥닐리가 2006년 CEO에서 사임하고 이사회장으로 물러난 후 선 마이크로는 대량 감원 조치 등으로 재기를 위해 노력했다. 경영 상태가 호전될 기미를 보이지 않던 2009년 초 경쟁사인 IBM은 선 마이크로 인수를 시도했으나 양사가 인수 가격에 타협을 보지 못해 실패했다.

이로부터 석 달 뒤인 2009년 4월, 선 마이크로는 실리콘 밸리의 기업 오라클과의 인수 합병을 전격 발표했다. 소프트웨어 회사에 머물던 오라클의 사업 영역이 선 마이크로 인수로 하드웨어까지 확장된다는 의미에서 긍정적인 평가를 받았다. 선 마이크로의 스콧 맥닐리와 오라클의 래리 엘리슨은 일찍부터 의기투합한 사이다. 1990년대 후반 엘리슨이 주도했던 네트워크 컴퓨터 개발에 선 마이크로가 가세했듯이, 그들은 북쪽 시애틀에 있는 빌 게이츠의 마이크로소프트에 맞서 필요할 때마다 공동전선을 펴 왔다. 선 마이크로는 2010년 오라클과의 합병을 마무리 짓고 간판을 내렸다. 이로써 실리콘 밸리의 아이콘과 같은 회사 하나가 역사에서 사라졌다.

산타클라라에 있는 선 마이크로시스템스의 사옥이 오라클로 간판을 바꿔 달았다. 길 안내판 'Sun Fire Way'가 이곳이 예전에 선 마이크로시스템스 자리였음을 보여준다.

선 마이크로의 공동 창업자들은 모두 실리콘 밸리에서 전설적 인물이 되어 있다. 앤디 벡톨샤임은 1995년 선 마이크로를 떠난 후 새 회사들을 창업해 성공적으로 이끌었고, 또 창업회사에 투자해 투자가로도 인정받고 있다. 구글 창업자인 래리 페이지와 세르게이 브린이 스탠포드 대학교 대학원생 시절, 벡톨샤임이 둘을 처음 만난 자리에서 구글의 창업 종잣돈으로 흔쾌히 10만 달러 수표를 써 주었다는 얘기는 전설로 남아 있다. 그의 10만 달러는 훗날 구글이 주식을 상장한 뒤 10억 달러가 넘는 투자이익을 내어 벡톨샤임을 억만장자로 만들어 주었다. 구글 기술의 우수성을 이해하고 별 조건 없이 창업 자금을 지원해준 그는 대학 선배로서, 창업 선배로서의 역할을 톡톡히 한 셈이다.

비노드 코슬라는 선 마이크로 창업 후 3년 만에 회사를 떠나 1986년 실리콘 밸리의 벤처 투자회사 클라이너 퍼킨스KPCB: Kleiner Perkins에 합류했다. 그는 인도 태생으로 인도 공과대학Indian Institute of Technology에서 전기공학을 전공하고 스탠포드 대학교 경영대학원에서 경영학 석사MBA를 취득했다. 현재 그는 벤처 투자회사인 코슬라 벤처스Khosla Ventures를 운영하고 있으며, 실리콘 밸리에서 영향력 있는 벤처 투자가 중 한 사람으로 꼽힌다. 최근에는 재생에너지 사업, 녹색 산업 등에 관심을 집중하고 있으며 실리콘 밸리와 인도의 첨단산업을 연결하는 역할도 하고 있다. 그러나 벤처 투자가로서 코슬라의 이미지는 그의 개인 생활과 관련된 일 때문에 빛이 바랬다.

코슬라는 2008년 마틴스 비치Martins Beach 근처에 있는 캘리포니아 해변 주택을 구입한 뒤 도로에서 해변으로 이어지는 통로는 자신의 사유재산이라고 주장하며 진입로를 봉쇄하고 주민들의 해변 출입을 막았다. 캘리포니아의 해변은 주정부의 소유이므로 누구나 해변에 갈 수 있다. 특히 마틴스 비치는 피크닉, 낚시, 서핑을 하기 위해 주민들이 많이 찾는 곳이다. 그러나 해변으로 이어지는 통로가 사유재산일 경우 주인이 길을 봉쇄하면 일반인이 해변에 들어갈 방법이 없다. 코슬라가 이 주택을 구입하기 전까지 이 주택의 소유주들은 해변으로 들어가는 길목에 주차장과 편의시설을 마련해 놓고 방문객들이 주차비를 내면 해변을 즐길 수 있도록 해주었다.

코슬라가 길 입구를 봉쇄하자 서핑 애호가 단체에서 코슬라에 대해 소송을 제기했고 2014년 말 담당 판사는 코슬라에게 해변으로 들어가는 길을 일반인에게 공개하고, 이에 응하지 않을 때 벌금을 부과한다는 판결을 내렸다. 코슬라는 이 판결에 불복하고 변호사를 선임해 법정 공방을 계속했다. 2016년 2월, 코슬라는 캘리포니아 주정부가 3천만 달러를 지불하면 봉쇄를 풀겠다고 제안했다. 억만장자인 그가 마치 길을 인질 삼아 인질금을 받아내려는 것 같은 이 사건이 어떻게 결말이 날지 귀추가 주목된다.

스콧 맥닐리는 하버드 대학에서 경제학을 전공하고 스탠포드 경영대학원에서 MBA를 취득했다. 그는 하버드 대학 재학 시절, 대학 골프팀의 주장을 맡는 등 공부보다는 다른 활동에 관심이 많았다. 맥닐리는 직설적이고 위트 넘치는 화술로 유명한데 이런 면에서 서로 통하는 엘리슨과 의기투합한 것으로 보인다. 그가 골프광이라는 사실은 잘 알려져 있으며 선 마이크로에 재직할 때 미국 회사 CEO들 중 골프 실력이 최고라는 평을 들었다. 그도 자기 전공은 골프고 회사 CEO는 어떻게 하다 보니 맡게 된 것이라고 농담할 정도였다. 오라클이 엘리슨의 회사로 인식되듯이 맥닐리가 22년간 CEO로 재직하는 동안 선 마이크로는 맥닐리의 회사로 인식되어 왔다. 선 마이크로가 오라클에 인수된 뒤로 그는 좋아하는 골프를 매일 칠 수 있게 되었으나 프로 골퍼로 변신할 가능성은 없으니, 맥닐리의 다음 행보가 주목된다.

빌 조이는 20년 넘게 선 마이크로에서 최고기술책임자CTO: Chief Technology Officer로 근무했다. 그의 유닉스 프로그래밍 실력은 실리콘 밸리에서도 전설로 통한다. 빌 조이는 현재 실리콘 밸리에서 벤처 투자가로 활동하고 있다.

### 연쇄 창업가 제임스 클라크와 실리콘 그래픽스

실리콘 그래픽스는 1979년부터 1982년까지 3년 동안 스탠포드 대학교 컴퓨터학과 교수로 재직했던 제임스 클라크James Clark가 설립한 회사다. 그는 스탠포드 대학교에 재직하면서 3차원 컴퓨터 영상처리에 대해 연구했다. 그 연구 결과를 상용화하기 위해 1982년 스탠포드 대학 교수직을 사임한 후 학교 남쪽 마운틴뷰에 실리콘 그래픽스라는 회사를 설립했다. 그의 회사에는 그가 지도한 스탠포드 대학교 대학원생들이 함께 참여했다.

클라크가 개발한 3차원 컴퓨터 영상기술은 당시 획기적으로 앞선 기술로, 메인프레임 컴퓨터에서나 가능한 3차원 영상처리가 훨씬 싼 워크스테이션으로도 가능해졌다. 회사 설립 초기에 실리콘 그래픽스를 방문해 3차원 영상처리 기술의 시연을 본 사람들 중에는 고품질의 3차원 영상을 보고 실

실리콘 그래픽스에서 개발 판매한 워크스테이션의 한 모델
(마운틴뷰 소재 컴퓨터 역사박물관 소장).

리콘 그래픽스가 속임수를 쓰는 것이 아닌가 의심하기도 했다. 실리콘 그래픽스 제품은 고객들에게 호평을 받았고 새로운 시장에서 유일한 공급원이 되었다. 할리우드의 영화 제작업자들은 영화의 특수 영상효과에 실리콘 그래픽스 기술을 사용하기 시작했다. 실리콘 그래픽스는 당시 블루 오션 경영을 한 셈이고 사업의 성공으로 클라크는 백만장자가 되었다. 이로써 대학교수에서 하이테크 벤처 사업가로 성공적인 변신을 했다.

이후 클라크는 넷스케이프 등 첨단기업을 잇달아 창업해 실리콘 밸리의 전설적인 인물이 되었고 연쇄 창업가란 별명을 얻었다. 그에 대해서는 다음 장에서 넷스케이프를 소개할 때 더 자세히 설명하기로 한다. 실리콘 그래픽스가 블루 오션 경영을 하는 동안 경쟁사들은 인텔 칩을 사용한 저가의 제품들을 시장에 내놓았고, 실리콘 그래픽스는 블루 오션이 붉은 오션으로 변해 가는 시장 환경에 적절히 대응하지 못해 1990년대 들어서 내리막길을 걷기 시작한다. 클라크는 실리콘 그래픽스의 투자자를 비롯한 경영진과의 불화로 1994년 실리콘 그래픽스를 떠났다.

2000년 이후 이 회사는 사업 대부분을 매각하고 소기업으로 전락한 뒤 2009년 봄 다른 회사에 인수되는 운명을 맞았다.

## MIPS 컴퓨터 시스템스

1984년 스탠포드 대학 교수, 연구원과 반도체 업계의 CPU 설계 전문가들이 RISC(축소 명령어 컴퓨터, Reduced Instruction Set Computer) 구조를 가진 CPU 칩 설계 사업을 위해 서니베일에 MIPS 컴퓨터 시스템스를 설립했다. 이들은 전력 소모가 적고, 작은 면적에 설계가 가능한 RISC CPU 칩의 미래에 큰 기대를 걸었다. MIPS 컴퓨터는 선 마이크로나 실리콘 그래픽스처럼 워크스테이션 하드웨어를 만들어 파는 회사가 아니라 RISC CPU 칩을 설계해 이 칩을 사용하려는 고객(회사)에 사용권을 허용하는 지적재산IP: Intellectual Property 사업을 하는 회사다. 따라서 사업 규모가 선 마이크로나 실리콘 그래픽스보다 훨씬 작다.

MIPS 컴퓨터의 고객이었던 실리콘 그래픽스는 1992년 MIPS 컴퓨터를 아예 인수해서 한동안 자회사로 운영했다. 2000년 실리콘 그래픽스에서 다시 분리 독립한 이 회사는 현재 'MIPS 테크놀로지스Technologies'라는 이름으로 사업을 계속하고 있다. MIPS 컴퓨터의 공동 창업자였고, 2016년 현재 스탠포드 대학교 총장으로 재임 중인 존 헤네시John Hennessy에 대해 간단히 살펴보기로 한다.

MIPS 컴퓨터 공동 창업자의 한 사람인 존 헤네시는 1984년 창업 당시 스탠포드 대학교 컴퓨터학과 교수였다. 그는 뉴욕 주에서 태어나고 자랐으며, 필라델피아에 있는 빌라노바 대학교Villanova University에서 전기공학을 전공한 후 뉴욕 스토니브룩 주립대State University of New York, Stonybrook에서 컴퓨터 석사학위와 박사학위를 취득했다. 1977년 스탠포드 대학교 교수로 부임한 그는 1984년 안식년을 맞아 학교를 떠나 있는 동안 MIPS 컴퓨터를 공동 창업했다. 그는 컴퓨터 칩 구조에 대한 연구로 IEEE를 비롯 유수한 학술단체에서 공로상을 수상했다.

학문적 성과뿐 아니라 헤네시는 유능한 대학 행정가로도 알려졌는데 마치 프레더릭 터먼의 뒤를 잇는 듯하다. 그는 1996년 스탠포드 대학교 공대 학장을 거쳐 1999년에는 대학 내 학문 활동을 총괄하는 교무처장에 임명되었는데 이는 50년 전 프레더릭 터먼의 행적을 그대로 재현한 것이다. 헤네시는 2000년 스탠포드 대학교 총장에 취임한 후 16년간 총장직을 수행하고 있으며 2016년 가을에 신임 총장에게 인계하기로 되어 있다. 프레더릭 터먼의 맥을 이어받아 그 역시 산학협동과 학생들의 창업에 적극적이다. 먼저 그 자신이 창업을 해 솔선수범한 예를 보였고 기회 있을 때마다 학생들의 창업을 독려한다.

## 시스코 시스템스의 축복받지 못한 창업

실리콘 밸리에서 성공한 기업들은 창업에 얽힌 신데렐라 같은 극적인 사연을 간직한 경우가 많다. 내세울 만한 사연이 없으면 회사 홍보를 위해 설립에 얽힌 극적인 사연을 그럴싸하게 만들어내기도 한다. 휼렛과 패커드가 세를 얻어 살던 팔로알토 집 차고에서 창업한 이야기를 시작으로 실리콘 그래픽스, 선 마이크로를 거쳐 야후, 구글에 이르기까지 회사마다 다양한 창업에 관련한 일화를 가지고 있다.

그러나 시스코 시스템스의 창업은 이 점에서 정반대다. 알리고 싶은 창업 신화라기보다 감추고 싶은 얘기가 될 수 있기 때문이다. 인터넷상에서 컴퓨터 사이에 데이터를 오가게 하는 '**라우터**router'를 개발, 판매하기 위해 설립된 시스코는 이제 세계적인 거대 기업으로 성장했다. 그러나 시스코의 출발은 순탄치 않았다. 회사의 설립 과정은 스탠포드 대학교와 관련이 있지만

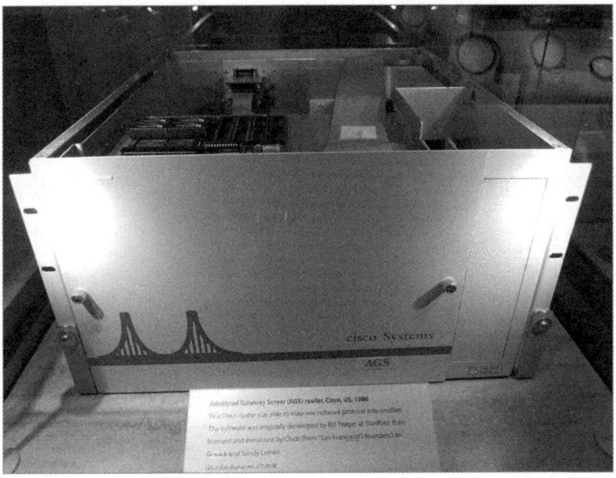


시스코의 초기 네트워킹 제품인 시스코 게이트웨이 서버(마운틴뷰 소재 컴퓨터 역사박물관 소장).

HP, 야후나 구글의 경우와는 달리 창업에 얽힌 스탠포드 대학과의 관계를 굳이 부각하지 않는다. 시스코 시스템스는 설립 초기에 스탠포드 대학교가 소유한 지적재산을 불법으로 사용한 혐의로 스탠포드 대학과 마찰을 빚었기 때문이다.

시스코는 1984년 말 스탠포드 대학교 직원이던 레너드 보색Leonard Bosack과 샌디 러너Sandy Lerner 부부가 설립했다. 보색은 1981년에 스탠포드 대학에서 컴퓨터 사이언스 석사학위를 받은 후 컴퓨터학과의 컴퓨터를 관리하고 기술을 지원하는 부서에서 근무했다. 그의 부인 러너 역시 스탠포드 대학에서 컴퓨터 사이언스 석사학위를 받은 후 스탠포드 대학교 경영대학원에서 사용하는 컴퓨터를 관리 지원하는 일을 하고 있었다.

1980년대 초, 스탠포드 대학은 캠퍼스 내 여러 가지 기종의 컴퓨터들이 서로 데이터를 주고받으며 인터넷 접속도 가능한 네트워킹 작업을 시작했다. 캠퍼스 내의 컴퓨터들은 이미 부분적으로 작은 네트워크에 연결되어 있었지만 이 작은 네트워크들을 서로 연결하는 전체적인 통합 작업이 필요했고, 이를 위해 **멀티 프로토콜**multi-protocol이 가능한 네트워킹 기술이 필요했다. 이 작업에는 스탠포드 대학교의 직원과 대학원생 등 하드웨어와 소프트웨어 관련 여러 전문가들이 참여했는데 보색과 러너도 이 팀의 일원이었다. 선 마이크로의 공동 창업자인 앤디 벡톨샤임은 이때 박사과정의 대학원생이었고 그가 설계한 컴퓨터 회로기판도 이 프로젝트에 사용되었다.

보색과 러너는 이 프로젝트에서 개발한 결과를 자신들이 사업화할 수 있게 스탠포드 대학에 허가를 요청했다. 스탠포드 대학에서 이를 허락하지 않자 보색과 러너는 스탠포드 대학에 계속 근무하면서 1984년 12월 '시스코 시스템스Cisco Systems'라는 회사를 설립했다. 그들은 스탠포드 대학 프로젝트에서 개발한 하드웨어와 소프트웨어 정보를 이용해 자신들의 집 거실에서 직접 네트워킹 제품을 제작하기 시작했다.

1986년 초 스탠포드 대학은 보색과 러너가 스탠포드 대학의 기술을 이용해서 만든 제품을 판매하고 있다는 정보를 입수하고 조사를 시작했다. 이 무렵 시스코는 회사 최초의 컴퓨터 네트워킹 제품을 이미 제록스Xerox에 판매하고 있었다. 시스코의 제품은 스탠포드 대학의 허가 없이 하드웨어와 소프트웨어를 불법 복제하듯 만든 제품이었으므로 스탠포드 대학 내에서는 이들에 대해 형사 소송을 제기해야 한다는 의견이 나올 정도로 상황이 악화되었다.

이 과정에서 보색과 러너는 스탠포드 대학을 사직했다. 만일 스탠포드 대학이 보색과 러너를 고소하면 시스코는 제품을 판매할 수 없고 고객과 투자자들을 잃게 되어 사업이 당장 곤경에 처하게 된다. 따라서 소송을 한다면 장래가 유망한 회사 하나를 사라지게 할 수도 있었다. 그렇다고 교육기관인 스탠포드 대학이 시스코 대신 직접 이 사업에 나설 수도 없는 난처한 상황이 벌어졌다. 스탠포드 대학은 논의를 거듭한 끝에 소송을 하지 않기로 하고, 시스코에 대해서는 소액의 기술료를 받고 기술 사용을 허가하기로 결정했다. 이는 거의 무료로 사용하게 하는 관대한 처분이었다.

지난날 졸업생들이 창업했을 때 스탠포드 대학과 창업한 회사들은 신사적인 관계를 바탕으로 윈-윈 하는 관계가 대부분이었다. 스탠포드 대학 역사상 전례 없는 시스코와의 분쟁은 이후 스탠포드 대학이 지적재산 관리를 철저하게 하는 계기가 되었다.

스탠포드 대학과의 분쟁이 수습되자 시스코는 사업이 순조롭게 진행되었다. 1987년 시스코는 벤처 투자회사 세쿼이아 캐피털Sequoia Capital에서 250만 달러를 투자받았다. 세쿼이아 캐피털은 이전에 애플 컴퓨터 창업에도 투자했고 오라클과 구글에도 투자한 실리콘 밸리 굴지의 벤처 투자회사다. 시스코에 대한 투자는 세쿼이아 캐피털 설립자 돈 발렌타인Don Valentine이 성사시켰는데 발렌타인은 잡스와 워즈니악이 애플 컴퓨터를 창업할 때 애플에 투자한 경력이 있었다. 그는 250만 달러를 투자한 대가로 시스코의 회사 지분 32퍼센트를 확보하고 시스코 초대 회장으로 취임한 후 존 모그리지John Morgridge를 시스코 CEO로 영입했다. 이렇게 시스코는 창업할 때부터 현재까지 전문 경영인이 운영해 왔다. 초대 CEO 존 모그리지에 이어 존 챔버스John Chambers가 1995년부터 2015년까지 20년 동안 CEO와 이사회장직을 역임한 뒤 2015년 CEO직을 찰스 로빈스Charles Robbins에게 넘겼다.

시스코는 1980년대 말부터 폭발적인 성장세를 보이며 인터넷 라우터를 비롯해 컴퓨터 네트워킹 장비를 생산 공급하는 세계 굴지의 거대 기업으로 성장했다. 시스코는 샌호세에 본사를 두고 있다. 샌호세 북부에서 동서를 가로지르는 태즈먼 대로Tasman Boulevard 길 주변에 늘어선 시스코 사옥이 회사의 규모를 짐작하게 한다. 시스코는 성장 과정에서 필요한 기술을 자체 개발하기보다 기술을 보유한 경쟁업체를 인수해 성공적으로 합병하는 전략을 구사하는 회사로 알려져 있다. 회사의 탄생 과정과 일맥상통하는 전략이 아닌가 싶다.

1990년대 후반 닷컴 붐 기간 중 첨단산업의 총아로 떠오른 시스코의 주식은 당시 우량주식의 대명사였다. 닷컴 붐이 절정에 이른 2000년 초, 시스코는 엑산 모빌Exxon Mobile, 제너럴 모터스 등 구시대의 대기업들을 제치고 한때 세계에서 시장 가치가 가장 높은 회사로 떠오르기도 했다. 닷컴 거품이 꺼지고 난 후 비록 시장 가치는 추락했으나 시스코의 명성은 여전하다. 시스코의 2015년도 연간 매출액은 490억 달러에 이르고, 시장 가치는 1천3백억 달러를 웃돌았다.

실리콘 밸리 회사들은 창업자의 강력한 영향력 아래 오랫동안 성장을 유지하는 경우가 많다. 창업자들의 영향은 회사뿐 아니라 실리콘 밸리 산업 전반, 더 나아가 연관 산업계에까지 미치는 경우가 많다. HP의 휼렛과 패커드, 애플의 스티브 잡스, 오라클의 래리 엘리슨, 인텔의 로버트 노이스와 고든 무어, 선 마이크로의 스콧 맥닐리와 앤디 벡톨샤임 등이 좋은 예다. 그러나 시스코와 창업자인 보색과 러너의 관계는 전혀 다른 양상을 연출했다.

시스코의 사업부문 사장 직함을 가진 보색과 시스코의 최고기술책임자CTO 직책을 맡은 샌디 러너는 CEO 존 모그리지를 비롯한 경영진과 마찰을 빚었다. 보색과 러너는 세쿼이아 캐피털과 맺은 투자계약이 일방적으로 자신들에게 불리하다고 생각해 불만이 많았다. 두 창업자와 경영진, 그리고 투자자 돈 발렌타인 사이의 불화설에 얽힌 자세한 내용은 아마 당사자들만이 알 것이다.

어쨌든 러너와 보색이 경영진과 심각한 마찰을 빚은 상황에서 이사회 회장 돈 발렌타인이 경영진을 지지하자 시스코는 1990년 8월 창업자인 러너

샌호세의 태즈먼 대로 주변의 시스코 사옥 일부.

를 파면했다. 보색도 버티지 못하고 곧이어 시스코를 떠났다. 이 두 사람은 회사를 떠난 직후 시스코에 대한 불편한 감정을 참지 못하고 자신들이 소유한 시스코 주식을 2억 달러가 채 안 되는 액수에 전량 매각해 버렸다. 계속 소유했다면 현재 100억 달러가 넘는 가치를 가진 주식이었다.

시스코는 1990년대 중반 인터넷 시대가 열리면서 폭발적으로 성장했다. 인터넷 시대의 개막은 실리콘 밸리에서 일어난 세 번째 첨단기술의 빅뱅이었다. 1995년부터 2000년 봄까지 약 5년간 계속된 닷컴 붐 기간 동안 인터넷과 관련한 기술 발전과 연관 산업의 탄생은 가히 폭발적이었다. 5년 뒤 닷컴 회오리바람은 잦아들었고 거품이 꺼졌으나 이 기간 동안 인터넷은 일반인 누구나 사용할 수 있는 도구가 되었고, 이전에 볼 수 없었던 새로운 형태의 사업이 등장했다.

인터넷이 본격적으로 상용화되면서 산업의 생산성이 향상되고 유통 구조의 혁신과 더불어 제조와 서비스 산업 전반에 큰 변화가 일어났다. 이에 따라 개인의 사회생활과 일상생활에도 큰 영향을 미치고 있음을 우리는 피부로 느끼고 있다. 이 인터넷 시대의 물꼬를 튼 것은 제임스 클라크가 1994

넌 실리콘 밸리에 설립한 넷스케이프 커뮤니케이션스Netscape Communications라는 회사다. 이 회사에서 개발한 인터넷 웹 브라우저 '넷스케이프 내비게이터Netscape Navigator'는 컴퓨터 지식이 없는 보통 사람들도 인터넷을 쉽게 사용할 수 있도록 한 상용화에 성공을 거둔 최초의 인터넷 브라우저다. 이로써 월드 와이드 웹은 과학자나 컴퓨터 전문가의 전유물에서 벗어나 일반인 누구나 손쉽게 사용할 수 있는 매체가 되었다.

8장

# 제3의 기술 빅뱅
## : 인터넷과 월드 와이드 웹

실리콘 밸리를 탄생하게 한 반도체 산업과 그로부터 약 20년 뒤에 출현한 PC에 이어 1990년대 중반 제3의 기술혁명으로 실리콘 밸리는 다시 한 번 탈바꿈한다. 제3의 기술혁명은 다름 아닌 인터넷의 출현과 대중화다. 1990년대 초에 출현한 인터넷이 1990년대 중반 누구나 쉽게 사용할 수 있는 **월드 와이드 웹**world wide web의 형태를 갖추고 이로써 인터넷의 대중화가 가능해진 것은 실리콘 밸리에서 일어난 기술혁명의 결과다.

1995년부터 2000년 봄까지, 이른바 닷컴 붐dotcom boom이라 불리는 5년 동안 실리콘 밸리의 기술자, 벤처 사업가와 투자가 들은 무한한 가능성을 지닌 인터넷을 사업화하기 위해 기술 개발과 사업에 막대한 자금과 인력을 투입했다. 닷컴 붐은 걷잡을 수 없이 과열되었고 비록 그 거품은 5년 만에 꺼졌으나 인터넷은 그 후 산업, 문화, 사회 등 인류의 생활 전반에 엄청난 영향을 끼쳤고 정보사회로 들어서는 문을 열었다.

## 인터넷의 기원과 발전

인터넷은 1960년대에 미국 국방성이 핵전쟁과 같은 유사시에 대비할 목적으로 개발을 추진한 컴퓨터 통신망 ARPA넷net이 그 기원이다. ARPA(Advanced Research Projects Agency)는 미국의 첨단 국방기술 개발을 계획하고 관리하는 국방성 산하기관으로 현재의 명칭은 DARPA(Defense Advanced Research Projects Agency)다. 1945년 제2차 세계대전이 종전된 후 미국과 소련은 냉전 체제에 접어들었다. 미소 간의 냉전은 1962년 10월 쿠바 미사일 위기를 맞아 최고조에 이르렀다. 미국 케네디 정부와 구소련의 흐루시초프 정권 간에 일촉즉발의 핵전쟁 상황을 몰고 온 쿠바 미사일 위기는 결국 양국 간의 자제와 타협으로 해소되고 구소련은 쿠바에 설치한 미사일을 철수했다. 그러나 쿠바 미사일 위기는 핵전쟁이 발발할 가능성이 현실로 존재하고 있음을 일깨워준 사건이었다.

1960년대 초, 미국 국방성은 핵전쟁과 같은 유사시에 전화 등 기존의 통신수단을 보완할 새로운 통신체계 개발에 착수했다. 이 새로운 통신체계는 미국 정부와 군대의 컴퓨터들을 연결해 컴퓨터 통신망을 구성하는 것이 그 골자다. 이 개발 계획은 ARPA가 추진했고, 이 컴퓨터 통신망을 ARPA넷이라고 불렀다. ARPA넷의 개발에는 MIT, UCLA 교수들을 비롯한 저명한 컴퓨터 과학자와 기술자들이 참여했다. 컴퓨터 네트워크를 이용한 데이터 통신의 핵심기술인 **패킷 스위칭**packet switching 이론을 비롯해 인터넷의 근간을 이루는 중요한 기술은 당시 이들이 개발했다.

1969년 11월, ARPA넷이 정식 출범했을 때 ARPA넷은 UCLA, 스탠포드 대학교, 유타 대학교University of Utah, 샌타바바라 캘리포니아 대학교University of California, Santa Barbara 등에 있는 컴퓨터들을 연결한 민간용 컴퓨터 네트워크로 모습을 드러냈다. 1970년대와 1980년대를 거치면서 네트워크에 연결된 컴퓨터 수가 급속히 늘어났고 이와 함께 네트워크의 수도 늘어났다. 그러나 다른 네트워크에 속한 컴퓨터들 사이에 데이터를 주고받는 데 문제가 있었다. 서로 다른 네트워크 사이에 통신이 가능하도록 네트워킹하는 과제, 다시 말해 인터네트워킹internetworking이 해결되자 모든 컴퓨터의 통신이 가능해졌고, 그 결과로 생긴 세계적인 전산망을 인터넷이라고 불렀다.

그러나 당시 인터넷 사용은 대학이나 연구기관 등 과학기술 분야에 국한되어 있었다. PC가 등장하기 이전에 메인프레임이나 미니컴퓨터의 사용이 컴퓨터를 전공하는 사람들이나 과학기술자들에 국한되었듯이 당시 인터넷을 사용하려면 전문적인 지식이 필요했다. 이러한 사용상의 어려움은 1989년 말 월드 와이드 웹이 개발되면서 해결되었다.

### 월드 와이드 웹

월드 와이드 웹을 개발한 곳은 스위스 제네바 외곽 지역과 프랑스 국경 지역에 걸쳐 있는 유럽소립자 물리연구소 CERN(Conseil Europeen pour la Recherche Nucleaire)이다. 이 연구소는 광속에 가까운 속도로 가속시킨 입자들이 충돌할 때 생성되는 소립자 등에 관련한 첨단 연구를 하는 곳이다. 댄 브라운Dan Brown의 소설 『천사와 악마*Angels and Demons*』와 같은 이름의 영화에서 반물질anti-matter을 추출한 곳으로 등장하기도 했다.

영국 옥스퍼드 대학교 출신의 컴퓨터 전문가 팀 버너스-리Tim Berners-Lee는 이 연구소에 근무하던 1989년, 과학자들이 인터넷상에서 문서를 쉽게 공유할 수 있는 방법을 창안해냈다. 그는 이 새로운 시스템을 월드 와이드 웹이라 이름 붙였다. 월드 와이드 웹은 **하이퍼텍스트**hypertext 기능을 사용해 인터넷상에 존재하는 수많은 **웹 사이트**website를 마치 거미줄처럼 연결하고, 사

유럽소립자 물리연구소 CERN에서 1989년 월드 와이드 웹을 개발한 팀 버너스-리.

이트 간의 연결 고리인 **하이퍼링크**(hyperlink, 보통 줄여서 링크)를 마우스로 클릭만 하면 가고자 하는 웹 사이트로 연결해준다.

버너스-리는 월드 와이드 웹을 사용하는 데 필요한 브라우저 프로그램도 제작해 누구나 무료로 사용할 수 있게 공개했다. 이로써 인터넷은 과학자나 컴퓨터 전문가의 전유물에서 벗어나 일반인도 사용할 수 있는 길이 열렸다. 버너스-리는 현재 월드 와이드 웹 연합체의 의장직을 맡아 월드 와이드 웹 발전에 꾸준히 기여하고 있다. 그는 인터넷 발전에 기여한 공로로 2004년 영국 엘리자베스 여왕에게 기사 작위를 수여받았다.

버너스-리가 1990년에 제작한 웹 브라우저는 과학기술자들을 위한 문서 위주의 프로그램이라 일반인이 사용하기에는 여전히 어려웠다. 이 한계를 극복하고 인터넷 사용을 보편화하려면 그래픽스 기능을 가진 웹 브라우저가 필요했다.

1993년 일리노이 대학교 컴퓨터학과 4학년에 재학 중이던 마크 앤드리슨Marc Andreessen은 일리노이 대학교 부설 국립 슈퍼컴퓨터 응용센터에서 컴퓨터 프로그래머로 일하고 있었다. 앤드리슨과 동료 프로그래머들은 버너스-리의 웹 브라우저에 그래픽스 기능을 추가한 웹 브라우저를 개발해 이를 '모자익Mosaic'이라고 이름 붙였다. 모자익의 등장으로 누구나 손쉽게 인터넷 사용이 비로소 가능해졌다. 모자익을 일반에게 무료로 제공하자 컴퓨터로 내려받아 사용하는 사람들의 수가 폭발적으로 증가했고, 마침내 본격적인 인터넷 시대가 곧 다가옴을 예고했다.

곧이어 인터넷 붐이 1995년부터 2000년 봄까지 약 5년간 이어지면서 인터넷 기술과 관련 산업이 급속히 발선했다. 이 기간 중 미국의 나스닥NASDAQ 주식시장은 전례 없는 과열 상태로 달아올랐다. 마침내 2000년 4월 닷컴 거품이 꺼지면서 많은 회사들이 문을 닫았고 기술자들은 직장을 잃었다. 주식시장도 급속히 식었다. 그러나 5년 동안 닷컴 붐을 거치면서 인터넷은 인류사회를 정보사회로 들어서게 했다. 따라서 인터넷 기술혁명은 그 영향으로 볼 때 실리콘 밸리를 탄생하게 한 반도체 기술에 견줄 만하다.

인터넷 빅뱅을 촉발한 회사는 웹 브라우저 상용화에 최초로 성공한 넷스케이프 커뮤니케이션스다. 1994년 4월 실리콘 밸리 마운틴뷰에서 창업한 넷스케이프는 일리노이 대학교에서 개발한 모자익보다 성능이 훨씬 우수한 '넷스케이프 내비게이터'라는 브라우저를 개발하여 상용화에 성공함으로써 인터넷 시대의 물꼬를 텄다. 넷스케이프 사는 실리콘 그래픽스를 창업했던 제임스 클라크가 마크 앤드리슨과 공동 창업한 회사다. 앤드리슨은 일리노이 대학교 재학 중 국립 슈퍼컴퓨터 응용센터에서 일할 때 모자익 개발팀의 핵심 구성원이었다. 클라크는 1994년 초 일리노이 대학교를 갓 졸업한 22세의 앤드리슨을 공동 창업자로 영입해 넷스케이프를 설립했다. 넷스케이프를 설립하기 전 클라크는 실리콘 그래픽스를 설립해 첨단기술 사업가로 이미 명성을 얻고 있었다.

실리콘 그래픽스를 설립하기 전 그는 스탠포드 대학교에서 박사과정 대학원생들을 데리고 3차원 컴퓨터 그래픽스 기술을 연구했다. 클라크는 이 기술을 사업화하기 위해 스탠포드 대학교에 부임한 지 3년 만에 교수직을 사임하고 그가 지도했던 대학원생들과 함께 실리콘 그래픽스를 설립한 사실은 앞서 얘기했다. 실리콘 그래픽스 제품은 자동차, 항공기 설계와 같은 기술적 용도에서부터 할리우드의 만화영화 제작에 이르기까지 여러 분야에서 독보적인 위치를 차지했다. 그러나 인텔과 마이크로소프트 제품을 탑재한 낮은 가격의 워크스테이션이 등장하자 실리콘 그래픽스의 영업 실적이 악화되었고, 회사 경영진과 갈등을 빚던 그는 실리콘 그래픽스를 사직했다.

다음 행보를 모색하던 클라크는 인터넷의 대중화를 위해서 새로운 웹 브라우저 개발이 필수적이라고 생각했고 이를 위해 넷스케이프를 설립했다. 넷스케이프 창업으로 클라크는 인터넷 시대의 막을 열었고 그가 염원하던 경제적인 보상도 얻었다. 실리콘 그래픽스로 클라크가 백만장자가 되었다면 넷스케이프 설립으로 억만장자가 되었다. 2000년 넷스케이프를 AOL에 매각한 뒤에도 클라크는 다른 첨단기술 사업들을 계속 추진했다. 그런 그에게 '실리콘 밸리의 연쇄 창업가'라는 별명이 붙었다.

## Go west, young man (2): 클라크와 앤드리슨의 넷스케이프 창업과 인터넷 시대의 도래

### 제임스 클라크

제임스 클라크의 인생 역정에는 어린 시절 성장 환경에서부터 해군 복무 시절, 그리고 대학 교수를 거쳐 하이테크 창업에 이르기까지 드라마 같은 요소가 많다. 클라크는 유년시절에 어려운 가정에서 자랐고, 고등학생 시절에는 문제 학생으로 다뤄져 학교에서 퇴학당해 졸업을 못했다. 직선적이고 참을성 없는 성격 때문에 대인관계에 문제가 많았는데 성인이 된 후에도 계속되었다. 그러나 클라크는 이러한 부정적인 요소들을 불굴의 의지와 노력, 수학과 컴퓨터에 대한 탁월한 능력으로 극복하고 학계와 산업계에 대단한 업적을 남겼다.

클라크는 1944년 텍사스 북부에 있는 인구 2만 명인 소도시 플레인뷰 Plainview에서 출생했다. 14세 때 부친이 가족을 버리고 떠나는 바람에 그는 경제 능력이 없는 어머니와 함께 살았다. 가족 소득은 당시 연방정부에서 규정한 빈민층에 해당할 정도로 경제적으로 생활이 어려웠다. 이러한 성장 환경 탓에 그는 어려서부터 반항적 기질을 갖게 된 듯하다.

또한 그는 일상적인 학교생활에 따분함을 느꼈고, 고등학생 시절에는 다른 학생들에게 짓궂은 장난을 많이 했다. 학교 버스 안에 조그만 폭탄을 넣어 터뜨리기도 했고, 학생들을 위한 학교 댄스파티에 스컹크를 풀어놓기도 했으며, 다른 학생의 소지품 보관함에 폭음탄을 넣어 터뜨리기도 했다. 스티브 워즈니악이 고등학생 시절에 다른 학생의 소지품 보관함에 메트로놈을 타이머가 달린 폭탄인 것처럼 포장해서 넣은 적이 있는데 클라크의 장난은 이보다 수위가 한 단계 높다. 미국에서는 2001년에 발생한 9·11 테러 사태 이후 이런 종류의 장난은 일절 용납되지 않으며, 적발이 되면 당장 퇴학 처분을 받는다. 하지만 당시에는 10대 청소년의 장난으로 이해하고 관대한 처분을 내리는 경우가 대부분이었다. 그러나 클라크가 고등학교 3학년 때 영어 교사에게 대들면서 "지옥에 가라"고 욕설을 내뱉은 것은 사정이 달랐다. 그간의 행동이 쌓인 탓도 있겠지만 이 일로 퇴학 처분을 받고 학교에서 쫓겨났다. 미국의 고등학교 학제는 대학교와 마찬가지로 4년제다. 클라크는 3학년을 끝으로 학교를 떠났다.

제대로 학교에 다녔으면 고등학교 4학년 새학기가 시작될 1961년 가을, 클라크는 해군에 지원해 루이지애나 주 뉴올리언스 근교의 해군 신병 훈련소에 입소했다. 신병들의 능력과 적성검사를 위한 사지선다형 시험을 치르면서 클라크는 옳은 답 하나를 고르는 대신 그럴듯한 답들을 모두 정답으로 표시했다. 이를 발견한 채점관은 클라크가 컴퓨터 채점 양식의 허점을 이용해 부정행위를 한 것으로 생각하고 그를 문제 신병으로 분류했다. 문제 신병 클라크는 9개월 동안 함정에서 근무하며 화장실 청소, 식당 청소 등 온갖 궂은일을 도맡았다. 함정의 사관이나 다른 병사들이 그에게 인간적인 모욕과 굴욕감을 주는 것은 예사였다. 클라크는 훗날 함정 생활을 회고하며 9개월간의 생활에서 남은 것은 복수심뿐이었다고 했다. 그리고 반드시 성공해서 자신에게 고통을 준 사람들에게 복수해 힘들었던 과거에 대해 보상받겠다는 심리가 그때 자리 잡았다.

함정 근무를 마치고 클라크는 신병 정규교육을 받게 되었다. 그때까지 자신도 몰랐던 수학에서 탁월한 능력을 발휘했고, 수학에 대한 재능이 비로소 나타나기 시작했다. 클라크의 재능을 눈여겨보던 해군의 수학 담당교사는 그에게 뉴올리언스의 툴레인 대학교Tulane University에서 야간 강의를 듣게 배려해주었고, 군 복무를 마친 뒤에도 학업을 계속해 대학교를 졸업하라고 그를 독려했다. 클라크는 4년간 해군 복무를 마친 후 툴레인 대학 학부과정을 졸업하고 뉴올리언스 대학교 대학원에서 물리학 석사학위를 받았다.

그 후 유타 대학교 대학원 박사과정에 입학해 1974년 컴퓨터 사이언스 박사학위를 받았다. 유타 대학교는 당시 미국 대학교 교육과정에 최초로 컴퓨터 사이언스를 도입해 이 분야에서 선도적 역할을 맡은 네 대학교 중 하나였다. 1960년대 말, 유타 대학교와 더불어 카네기 멜론 대학교, 스탠포드 대학교와 버클리 캘리포니아 대학교는 미국에서 처음으로 컴퓨터 사이언스를 대학교 정식 학과로 개설했다. 유타 대학교에서 박사과정과 박사후 과정post doctorate을 마친 클라크는 약 4년간 샌타크루즈 캘리포니아 대학교University of California, Santa Cruz에서 교수와 컨설팅 업무를 병행했다. 그러던 중 1979년 스탠포드 대학교에서 클라크에게 교수직을 제안해 그의 인생에서 획기적인 전환점을 맞이하게 되었다.

클라크가 스탠포드 대학교 전기공학과 교수로 재직한 것은 1979년부터 1982년까지 3년에 불과하지만 이 기간 동안 그의 연구 결과는 산업계에 큰 영향을 끼쳤다. 박사과정 대학원생들을 지도하면서 클라크는 컴퓨터로 3차원 그래픽스를 빠르게 처리하는 혁신적인 방법을 개발했다. 그가 개발한 컴퓨터 그래픽스 기술은 자동차, 항공기 등과 같은 기계제품의 설계, 분자 구조의 연구와 같은 과학기술 분야뿐 아니라 할리우드 영화 제작에 사용되는 특수 영상효과 등 3차원 영상 처리 기술에 획기적인 진전을 가져왔다.

클라크의 3차원 그래픽스 연구 결과에 주목한 실리콘 밸리의 벤처 투자 회사 메이필드 펀드Mayfield Fund는 클라크에게 회사 창업을 제의했다. 이 제안을 받아들인 클라크는 스탠포드 대학 교수직을 사임하고 1982년, 자신이 지도한 일곱 명의 대학원생들을 영입해 스탠포드 대학교 바로 남쪽 마운틴뷰에 실리콘 그래픽스를 창업했다. 실리콘 그래픽스의 혁신적인 컴퓨터 영상 처리 기술로 회사는 1980년대 실리콘 밸리의 떠오르는 별로 등장했다.

회사 설립 4년 후인 1986년 실리콘 그래픽스는 주식을 나스닥에 상장해 실리콘 밸리에서 당시 보기 드문 성공을 거두었고, 이로써 클라크는 대학 교수에서 하이테크 사업가로 변신하는 데 성공했다. IBM의 메인프레임 컴퓨터에 비해 가격이 훨씬 저렴하지만 속도가 빠르고 선명한 3차원 그래픽을 제공하는 실리콘 그래픽스의 워크스테이션은 고객들에게 호평을 받았다.

실리콘 그래픽스는 한때 회사의 시장 가치가 20억 달러에 이르고 연간 매출이 10억 달러에 달하는 대형 첨단기술 회사로 성장했다.

휼렛과 패커드가 차고에서 HP 최초의 제품인 가청 주파수 발진기를 제작했을 때 이를 처음으로 구매한 고객은 월트 디즈니 영화사였다. 디즈니 영화사는 1940년 만화영화 「판타지아」에서 여왕벌이 날아갈 때 붕붕거리는 소리를 이 기기를 이용해서 박진감 있게 만들어냈다. 그로부터 약 50년이 지난 뒤, 스티븐 스필버그는 자신이 감독한 영화 「쥬라기 공원Jurassic Park」(한국에서 개봉할 때의 표기를 그대로 따름)에서 실리콘 그래픽스의 제품을 사용해 티라노사우루스의 3차원 영상을 실감나게 표현해냈다.

하이테크 벤처 창업가로 변신하는 데 성공한 클라크에게 회사를 운영하는 것은 대학 교수로서 연구를 하는 것과는 또 다른 도전이었다. 실리콘 그래픽스를 창업한 지 12년 뒤 회사를 사직한 클라크는 벤처 투자가들이 기업 경영에 경험이 없는 자신을 이용해 그들의 배를 불렸다고 생각했다. 메이필드 펀드는 1986년 실리콘 그래픽스의 주식 상장에서 4억 달러의 이익을 챙겼으나 창업자인 클라크는 불과 2천만 달러를 버는 데 그쳤기 때문이다. 또한 벤처 투자가들과 합세해 실리콘 그래픽스의 경영권을 장악한 회사 임원들도 실속을 챙겼다고 믿었다.

메이필드 펀드는 몇 차례에 걸쳐 실리콘 그래픽스에 투자하면서 클라크가 보유한 회사 지분율을 형편없이 낮은 수준으로 떨어뜨려 놓았다. 1984년, HP에서 실리콘 그래픽스의 CEO로 영입한 에드워드 매크래컨Edward McCracken이 메이필드 펀드의 지원을 받아 회사 경영을 완전히 장악하자 창업자인 클라크는 실권 없는 이사회 의장으로 전락했다. 매크래컨이 실권을 장악하자 클라크와의 불협화음이 점점 커지기 시작했다. 클라크는 값싸고 성능 좋은 PC가 머지않아 실리콘 그래픽스 제품을 위협하리라 생각했고 그

대책으로 실리콘 그래픽스는 저가제품 개발에 적극 나서야 한다고 주장했다. 그러나 실리콘 그래픽스는 고가정책을 고수하며 고가제품에 안주했다.

회사의 전략에 대해 클라크와 매크래컨은 사사건건 충돌했고 매크래컨을 비롯한 회사의 경영진은 클라크를 눈엣가시처럼 여겼다. 1990년대 들어서자 실리콘 그래픽스 이사회의 정기회의는 욕설과 고성이 난무하는 싸움판과 같았다. 클라크의 직설적인 화법은 이미 알려진 일이지만, 그는 이 무렵 회의석상에서 육두문자와 막말을 마구 쏟아냈다. 스탠포드 대학교의 교수를 지낸 경력도 그의 습관을 고치는 데 도움이 되지는 못했다. 클라크는 결국 1994년 2월 실리콘 그래픽스를 떠났다.

그러나 그가 하이테크 사업이라는 게임에서 패배하고 물러난 것은 아니었다. 힘들었던 해군 복무시절에 생긴 복수심과 보상심리가 다시 한 번 꿈틀거렸고, 곧 두 번째 창업을 시도했다. 클라크는 두 번째 사업으로 넷스케이프를 창업하면서 실리콘 그래픽스에서 얻은 경험을 교훈으로 삼았다. 새로 시작하는 사업에서는 회사 지분과 경영권 확보, 그리고 창업자에 걸맞은 재정적인 보상을 확실히 챙김으로써 벤처 투자가들에게 놀아나지 않겠다고 결심했다. 실리콘 그래픽스를 떠날 때 클라크는 2천만 달러를 벌었을 뿐이었다. 벤처 투자회사 메이필드가 챙긴 4억 달러에 비해, 실리콘 그래픽스를 창업했고 12년간 몸담았던 자신에게 돌아온 액수치고는 너무 적다고 생각했다. 클라크는 두 번째 창업으로 억만장자가 되겠다는 목표를 확실히 했다.

클라크가 넷스케이프를 창업하는 데는 시간이 그리 오래 걸리지 않았다. 1994년 1월 마크 앤드리슨은 일리노이 대학교를 졸업하고 실리콘 밸리 팔로알토에 있는 스타트업 회사에서 직장생활을 막 시작했다. 클라크가 1994년 2월 실리콘 그래픽스를 사직할 당시 앤드리슨이라는 이름을 들은 적도 없었고, 일리노이 대학교에서 개발한 웹 브라우저 모자익에 대해서도 아는 바가 없었다. 다음 사업을 구상하던 클라크에게 누군가가 모자익을 언급하며 앤드리슨을 만나 보라고 권했다. 모자익을 사용해 인터넷을 직접 검색해본 클라크는 앤드리슨에게 다음 날 만나자는 이메일을 보냈다. 앤드리슨은 일리노이 대학교 재학 시절 실리콘 그래픽스의 워크스테이션을 사용해본 적이 있었고 클라크가 그 회사의 창업자라는 사실도 알고 있었다. 클라크에게서 만나자는 이메일을 받은 앤드리슨의 기분은 마치 로버트 노이스나 고든 무어가 쇼클리에게 채용 면접하겠다는 전화를 받았을 때의 느낌이었을지 모른다. 클라크와 앤드리슨은 다음 날 아침에 만났고, 이 만남은 두 달 후 넷스케이프 커뮤니케이션스 창업으로 이어졌다. 1994년 4월 클라크는 앤드리슨과 함께 두 번째 회사를 창업했는데 시기가 좋았다.

당시 인터넷 회사 AOL(America OnLine), 컴퓨서브CompuServe 사 등은 자체 네트워크를 만들어 여기에 가입한 회원들에게 여러 가지 정보를 제공하는 서비스에서 수익을 올렸다. 마이크로소프트도 자체 네트워크를 만들어 이와 유사한 서비스를 제공했지만, 인터넷의 상용화 가능성에 대해 크게 주목하지 않았다. 1990년대 초 미국 법무성은 마이크로소프트에 대해 반독점법 위반 조사를 시작했고, 1994년에 들어서자 점차 강도가 높아졌다. 따라서 1990년 중반 마이크로소프트는 인터넷 사업에 크게 신경 쓸 여유가 없었다. 클라크가 웹 브라우저 사업을 시작하기에 딱 좋은 시점이었다.

마이크로소프트가 거대한 회사 규모와 PC 시장에서의 독점적인 위치를 이용해 경쟁사를 고사시킨 것은 잘 알려진 사실이다. 마이크로소프트가 경쟁사를 도태시키려고 사용한 각종 수법에서 불법과 합법의 경계선상에 있는 부분들에 대해 법무성의 조사가 시작되었다. 넷스케이프가 브라우저 사업에서 성공하면 마이크로소프트가 이 시장에 뛰어드는 것은 시간 문제였고, 마이크로소트프가 시장에 뛰어들면 기존의 그 어떤 회사도 사활을 장담

넷스케이프 커뮤니케이션스 창업 당시의 제임스 클라크.

할 수 없었다. 따라서 마이크로소프트가 시장에 뛰어들기 전에 한발 앞서 치고 빠지는 수법에 넷스케이프의 성패가 달렸고, 따라서 모든 일이 빠른 속도로 이루어지지 않으면 안 되었다.

이 같은 상황을 파악한 클라크는 앤드리슨을 만난 지 두 달 만에 회사를 설립했다. 그리고 브라우저 프로그램을 개발하기 시작한 지 4개월 만에 모자익의 성능보다 훨씬 뛰어난 '넷스케이프 내비게이터'의 베타 버전을 발표하고, 베타 버전을 발표한 지 두 달 만에 상용제품을 출시했다. 나스닥에 회사 주식을 상장하기까지는 회사 설립 후 불과 1년밖에 걸리지 않았다. 이 기간은 주식 상장 역사에서 전무후무하리만치 짧았다. 회사는 아직 적자였지만 주식 상장은 대성공을 거두었다. 실리콘 그래픽스를 떠난 지 1년 반이 지난 1995년 8월, 넷스케이프 주식을 상장한 날 클라크가 보유한 주식 가치는 6억 달러에 달했다. 억만장자가 되려는 그의 염원이 현실로 나타나기 시작했다. 앤드리슨의 주식 가치도 6천만 달러에 달해 24세인 앤드리슨은 실리콘 밸리의 새로운 신데렐라로 등장했다.

### 마크 앤드리슨

마크 앤드리슨은 1971년생으로 위스콘신 주에 있는 인구 1천5백 명인 농촌 도시 뉴리스본New Lisbon에서 성장했다. 그는 어려서부터 컴퓨터에 흥미가 많아 초등학교 5학년 때 혼자서 컴퓨터 프로그래밍 언어 '베이식BASIC(beginner's allpurpose symbolic instruction code)'을 익히고 학교 도서관에 틀어박혀 학교 컴퓨터로 여러 가지 프로그램을 작성했다. 그의 부모는 컴퓨터에 문외한이었으나 앤드리슨이 컴퓨터에 흥미를 가진 것을 알고 그가 중학교에 들어가자 커모도어Commodore 64 PC를 사주었다. 중·고등학생 시절 앤드리슨은 또래 친구들이 방과후 학교 스포츠 팀에서 운동을 하거나 각종 과외 활동을 하는 시간에 컴퓨터 프로그래밍에 몰두했다.

뉴리스본에서 고등학교를 졸업한 그는 일리노이 주 어배너 샴페인에 있는 일리노이 대학교에 진학했다. 앤드리슨은 다른 주 출신 학생이라 등록금이 비싸 재학 중에 일리노이 대학 내 국립 슈퍼컴퓨터 응용연구소에서 일을 하면서 받은 급료를 학비에 보탰다. 이 연구소는 미국 정부의 과학재단에서 기금을 지원받아 1980년대 중반 일리노이 대학교의 부설연구소로 설립되었는데 고도의 계산 능력이 필요한 과학기술자들에게 슈퍼컴퓨터 사용 시간을 제공하고 전 세계 과학자들 사이에 연구 결과를 쉽게 공유하도록 컴퓨터 네트워크를 구축, 지원하는 것이 주 임무다. 이 연구소는 일리노이 대학교 학생들을 임시직 프로그래머로 고용했는데 학생들에게 인기가 높아 얻기 힘든 일자리였다.

앤드리슨은 대학 4학년인 1992년 슈퍼컴퓨터 응용연구소에서 일을 시작하면서 슈퍼컴퓨터가 계산을 끝낸 데이터를 과학기술자들이 쉽게 해석할

제임스 클라크와 넷스케이프를 공동 창업할 무렵의 마크 앤드리슨.

수 있게 3차원 이미지로 보여주는 프로그램 개발을 맡았다. 클라크는 이 연구소의 소장과 아는 사이라 1백만 달러에 가까운 실리콘 그래픽스의 워크스테이션들을 이 연구소에 기증하기도 했다. 앤드리슨은 이 연구소에서 실리콘 그래픽스 워크스테이션을 사용했고 실리콘 그래픽스와 클라크에 대해 이미 알고 있었다.

연구소에서 일하는 동안 앤드리슨은 인터넷의 무궁무진한 응용 가능성도 파악했다. 그는 인터넷을 쉽게 사용하려면 문자와 이미지를 웹 문서에서 동시에 구현해주는 브라우저가 필요하다고 판단했다. 이 새로운 브라우저가 과학자들 간의 정보 교환을 더욱 쉽게 해줄 것이라고 믿은 연구소는 앤드리슨이 제안한 웹 브라우저 개발을 허락했다. 앤드리슨과 동료 프로그래머들은 팀을 구성해 새 브라우저 개발에 착수했고 개발팀은 1992년 말부터 불과 두 달여의 노력 끝에 새 브라우저를 완성했다.

앤드리슨 팀이 제작한 새 브라우저는 버너스-리가 개발한 문자 위주의 웹 브라우저에 그래픽스 기능을 추가하고 일반 사용자가 쓰기 쉽게 개선한 프로그램이다. '모자익Mosaic'이라는 이 브라우저는 우리가 현재 사용하는 브라우저의 기본 틀을 갖춘 최초의 제품이다. 1993년 1월, 일리노이 대학교는 모자익을 외부에 발표하고 인터넷에서 무료로 내려받을 수 있도록 허용했다. 모자익은 일반 사용자들에게 폭발적인 반응을 얻었고 공개한 지 1년 만에 내려받기 횟수가 2백만 건을 돌파했다. 이로써 모자익은 웹 브라우저의 새로운 표준으로 자리 잡았고, 마침내 인터넷 시대의 서막을 열었다.

모자익의 인기가 높아지자 앤드리슨을 비롯한 모자익 개발팀원들은 모자익에 열광하는 사용자들에게 마치 연예인과 같은 대접을 받았다. 1993년, 인터넷의 대중화를 예견한 앤드리슨은 졸업을 앞두고 모자익을 사업화하기 위해 대학 당국에 허가를 요청했으나 일리노이 대학은 이를 허락하지 않았다. 당시 일리노이 대학은 이미 모자익을 사업화해 수익을 올릴 계획을 세우고 있었다. 일리노이 대학에서 사업 전면에 나서자 앤드리슨을 비롯한 모자익 개발팀의 공로와 위상이 축소되었다. 상황이 이렇게 되자 앤드리슨은 미련 없이 일리노이를 떠나 실리콘 밸리로 왔다.

1994년 봄, 일리노이 대학은 어배너 샴페인에 있는 스파이글래스Spyglass 사를 모자익 사용권 대행회사로 지정해 모자익을 사용하려는 회사들에 스파이글래스에서 허가증을 구입하도록 했다. 앤드리슨이 클라크와 함께 넷스케이프 커뮤니케이션스를 창업하자 일리노이 대학교의 모자익 사업 방침에 불만을 가진 앤드리슨의 연구소 동료들도 얼마 지나지 않아 실리콘 밸리로 와서 넷스케이프에 합류했다. 일리노이 대학은 모자익 개발팀의 공로를 인정하면서 그들의 창업을 지원하는 대신, 대학이 모자익 사업의 주체가 되어 그들의 창업 의지를 꺾었다.

모자익 사업화에 대한 일리노이 대학의 이러한 방침은 스탠포드 대학교의 방침과 매우 대조적이다. 스탠포드 대학은 대학 스스로 첨단산업의 창업에 나서거나 수익 창출에 앞장서지 않는다. 오로지 학생들의 창업을 독려하고 그에 필요한 지원을 제공하는 데 역점을 둔다. HP가 1939년에 창업한 이래 스탠포드 대학의 이 같은 방침에 덕분에 실리콘 밸리에서 쟁쟁한 기업들이 배출되었다. 선 마이크로시스템스, 사이프러스 반도체, 시스코 시스템스, 실리콘 그래픽스, 야후, 구글 등이 대표적인 성공 사례이며, 그 밖에 졸업생이나 교수가 창업한 중소규모의 회사들도 이루 헤아릴 수 없이 많다. 스탠포드 대학의 이러한 방침은 대학은 고유 업무인 교육과 연구에 전념하고 기술의 사업화는 기업에 맡긴다는 인식에 따른 것이다.

하이테크 기술은 변화와 발전 속도가 빨라 교육과 장기적 연구가 주목적인 대학은 사업의 성공을 위해 전력투구하는 기업과의 경쟁에서 이길 수 없다. 일리노이 대학이 스파이글래스를 통해 모자익의 사업화를 추구했지만 이보다 성능이 훨씬 우수한 넷스케이프의 '내비게이터'에 패한 것은 어찌 보면 당연한 결과라 하겠다. 1994년 말, 브라우저 사업 진출이 늦었던 마이크로소프트가 스파이글래스에서 모자익 허가증을 구입함으로써 일리노이 대학의 모자익 사업은 잠시 호조를 보였으나 결국 실패로 끝났다.

### 넷스케이프 설립, 인터넷 시대의 개막

클라크가 1994년 4월 초 회사를 창업할 당시 회사 이름은 '모자익 커뮤니케이션스Mosaic Communications'였다. 모자익을 회사 이름에 포함한 것은 당시 모자익의 인기를 이용하려는 이유도 있었지만 모자익과 한판 승부를 벌이려는 클라크의 저돌적인 성격과 앤드리슨의 일리노이 대학에 대한 불만 때문일 수도 있다. 회사 설립 직후, 클라크와 앤드리슨은 모자익 개발팀원들을 채용하기 위해 어배너 샴페인을 방문해 면접했는데 이들 중 여섯 명은 그 자리에서 채용 제의를 받아들였다. 그들은 앤드리슨과 함께 모자익을 타도

할 제품 개발을 일리노이 대학에 쌓인 불만과 좌절감을 떨쳐버릴 기회로 생각했다. 사실 회사가 성공하면 금방 백만장자가 될 수 있다는 클라크의 설득은 대학을 갓 졸업한 젊은이들에게 크게 중요하지 않았을뿐더러 현실감으로 와 닿지 않았을지도 모른다.

일리노이 대학은 클라크가 모자익을 그의 회사 이름에 사용하고 모자익 개발팀원 여러 명을 채용한 사실에 곱지 않은 시선을 보냈다. 이러한 분위기를 감지한 클라크는 앞으로 일리노이 대학과 생길지도 모를 지적재산권 분쟁의 소지를 없애기 위해 브라우저 개발팀에게 모자익 프로그램의 내용을 빌려오거나 사용하지 말고, 백지에서 개발 작업을 시작하라고 요구했다.

1994년 6월부터 앤드리슨의 개발팀은 일주일에 평균 120시간을 일하는 강행군을 계속했고, 회사 사무실에서 자는 것은 예삿일이었다. 그들은 대부분 20대 초반에 미혼이라 목욕하고 옷을 갈아입기 위해 아파트에 잠시 들를 뿐 사무실이 그들의 생활 공간이었다. 4개월 동안 밤낮을 가리지 않은 개발 작업 끝에 1994년 10월, 새로운 웹 브라우저의 베타 버전이 완성되었다. 모자익보다 10배가량 속도가 빠르고 기능이 향상된 브라우저를 공개하자 사용자들의 반응은 엄청났다. 이에 위협을 느낀 일리노이 대학은 클라크에게 회사 이름에 모자익을 사용하지 말 것과 모자익 허가증을 스파이글래스에서 구입하라고 요구했다.

클라크는 일리노이 대학의 요구대로 회사 이름을 '넷스케이프 커뮤니케이션스'로 바꾸고 브라우저의 이름을 '내비게이터'로 정했다. 내비게이터는 모자익의 소스 코드를 사용하지 않았으므로 모자익 허가증을 구입할 필요가 없었지만 클라크는 일리노이 대학과의 마찰로 시간을 끌 필요가 없다는 판단 아래 약 2천만 달러를 배상금으로 지불하고 일리노이 대학의 불만을 잠재웠다.

내비게이터를 사용한 사람들은 모자익에 비해 월등히 뛰어난 성능에 환호했고, 대기업에서 내비게이터의 허가증을 구입하기 시작했다. 1995년이 되자 넷스케이프는 인터넷 시대의 실리콘 밸리에서 가장 유망한 회사로 떠올랐다. 이 기세를 몰아 클라크는 1995년 8월, 회사를 설립한 지 불과 1년 4개월 만에 넷스케이프 주식을 나스닥에 상장했다. 회사는 아직 순익을 내지 못했지만 인터넷 시장이 달아오르기 시작할 무렵이라 문제될 것이 없었다. 또한 마이크로소프트가 브라우저 경쟁에 뛰어들면 넷스케이프의 운명은 장담할 수 없으므로 클라크는 서둘러 주식 상장을 추진했던 것이다.

주식 상장 첫날, 넷스케이프의 주가는 두 배 넘게 뛰어오르는 대성공을 거두었고 이날 주가 기준으로 넷스케이프의 시장 가치는 22억 달러에 달했다. 클라크와 앤드리슨이 보유한 주식 가치는 각각 6억 달러와 6천만 달러에 이르렀다. 뿐만 아니라 넷스케이프의 직원 4백 명 중 10퍼센트에 해당하는 40명이 상장 첫날 주식 가격 기준으로 백만장자가 되었으며, 일리노이에서 온 모자익 개발팀원 여섯 명 모두 백만장자가 되었음은 물론이다.

넷스케이프의 대대적인 성공은 마이크로소프트를 자극하기에 충분했다. 앤드리슨은 이미 미래의 빌 게이츠라는 칭호를 들으며 미국 시사 주간지 〈타임〉의 표지에도 등장하는 등 인터넷 시대의 스타로 올라섰고, 심지어 넷스케이프가 마이크로소프트를 제치고 인터넷 시대의 새로운 강자로 군림할 것이라는 예측이 나도는 상황이 벌어졌으니, 마이크로소프트가 보고만 있을 리 만무했다.

1994년 말 모자익에 대한 일정액의 허가증 비용과 매출액에 비례하는 사용료를 스파이글래스에 지불하기로 계약을 체결한 뒤 마이크로소프트는 브라우저를 인터넷 익스플로러Internet Explorer라는 이름으로 판매하면서 브라우저 시장에 뛰어들었다. 그러나 인터넷 익스플로러로 넷스케이프 내비게이터와 경쟁하기에는 역부족이었다. 1995년 12월, 빌 게이츠는 인터넷 익스플로러를 윈도우즈 PC 구매자에게 무료로 제공하겠다고 발표했다. 브라우저를 무료로 제공하는 작전은 스파이글래스에 지불하는 사용료 비용을 없애고 동시에 넷스케이프의 수익을 압박하려는 양면 전략이었다. 마이크로소프트의 브라우저 판매 전략과 PC 업체에 대한 압력, 불법적인 판매 술책 등으로 법무성은 마이크로소프트의 반독점 위반 혐의에 관한 조사를 시작했다. 마이크로소프트는 이에 대해 브라우저를 윈도우즈 운영체계의 일부분으로 포함해 법적인 문제를 피해 갔다.

마이크로소프트의 끈질긴 공세에 밀린 넷스케이프는 결국 웹 브라우저 사업에서 철수하고 사업 방향을 그룹웨어 등 기업용 제품으로 바꾸었다. 그러나 기울어 가는 사업을 회복하지 못하고 1998년 말 AOL에 흡수 합병되었다. 넷스케이프는 설립 후 4년 반 만에 막을 내린 단명한 회사로 끝났으나 이 기간 동안 인터넷 기술과 산업에 큰 영향을 끼쳤다. 넷스케이프 브라우저 '내비게이터'로 누구나 쉽게 인터넷을 사용할 수 있게 되었고, 이로써 인터넷의 대중화가 가능해졌으며 마침내 인터넷 시대가 활짝 열렸다.

넷스케이프가 내비게이터를 출시한 것은 버너스-리가 월드 와이드 웹을 1990년 초 공개한 후 고조되던 인터넷 열기에 기름을 붓는 것과 같은 역할을 했다. 1995년부터 2000년 4월까지 5년간 계속된 닷컴 붐은 이렇게 시작되었다. 그러나 닷컴 시대에 명멸한 많은 기업의 운명을 대변하듯 넷스케이프는 5년을 못 버티고 회사 운명을 마감했다.

인터넷 기술혁명으로 탄생한 사이버 세계는 그 후 20년간 엄청난 팽창과 진화를 거듭했다. 이 사이버 공간은 마치 19세기 미국의 서부 개척시대나 캘리포니아 골드러시처럼 새로운 부의 기회를 과학기술자들과 사업가들에게 제공해주었다. 월드 와이드 웹www: world wide web은 와일드 와일드 웨스트wild wild west를 의미하기도 했다. 지난 40년간 반도체 기술혁명과 컴퓨터 산업혁명을 거치면서 기술 인재들과 기업 경영자들 그리고 벤처 자금의 집결지로 자리 잡은 실리콘 밸리는 인터넷 산업에 필요한 기반 여건을 이미 갖춘 셈이었다. 따라서 인터넷 기술 발전에 실리콘 밸리가 구심적 역할을 한 것은 자연스러운 현상이었다. 페어차일드 반도체에서 페어칠드런 회사가 생겨났듯이 넷스케이프라는 불씨에서 수많은 인터넷 관련 회사들이 실리콘 밸리에서 들불처럼 일어났다. 그중 1년을 못 버티고 문을 닫거나 다른 회사에 인수된 회사도 많았고, 몇 년을 버텼다 해도 수많은 회사들이 2000년 봄, 닷컴 거품이 꺼지면서 소멸해 갔다.

그러나 야후와 구글은 어려운 시기에 오히려 체질을 튼튼히 단련한 뒤 인터넷의 거대 기업으로 성장했다. 야후와 구글이 제공하는 서비스는 이제 인터넷 검색과 정보 검색 등에 필수요소가 되었고 일상생활의 일부가 되었다. 야후와 구글 두 회사의 창업자들과 창업 과정에 얽힌 얘기에는 관심을 가지고 볼 부분들이 있다. 두 회사 모두 스탠포드 대학교의 박사과정 대학원생들이 창업했다는 공통점이 있지만, 창업자들의 면면이나 두 회사의 창업 과정에서도 다른 면도 많다.

## 야후!를 창업한 제리 양과 데이비드 파일로

### 제리 양

야후Yahoo!는 스탠포드 대학교 대학원 전기공학 박사과정에 재학 중이던 제리 양Jerry Yang과 데이비드 파일로David Filo가 1994년에 공동 창업한 회사다. 제리 양은 1968년 타이완에서 태어났으며, 그의 부친은 중국 본토 출신이고 모친은 타이완 사람이다. 제리 양이 두 살 때 아버지가 사망하자 영문학을 전공한 어머니가 제리 양과 한 살 아래 남동생을 키웠다. 제리 양이 열 살 되던 1978년, 모친은 자식들의 교육과 좀 더 나은 생활을 위해 두 아들을 데리고 실리콘 밸리 샌호세로 이민을 왔다.

제리 양의 모친은 대학에서 강의를 하며 두 아들을 샌호세 집 부근에 있는 공립 중학교와 고등학교에 보냈다. 제리 양은 초등학교와 중·고등학교에 다니는 동안 줄곧 전 과목 A를 받았고 고등학교 시절에는 학생회장도 했다. 스탠포드 대학교에 입학한 후에는 전기공학 학부과정과 석사과정을 4년 만에 마쳤다. 1990년 가을 전기공학 박사과정에 진학한 제리 양은 같은 해 박사과정을 시작한 데이비드 파일로와 같은 지도교수 아래 같은 연구실에서 생활했다. 이것이 두 사람이 야후를 공동 창업하게 된 배경이다. 그는 현재 실리콘 밸리에 거주하고 있다. 이민 가정이지만 제리 양은 실리콘 밸리의 토종 기술자이며 기업가다.

**데이비드 파일로**

데이비드 파일로는 제리 양보다 두 살 위로 1966년에 태어나 미국 남부 루이지애나 주에서 성장했다. 그의 부친은 건축가였고 모친은 회계사였다. 파일로의 가족은 다른 여섯 가족들과 함께 뉴올리언스 근교에서 그들이 직접 지은 집에서 집단 거주하면서 농사짓고 닭을 기르며 공동생활을 했다. 적극적인 성격의 제리 양과 달리 조용한 파일로는 사람들 앞에 나서는 일이 별로 없다. 야후를 창업한 뒤 제리 양이 회사 경영에 적극적으로 개입한 반면, 파일로는 한발 뒤에 물러서 있었다.

파일로 역시 중·고등학교 재학 당시 성적이 우수했고 뉴올리언스에 있는 툴레인 대학에 진학해 장학금을 받으며 공부했다. 이 대학은 넷스케이프 창업자 클라크가 해군 사병으로 복무하면서 야간 강의를 들었던 그 학교다. 툴레인 대학에서 컴퓨터학과를 졸업한 파일로는 스탠포드 대학교 대학원 전기공학과에 입학해 1990년 석사학위를 받고 박사과정에 진학했다.

제리 양과 데이비드 파일로는 같은 지도교수 밑에서 박사과정 연구를 수행했다. 두 사람은 시간이 지나면서 박사과정 생활이 점차 따분하게 느껴졌다. 이 무렵 대학생이나 대학원생들에게 인터넷 검색은 공부와 연구에 지친 머리를 식힐 수 있는 좋은 소일거리였으므로 두 사람은 인터넷 검색으로 점점 많은 시간을 보냈다.

### 야후!

1993년 초 일리노이 대학교의 슈퍼컴퓨터 응용연구소에서 일하던 마크 앤드리슨과 동료들이 웹 브라우저 '모자익'을 발표하자 인터넷에 대한 열기가 높아졌고, 각종 웹 사이트가 우후죽순처럼 인터넷에 등장하기 시작했다. 그러나 이때는 인터넷 **검색 엔진**이 개발되기 전이라 원하는 웹 사이트를 쉽게 찾아갈 수 있는 방법이 없었다. 한 번 방문했던 웹 사이트를 나중에 다시 찾기도 쉽지 않았다.

이에 실망한 양과 파일로는 자기들이 흥미를 가진 웹 사이트의 목록을 만들기 시작했다. 웹 사이트 목록을 만드는 작업은 단지 인터넷 검색을 편하게 하려는 의도였을 뿐, 연구 과제와 관련이 있거나 사업을 염두에 둔 일은 아니었다. 지도교수가 1993년 가을부터 안식년을 맞아 학교에 나오지 않는 동안 양과 파일로는 인터넷 검색과 목록 작성에 마음껏 시간을 쓸 수 있었다. 두 사람은 흥미 있는 웹 사이트들을 찾아내 주제별로 목록을 작성하는 프로그램을 만들어 웹 사이트 목록을 체계적으로 구축하기 시작했다. 당시에는 이 목록을 다른 사람들에게 공개하려고 생각하지도 않았는데 이들의

체계적으로 정리한 웹 사이트 목록으로 야후를 공동 창업한 제리 양(왼쪽)과 데이비드 파일로(오른쪽) (사진 출처: Chief Yahoo's by Mitchell Aidelbaum, CC BY)

웹 사이트 목록을 본 친구들이 그 목록을 사용하고 싶어했다.

두 사람은 이 웹 사이트 목록을 '제리와 데이비드의 월드 와이드 웹 안내 Jerry and David's Guide to World Wide Web'라고 이름 붙이고 나서 스탠포드 대학교 전산망에 올려놓았다. 그들은 자신들의 연구용 워크스테이션을 이 웹 사이트를 지원하는 서버로 사용했다. 이 웹 사이트는 스탠포드 대학의 학생, 교수, 직원 모두에게 금방 인기를 얻었고, 소문이 퍼지면서 방문자 수가 급속하게 늘어났다.

인터넷 열기가 불붙기 시작한 1994년 봄, 양과 파일로는 자신들의 웹 사이트를 가지고 사업에 나서기로 결심했다. 회사 이름은 야후Yahoo로 정했고 공식적으로는 'Yet Another Hierarchial Officious Oracle(또 하나의 체계적으로 정리된 친절한 답변)'의 첫 글자를 딴 것으로 되어 있으나 'Yahoo'라는 이름을 먼저 정해놓고 이에 단어들을 꿰맞춘 느낌이다. 그러나 'Yahoo'라는 이름은 이미 다른 사업자가 등록해 사용하고 있어 느낌표를 추가해 정식 회사 이름을 'Yahoo!'로 정했다. 야후 사업을 위해 양과 파일로는 학업을 중단하기로 하고 휴학계를 낸 후 스탠포드 대학을 떠났다. 박사학위 논문 완성을 불과 몇 달 앞둔 시점에서 학업을 중단하기란 결코 쉬운 결정은 아니었을 것이다. 그러나 이들은 사업에 대한 열정을 따르기로 과감한 결정을 내렸고, 야후를 창업하면서 자신들의 인생과 인터넷 산업 그리고 사회에 의미 있는 일을 이루었다.

야후 초기에 양과 파일로는 스탠포드 대학 연구실 워크스테이션을 야후 서버로 계속 사용했다. 얼마 지나지 않아 야후의 방문객 수가 급격히 늘어나면서 스탠포드 대학 전산망의 전체 속도가 느려지는 사태가 발생했다. 1995년 초, 스탠포드 대학은 더 이상 연구실의 워크스테이션을 야후 서버로 사용하지 못하게 했다. 서버를 구하기 위해 동분서주하던 양과 파일로에게 마크 앤드리슨이 넷스케이프의 고성능 컴퓨터를 서버로 사용하게 배려해 주었다. 앤드리슨은 또한 넷스케이프의 웹 사이트에 야후를 실어주었다. 이는 넷스케이프를 방문하는 사람들이 자연스럽게 야후를 방문하게 유도해 초창기 야후의 인지도를 높이는 데 도움이 되었다. 야후의 인기가 급속히 오르자 넷스케이프는 양과 파일로에게 인수 제의를 했다. 당시 이미 인터넷 대기업이 된 AOL도 야후에 인수의 손길을 뻗쳤다.

그러나 1995년은 인터넷 창업 열기가 한창이었고 웬만한 아이디어만 있으면 쉽게 투자받아 창업할 수 있었으므로 양과 파일로는 넷스케이프와 AOL의 인수 제의를 거절했다. 실리콘 밸리의 유명한 벤처 투자회사 클라이너 퍼킨스도 투자를 제의했다. 그러나 양과 파일로는 실리콘 밸리 벤처 투자회사의 대부와 같은 클라이너 퍼킨스의 투자 조건이 마음에 들지 않아 투자 제의를 거절했다. 1995년 4월 그들은 벤처 투자회사 세쿼이아 캐피털에서 1백만 달러를 투자받아 본격적인 사업에 나섰다. 자신들이 나이가 어리고 회사 경영에 대한 경험이 없어 CEO를 비롯해 최고 경영진을 영입해 회사의 틀을 갖추었다.

야후는 고객에 대한 서비스가 사업 성공의 요건이므로 서비스의 내용과 더불어 고객에 대한 친근감, 상표 이미지 등 마케팅 전략이 중요했다. 야후의 회사 로고와 TV 광고는 익살스러우면서도 독특해 고객에게 친근감을 주는 데 성공했다. 1996년 4월, 사업에 나선 지 불과 1년 후 야후는 주식을 나스닥에 상장했고 그 결과는 대성공이었다. 상장 첫날, 야후의 주가는 150퍼센트가 올라 1995년 8월 상장 당시 돌풍을 일으켰던 넷스케이프 주식의 거래 첫날 증가율 105퍼센트를 훨씬 넘어섰다.

많은 인터넷 회사가 창업 후 몇 년을 넘기지 못하고 사라진 것과는 달리 야후는 인터넷 시대의 대표적인 기업으로 성장했다. 그러나 끊임없이 변하는 인터넷 사업 환경에 적절히 대응하지 못하고 구글과의 경쟁에서 뒤지자 야후는 회사의 사업 영역이 불투명해지는 어려움을 맞았다. 2008년 2월 마이크로소프트에서 주당 31달러에 야후를 인수하겠다고 제의해왔다. 이 가격은 당시 야후의 주식 가격에 약 60퍼센트를 더 얹어주는 매우 좋은 인수 조건이었다. 그러나 당시 CEO인 제리 양이 야후의 회사 가치는 이보다 더 높다고 주장해 인수 협상이 결렬되었다. 그 후에도 야후의 경영 상태는 호전되지 않았고, 마이크로소프트에 인수될 수 있었던 절호의 기회를 놓친 야후 주주들의 불만이 팽배해졌다. 제리 양은 2008년 11월 야후 CEO직에서 사임했다.

제리 양 후임으로 야후는 캐럴 바츠Carol Bartz를 CEO로 영입한 데 이어 2012년 7월에는 머리사 마이어Marissa Mayer를 CEO로 영입했다. 머리사 마이어는 스탠포드 대학교 대학원에서 컴퓨터 석사학위를 받은 후 구글에서 설립 초기부터 오랫동안 근무했다. 야후 CEO 취임 당시 마이어는 37세의 젊은 여성 CEO로 언론의 조명을 받았다. 야후가 소유하고 있는 약 300억

서니베일에 있는 야후! 본사 건물.

달러 상당의 중국 회사 알리바바Alibaba 지분 덕분에 야후는 그동안 회사 가치를 유지해 왔으나 마이어가 CEO에 취임한 지 3년이 넘었음에도 회사 경영 정상화를 이루지 못했다.

2016년 2월, 야후는 수익성 없는 사업 부문을 정리하고 직원을 15퍼센트 감축한다고 발표했다. 곧이어 야후의 핵심 사업 부문을 나누어 매각을 추진한다는 소식이 보도되었다. 이어 2016년 7월 25일, 야후는 주력 사업 대부분을 이동통신회사 버라이즌Verizon에 매각한다고 발표했다. 매각 가격은 48억 달러로 2008년에 마이크로소프트가 인수 가격으로 제시했던 450억 달러의 거의 10분의 1 수준이었다. 이로써 야후의 재기 노력은 실패로 끝났으며, 지난 21년간 실리콘 밸리에서 인터넷 산업의 대표 기업으로 활동했던 야후는 독립기업으로서의 운명을 다했다.

## 래리 페이지와 세르게이 브린의 구글 창업

제리 양과 데이비드 파일로가 스탠포드 대학원의 학업을 중단하고 세쿼이아 캐피털에서 투자를 받아 본격적으로 야후 사업을 시작한 1995년, 래리 페이지는 고향 미시간에서 대학을 졸업한 후 가을에 스탠포드 대학교 대학원에 입학했다. 그리고 대학원 신입생들을 데리고 다니며 캠퍼스를 안내하고 설명해주던 안내자는 컴퓨터 박사과정의 세르게이 브린이었다. 세르게이 브린은 1973년 8월생으로 1972년 12월생인 래리 페이지와 나이가 비슷하지만, 대학을 일찍 졸업하고 1993년 스탠포드 대학원에 입학했다.

### 래리 페이지

래리 페이지Larry Page는 1972년생으로 어린 시절에는 미시간 주에서 자랐고 앤 아버Ann Arbor에 있는 미시간 대학교University of Michigan 컴퓨터 공학과를 졸업했다. 페이지의 부친은 미시간 대학교 대학원에서 컴퓨터 공학 박사학위를 받았고 이스트 랜싱East Lansing에 있는 미시간 주립대학교Michigan State University에서 교수로 재직하고 있었다. 페이지의 모친 역시 컴퓨터 석사학위를 받은 데이터베이스 전문가였으니 그의 집은 말하자면 컴퓨터 가정인 셈이다.

페이지의 부친은 아들이 어릴 때부터 컴퓨터에 접할 수 있게 1978년 다섯 살 아들에게 PC를 한 대 사주었다. 초등학교 1학년 때 페이지는 이 컴퓨터로 문서작성 프로그램을 사용해서 숙제를 한 다음 프린트해서 제출했는데 이를 받아본 선생님은 어른이 숙제를 대신 해준 것 아닌가 의심했다. 페이지는 컴퓨터뿐 아니라 모든 일에 의문이 많았고 항상 문제의 본질을 이해하고 싶어 했으니 이공계가 적성인 셈이다. 그는 1995년 봄 미시간 대학을 우수한 성적으로 졸업하고 스탠포드 대학교 대학원에 진학해 컴퓨터 사이언스를 전공했다.

### 세르게이 브린

세르게이 브린Sergey Brin은 1973년 모스크바에서 출생했다. 그의 부모는 모두 유대인으로 수학을 전공한 재원이었다. 부친은 구소련의 대학에서 수학 박사학위를 취득한 후 구소련 정부의 경제기획을 담당하는 부처에서 근무했다. 그는 구소련 정부의 선전 정책에 따라 통계자료를 조작할 때마다 수학자로서 깊은 회의와 분노를 느꼈다. 세르게이 브린의 모친도 구소련 정부의 공무원이었다. 브린이 여섯 살 되던 해 부모는 구소련의 반유대인 정서를 피해 미국으로 이민 왔다.

브린의 부친이 메릴랜드 대학교University of Maryland에 취직이 되어 가족이 워싱턴 DC 근교에 살았는데 브린이 다닌 집 근처의 중학교와 고등학교는 학군이 그다지 좋지 않았다. 그 중학교에서는 수학 특수반을 만들어 브린처럼 수학에 재능이 있는 학생들을 따로 모아 지도했다. 고등학생 시절 브린은 메릴랜드 대학교에 가서 대학 과목들을 일부 미리 수강했다. 메릴랜드 대학에 진학한 브린은 수학과 컴퓨터를 전공하고 1993년 19세에 메릴랜드 대학을 우등생으로 졸업했다.

페이지 부모와 마찬가지로 브린의 부모도 아들의 장래에 큰 기대를 걸었는데, 브린이 대학원에 진학해 박사학위를 취득한 후 수학이나 컴퓨터 분야의 교수가 되기를 바랐다. 1993년 가을, 브린은 미국의 국가과학재단NSF: National Science Foundation에서 장학금을 받아 스탠포드 대학 대학원에 진학했다. 페이지가 대학원 신입생 예비 교육 때 스탠포드 대학에서 브린을 만난 1995년, 브린은 이미 박사과정 자격시험 열 과목에서 모두 A를 받고 통과해 순탄하게 박사과정을 이어가고 있었다.

### 페이지 랭크

래리 페이지와 세르게이 브린은 성격이나 행동에 서로 다른 부분이 많다. 페이지는 문제에 대해 깊이 생각하고 문제의 근본적인 이유를 이해하고 해결하려는 지구력과 집착력이 강했다. 반면, 브린은 반짝이는 통찰력과 사고의 순발력을 지녔다. 페이지가 조용한 성격인 반면 브린은 자기 생각을 거침없이 표현했다. 그러나 두 사람의 공통점은 모두가 컴퓨터에  깊은 관심과 열정을 가지고 있다는 점이다. 신입생 예비 교육에서 만난 두 사람은 가을에 새학기가 시작되자 함께 다니며 긴밀한 관계를 형성하기 시작한다. 휼렛과 패커드가 스탠포드 대학교에 재학하면서 친밀한 인간관계를 형성하며 HP를 창업했듯이, 이로부터 반세기가 조금 더 지난 1995년, HP 창업에 견줄 만한 일이 스탠포드 캠퍼스에서 준비되고 있었다.

1996년까지만 해도 페이지와 브린은 각자 박사과정 연구 과제에 몰두했다. 캠퍼스 밖의 실리콘 밸리에서 인터넷 창업 열기가 한창이었으나 그들에게는 창업 계획이 없었다. 페이지와 브린은 지도교수가 달랐고 연구과제도 달랐으나 그들의 연구과제에 모두 대규모의 데이터베이스가 필요해 두 사람은 머지않아 같은 연구과제에 합류한다.

페이지의 연구과제는 디지털 도서관을 사이버 공간에 구축하는 작업이었다. 이를 위해 수많은 자료를 인터넷에서 검색하던 페이지는 당시 인터넷 검색 엔진이 성능면에서 매우 미흡하다는 사실을 알게 되었다. 당시 시중에는 인포시크Infoseek, 라이코스Lycos, 엑사이트Excite, 알타비스타AltaVista, 인크토미Inktomi 등 여러 검색 엔진이 있었다. 이 검색 엔진 대부분은 사용자가 검색하려는 단어를 입력하면 웹 문서에 등장하는그 단어의 빈도만을 기준으로 삼아 검색 결과를 보여주었다. 검색하는 단어가 자주 등장하는 웹 문서일수록 그 웹 문서가 검색자의 관심에 더 들어맞을 것이라는 논리다. 그러나 검색 결과로 추출된 수많은 웹 문서에서 검색자의 관심에 어느 정도 합치하는가를 판정하는 기준으로 관심 단어의 빈도만을 사용하는 것으로는 충분치 않았다.

페이지는 검색어의 출현 빈도뿐 아니라 웹 문서에 포함된 '링크'가 웹 문서의 중요도를 판단하는 데 요긴하게 쓰일 수 있으리라 판단했다. 링크는 다른 웹 사이트나 웹 문서를 가리키는 화살표와 같다. 링크를 마우스로 클릭하면 현재의 웹 문서에서 링크가 가리키는 웹 문서로 이동한다. 이동한 웹 문서 입장에서는 이 문서를 겨냥한 링크를 포함한 웹 문서들이 많으면 많을수록 이 웹 문서의 중요도가 그만큼 높다는 것을 의미한다. 이 사실은 학술 논문의 중요도를 판단할 때 그 논문의 피인용도를 중요한 기준으로 삼는 것과 비슷한 이치다. 다시 말해, 특정 논문이 다른 사람들의 논문에 얼마나 자주 인용되었는지를 뜻하는 피인용도가 그 논문의 가치를 나타내는 중요한 척도가 된다.

예를 들어 어떤 사람이 평생 동안 논문을 단 한 편만 발표했더라도 그 논문이 특정 분야의 획기적인 내용을 담고 있다면 그 분야를 연구하는 사람들은 자기 논문에 이 한 편의 논문을 반드시 인용하려 할 것이다. 따라서 그 논문은 학술적으로 대단히 중요한 의미를 갖는다. 페이지는 웹 문서에 포함된 링크들이 마치 학술 논문의 마지막 쪽에 열거된 인용논문 목록과 같은 역할을 할 것이라 생각해 이를 이용해 웹 문서의 중요도를 결정하는 새로운 검색 방법을 착안했다. 이 새로운 검색 방법에 대한 연구는 페이지의 박사과정 연구과제가 되었고 이 연구에 브린도 가담했다.

페이지는 새 검색 방법을 '페이지 랭크Page Rank'라고 이름 붙였는데 재치 있는 이름이다. '페이지 랭크'라는 명칭은 **웹 페이지**page의 중요도에 대해 순위rank를 매긴다는 의미와 래리 페이지가 고안한 순위 방법이라는 두 가지 의미를 갖고 있다. 페이지 랭크 개념은 특정 웹 문서를 가리키는 링크들을 인터넷상의 모든 웹 문서에서 파악하고 이 링크들에 가중치를 적용함으로써 이 특정 웹 문서의 중요도를 결정한다. 링크에 적용하는 가중치는 그 링크가 속해 있는 문서 자체의 중요도에 따라서 결정된다. 예를 들어 야후나 CNN 웹 사이트처럼 사람들이 많이 방문하는 웹 사이트에 있는 링크는 높은 가중치를 받는데, 이 링크가 가리키는 웹 문서의 중요도 역시 그만큼 높아진다는 것이다.

페이지와 브린은 새로운 검색 방식을 이용하면 기존 검색 엔진보다 훨씬 우수한 결과를 얻을 것으로 확신했다. 이 페이지 랭크 개념이 바로 훗날 수백억 달러 회사로 성장한 구글의 기본이다.

### 구글

페이지 랭크를 개발하기 위해 페이지와 브린은 인터넷상에 존재하는 모든 웹 문서를 그들의 컴퓨터에 내려받는 방대한 작업에 착수했다. 두 사람의 지도교수들은 연구과제 예산이 넉넉지 않아 페이지와 브린의 계획이 무모하다고 생각했으나 두 사람은 개의치 않았다. 페이지 랭크 개발을 위해 엄청난 컴퓨터 계산 능력과 메모리 용량이 필요했으므로 페이지와 브린은 값싼 PC들을 얻거나 사다가 필요에 맞게 개조하고 연결해서 사용했다. 교수와 학생들이 사용하다가 버린 컴퓨터를 뒤져서 쓸 만한 부품을 건져내기도 했다. 그들의 연구실과 기숙사 방은 이렇게 연결된 컴퓨터들로 넘쳐났다. 어릴 적부터 페이지가 컴퓨터를 만진 경험이 이때 큰 도움이 된 것은 물론이다.

페이지와 브린의 집념은 1997년에 들어서 결실을 맺는다. 두 사람은 자신들이 제작한 컴퓨터를 사용해 방대한 데이터베이스를 구축하고 페이지 랭크 처리 과정을 완성한 후 페이지 랭크를 이용한 검색 엔진도 제작했다. 그들은 이 검색 엔진을 구글Google이라고 이름 붙인 뒤에 시험 삼아 학생들과 교수들이 사용할 수 있게 스탠포드 대학교 전산망에 올렸다.

구글이라는 이름은 수학 용어인 구골googol에서 유래한다. 구골Googol은 1 다음에 0이 100개가 붙은 천문학적 숫자다. 그러나 그들의 의도인지 실수인지 모르지만 googol을 google로 표기하는 바람에 회사 이름이 google로 굳어지게 되었다. 어쨌든 인터넷상에 존재하는 방대한 양의 정보를 모두 검색하려는 의도에 걸맞은 이름이라 하겠다.

스탠포드 대학에 구글이 공개되자 순식간에 폭발적인 인기를 얻었다. 구글을 한번 사용해본 사람들은 시장에 나와 있는 일반 검색 엔진에 비해 훨씬 우수한 성능에 매료되어 다른 검색 엔진은 더 이상 사용하지 않았다.

사용자들의 반응에 고무된 페이지와 브린은 구글의 사업화를 생각하기 시작했다. 1998년에 들어서자 그들은 페이지 랭크에 대한 허가증을 알타비스타를 비롯한 검색 회사들과 야후 등에 판매하는 한편, 박사 논문을 마무리하고 졸업하기로 계획을 세웠다. 그러나 이들이 접촉한 회사들은 모두 이 새로운 검색 기술에 관심을 보이지 않았다. 당시 대부분의 인터넷 회사에서는 종합 정보 서비스를 제공하는 인터넷 포털 사업을 지향했고, 검색 서비스는 수익성 없는 부수적인 사업으로 생각했다. 스탠포드 대학원 선배이자 야후를 창업한 데이비드 파일로는 페이지와 브린에게 페이지 랭크 기술의 우수성을 확신한다면 학업을 중단하고 사업에 전념하라고 조언했다.

사업에 전념하려면 자금이 필요한데 허가증을 구입하려는 고객이 없는 상황이고 보니 페이지와 브린은 고민이 되었다. 그들은 페이지 랭크 기술의 우수성만큼은 확신했고 이를 이용해 세계에서 가장 우수한 검색 엔진을 만들 수 있다고 자신했다. 1998년 여름, 페이지와 브린은 스탠포드 대학 교수의 주선으로 앤디 벡톨샤임을 만나게 되었다. 페이지와 브린에게 페이지 랭크에 대한 설명을 들은 벡톨샤임은 그 자리에서 10만 달러 수표를 써 주었다. 이때 벡톨샤임은 10만 달러에 대한 투자 수익보다는 후배들의 창업을 도와주려는 의도가 크지 않았나 싶다. 어쨌든 이 10만 달러는 구글이 회사 주식을 시장에 상장한 뒤 10억 달러 이상으로 불어나 벡톨샤임을 억만장자로 만들어주었다.

### 구글 창업

벡톨샤임이 투자한 종잣돈에 용기를 얻어 페이지와 브린은 1998년 9월 8일 구글을 정식회사로 등록하고 사업에 전념하기 위해 그해 가을, 학교를 떠났다. 그들은 스탠포드 대학교 캠퍼스 북쪽 멘로 파크Menlo Park에 있는 가정집에 세를 얻어 차고에 사무실을 차리고 본격적으로 사업에 나섰다. 초라한 출발이었으나 구글 검색 엔진에 대한 사용자들의 반응은 뜨거웠다. 구글을 이용한 검색 횟수는 1998년 말 하루에 50만 건에 이르렀고, 1년 후에는 하루에 7백만 건에 이르렀다. 급속히 늘어나는 구글 이용객들이 만족할 수 있게 그들은 컴퓨터를 늘리고 소프트웨어 개발에 모든 노력을 기울였다.

회사 자금이 여의치 않아 값싼 PC들을 연결해 슈퍼컴퓨터의 기능을 발휘하는 컴퓨터 시스템과 그에 필요한 소프트웨어를 개발했다. 이 초기의 구글 컴퓨터는 마운틴뷰에 있는 컴퓨터 역사박물관Computer History Museum에 전시되어 있다. 이 박물관은 60년 컴퓨터 역사에 중요한 이정표가 된 컴퓨터와 고대에서 현재에 이르기까지 인간이 발명한 각종 계산용 기기들을 보관·전시하고 있다. 이곳에는 진공관 시절의 컴퓨터부터 IBM 메인프레임, 크레이 슈퍼컴퓨터, 미니컴퓨터에서 PC에 이르기까지 각종 다양한 기기들이 전시되어 있어 컴퓨터 발전사를 한눈에 볼 수 있다.

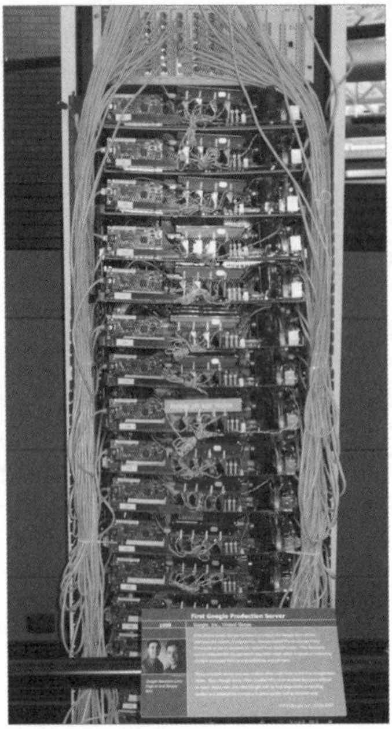

마운틴뷰의 컴퓨터 역사박물관에 전시되어 있는 초기의 구글 서버.

페이지와 브린의 비용 절감 노력은 구글 웹 사이트 **홈페이지**의 설계에도 잘 나타나 있다. 구글 웹 사이트를 처음 방문하는 순간, 단순한 홈페이지의 디자인에 누구나 한번쯤 의아해할지 모른다. 다양한 색과 멋진 그래픽 디자인으로 방문객의 눈을 사로잡으려는 많은 웹 사이트의 홈페이지와는 딴판으로, 구글의 홈페이지는 흰색 바탕에 검색 창 하나, 그리고 관련 링크 몇 개만 있어 마치 최소주의minimalism의 극치를 보는 것 같다. 구글의 홈페이지가 이렇게 단순한 것은 회사 초기에 돈이 없어 웹 사이트 설계에 쓸 비용마저 아끼려 한 결과다. 또한 현란한 광고나 멋진 웹 사이트 디자인보다는 오직 기술력으로 승부한다는 페이지와 브린의 강한 자신감의 표현이기도 하다. 다행히 단순한 구글 홈페이지는 회사의 순수한 이미지가 도드라지는 효과를 가져왔고, 다른 웹 사이트의 현란한 디자인에 식상한 사용자들에게 좋은 반응을 얻었다.

구글 성공 신화의 바탕에는 상식을 거스르는 발상과 의지가 자리 잡고 있다. 당시 많은 인터넷 회사와 투자가들은 검색 엔진 사업의 성공 여부에 회의적이었다. 뉴스와 각종 정보를 제공하는 인터넷 종합 서비스에서 검색 기능은 그중 한 가지에 지나지 않는다고 생각했다. 따라서 구글의 뛰어난 검색 기능에 대해 누구도 관심을 기울이지 않았다. 구글이 회사로 출범한 직후

**왼쪽** | 멘로 파크의 샌드힐 거리에 있는 실리콘 밸리의 대표적인 벤처 투자회사 KPCB.
**오른쪽** | KPCB와 쌍벽을 이루는 벤처 투자회사 세쿼이아 캐피털. KPCB 바로 옆에 있다.

친척과 주변 사람들, 개인 투자자들에게 모은 1백만 달러의 자금은 1999년에 들어서자 거의 바닥이 드러났다. 자금 사정은 어려웠으나 구글의 검색 기술력은 인터넷 전문가들에게 찬사를 받았고 구글 검색 엔진을 사용하는 이용자는 계속 늘어났다. 이 늘어나는 수요를 감당하려면 컴퓨터를 비롯한 하드웨어를 보충해서 늘려야 했고 소프트웨어 개발에 많은 자금이 필요했다.

1999년 봄, 투자자를 찾아 나선 페이지와 브린은 실리콘 밸리의 벤처 회사로 쌍벽을 이루는 클라이너 퍼킨스KPCB: Keliner Perkins Caufield Byers와 세쿼이아 캐피털 두 회사를 동시에 접촉했다. 이들은 두 회사 모두 동시에 투자를 받아 견제를 유도하고, 그 사이에서 구글에 대한 경영권을 철저히 방어하려는 계산이었다. 겁 없는 20대 중반 젊은이들의 당돌한 행동으로 비칠 수 있는 일이었다. KPCB와 세쿼이아는 여태껏 동시에 같은 회사에 투자한 적이 없었다. 당시나 지금이나 그들에게 투자받기를 원하는 회사들이 줄 서 있다. 두 회사에서 투자받은 회사는 그 위상이 단숨에 바뀔 정도로 두 벤처 투자회사의 영향력은 대단했고, 따라서 그곳에서 투자받는 것은 은총을 받는 것과도 같았다.

그러나 페이지와 브린은 두 투자회사가 공동으로 투자하지 않으면 투자를 받지 않겠다고 으름장을 놓았다. 만약 KPCB와 세쿼이아가 요구를 거부하면 그들은 주저하지 않고 다른 투자원을 찾아 나설 생각이었다. 인터넷 사업의 흐름을 예의 주시하던 KPCB와 세쿼이아는 다른 투자 회사나 인터넷 회사들에서 검색 엔진의 사업성을 보는 것과는 다른 시각에서 구글을 평가하고 검토한 끝에 구글에 공동으로 투자하기로 합의했다. 학업을 중단하고 스탠포드 대학을 떠난 지 불과 9개월 만인 1999년 6월 초, 페이지와 브린은 KPCB와 세쿼이아에서 각각 1250만 달러씩, 모두 2천5백만 달러를 투자받기로 한 사실을 발표했다. 스탠포드 대학의 친구, 학생들과 교수들은 이 엄청난 소식에 입을 다물 수 없었다고 한다.

투자를 받고 회사 규모를 확장하자 구글 검색 엔진의 사용량도 폭발적으로 늘어났다. 1999년 말, 구글을 이용한 검색 건수는 하루에 7백만 건에 달했다. 2000년 6월에는 야후에서 구글을 야후의 검색 엔진으로 채택함으로써 구글의 사용자 수가 증가하는 데 큰 도움을 주었다. 이에 힘입어 2001년 초에는 구글을 이용한 검색 건수가 하루에 1억 건에 이르렀다. 2000년 봄 인터넷 거품이 꺼지면서 많은 회사에서 기술자들을 해고할 때 구글은 이 기회에 우수한 인재들을 선별, 영입하면서 사업을 확장해 나갔다. 그러나 회사의 수입원인 구글의 사용권 수입은 여전히 미미했다. 구글은 공개 기업이 아니기에 페이지와 브린은 회사의 수익성에 대해 크게 초조해하지 않았지만, 머지않아 구글의 수익성 구조에 대한 의문이 회사 안팎에서 제기되었다.

페이지와 브린은 새로운 수입원을 찾기 시작했고 결국 많은 인터넷 회사에서 하는 것처럼 인터넷 광고를 주 수입원으로 삼기로 결정했다. 구글 설립

2001년에서 2011년까지 구글 CEO를 맡았던 (왼쪽부터) 에릭 슈미트와 공동 창업자 세르게이와 래리 페이지 (2008년)(사진 출처: https://www.flickr.com/photos/35034362831@N01/2505321929/ by Joi Ito, CC BY).

초기에 페이지와 브린은 광고를 판매해 수입을 올리는 것에 거부감을 가지고 있었다. 광고료를 많이 지불하는 회사를 검색 결과에서 상위에 올려놓는 것은 구글 검색 기능의 순수성을 해치는 것으로 생각했다. 그들은 이 문제를 광고 역시 순위를 매김으로써 해결했다. 광고료를 지불하는 금액과 사용자들이 많이 들여다본 횟수를 조합해 순위를 결정해 광고의 공정성을 유지하도록 했다. 구글 사용자 수가 이미 엄청나게 많았으므로 인터넷에 광고를 하려는 고객들에게 구글은 매력적이었다. 따라서 구글이 광고를 수입원으로 결정하고 난 이후 광고주를 확보하는 데 큰 어려움이 없었다.

2001년은 구글의 전환점이 되는 중요한 해다. 2001년, 구글은 회사 설립 후 처음으로 연간 순익 7백만 달러를 기록했다. 이때부터 구글의 연간 매출과 순익은 기하급수적 증가세를 보였고, 이 여세를 몰아 2004년에 구글 주식을 주식시장에 상장함으로써 인터넷의 거대 기업이 탄생했다.

2001년, 구글은 에릭 슈미트Eric Schmidt를 구글의 회장 겸 CEO로 영입했다. 에릭 슈미트를 영입하기 전의 구글은 마치 대학교 캠퍼스처럼 자유분방한 분위기였다. 페이지와 브린은 회사의 수익성보다 검색 엔진 성능 개선과 새로운 서비스의 개발, 그리고 이를 위해 직원들의 창의력을 북돋는 근무 분위기 조성에 더 관심을 쏟았다. 세계 최고의 검색 엔진 기술을 보유하고 어마어마한 사용자를 확보하면 매출과 수익은 따라와주리라고 낙관적으로 생각했다. 또한 다른 사람의 간섭을 받지 않고 회사 분위기를 대학 캠퍼스처럼 이끌어가는 것을 즐겼다. 자칫 경험 있는 CEO를 외부에서 영입하면 구글도 다른 회사들처럼 특징 없는 회사가 될지 모른다는 우려 때문에 페이지와 브린은 외부에서 CEO를 영입하는 작업을 미루었다. 그러나 투자한 지 2년이 되어 가자 KPCB와 세쿼이아는 답답함은 물론, 회사가 위험해 보이기까지 했다. 결국 이 투자회사들이 막후에서 주선해 에릭 슈미트의 CEO 영입이 이루어졌다. 에릭 슈미트는 2001년부터 10년간 구글이 회사로서의 틀을 갖추고 사업을 확장하는 데 공헌한 후 2011년 CEO직을 창업자 페이지에게 넘겨주었다.

### 구글의 성장

에릭 슈미트는 프린스턴 대학교에서 전기공학을 공부하고 버클리 캘리포니아 대학교 대학원에서 컴퓨터 박사학위를 취득했다. 그는 컴퓨터 연구원으로 제록스 팔로알토 연구소Xerox PARC: Xerox Palo Alto Research Center와 벨 연구소에서 근무한 경력이 있다. 이후 선 마이크로시스템스에서는 인터넷용 컴퓨터 언어 '자바Java' 개발을 주도했고, 마이크로소프트에 맞서 선 마이크로의 인터넷 전략을 수립하기도 했다. 구글의 CEO에 취임하기 전 그는 실리콘 밸리의 소프트웨어 회사인 노벨Novell의 CEO로 재직하면서 IBM에 노벨을 매각하는 작업을 성공적으로 마무리했다.

2001년 7월 구글의 회장 겸 CEO로 취임한 슈미트는 페이지와 브린이 그동안 심어놓은 독특한 회사 문화를 유지하면서 새로운 회사의 틀을 구축해 나가기 시작했다. 페이지와 브린이 여전히 회사의 주인인 상황에서 그는 노련한 경영인으로서 젊은 창업자들과 호흡을 맞춰 나갔다. 이듬해 2002년 봄, AOL이 구글을 AOL의 검색 엔진으로 채택하자 구글 사업은 순풍에 돛단 격이 되었다. 3천만 명에 이르는 AOL 가입자가 구글 검색 엔진에서 제공하는 광고 고객으로 고스란히 이어지게 된 것이다.

이에 힘입어 2002년 구글의 매출과 순익이 폭발적으로 늘어나 4억 4천만 달러 매출에 1천만 달러 순익을 올렸다. 불과 1년 전에 비하면 엄청난 성장이었다. 매출 신장과 함께 구글은 새로운 서비스도 추가했는데 구글 맵, 구글 이미지, 이메일 서비스인 G-메일 등은 서비스를 시작하자마자 높은 인기를 누리며 경쟁사의 서비스를 압도했다. 구글의 홍보 전략이 큰 도움이 되었지만 이 서비스의 성공은 기본적으로 구글의 독보적인 기술력 덕분이다. G-메일 서비스는 가입자에게 무료로 제공되며, 서비스 초기에는 수요가 많아 G-메일 회원권이 이베이에서 돈을 받고 거래되는 상황이 벌어지기도 했다.

구글의 서비스는 개인 사생활 침해라는 예기치 않은 문제를 불러오기도 했다. 예를 들어 G-메일에 딸려오는 광고는 편지 내용에 있는 키워드를 찾아내서 광고를 붙였기에 개인 사생활 침해라는 강력한 항의에 부딪쳤다. 또한 구글 맵에서 보여주는 도로변 사진과 위성사진들은 개인 집의 앞마당 뒷마당을 볼 수 있을 정도로 선명해, 이제는 자기 집 마당에도 마음대로 나갈 수 없는 상황이 되었다. 그럼에도 구글의 기술력과 서비스에 사용자들은 감탄하고 매료되었다.

성장을 거듭한 구글에 이제 남은 중요한 과제는 주식을 상장해 그동안

마운틴뷰에 있는 구글 본사 사옥 일부.

고생한 직원들과 투자자들을 경제적으로 보상해주는 일이었다. 그러나 창업 후 되도록 빨리 주식을 상장하려는 보통 첨단 창업회사들과는 달리 페이지와 브린은 구글의 주식 상장을 서두르지 않았다. 매출과 순익이 급격히 늘어나 회사의 자금 사정에 대해 걱정할 필요가 없으니 비상장 회사로 유지하면서 외부 간섭 없이 회사를 운영하고자 했다. 그러나 2004년에 접어들자 주식 상장을 계속 미룰 수 없는 상황이 되었고 구글은 그해 여름, 마침내 주식을 상장했다. 구글의 주식 상장은 월 스트리트뿐 아니라 일반 투자자들에게 비상한 관심을 불러일으켰다.

페이지와 브린은 일반적으로 통용되는 주식 상장 방식이 월 스트리트의 투자은행들과 그들의 대형 고객들만 배불리는 것으로 믿었고 수수료도 터무니없이 비싸다고 생각했다. 따라서 그들은 구글 주식을 상장할 때 일반인도 구입할 수 있게 **역 더치 경매**Reverse Dutch Auction 방식을 채택했다. 주식 상장을 담당한 투자은행에 대해서도 수수료를 대폭 인하하라고 요구했다. 말하자면 월 스트리트가 주도하는 기존 질서에 반기를 든 것이다. 구글이 클라이너 퍼킨스와 세쿼이아에서 투자받을 때 두 사람은 자신들의 방식을 고집하고, 결국 그 뜻을 이룬 전력이 있다. 기존 질서를 거부하는 그들의 기질을 구글 주식 상장 과정에서도 보여준 것은 인터넷 시대라는 새로운 체계에 비추어볼 때 기존 방식이 불합리하다고 판단했기 때문이다.

주식 상장을 신청해 놓은 후 자중해야 하는 '**침묵 기간**quiet period' 동안 페이지와 브린은 <플레이보이>지의 인터뷰에 응하는, 일종의 무모한 행동도 보여주었다. 주식 상장을 관리하는 미국 정부의 증권거래위원회SEC: Securities and Exchange Commission 입장에서 보면 혈기 방장한 젊은이들의 요구와 행동이 혼란스러웠을지도 모른다. 그러나 월 스트리트의 투자은행들은 구글의 주식 상장이라는 절호의 기회를 놓칠 수는 없는 일이라 결국 구글의 주식 상장은 페이지와 브린의 요구대로 진행되었다.

2004년 8월 하순, 여름 휴가철임에도 강행된 구글의 주식 공개는 업계의 모든 시선이 집중된 가운데 성공적으로 진행되었다. 구글은 거의 2천만 주에 이르는 주식을 주당 85달러에 매각함으로써 17억 달러에 가까운 자금을 거두어들였다. 주식 가격의 기준으로 구글의 회사 가치는 230억 달러에 달했다. 기존 제조회사들의 입장에서 보면 형체도 없는 듯한 인터넷 검색 엔진 회사의 가치가 이처럼 높게 평가받는 데 대해 비애를 느꼈을 법도 하다.

2008년 2월, 구글의 주식은 500달러를 넘어섰고 구글의 시장 가치는 약 1천5백억 달러에 이르렀으며, 2016년 2월에는 회사 시장 가치가 5천억 달러에 이르러 5천4백억 달러인 애플을 바짝 뒤쫓고 있다. 구글은 휴대용 전자기기의 운영체계 프로그램인 앤드로이드Android, 구글 안경, 자율 주행 차량 개발, 로봇, **인공지능** 등 새로운 제품과 사업 분야로 계속 확장해 나가고 있다.

실리콘 밸리가 변신을 거듭했듯이 구글도 자체의 변신과 진화를 계속하는 모습이다. 사업 영역이 넓어지고 복잡해짐에 따라 2015년 페이지와 브린은 구글의 계열 회사를 거느리는 지주회사 알파벳Alphabet을 설립해 각각 CEO와 사장에 취임했다. 그러나 이 회사는 알파벳보다는 여전히 구글이라는 이름으로 언급되고 있다. 기술 개발과 개혁의 첨단에서 새로운 영역에 부단히 도전하는 구글이 5년 후, 10년 후에 어떤 모습으로 있을지 구글만이 알 것이다. 아니, 어쩌면 구글 자신도 모를지 모른다.

# 9장

# 뉴 밀레니엄과 실리콘 밸리

인터넷의 대중화로 시작된 닷컴 붐의 열기는 1999년 말까지 식을 줄 몰랐다. 넷스케이프가 1995년 초 인터넷 브라우저 '내비게이터'를 출시한 것은 마치 인터넷 산업이라는 댐의 수문을 열어준 것과도 같았다. 인터넷 관련 사업의 창업과 이에 대한 벤처 투자가 줄을 이었고 소프트웨어, 인터넷, 컴퓨터 분야의 기술자 수요가 대폭 증가했다. 부족한 기술자를 충당하기 위해 실리콘 밸리 기업 경영자들은 워싱턴에 가서 연간 취업비자 H-IB(전문직 단기 취업비자) 수를 늘려 달라 요청했고, 미국 정부가 취업비자 발급 상한선을 확대하자 해외에서 기술자가 대거 유입되었다.

1990년에 6만 5천 명이던 취업비자 상한선이 2000년에는 11만 5천 명으로 늘었다. 2004년 이후 다시 6만 5천 명으로 줄어들기는 했으나 Y2K 문제에 대비하기 위해 2001년부터 2003년까지 상한선이 19만 5천 명으로 증가했다. 취업비자 상한이 확대되면서 인도에서 많은 기술자들이 미국에 왔고 실리콘 밸리에 인도인 인구가 급증한 것도 이때다. 기술자들의 임금이 오르고 부동산 가격도 상승했다. 산타클라라 밸리가 반도체 산업의 열기로 1971년에 '실리콘 밸리'라는 명칭을 얻었듯이 '인터넷 밸리'라 해도 무방할 정도로 그 열기가 대단했다.

1999년 말은 곧 다가오는 새 밀레니엄millenium을 앞두고 기대와 우려가 교차하는 시점이었다. 2000년 1월 1일이 되는 순간에 터질지도 모를 Y2K 문제를 해결하기 위해 기술자들은 분주히 움직였다. 미국 연방준비제도이사회Federal Reserve Board 회장 앨런 그린스팬Alan Greenspan이 이미 3년 전인 1996년 말 냉정을 잃고 달아오르던 나스닥 주식시장을 향해 '이성을 잃은 열광irrational exuberance'이라는 표현을 써가며 투자자들에게 경고를 보냈으나 주식시장은 이에 아랑곳하지 않고 걷잡을 수 없는 상승세를 이어갔다. 2000년에 들어서 하이테크 산업의 전반적인 과열 양상은 이제 거품이 터지지 않고서는 해결될 수 없는 상황에 이르렀다.

## 닷컴 거품의 붕괴 그리고 잿더미에서의 부활

실리콘 밸리는 위기를 스스로 극복하고 이전보다 더욱 강해진 모습으로 나타나는 자생력을 가지고 있다. 반도체 산업에 위기가 닥친 1980년대에 실리콘 밸리는 반도체 산업의 체질 개선과 PC 산업의 성장을 통해서 새로운 실리콘 밸리로 변모했다. 1990년대의 인터넷 시대를 맞아 실리콘 밸리는 또 다시 변모하고 도약했다. 인터넷 시대를 맞았다기보다는 실리콘 밸리가 인터넷 시대를 열었다는 것이 더 적절한 표현일 것이다. 실리콘 밸리발 인터넷 산업의 열기는 곧 첨단산업 모든 분야로 확대되었고 미국 전역으로 파급되었다. 대다수의 첨단산업 회사들이 상장돼 있는 미국 나스닥 시장의 종합 주가지수는 1990년 말 373에서 1995년 7월에 사상 처음으로 1000을 넘어선 후 그해 말 1052로 마감했다.

1995년은 넷스케이프가 브라우저 '내비게이터'를 출시한 해다. 나스닥 주가지수는 1991년부터 1995년 말까지 5년간 거의 3배 가까이 상승했다. 앨런 그린스팬이 1996년 말, 이성을 잃은 투자자들과 주식시장에 대해 경고를 보낸 것도 무리가 아니었다. 그린스팬의 경고에도 나스닥 지수는 더욱 가파른 상승세를 보이며 1996년부터 2000년 3월 초까지, 4년이 조금 넘는 기간 동안 거의 5배 증가했다. 1990년 말부터 2000년 3월까지 9년이 조금 넘는 기간 동안 나스닥 지수는 15배 가까이 상승했다. 그 이전 1980년 말부터 1990년 말까지 10년 동안 나스닥 주가지수가 1.8배 상승했던 것과 비교하면 닷컴 붐 동안 투자자들은 완전히 냉정을 잃었다.

2000년 3월 10일 나스닥 주가지수는 사상 최고치인 5048을 기록했다. 그러나 비정상적으로 과열된 주식시장에 대한 이성적인 판단이 마침내 투자자들에게 찾아왔다. 2000년 3월 이후 나스닥 주가지수는 급속히 하락했고, 그해 말 2470으로 마감해 3월 최고치에 비해 반 토막이 났다. 2002년 10월에는 이보다 50퍼센트 넘게 하락한 1140을 기록했다. 닷컴 거품이 꺼지자 나스닥 주식들은 닷컴 붐 시절의 상승세보다 훨씬 더 가파른 속도로 하락하고 닷컴 열풍은 급격히 식었다. 인터넷 열풍의 진원지인 실리콘 밸리는 엄청난 타격을 받았다.

1980년대에 일본의 반도체 덤핑으로 벌어진 반도체 산업의 위기에 이어 실리콘 밸리는 두 번째 심각한 위기를 맞았다. 수많은 창업회사가 인수합병되거나 문을 닫았고 이에 많은 기술자들이 직장을 잃었다. 언론에서는 실리콘 밸리가 이 회사들의 잔해가 널린 공동묘지로 변해간다고 표현했다.

창업했다가 불과 몇 년을 넘기지 못하고 사라진 이름 모를 회사들이 많았으니 무명용사들의 묘지라고 표현해도 될 법하다.

실리콘 밸리의 비영리단체 '조인트 벤처Joint Venture'는 매년 실리콘 밸리의 사회적·경제적 여러 상황과 기업 환경 등을 조사하고 결과를 요약해 발표한다. 이 단체에는 관계·정계·학계·경제·산업·환경 등 각 분야의 전문가들이 참여해 실리콘 밸리의 변화 추이를 관찰하고 문제점을 지적하며 장기적 발전 방안을 제시한다. 이 보고서에 따르면, 닷컴 거품이 꺼진 후 실리콘 밸리의 경기 침체는 약 4년간 계속되었다. 실리콘 밸리에서 감소한 일자리 수는 2001년에는 12만 7천 개였고 2002년부터 감소 추세가 둔해지기는 했으나 2004년까지 일자리는 계속 감소했다.

4년간 모두 20만 개가 넘는 일자리가 사라졌고 직장에 남아 있는 사람들도 줄어든 봉급을 감수해야 했다. 직장을 잃은 기술자 등 상당수의 실리콘 밸리 주민들이 생활비가 비싼 실리콘 밸리를 떠나거나 아예 캘리포니아를 떠나 다른 주로 이사 갔고 이 때문에 실리콘 밸리는 인구까지 줄어들었다. 미국의 전반적인 부동산 경기에 크게 영향을 받지 않는 실리콘 밸리의 부동산 경기도 이 기간 동안에 침체기를 겪었다.

실리콘 밸리의 미래에 대해 또다시 의문이 제기되었고 이 위기를 어떻게 극복할 것인지, 외부에서 많은 사람들이 주시했다. 닷컴 붐 시기에 실리콘 밸리에 대한 관심이 뜨거웠던 한국에서는 산업체, 정부기관, 언론계, 학계 등 각계각층에서 실리콘 밸리를 둘러보고 돌아갔다. 실리콘 밸리에 관한 여러 책들이 국내에서 출판되기도 했다. 그러나 닷컴 거품이 꺼지자 한국에서도 실리콘 밸리에 대한 관심이 금방 식었다. 당시 한국의 첨단산업은 반도체를 비롯해 TV, 휴대전화 등이 세계 시장에서 약진하기 시작한 때였다. 미국의 닷컴 붐 거품이 꺼지자 한국에서는 실리콘 밸리의 전성기는 이제 끝났다고들 했다.

2005년이 되자 비로소 실리콘 밸리는 회복세로 돌아섰고 일자리가 늘어나 회사들은 다시 기술자들을 채용하기 시작했다. 벤처 투자회사의 창업투자도 활발해졌다. 2001년부터 2003년까지 매년 감소 추세를 보이던 실리콘 밸리에 대한 벤처 투자금액은 2004년 증가세로 돌아서 2003년 대비 15퍼센트의 증가를 기록했고, 이때 미국 전체 벤처 투자금액의 3분의 1이 실리콘 밸리에 투자되었다. 실리콘 밸리에서 창업해 성공한 사람들 중 상당수는 실리콘 밸리의 하이테크 창업에 재투자한다. 선 마이크로시스템스 공동 창업자인 앤디 벡톨샤임이 개인적으로 래리 페이지와 세르게이 브린에게 구글 창업의 종잣돈 10만 달러를 투자한 것은 한 예에 지나지 않으며 이외에도 크고 작은 예는 수없이 많다.

실리콘 밸리에 재투자되는 자금, 문을 닫은 회사에서 쏟아져 나온 전문 인력은 실리콘 밸리 토양을 기름지게 하는 역할을 한다. 이러한 여건은 다음에 등장하는 회사들의 밑거름이 되어 성공의 확률을 높여준다. 2000년부터 2004년까지 어려운 시기를 극복해낸 회사들은 기업 인수와 합병, 우수한 인재 확보, 연구개발 등을 통해 더욱 체질이 강한 회사로 태어났다. 위기를 맞아 지출을 줄이고 생산성을 높인 회사들은 적은 자원으로 더 많은 결과를 만들어낼 수 있는 경쟁력을 확보했다.

구글은 인터넷 거품이 꺼진 후 거리로 쏟아져 나온 많은 기술자 가운데 우수한 인재들을 선별해 채용하는 등 어부지리를 얻었다. 닷컴 붐이 꺼지고 열병을 한바탕 치르고 난 뒤 살아남은 야후, 구글, 이베이 등과 같은 이 지역의 회사들은 인터넷 시대의 세계적 기업으로 성장했다. 이 기간 동안 실리콘 밸리의 산업은 반도체, PC, 휴대용 전자기기 등 하드웨어 산업에서 인터넷, 소프트웨어, 정보 서비스, 생명공학, 청정에너지, 의료기기 등으로 다양해졌고, 이는 실리콘 밸리가 2010년대에 다시 전성기를 누리는 기반이 되었다.

## 이베이와 전자 상거래

인터넷의 대중화가 경제에 끼친 영향을 일반 사람들이 쉽게 피부로 느낄 수 있는 곳은 전자 상거래(e-commerce, 이커머스)일 것이다. 백화점처럼 점포를 차려놓고 제품을 판매하던 기존 회사들은 이제 대부분 웹 사이트를 동시에 갖춰 고객들이 인터넷상에서도 물건을 구입할 수 있게 했다. 뿐만 아니라 건물이나 점포 없이 웹 사이트를 차려놓고 인터넷상에서만 물건을 판매하는 수많은 온라인 쇼핑 전문회사가 생겨났다. 이베이eBay와 아마존Amazon.com은 이 같은 새로운 형태로 글로벌 거대 기업으로 성장했다. 아마 많은 사람들이 이베이나 아마존에서 제품을 구매했거나 필요한 물건을 찾기 위해 이 웹 사이트를 방문한 경험이 있을 것이다.

이베이는 닷컴 붐이 시작될 무렵 1995년 실리콘 밸리에서 인터넷 경매 사이트로 출발했다. 샌호세에 본사를 둔 이베이는 2015년 매출액이 86억 달러에 이르는 거대 기업으로 성장했다. 그러나 이베이의 출발은 사업 시기와 장소가 잘 맞아떨어진 것 외에는 특별할 것 없이 평범했다. 닷컴 붐 시기에 실리콘 밸리에는 컴퓨터 프로그래밍 실력이 쟁쟁한 내로라하는 기술자들이 창업한 온라인 쇼핑 회사들이 많았고, 이베이도 그중 하나였다. 이베이가 오늘과 같은 대기업으로 성장할 수 있었던 것은 물론 창업자 피에르 오미디아의 컴퓨터 프로그래밍 실력과 사업 감각 덕분이긴 하다. 그러나 오미디아가 이베이를 창업하면서 자신이 회사 경영을 고집하지 않고 전문 경영인을 외부에서 일찌감치 영입한 것이 이베이 성공에 중요한 요인이 되었다.

### 피에르 오미디아

피에르 오미디아Pierre Omidyar는 1967년생으로 프랑스 파리에서 출생했다. 그의 부모는 프랑스로 유학 와서 만나 결혼한 이란 사람들이다. 팔라비Pahlavi 왕이 통치하던 1960년대의 이란은 교육 환경이 열악해 여유 있는 부모들이 자녀를 미국 또는 영국이나 프랑스 등 유럽 국가로 유학 보내는 경우가 많았다. 프랑스에는 예전부터 중동과 북아프리카에서 온 회교도가 많이 살았고, 현재 약 8백만 명으로 유럽 국가 중 가장 많다. 프랑스에 유학 온 오미디아의 부친은 의과대학을 졸업한 뒤 의사가 되었고, 모친은 소르본 대학에서 언어학 박사학위를 받았다.

오미디아가 아주 어릴 때 부친이 미국 동부 볼티모어에 있는 존스 홉킨스 대학교Johns Hopkins University 의과대학에 수련의로 채용되자 가족 모두 미국으로 이주했다. 하지만 부모는 오미디아가 두 살 때 이혼해 오미디아는 그 후 모친과 함께 생활했다. 모친은 미국 서부 버클리 캘리포니아 대학과 동부의 조지타운 대학Georgetown University에서 강의를 하는 한편, 페르시안 문화 보존 활동으로 미국과 해외로 여행을 하는 일이 잦았다. 따라서 오미디아는 고등학교를 졸업할 때까지 2~3년 만에 한 번꼴로 이사를 다녔고, 이 때문에 어릴 적 친구를 사귈 기회가 없어 혼자서 전자기기와 컴퓨터를 만지며 자랐다.

오미디아가 중학생인 1980년대 초는 PC 시대가 열리던 때였다. 그는 학교에 있는 PC로 프로그래밍을 혼자 습득하기 시작했고, 고등학생이 되자 프로그래밍 실력이 상당한 수준에 올랐다. 그가 다니던 고등학교에서는 그에게 도서관에 있는 책들을 컴퓨터를 사용해 분류·정리하는 작업을 맡기기도 했다. 그러나 컴퓨터 프로그래밍을 제외하고는 특출할 것이 없이 평범했다. 성적이 우수한 편도 아니었고 수학이나 과학에 뛰어난 것도 아닌 그저 조용히 자기 일을 하는 학생이었다.

고등학교를 졸업하고 오미디아는 보스턴 근교에 있는 터프츠 대학Tufts University에 진학했다. 대학에 다니는 동안 오미디아는 애플 매킨토시Mcintosh 컴퓨터로 프로그래밍하는 작업에 빠져들었다. 대학교 3학년을 마친 1987년 여름, 오미디아는 매킨토시 프로그래밍 실력을 이용해 실리콘 밸리의 작은 회사에서 인턴사원으로 일했다. 실리콘 밸리를 처음 경험한 오미디아는 실리콘 밸리의 기술, 기업문화, 근무 분위기 등에서 강렬한 인상을 받았다. 보스턴으로 돌아와 4학년 첫학기를 마친 오미디아는 실리콘 밸리에 대한 미련을 떨치지 못해 남은 학업을 포기하고 직장생활을 하러 실리콘 밸리로 이사했다. 그는 나중에 버클리 캘리포니아 대학에서 남은 4학년 과정을 이수하고 버클리 졸업장을 받았다.

오미디아는 언론의 조명을 받지 않고 자신의 길을 묵묵히 걸어간다(2007년)(사진 출처: http://en.wikipedia.org/wiki/Image:Pomidyarji.jpg by Joi Ito, CC BY).

실리콘 밸리에 온 오미디아는 소프트웨어 엔지니어들이 자주 그렇듯이 여러 회사를 옮겨 다녔다. 그의 첫 직장 클래리스Claris가 1991년 애플에 인수 합병되면서 오미디아는 해고당하는 경험을 했다. 해고된 동료 기술자들과 오미디아는 1991년 인터넷 쇼핑에 관련된 소프트웨어 회사 이숍eShop을 창업했으나 1994년 이 회사를 떠나 제너럴 매직이라는 회사에 취직했다. 제너럴 매직에 근무하던 1995년 오미디아는 여가 시간에 집에서 옥션웹AuctionWeb이라는 인터넷 경매 사이트를 만들어 개설해 판매자와 구매자 모두에게 무료로 서비스를 제공했다. 옥션웹이 개설되자 사용자 수가 오미디아의 기대를 넘어 급속히 늘어났다. 옥션웹에서 거래되는 물건 종류도 다양했다. 오미디아는 처음 이 경매 사이트를 개설할 때 컴퓨터를 비롯한 전자제품 거래를 염두에 두었다. 그러나 사용이 간편하고 무료인 옥션웹에 대한 소문이 퍼지면서 골동품이나 희귀물품 등 수집 소장용품을 비롯한 온갖 종류의 물건이 옥션웹에서 거래되기 시작했다.

### 이베이 창업

1996년 오미디아는 경매 사이트의 이름을 옥션웹에서 이베이eBay로 바꾸고 판매자에게 수수료를 받았다. 수수료를 부과해도 이베이 사용자 수는 꾸준히 증가했다. 초기에 무료 서비스를 제공하다가 사용자를 충분히 확보한 후 유료 서비스로 전환한 그의 사업 감각이 효력을 보였다. 이베이는 이제 오미디아가 취미 삼아 시작한 부업 수준을 넘어섰다. 1997년 사업을 확대하기 위해 오미디아는 벤치마크 캐피털Benchmark Capital에서 투자를 받았다. 벤치마크 캐피털은 실리콘 밸리 멘로 파크에 본사가 있는 벤처 투자회사로 이베이의 지분 30퍼센트를 받고 650만 달러를 투자했고, 2년 후인 1999년 봄 이베이가 주식을 상장하자 50억 달러가 넘는 천문학적인 투자 수익을 올렸다. 물론 오미디아도 주식 상장으로 억만장자 대열에 올랐다.

오미디아는 이베이에서 발생하는 거래를 철저히 판매자와 구매자 간의 행위로 규정하고, 여기서 발생하는 문제는 당사자들이 해결하도록 했다. 이베이는 인터넷에서 경매장소를 제공하고 대금 결제의 안전성을 보장해 주는 이외에 다른 문제에는 개입을 하지 않겠다는 것이다. 대금 결제 서비스를 위해 이베이는 2002년 페이팔PayPal 사를 인수했다. 페이팔은 인터넷 상거래의 대금 결제 서비스를 해주는 회사로, 판매자와 구매자 사이에서 대금 거래를 집행해준다. 판매자 입장에서 보면 페이팔을 통해 대금을 지불받으면 거래에서 안정성을 보장받아 걱정을 덜고 구매 고객을 맞을 수 있다. 일론 머스크Elon Musk가 2000년에 시작한 페이팔은 2002년 이베이에 매각된

샌호세에 있는 이베이 본사 사옥 입구.

뒤 전자 상거래 대금 결제 분야에서 독보적인 위치를 구축하고 있다. 이베이는 페이팔을 매입한 후 계열사로 운영하다가 2015년 독립회사로 다시 분사시켰다.

이베이는 서비스 사업이라 첨단기술 개발이 필요한 것도 아니고 아마존처럼 대형 창고도 필요 없다. 다시 말해 사용자가 지불하는 수수료만 챙기면 되는 것처럼 보이는 사업 형태다. 그러나 이러한 사업에는 경쟁이 치열하기 마련이고, 여기서 생존하고 성공하려면 경험 있고 노련한 경영인이 필요하다. 1998년 오미디아는 이베이 CEO직에서 물러나면서 메그 휘트먼Meg Whitman을 영입해 이베이의 경영을 맡겼다. 이로써 창업한 지 3년 만에 오미디아는 경영 일선에서 물러나 이후 이사회 의장으로서 회사의 장기적인 발전에 관여하고 있다.

메그 휘트먼은 이베이 CEO에 취임한 후 1998년 이베이 주식 상장을 성공적으로 이끌었다. 이베이 주식 가격은 1998년 9월 나스닥 거래 첫날 상장가격 18달러에서 거의 3배로 치솟는 기염을 토했다. 오미디아는 이베이 주식 상장으로 단숨에 억만장자가 되었다. 이베이 경영 일선에서 물러난 후 오미디아는 자선사업에 노력을 기울여 1998년 오미디아 재단을 설립하고 비영리단체들에 기부하기 시작했다. 2002년 그는 모교인 터프츠 대학교에 거금 1억 달러를 기부했는데 이 기부금은 터프츠 대학 사상 최대의 기부 액수다. 오미디아는 자신을 자선사업가라고 소개하는 데 주저하지 않으며 그의 명함에는 직함이 '자선사업가Philanthropist'로 되어 있다 한다. 그는 빌 게이츠와 워런 버핏이 주도하는 재산 50퍼센트 이상 기부하기 운동에도 서약했다. 그러나 그의 이름과 행적은 여느 하이테크 창업자, 억만장자, 자선사업가처럼 일반 사람에게 익숙하지 않을뿐더러 언론의 조명을 받지도 않는다. 몇 가지 이유가 있겠지만 아마도 오미디아 성격과 방식 때문일 것이다. 이렇듯 이베이의 경영을 휘트먼에게 넘긴 오미디아는 언론에 노출되지 않고 자신의 할 일을 조용히 해 나가고 있다.

### 메그 휘트먼

메그 휘트먼은 1998년 이베이에 CEO로 영입된 후 2008년까지 10년간 이베이를 경영하며 이베이를 인터넷 상거래의 대기업으로 이끌었다. 휘트먼은 뉴욕의 엘리트 가정 출신으로 본인도 엘리트 과정을 거쳤다. 프린스턴 대학교를 졸업한 휘트먼은 하버드 경영대학원에서 MBA를 받고 월트 디즈니 사에서 오랫동안 일했다. 그 후 신발회사 스트라이드 라이트Stride Rite, 장난감 회사 플레이스쿨Playskool에서 사장을 역임했다. 이베이에 영입되기 직전 그녀는 플레이스쿨 사장이었다. 이베이에서 그녀를 CEO로 영입하기 위해 접촉했을 때 그녀는 이베이라는 이름을 듣지 못했고, 인터넷 경매에 대해서도 아는 것이 없었다. 애플의 스티브 잡스가 펩시콜라 사장이던 존 스컬리를 애플 CEO로 영입하려 했을 때의 상황과 비슷하다고 하겠다.

스티브 잡스가 삼고초려하다시피 스컬리를 찾아가 설득했고, 주저하는 스컬리에게 급기야 "당신은 남은 인생 동안 설탕물만 팔고 있을 거냐?"라고 당돌하게 말한 것처럼, 주저하는 휘트먼에게 오미디아도 "당신은 남은 인생 동안 애들 장난감이나 팔고 있을 건가?"라고 할 수도 있었겠지만 오미디아의 성격으로 보아 그런 일은 없었을 것이다. 휘트먼은 이베이를 방문해 인터넷 경매를 자신이 직접 경험해본 후에야 이베이 CEO직을 수락했다. 그 후 10년간 이베이의 기업문화를 확립하고 연관 기업들을 인수 합병하면서 휘트먼은 이베이를 현재의 거대 기업 위치로 올려놓았다.

2008년 이베이 CEO직을 사임한 휘트먼은 2010년 캘리포니아 주지사 선거에 공화당 후보로 출마했지만 낙선했다. 이후 2011년부터 HP 사 CEO를 맡아 이끌어가고 있다(사진 출처: Meg Whitman speaks at the Tech Museum in San Jose by Max Morse, CC BY).

2008년 이베이 CEO직을 사임한 휘트먼은 정계에 입문해 2010년 캘리포니아 주지사 선거에서 공화당 후보로 출마했다. 칼리 피오리나가 2005년 HP의 CEO직에서 물러난 후 정계에 입문해 2010년 캘리포니아 연방 상원의원 공화당 후보로 나선 것과 비슷한 행보다. 휘트먼의 상대인 민주당 후보는 경력이 화려한 정계의 노장 제리 브라운Jerry Brown이었다. 휘트먼은 이베이 재직 당시에 모은 개인 재산을 선거자금으로 사용하면서 미국 선거 역사상 가장 많은 비용을 쓴 후보자라는 평을 들었으나 브라운에게 패했다. 휘트먼은 선거에 패한 후 2011년 경영에 어려움을 겪던 HP의 CEO에 취임해 현재까지 HP를 이끌어가고 있다.

## Go west, young man (3):
# 마크 저커버그의 페이스북과 소셜 네트워킹

언론에 수시로 보도되는, 부잣집 아들처럼 멀끔한 얼굴과 함박웃음을 짓고 있는 마크 저커버그Mark Zuckerberg의 사진에 익숙한 사람들이 많이 있을 것이다. 그는 실제로 여유 있는 가정에서 누이 세 명과 함께 외동아들로 자랐다. 그는 지금도 여전히 청바지와 후디라 불리는 모자 달린 티셔츠를 즐겨 입어 대학생 티를 벗지 못한 듯한 모습이지만, 16억 명 회원을 보유하고 연간 매출이 180억 달러에 이르는 **소셜 네트워킹 서비스** 사이트의 거대 기업 페이스북을 이끌고 있는 젊은 기업가다. 젊은 나이에 인터넷 대기업을 이끄는 저커버그는 마치 마이크로소프트의 빌 게이츠가 30년 후 소셜 네트워크 분야에 재현한 것 같은 상황을 연출하고 있다.

저커버그는 1984년 5월생, 빌 게이츠가 1955년생이므로 인간의 세대로 한 세대 차이다. 현재 젊은 저커버그를 빌 게이츠와 비교하는 것은 지금으로써는 무리한 시도일지도 모른다. 저커버그의 인생 항로가 앞으로 어떤 방향으로 전개될지 예측하기에는 아직 이르기 때문이다. 그럼에도 그는 이미 게이츠와 비슷한 면을 보여주고 있는데 이는 단지 하버드 대학을 중퇴했다는 사실 때문만은 아니다.

저커버그는 뉴욕 주의 돕스 페리Dobbs Ferry라는 작은 동네에 여유 있는 유대인 가정에서 태어났다. 돕스 페리는 뉴욕 시에서 약 20킬로미터 떨어진 북쪽 허드슨 강Hudson River 변에 인구 만 명 정도가 사는 작은 동네다. 저커버그가 아니었으면 사람들의 입에 오르내릴 일이 없었을 그런 동네다. 저커버그의 부친은 치과의사고 모친은 심리치료사였다.

저커버그는 어려서부터 컴퓨터에 흥미가 많아 초등학생 시절부터 프로

그래밍을 익혔다. 저커버그가 중학생이 되자 부친은 컴퓨터 개인교사를 구해 집에서 컴퓨터를 배우게 했다. 이 개인교사는 저커버그를 컴퓨터의 신동이라고 칭찬하고 얼마 지나지 않아 더 가르칠 것이 없다며 그만두었다. 그 후 부친은 중학생 아들을 근처에 있는 머시 칼리지Mercy College 대학원 컴퓨터 강좌에 청강생으로 등록시켰다. 강의 첫날 아들을 데리고 간 저커버그의 부친에게 교수가 강의실에 아들을 데리고 오지 말라고 했다는 일화가 있다.

저커버그는 고향에 있는 공립학교에서 고등학교 2학년까지 다녔다. 재능 있는 아들을 아이비리그 대학에 진학시키려고 부모는 그를 뉴햄프셔 주에 있는 필립스 엑서터 아카데미Phillips Exeter Academy 3학년에 편입시켰다. 이 학교는 1781년에 설립된 역사 깊은 사립 고등학교로 졸업생 중 상당수가 아이비리그 대학에 진학했다. 저커버그는 이 학교에서 펜싱팀의 주장으로 활동하면서도 컴퓨터 프로그래밍에 많은 시간을 보냈다. 고등학교 4학년인 2002년 저커버그는 졸업 과제로 컴퓨터 프로그램을 제작했는데, 사람들이 즐겨 듣는 음악을 분석한 후 각자의 취향에 맞는 곡을 찾아 목록을 작성해 사용자들에게 제시해주는 프로그램이었다. 이 프로그램을 소개하는 기사가 어느 잡지에 실리자 마이크로소프트는 이 프로그램의 가격으로 1백만 달러를 제시하고 저커버그를 직원으로 채용하겠다고 했다. AOL도 비슷한 제의를 해왔다. 그러나 저커버그는 이런 제의들을 모두 거절하고 2002년 가을 하버드 대학에 입학했다.

### 저커버그의 하버드 대학 시절

하버드 대학에서 저커버그는 심리학과 컴퓨터를 동시에 전공했고 여가 시간은 프로그램을 작성하는 데 보냈다. 대학교 1학년 때 그는 학생들의 수강신청을 도와주는 프로그램을 작성했다. '코스매치Coursematch'라고 이름 붙

후디를 즐겨 입는 20대 초반의 저커버그(사진 출처: https://www.facebook.com/Lainey1087 by Elaine Chan, CC BY).

인 이 프로그램은 각 과목에 대한 정보와 함께 수강 신청을 한 학생들의 명단도 제공했는데 학생들에게 인기가 많았다.

저커버그가 대학 2학년인 2003년 10월 핼러윈Halloween에 공개한 프로그램 '페이스매시Facemash'는 그의 장난기가 발동한 흥미 위주의 프로그램이다. 페이스매시는 하버드 대학 여학생들의 얼굴 사진을 웹 사이트에 올려놓고 일대일로 비교해 학생들이 인기투표를 한 후 승자가 그 다음 경쟁자와 대결하는 인기투표 토너먼트 프로그램이었다. 예상대로 페이스매시는 남학생들에게 폭발적인 인기를 얻었다.

그러나 곧 학교 내 여학생 단체와 흑인 학생 단체로부터 거센 항의를 받았다. 하버드 대학 당국은 저커버그가 학교 컴퓨터를 해킹해 불법으로 학생들의 사진을 내려받았고 이를 웹 사이트에 게재해 학생들의 사생활을 침해했다고 판정했다. 학교 당국은 저커버그에게 징계조치를 내리고 페이스매시 웹 사이트를 폐쇄했다. 다행히 학교에서 쫓겨나지는 않았으나 저커버그는 처벌 유예조치를 받았고, 항의한 학생 단체에 사과하고 사태를 무사히 넘겼다. 이 같은 상황을 거치는 동안 저커버그는 자타가 공인하는 하버드 대학의 컴퓨터 실력자가 되었다.

이 무렵 하버드 대학 4학년 학생 세 명이 하버드 학생들의 데이트와 사교활동을 도와주는 웹 사이트 '하버드 커넥션Harvard Connection'을 제작하고 있었다. 이들은 저커버그에 대한 소문을 듣고 2003년 11월 말 저커버그를 만나 그들의 웹 사이트 마무리 작업을 저커버그에게 의뢰했다. 저커버그는 그들에게 하버드 커넥션의 남은 부분을 완성하는 데 약 일주일 정도면 될 것이라고 답했다. 그러나 2003년 12월이 다 지나도록 하버드 커넥션은 완성되지 않았다. 하버드 커넥션 작업을 시작하던 저커버그는 곧 자신의 소셜 네트워크 웹 사이트 제작에 나섰다. 이 웹 사이트는 1학년 때 작성한 '코스매치'의 내용도 포함되었는데 학생들의 데이트가 주목적인 하버드 커넥션과는 달랐다.

어쨌든 저커버그는 2003년 12월 말 4학년 학생들에게 하버드 커넥션 작업을 더 이상 하지 않겠다고 통보했다. 하버드 커넥션을 늦춰 자신의 소셜 네크워크 사이트를 먼저 시작하려는 의도였다. 저커버그는 2004년 1월 자신의 소셜 네트워크 사이트 '더페이스북 닷컴TheFacebook.com'을 등록한 후 2004년 2월 초 가동을 시작했다. 가동한 지 닷새 만에 하버드 학생 900여 명이 등록해 사용하기 시작했고 소문이 퍼져 사용자 수가 늘어나기 시작했다. 저커버그는 곧 아이비리그의 다른 대학과 스탠포드 대학교 학생들에게도 이 웹 사이트를 개방했다. 2004년 봄, 더페이스북 닷컴이 가동을 시작한 지 불과 3개월 만에 사용자는 15만 명을 돌파했다. 2004년 6월, 뉴욕의 어느 투자가가 천만 달러에 더페이스북 닷컴을 사겠다고 제안했으나 저커버그는 이를 거절했음은 물론이다. 이 매입 제의는 저커버그를 유혹했던 페이스북 매입 제의 가운데 한 예에 지나지 않았다. 저커버그는 이후에도 수시로 들어오는 회사 매각 제의를 모두 거절하고 2012년 주식을 공개한 후 CEO로서 현재의 페이스북을 이끌어가고 있다.

저커버그가 완성해 주기로 했던 하버드 커넥션을 늦추고 그 사이에 페이스북을 시작한 것을 본 하버드 대학 4학년생 세 명은 2004년 2월 저커버그를 법원에 제소했다. 저커버그가 하버드 커넥션을 완성하기로 한 계약을 위반했고 아이디어를 도용했으므로 페이스북 프로그램도 자기들 소유라는 것이 소송의 주 내용이었다. 이 소송은 4년을 끈 뒤 제소 내용 중 일부가 사실로 밝혀지면서 저커버그는 2008년 65만 달러에 이르는 현금과 페이스북 주식을 이들에게 넘겨주고 합의했다.

그러나 제소자 세 명은 65만 달러에 합의한 후 생각이 달라졌다. 저커버그와 합의한 후 페이스북 회사의 가치가 계속 천정부지로 치솟고 있었으므로 그들은 더 많은 보상을 받으려고 2009년 65만 달러의 합의를 무효로 하려는 두 번째 소송을 제기했다. 2011년 법원은 이 소송을 근거 없는 것으로 최종 판결함으로써 저커버그는 더 이상 소송에 신경을 쓰지 않고 사업에 전념할 수 있게 되었다. 그러나 이 일은 하이테크 창업가로서 저커버그의 이미지에 오점을 남겼고 젊은 그에게 교훈이 되었다.

**페이스북**

2004년 봄, 더페이스북 닷컴의 사용자 수가 폭발적으로 증가하는 것을 본 저커버그는 본격적으로 사업에 나설 결심을 했다. 저커버그는 여러 여건을 고려해볼 때 사업을 추진하는 장소로 실리콘 밸리보다 더 나은 곳이 없다고 판단했을 것이다. 하버드 대학 2학년을 마친 2004년 여름, 저커버그는 곧바로 실리콘 밸리의 팔로알토로 이주해 본격적으로 사업을 펼쳐 나간다. 그의 고등학교 친구, 하버드 대학 친구, 실리콘 밸리에서 알게 된 젊은 인터넷 기술자, 사업가들이 저커버그의 사업에 속속 합류했다. 더페이스북 닷컴 출범 후 불과 1년 3개월 만에 사용자 수가 20배 증가해 2005년 6월 사용자 수가 3백만 명을 넘어섰다.

2005년 9월 이들은 회사 명칭을 더페이스북 닷컴에서 페이스북 닷컴Facebook.com으로 바꿨다. 2006년 야후에서 10억 달러를 제시하며 페이스북

**위** | 멘로 파크에 있는 페이스북 본사 사옥의 일부. 2층과 3층 건물로 둘러싸인 안쪽에 직원을 위한 식당, 가게 등 각종 편의시설이 있어 '페이스북 마을'이라고 해도 전혀 손색이 없다.

**아래** | 페이스북 본사 앞에 세워져 있는 '좋아요'를 나타내는 표지판. 방문객들이 종종 이 앞에서 사진을 찍는다.

인수를 시도했으나 저커버그는 일언지하에 거절했다. 2007년 페이스북을 인수하려는 노력 대신 마이크로소프트는 페이스북의 지분 1.6퍼센트를 받고 2억 4천만 달러를 투자했다. 이로써 페이스북 회사의 평가가치는 150억 달러에 달했다. 페이스북 사용자 수는 폭발적인 성장세를 이어가며 2009년 2억 명을 돌파했고 6년 후인 2015년에는 16억 명에 이르렀다.

페이스북의 엄청난 사용자 수는 어마어마한 광고 시장을 의미했고, 엄청난 액수의 광고 수입을 의미했다. 이 같은 배경으로 페이스북은 2012년 5월 나스닥에 주식을 상장했다. 주당 38달러에 상장된 주식은 당일 마감 당시 가격이 38달러 23센트에 머물러 결과가 실망스럽기는 했지만 주식 상장으로 28세의 저커버그는 재산이 19억 달러에 달하는 억만장자가 되었다. 주식 상장 다음 날인 5월 19일 저커버그는 친구와 지인 100명을 그의 팔로알토 집으로 초대했다.

초대받은 손님들은 일주일 전에 샌프란시스코 캘리포니아 의과대학 University of California, San Francisco UCSF을 졸업한 저커버그의 약혼녀 프리실라 챈Priscilla Chan의 의과대학 졸업 축하 파티인 줄 알았다. UCSF 의과대학은 미국 최상위권에 속하는 의과대학이다. 중국계인 프리실라 챈은 저커버드의 하버드 대학 1년 후배로 저커버그가 2학년일 때 학교 파티에서 그를 처음 만났다. 2007년 하버드 대학을 졸업한 프리실라 챈은 실리콘 밸리로 와서 샌호세의 사립 중·고등학교인 하커 스쿨Harker School에서 과학교사로 재직했고 2008년에 UCSF 의과대학에 입학해 2012년에 졸업했다.

그러나 그날 저커버그의 팔로알토 집 뒷마당은 마크 저커버그와 프리실라 챈 두 사람의 결혼식장이었고, 손님들은 정장 차림의 저커버그를 생전처음 보았다. 이에 대해 지역 신문 등 언론에서는 저커버그다운 결혼식을 연출했다고 떠들썩했다. 손님들 모르게 깜짝쇼를 연출한 것은 물론이고, 억만장자답지 않게 소탈한 결혼식을 올렸다고 보도했다. 저커버그는 후디와 청바지로 상징되는 그의 이미지에 걸맞게 검소하게 생활한다. 다른 억만장자들처럼 초호화판 결혼식을 하거나 대저택을 짓고 자가용 비행기와 호화 요트를 구입하거나 지중해나 하와이에 있는 섬을 통째로 사는 등의 행위는 그에게서 아직 찾아볼 수 없다. 대신 그는 젊은 나이에 일찌감치 자선사업에 눈을 돌려 활발한 자선활동을 펼치고 있다. 이에 대한 자세한 얘기는 11장에서 살펴보기로 한다.

## 일론 머스크의 도전: 우주개발과 전기 자동차 사업

2016년 현재 44세의 나이로 과거 실리콘 밸리의 하이테크 창업자 그 누구에게서도 찾아볼 수 없는 과감한 기업가 정신을 실천하고 있는 사람은 일론 머스크Elon Musk다. 과거 실리콘 밸리에서 성공한 창업자들의 기업활동은 대부분 반도체, 컴퓨터, 인터넷 등 한 가지 전문 분야에 국한되어 있었다. 이에 비해 머스크의 기업활동은 이러한 전례와는 다른, 차원 높은 수준이다.

그는 인터넷 사업에서 성공해 재산을 모은 후 곧이어 우주개발 사업에 뛰어들었다. 우주개발 사업은 장기적인 사업이자 극도의 위험이 따르는 사업이다. 인터넷 사업에서 성공해 돈을 벌기는 했지만 그는 마크 저커버그나 구글의 창업자들처럼 억만장자 수준은 아니다. 그럼에도 우주개발 사업에 뛰어든 다음 해, 머스크는 전기 자동차 회사인 '테슬라 모터스Tesla Motors'를 창업했고, 그다음 해에는 태양전지 사업체인 '솔라 시티Solar City'를 설립했다. 과거 우주개발 사업은 NASA를 비롯한 미국 정부기관, 그리고 미국 정부에서 선정한 일부 소수의 대형업체가 주도해 왔다. 미국의 자동차 산업은 기존 업체인 GM, 포드, 크라이슬러와 기존의 유통구조가 지배하는 체제다. 이 같은 상황에서 이 분야에 기술적으로나 사업적으로 경험이 전혀 없는 머스크가 도전장을 던진 것은 돈키호테식 행동으로 보일 수도 있다. 실제로 기존 업체들은 머스크의 행동에 대해 회의와 냉소적인 반응을 넘어 조롱에 가까운 반응을 보였다.

그러나 머스크는 관료주의에 젖어 있고 경쟁이 없는 우주개발 사업 환경, 그리고 지지부진한 미국의 자동차 업계가 오히려 자신에게 사업 기회를 제공해 준다고 판단했다. 이렸을 적부터 독서광이었던 그가 즐겨 읽은 우주 공상과학 소설이 우주개발 사업을 하는 데 영향을 주었을 수도 있다. 그러나 그는 대학교에서 경영학과 물리학을 복수 전공했다. 어릴 적 환상을 실현하고 싶어 맨땅에 헤딩하는 식으로 사업을 벌이는 단순한 성격이 아니라는 뜻이다. 머스크에게는 골드러시와 서부 개척시대의 모험심과 도전 정신, 그리고 실리콘 밸리의 기업가 정신이 철저하게 응집되어 있다. 10여 년이 지난 후, 머스크는 인터넷 사업을 하면서 익힌 실리콘 밸리의 기업가 정신과 기업 체질을 우주개발 사업과 전기 자동차 사업에 접목시켜 놀라운 성과를 거두고 있다. 그간의 기술혁신과 사업적인 성과에 대해 업계에서는 놀라움과 찬사를 보내고 있다.

**일론 머스크**

한정된 지구 자원의 고갈, 운석 충돌, 핵전쟁 등 언제 닥칠지 모를 인류의 종말에 대비해 지구를 벗어나 우주로 진출하려는 사업을 실리콘 밸리의 사업가가 추진하고 있다면 의아하게 생각할 사람들이 많을 것이다. 이 사업의 궁극적인 목표는 화성에 인간이 거주할 수 있는 환경을 마련하는 것이다. 미국 정부에서 연구비를 지원받아 기술을 개발하는 사업이 아니라 상업적인 차원에서 우주개발 사업을 본격적으로 추진하는 것이다. 허무맹랑하기도 하고 황당하게도 들리는 이 사업을 시작한 인물은 항공우주 전문가가 아닌 실리콘 밸리의 사업가 일론 머스크였다. 2002년, 31세의 젊은 그가 우주개발 사업에 뛰어들었다.

사실 머스크는 실리콘 밸리 출신이 아니다. 그는 지구 반대편에 있는 남아프리카공화국에서 태어나고 자랐다. 1971년 6월생인 그는 남아공화국 수도인 프리토리아Pretoria에서 태어나 그곳에서 고등학교까지 다녔다. 부친은 기계 및 전기공학 기술자였는데 컴퓨터에 대해서는 흥미도 관심도 없었다. 모친은 캐나다에서 남아공화국으로 이주해와 부친과 결혼했지만, 머스크가 일곱 살 때 부모가 이혼해 머스크는 어머니와 생활했다.

머스크는 어릴 적부터 책을 좋아해 초등학생 시절에 매일 서너 시간을 책을 읽으며 보냈고, 중학교에 들어간 후에는 하루에 여덟 시간씩 책을 읽는 날도 많았다. 책을 많이 읽은 탓에 그는 같은 또래보다 조숙한 면이 있었다. 그는 아이작 아시모프Issac Asimov의 공상 과학소설을 탐독했고 발명왕 토머스 에디슨, 전기공학자 니콜라 테슬라Nicola Tesla 등에게서 감명을 받았으며, 애플 창업자 스티브 워즈니악과 스티브 잡스에게도 깊은 인상을 받았다. 머스크가 현재 보여주는 웅대한 사업 계획은 어릴 적 독서에서 싹텄다고 볼 수 있다.

머스크가 초등학생이던 1970년대 말은 PC 시대가 막 열리던 시점이었다. 머스크는 그때 컴퓨터 프로그래밍을 독학으로 익혔고 열두 살 때 컴퓨터 게임 프로그램을 완성해 5백 달러에 팔기도 했다. 프리토리아에서 고등학교를 졸업한 머스크는 군대 복무를 면하기 위해 남아공화국을 떠날 방법을 찾았다. 당시 남아공화국은 흑백 분리정책을 시행하는 백인 정부가 통치하고 있었고, 청년들에게는 병역의무가 있었다. 머스크에 따르면, 그는 군복무 제도에 반대한 것은 아니었지만 흑인을 박해하는 정권의 군대에 징집되어 복무할 가치를 느끼지 않았다.

머스크는 어머니 쪽 친척이 있는 캐나다로 방향을 잡아 캐나다 동부 온타리오Ontario에 있는 퀸즈 대학교Queen's University에 입학했다. 그러나 머스크는 지구상의 기술혁신은 대부분 미국에서 일어난다고 생각했으므로 최종 목적지에 대해서는 확고했다. 퀸즈 대학교를 2년 다닌 후 머스크는 미국 펜실베이니아 대학교University of Pennsylvania에 편입해 워튼 스쿨Wharton School에서 경영학과 물리학을 복수 전공했다. 이어 스탠포드 대학교 대학원 물리학 박사과정에 입학허가를 받아 1995년 실리콘 밸리로 왔다.

머스크가 스탠포드 대학교 대학원 생활을 시작한 1995년은 실리콘 밸리가 인터넷 기술혁신으로 뜨겁게 달아오른 때였다. 머스크는 자신의 컴퓨터 프로그래밍 실력에 자신감이 있었고 현실로 다가온 인터넷 사업의 가능성을 직시하고 있었다. 학기가 시작된 지 이틀째 되던 날, 머스크는 스탠포드 대학원에 휴학계를 제출하고 인터넷 사업의 길로 나섰다. 대학원은 만일 사업이 뜻대로 되지 않으면 다시 시작할 계획이었다. 야후를 창업한 제리 양과 데이비드 파일로, 그리고 구글을 창업한 래리 페이지와 세르게이 브린은 박사과정이 거의 끝나던 시점에서 스탠포드를 떠났지만 머스크는 학기가 시작되자마자 학업을 포기하는 결단을 내렸다.

### 머스크의 인터넷 사업

머스크는 팔로알토에 사무실을 얻어 '집2Zip2'라는 회사를 설립하고 각 지역 신문사 등 언론 매체와 지역 업체를 위한 콘텐츠를 인터넷상에 띄워주는 사업을 시작했다. 시대에 앞서가는 사업 내용이라 고객 확보가 어려워 머스크는 사업 초기에 많은 고생을 했다. 더구나 그에게는 야후나 구글의 창업자들처럼 도움받을 수 있는 스탠포드 대학 친구나 교수, 동문도 없었다. 머스크는 자신의 실력과 집념만으로 동생과 함께 사무실에서 먹고 자면서 프로그램을 제작하고 고객을 유치했다. 4년 동안 고생하면서 그는 200여 개의 고객사를 확보했고 그중에는 〈뉴욕 타임스〉와 같은 대형 언론사도 있었다. 1999년 머스크는 집2를 컴팩 컴퓨터Compaq Computer에 매각했는데 매각 가격이 3억 달러에 이르렀다.

집2를 매각한 머스크는 그 자금을 가지고 곧 다음 사업에 착수했다. 그는 1999년 엑스닷컴X.com이라는 회사를 설립해 전자메일로 대금을 결제하는 서비스를 시작했다. 당시 엑스닷컴의 경쟁사 중 페이팔PayPal도 전자 대금 결제 서비스를 개발하고 있었는데 머스크는 2000년에 페이팔을 인수해 자신의 엑스닷컴을 페이팔로 이름을 바꿨다. 머스크가 페이팔을 인수했지만 마치 엑스닷컴이 페이팔에 인수 합병된 것 같은 모양새가 되었다. 그러나 이러한 상황은 페이팔의 서비스가 더 우수하다고 판단한 머스크의 사업 감각에 따른 결정이었다.

머스크가 페이팔을 인수한 후 첫해 페이팔 가입자가 백만 명을 돌파하면서 급성장했다. 2002년, 닷컴 거품이 꺼지고 경기가 급속히 냉각되었으나 머스크는 페이팔 주식 상장을 성공리에 마무리했다. 상장 첫날 주식 가격 기준으로 페이팔의 회사 가치는 10억 달러에 달했다. 2002년은 메그 휘트먼이 이베이 CEO로 재직하면서 이베이가 성장 가도를 달리던 시절이다. 페이팔이 급성장하는 것을 본 이베이는 페이팔 주식 상장 7개월 후 15억 달러를 지불하고 페이팔을 인수했다. 페이팔의 매각으로 머스크는 약 2억 달러를 챙겼다. 2억 달러는 거액이기는 해도 아직 억만장자에 들 수 없는 액수였다.

두 차례 인터넷 관련 사업에서 마련한 자금으로 머스크는 곧 다음 사업에 착수했다. 그가 세 번째로 착수한 사업은 일반적인 실리콘 밸리의 사고

방식을 뛰어넘을 뿐 아니라 극도로 모험성이 크고 위험도가 높았다. 2002년 머스크는 우주를 개발하여 궁극적으로 화성에 인간이 살 수 있는 거주 환경을 마련하겠다는 웅대한 사업 구상을 실천하기 위해 '우주탐사 기술회사(Space Exploration Technologies, 줄여서 Space X라 한다)'를 설립했다.

### 스페이스 X

21세기에 들어서 미국의 우주개발 노력은 제자리 상태에 머물렀다. 계속되는 연방정부의 재정 적자로 NASA의 예산도 압박을 받았다. 설상가상으로 2003년 2월에 우주왕복선Space Shuttle 컬럼비아Columbia 참사가 일어나 NASA의 우주개발 계획에 찬물을 끼얹었다. 컬럼비아 참사란 우주왕복선 컬럼비아 호가 임무를 마치고 귀환하기 위해 지구 대기권에 진입할 때 기체의 일부가 떨어져 나가 결국 폭발해 탑승했던 일곱 명 전원이 사망한 사고다. 사고가 난 후 각종 사고조사위원회가 구성되고 NASA는 죄인 신세가 되었으며 우주왕복선의 운항이 중단되었다.

우주왕복선의 주요 임무 중 하나는 지구 상공 궤도를 돌고 있는 국제 우주정거장ISS: International Space Station에 체류할 과학자들과 필요한 화물을 수송하는 일이다. 국제 우주정거장은 지구 상공 약 400킬로미터 궤도에서 회전하는 우주 비행 물체다. 미국, 러시아, 유럽, 일본, 캐나다가 참여해 공동 운영하는 이 우주정거장은 1998년 설치된 이후 2000년부터 각국에서 선발·파견된 연구팀이 번갈아 머물면서 미래의 우주개발에 대비한 각종 과학 실험을 해오고 있다. 한국에서도 2008년 한국 최초의 우주인이 러시아 로켓 소유즈Soyuz를 타고 이 우주정거장에 도착해 10일간 체류하면서 실험을 수행한 뒤 귀환하기도 했다.

컬럼비아 호 참사로 NASA의 우주왕복선 운항이 중단된 후 국제 우주정거장에 대한 수송 업무는 러시아의 소유즈가 맡았다. 우주왕복선의 운항은 컬럼비아 호 참사 2년 뒤에 다시 진행되었지만 NASA는 2011년 우주왕복선 프로그램을 완전 종결지었다. 이후 미국 정부는 국제 우주정거장에 대한 승무원과 화물 수송을 러시아 로켓 소유즈에 의존해 왔다. 과학 실험뿐 아니라 국방과 우주개발에 필요한 기밀 사항을 러시아에 의존한다는 사실은 우려할 요소가 많았다. 이러한 상황은 머스크가 우주개발 사업에 진출하기 좋은 기회였다.

페이팔을 매각한 2002년 머스크는 '우주탐사 기술회사Space X'를 로스앤젤레스 근교인 호손Hawthorne에 설립했다. 호손은 LA 국제공항 바로 외곽에 있다. 실리콘 밸리에도 NASA의 에임즈 연구소Ames Research Center, 외계의 지적 생명체를 찾는 민간단체 SETI(Search for Extra-Terrestrial Intelligence) 등 우주항공 분야의 연구를 하고 있지만 상업적으로 우주개발을 하는 곳은 아니다.

로스앤젤레스 인근 지역에는 맥도널 더글러스McDonnel Douglas, 노스럽 그루먼Notrhrop Grumman, TRW, 록히드 마틴Lockheed Martin, 제트 추진연구소 JPL: Jet Propulsion Lab 등 항공우주 개발 회사와 연구소가 밀집해 있다. 따라서 머스크가 호손에 회사를 설립한 것은 당연했다. 회사를 설립한 후 머스크는 업계 최상급의 과학기술자들을 채용하고 실리콘 밸리의 스타트업 회사와 같은 분위기에서 사업을 추진했다. 기술 개발의 기본 방향과 사업을 주도한 머스크는 로켓 전문가는 아니지만 물리학을 전공한 사람으로서 기술의 핵심을 꿰뚫어보며 로켓 설계에도 관여했다.

스페이스 X의 1차 목표는 비용이 저렴하고 발사 후 회수해서 재사용할 수 있는 로켓을 개발하는 일이었다. 머스크는 고가의 로켓을 한 번만 사용하고 버리는 것은 낭비이므로 재사용이 가능한 로켓을 개발하는 일이 상업적인 우주개발의 관건이라고 믿었다.

NASA는 2006년 스페이스 X와 3억 달러에 가까운 금액으로 계약을 체결하고 국제 우주정거장에 화물을 수송하는 시스템 개발을 발주했다. 그러나 스페이스 X의 로켓 개발은 머스크의 기대처럼 쉽지 않았다. 스페이스 X가 로켓 발사에 최초로 성공한 것은 2008년이었다. 2007년 가을은 미국에서 비우량 주택담보 대출로 일어난 금융 위기가 시작된 시점이다. 스페이스 X는 이때까지 로켓 발사가 세 차례 실패하면서 심각한 자금난에 처했다. 머스크는 자신의 개인 재산을 투입해 회사의 위기를 넘긴 후 네 번째 로켓 발사에서 성공했다. 2010년에는 팰컨 9Falcon 9 로켓에 실어 발사한 드래건 캡슐을 지구 궤도에 진입시킨 후 지구 상공을 돌다가 태평양에 낙하한 드래건 캡슐을 회수하는 시험비행에 성공했다.

스페이스 X의 기술 개발을 지켜본 NASA는 2010년 16억 달러에 이르는 계약을 스페이스 X와 체결했다. 이 계약은 스페이스 X의 로켓을 이용해 국제 우주정거장에 화물을 열두 차례 수송하는 작업이다. 2012년 10월 스페이스 X는 팰컨 9 로켓에 탑재한 드래건 캡슐에 화물을 실어 국제 우주정거장에 화물을 전달하고 지구로 보낼 화물을 전달받아 지구로 귀환하는 데 성공했다. 드래건 캡슐의 귀환은 민간 업체가 우주선을 성공적으로 회수한 최초의 쾌거로 기록되었다. 우주정거장은 1천억 달러의 비용을 들여 건조한 초고가 장비다. 따라서 우주정거장과 캡슐이 결합하는 모든 과정에서 우주정거장에 손상을 입히지 않고 순조롭게 진행해야 한다. 마침내 드래건 캡슐이 우주정거장에 화물을 전달했다는 사실은 스페이스 X가 캡슐을 우주정거장에 결합시키는 어려운 기술을 해냈다는 증명이기도 하다.

팰컨 9 로켓을 회수해 재사용하려는 노력은 2013년부터 본격적으로 시작되었다. 개발 초기에는 팰컨 9 로켓이 공중에서 폭발하거나 수직 연착할 때 넘어져 폭발하는 등 여러 기술적인 문제를 겪었다. 2015년 12월 스페이

2014년 4월 NASA의 케네디 우주 플로리다 센터에서 스페이스 X의 CEO인 머스크와 부사장인 한스 쾨니히스만Hans Koenigsmann이 스페이스 X의 성공적인 발사를 축하하고 있다(사진 출처: NASA Kennedy).

스 X는 팰컨 9 로켓을 발사해 통신위성을 지구 궤도에 진입시킨 후 로켓 1단을 케이프 커내버럴Cape Canaveral에 있는 착륙지점에 수직 연착시키는 데 성공했다. 2016년에 들어서자 그간 축적된 기술이 가시적인 성과를 거두기 시작했다. 2016년 4월, 스페이스 X는 드래건 캡슐을 팰컨 9 로켓에 실어 국제 우주정거장에 보낸 후 팰컨 9 로켓 1단을 대서양 바다 위에 떠 있는 바지선에 수직 연착시키는 데 마침내 성공했다. 그 후 2016년 8월까지 스페이스 X는 드래건 캡슐이나 통신위성을 실은 팰컨 9 로켓을 모두 다섯 번 발사했고, 팰컨 9 로켓 1단은 그중 네 번 성공적으로 회수되었다.

이제 스페이스 X의 다음 과제는 드래건 캡슐에 과학자들을 싣고 국제 우주정거장에 도착하는 일이다. 러시아는 그동안 소유즈가 독점해온 사업에 스페이스 X가 도전하는 것을 보고 차라리 트램펄린에서 뛰어오르는 것이 낫지 않겠냐고 조롱했으나 더 이상 비웃을 수 없는 상황이 되었다. 또한 미국 국내의 보잉, 록히드를 비롯한 경쟁사들도 이제 강력한 경쟁 상대가 나타났음을 인정해야 했다.

### 테슬라 모터스

머스크는 어린 시절 공상 과학소설을 읽으며 우주로 향하는 꿈을 키웠고, 대학 시절에는 제한된 지구 자원과 환경오염에 관심을 가졌다. 따라서 원유가 주 에너지원인 현대 사회에서 에너지와 환경문제를 해결하는 방법으로 머스크가 전기 자동차에 관심을 갖는 것은 자연스러운 일이었다. 그는 2002년 스페이스 X를 창업한 후 그다음 해인 2003년 전기 자동차를 개발 생산하기 위해 테슬라 모터스Tesla Motors를 창업했다. 테슬라 모터스를 창업한 다음 해인 2004년, 머스크는 태양전지 사업체인 솔라 시티Solar City를 창업했다. 그가 21세기에 들어서 창업한 기업은 에너지, 지구 환경오염과 같은 과제를 다루는 사업들이다. 우주로 나아가기 위한 기술을 개발하는 스페이스 X도 이 사업의 큰 범주 안에 포함되는 내용이다. 1990년대 말 닷컴 붐이 불붙던 시점에 집2와 페이팔을 창업하고 매각해서 모은 재산은 머스크가 21세기의 웅대한 사업 구상을 실천에 옮기기 위한 도구였을 뿐이다.

지난 100년 동안 미국의 자동차 업계에서 새 회사를 창업해 성공한 사례가 없었다. 1970년대 들로리언DeLorean의 스포츠 카를 비롯해 1940년대와 1950년대에 여러 회사가 나름대로의 사업 계획과 차별성 있는 제품으로 시장에 도전했으나 디트로이트 빅 3인 제너럴 모터스GM, 포드, 크라이슬러, 그리고 유럽과 일본 회사에 밀려 오래 버티지 못했다. 이처럼 기존 거대 기업들이 장악하고 있는 자동차 시장에 군소 회사가 뛰어들어 성공하기란 불가능에 가깝다. 그러나 머스크에게 이러한 일은 과거의 사례일 뿐이다. 그는 전기 자동차의 시대가 오리라는 것은 필연적인 추세라고 믿었다. 머스크의 전기 자동차 사업은 틈새시장을 겨냥한 사업이 아니다. 가솔린 자동차가 궁극적으로 전기 자동차로 대체될 것이라 믿으며 테슬라 모터스가 이 변화에 앞장서겠다는 것이 그의 계획이다.

그러나 현실은 만만치 않았다. 테슬라 모터스를 설립한 2003년은 닷컴 붐이 꺼진 후 실리콘 밸리가 불황에 빠져 있을 때였다. 2003년 테슬라 모터스를 설립하기 위해 투자자를 찾아 나선 머스크에게 돌아온 것은 비웃음에 가까운 반응뿐이었다. 20세기 초 자동차가 처음 발명되었을 때 마차를 타고 다니면 됐지 자동차가 왜 필요한가 묻는 사람들처럼, 가솔린 엔진의 효율이 개선되고 국제 원유 가격이 안정된 상황에서 전기 자동차가 급할 이유가 있느냐는 것이 기존 자동차 회사들의 생각이었다. 석유회사들도 전기 자동차의 등장을 반길 이유가 없었다. 기득권의 이해득실과 고정관념이 변화를 가로막는 사례는 어디에나 있게 마련이다. 어쨌든 전기 자동차 개발에 따르는 기술적·경제적 여건은 미국의 기존 자동차 제조업체들이 전기 자동차 개발을 서두르지 않아도 되는 핑계가 되었다.

2015년 1월에 열린 테슬라 모터스 연례 회의에서의 일론 머스크. 2003년에 설립된 테슬라 모터스는 숱한 어려움을 이겨내고, 2013년 '모델 S'의 호평과 성공으로 안정적인 궤도에 올라선 다(사진 출처: Source https://www.flickr.com/photos/jurvetson/18659265152/ by Steve Jurvetson, CC BY).

투자자를 찾지 못한 머스크는 테슬라 창업 당시 자본금의 98퍼센트, 다시 말해 거의 전액을 자신이 출자해 팔로알토에 회사를 설립했다. 회사를 설립하자 머스크를 신뢰한 벤처 투자회사와 구글 창업자 세르게이 브린 등이 후속 투자에 참여했다. 그러나 자동차 기술자도 아니고 자동차 사업에 경험이 전혀 없는 머스크가 전기 자동차 사업에 진출하자 외부에서 보는 시각은 그가 스페이스 X를 설립했을 때와 비슷했다. 회의적인 견해가 대부분이었고, 결국 이전의 사례처럼 성공하지 못할 것이란 전망이 우세했다.

그러나 이러한 견해는 머스크가 대학에서 경영학과 물리학을 전공했고 실리콘 밸리에서 하이테크 창업으로 단련되었다는 사실을 제대로 파악하지 못한 억측에 지나지 않는다. 비록 자동차 전문가는 아니지만 어렸을 적 독서광인 습성을 바탕으로 자동차에 대한 전문적인 기술을 습득해 나갔다. 로켓 전문가는 아니지만 스페이스 X를 창업해 로켓 지식을 습득해 스페이스 X 기술 개발에도 참여하고 있지 않은가. 집2와 페이팔 사업을 성공으로 이끈 그의 컴퓨터 프로그래밍 실력은 그가 열 살 때부터 독학으로 익힌 결과였다는 사실을 떠올릴 필요가 있다. 머스크는 테슬라의 CEO로서 경영 전반을 책임지는 한편, 전기 자동차의 기술 개발도 이끌었다. 실리콘 밸리에 있는 테슬라와 LA에 있는 스페이스 X를 오가며 두 회사의 CEO직을 수행하는 것은 상식적으로 매우 힘든 일이다. 그럼에도 머스크는 지난 10여 년간 두 기업을 이끌며 놀라운 성과를 이루어내고 있다.

테슬라가 처음으로 시장에 판매한 제품은 10만 달러가 넘는 고가의 스포츠 카 로드스터Roadster였다. 먼저 고가 제품을 개발해 시장에서 테슬라의 이미지를 부각시키고, 후속 제품으로 벤츠나 렉서스Lexus 수준의 차종을 개발, 출시한 뒤 가격이 저렴한 대중용 모델을 개발, 출시하는 것이 테슬라의 계획이었다. 그러나 로드스터의 개발은 순조롭지 않았다. 개발 비용이 초과되었고 출시하기로 계획했던 2007년을 넘겼다. 2007년은 머스크에게 대단히 힘든 한 해였다. 스페이스 X의 로켓 개발은 계속되는 발사 실패로 늦춰지고 있었다. 게다가 테슬러의 로드스터 출시도 계속 지연되었다. 2008년이 되자 비우량 주택담보 대출 파동으로 미국 경기는 침체기에 빠져들었

실리콘 밸리의 프리몬트에 있는 테슬라의 전기 자동차 생산 공장.

다. 2008년 12월 말, 테슬라는 추가 자금 지원이 없으면 도산할 위기에 처했다. 머스크는 남아 있던 재산을 거의 모두 동원해 위기를 넘겼다. 테슬라는 2008년부터 로드스터를 생산하기 시작해 2012년까지 총 2천5백 대를 판매했다. 회사 이미지 부각에 도움이 되기는 했으나 비용 대비 판매량이 부진해 경영에는 도움이 되지 못했다.

테슬라는 2012년 6월 두 번째 제품인 '모델 SModel S'를 출시했다. 두 번째 제품이지만 실제로 첫 제품이나 다름없는 모델 S는 호평을 받았고 판매에 성공해 테슬라 경영을 곧 안정궤도에 올려놓았다. 모델 S는 성능, 외관과 내부 디자인, 안전성 등에 관한 자동차 전문가와 신문, 잡지 등 언론의 평가에서 최상의 평가를 받았다. 객관적인 시험과 평가로 소비자에게 신뢰를 받고 있는 잡지 〈컨슈머 리포트*Consumer Reports*〉는 모델 S를 시험한 뒤 지금까지 시험한 차 중에서 가장 우수한 차라고 극찬하며 100점 만점에 99점을 주었다. 자동차 잡지 〈모터 트렌드*Motor Trend*〉는 모델 S를 2013년 '올해의 차'로 선정했다. 〈LA 타임스〉는 2013년 8월, 모델 S를 가리켜 현재 도로에 다니는 차 중에서 가장 안전한 차라고 평했다.

테슬라는 2013년 말까지 모델 S를 2만 5천 대 판매해 흑자를 내기 시작했다. 모델 S의 판매량은 2014년에 3만 3천 대, 2015년에는 5만 대로 늘어났다. 모델 S를 사려는 사람들은 테슬라에 주문한 뒤 6개월을 기다려야 하는 상황도 벌어졌다.

전 세계 자동차 1년 생산량은 약 1억 대로, 테슬라의 전기 자동차 연간 생산량은 전 세계 자동차 생산량에서 아주 작은 한 부분을 차지할 뿐이다. 현재 이 작은 시장에서 사업을 벌이는 테슬라가 시상 확대를 위해 갖춰야 할 요건 중 하나가 배터리 충전 시간의 단축이다. 테슬라는 전지를 한 시간 이내에 고속으로 충전하는 시설을 전 세계 4백여 곳에 설치했다. 리튬 이온 전지를 생산할 공장도 캘리포니아 경계와 가까운 네바다 주 리노Reno에 건설하고 있다. 2016년에 생산을 시작할 이 공장은 건설비가 50억 달러에 이르는 대규모 공장이다. 이 공장에서 생산되는 전지는 자동차뿐 아니라 가정용 등, 다른 시장에도 판매될 예정이다. 머스크의 사업 비전과 규모를 이 공장 하나로도 엿볼 수 있다.

그러나 전기 자동차가 작은 시장 규모에서 벗어나려면 자동차 업계의 전반적인 노력이 필요하다. 이러한 인식에서 머스크는 2014년 6월 테슬라가 보유한 2백 건이 넘는 특허를 누구나 무료로 사용할 수 있게 허용하는 과감한 결정을 발표했다. 상식에 어긋나는 이 결정에 대해 월 스트리트의 투자기관들은 회사의 가치를 떨어뜨리는 잘못된 결정이라고 반박하고 나섰다. 그러나 이 같은 견해는 투자기관들의 단기적인 안목에 지나지 않는다. 특허를 공개해서 전기 자동차의 기술 발전과 시장 확대 등 업계 전반에 상승효과를 기대하는 머스크의 안목을 이해하지 못한 반응일 뿐이다. 머스크가 테슬라 특허 공개를 발표한 지 6개월 후인 2015년 1월, 일본의 도요타 사는 회사가 보유한 5천 건이 넘는 수소 전지 자동차에 대한 특허를 누구나 무료로 사용할 수 있게 공개했다. 무공해 자동차 기술 개발에서 머스크는 지원군을 만난 셈이다.

아직 적자에서 벗어나지 못한 테슬라는 2010년 6월, 주당 16달러로 나스닥에 주식을 상장했다. 경기에 따라 부침이 있었지만 테슬라의 주식 가격은 그간 대폭 상승해 2015년 말 240달러로 마감했다. 머스크는 테슬라 창업 당시 자신의 재산에서 상당 부분을 투자했고 2008년 말 회사의 부도를 막기 위해 남은 재산의 대부분을 테슬라에 투자했다. 이러한 머스크의 집념은 결국 보상을 받았고, 2015년 그가 보유한 재산 가치는 약 130억 달러에 이르렀다.

머스크는 경제적인 보상뿐 아니라 항공우주 업계와 자동차 업계에서 온갖 찬사와 각종 상을 수상하는 명예도 누렸다. 2007년 〈R & D〉지의 기술 혁신상, 2010년에는 자동차 기업 경영자상, 2011년에는 상금 50만 달러가 수여되는 항공우주 분야에서 권위 있는 하인라인Heinlein 금상을 수상하는 등 이루 열거할 수 없을 정도다. 〈타임〉지는 2010년 머스크를 전 세계에서 가장 영향력 있는 100인에 선정했고, 2013년에도 그를 다시 선정했다.

10장

# 실리콘 밸리의 현재와 미래의 위상

실리콘 밸리가 태어난 지 어느덧 60년이 된다. 실리콘 밸리는 그동안 크고 작은 부침을 여러 번 겪었다. 1980년대 실리콘 밸리 반도체 산업은 일본의 추격으로 뿌리째 흔들리는 위기를 겪었다. 2000년 봄, 닷컴 거품이 꺼진 후에 다시 재기할 수 있을지 의문이 제기될 정도로 실리콘 밸리는 심각한 불황에 빠졌다. 2008년 이후 수년간 미국의 비우량 주택담보 대출 파동으로 벌어진 '대불황Great Recession'이라는 경제 위기도 겪었다. 그러나 실리콘 밸리는 기술과 시장의 변화에 순발력 있게 대처하며 위기를 극복했다. 위기를 겪을 때마다 실리콘 밸리는 더욱 강한 기술력과 경쟁력으로 첨단기술과 첨단 경제 창출에 주도적인 역할을 계속해 왔다.

실리콘 밸리의 이러한 저력과 장기적인 성공의 비결은 무엇인가? 이 질문에 간단명료하게 답할 수가 없다. 아니, 비결이라는 단어가 적합하지 않을지도 모른다. 실리콘 밸리의 태동과 성장이 의도적이고 계획적으로 이루어진 것이 아니기 때문에 딱히 요인이 없다는 얘기도 된다. 실리콘 밸리의 출현과 성공은 역사적·지역적·사회적·경제적 조건들이 절묘하게 어우러져 총체적으로 상승 효과를 거둔 결과다. 실리콘 밸리와 같은 글로벌 첨단기술 단지가 다른 곳에 형성되기 힘든 이유가 여기에 있다.

따라서 실리콘 밸리가 성공하게 된 배경을 이해한다면 성공의 이유에 대한 답을 얻을 수 있다. 또한 실리콘 밸리의 성공 배경은 실리콘 밸리의 현재뿐 아니라 미래의 위상을 결정하는 요소로 작용할 수 있다.

## 실리콘 밸리 성공의 원동력

실리콘 밸리처럼 단일 첨단기술이 밀집하여 출현하는 대신, 첨단기술 개발이 미국 여러 지역에서 분산된 형태로 진행될 수도 있었다. 또는 실리콘 밸리와 같은 형태의 첨단기술 단지가 산타클라라 카운티가 아닌 미국의 다른 지역에서 출현할 수도 있었다. 회사를 설립할 지역을 찾던 쇼클리는 동부 지역은 고려하지 않았다. 벨 연구소에서 멀리 떨어진 곳을 원하긴 했지만, 애초 보수적인 동부의 기업문화가 사업에 맞지 않다고 판단했을 수도 있다. 쇼클리에게 창업 자금을 투자한 아널드 베크만은 자기 회사가 있는 LA 근처에 쇼클리가 회사를 설립하기를 바랐다. 만일 베크만의 희망대로 쇼클리가 패서디나에 회사를 설립했다면 실리콘 밸리는 LA 인근에서 탄생했을지 모른다.

당시 LA 인근에는 전자, 항공, 화학 등 첨단산업이 뿌리를 내리고 있어 첨단기술 개발을 위한 기본 여건이 이미 갖추어져 있었다. 이 지역은 또한 미국에서 다양한 민족이 섞여 사는 대표적인 곳이라 유능한 인력을 세계 각지에서 유치하는 데에도 적합했다. 인근에 캘텍, UCLA, USC 등 유수한 대학들이 있어 우수한 이공계 인력을 공급받고 산학협동을 할 수 있는 여건도 좋았다. 쇼클리가 LA 인근에 회사를 설립했더라도 기술자 여덟 명은 여전히 쇼클리와 결별했을 테고, 이들은 LA 인근 어딘가에 페어차일드 반도체를 설립했을 것이다. 따라서 LA 인근에 실리콘 밸리의 형성도 충분히 가능한 일이었다.

하지만 쇼클리는 프레더릭 터먼의 권유와 설득에 따라 회사를 스탠포드 대학교 남쪽 마운틴뷰에 설립했다. 지난 역사에서 보듯이 이처럼 실리콘 밸리가 산타클라라 카운티에 형성된 배경에는 개인적·사업적 요인들이 작용했다. 산타클라라 밸리에서 실리콘 밸리가 태동하면서 이 지역의 지리적 여건은 실리콘 밸리의 지속적인 성장과 발전에 중요한 역할을 했다.

### 산타클라라 밸리의 지리적 여건

캘리포니아는 19세기와 20세기 초반에 미국의 산업화를 주도한 동부와는 멀리 떨어진 서부 지역이다. 20세기 중반 실리콘 밸리가 산타클라라 밸리에 출현할 당시, 이곳에는 동부처럼 미국 산업화를 이끌었던 대규모 회사가 없었다. 1950년대에 트랜지스터 기술 개발과 생산은 제너럴 일렉트릭, 실베이니아Sylvania, RCA, 레이시언Raytheon, 필코Philco, 모토롤라Motorola, TI 등 동부의 대기업들이 주도했다. 따라서 실리콘 밸리가 출현하지 않았더라면 반도체 기술 발전은 동부와 중부의 대기업들이 주도하는 형태로 진행되었을 것이다. 실제로 TI는 저마늄 트랜지스터뿐 아니라 실리콘 트랜지스터를 개발해 1954년부터 생산하기 시작했고 TI에 입사한 지 얼마 되지 않은 잭 킬비가 1959년 집적회로를 발명하는 등 한동안 반도체 기술 개발을 선도했다.

동부의 기업 여건은 대기업 위주의 보수적 기업문화다. 실리콘 밸리에서 창업한 페어차일드 반도체가 뉴욕에 있는 모기업 페어차일드 카메라 앤드 인스트러먼츠의 보수적인 기업문화, 경영 방침과 마찰을 빚어 결국 일찍 쇠퇴하게 된 사실은 앞에서 살펴보았다. 동부의 보수적 기업문화는 뿌리가 깊다. 록펠러의 석유 산업, 카네기의 철강 산업 등 19세기와 20세기 초 미국의 산업이 비약적으로 발전한 데에는 동부 대기업들의 공이 컸다. 그러나 구시대 산업의 기업문화와 토양에서는 철저한 경쟁으로 승부하는 첨단기술이 뿌리 내릴 수가 없다. 1860년대 펜실베이니아에서 석유가 처음 발견된 뒤 원유시추 회사와 정유 회사들이 난립하자 사업가들은 석유 산업이 안정되려면 경쟁을 피하고 석유 시장에 '질서'가 필요하다고 생각했다. 그들은 경쟁이란 소모적이고 비효율적이며 자칫하면 다 같이 공멸하는 위험 요소로 여겼다.

이러한 환경에서 19세기 말과 20세기 초, 록펠러의 스탠더드 오일은 경쟁사들을 흡수 통합하면서 원유시추, 정유, 운송, 판매 등 미국 석유 산업 전반에 걸쳐 절대적인 영향력을 행사하는 거대 기업으로 성장했다. 카네기는 새로운 제철 기술을 도입하여 생산성을 높이는 한편, 직원들에게는 낮은 임금을 지불하는 식으로 철강업계에서 가장 낮은 생산 비용으로 운영하면서 카네기 스틸을 미국 최대의 철강회사로 키웠다. 투자 은행가 모건J. P. Morgan은 철강 산업에서 경쟁을 배제하고 안정된 시장을 유지하기 위해 1901년 카네기 스틸을 인수 합병해 US 스틸United States Steel Corporation을 설립했다. US 스틸은 모건의 의도대로 한동안 미국 시장에서 경쟁자 없이 안정적으로 경영했지만 기술 개발은 뒷전이었다. 그 결과, 한때 미국의 자존심이던 US 스틸은 전성기의 모습을 잃고 쇠퇴를 거듭, 다우존스 주가지수의 구성 종목에서 오래전에 탈락했고, 최근에는 S&P 500Standard & Poor's 500 주가지수의 종목에서도 탈락하는 운명을 맞았다.

트랜지스터의 경우, 1950년대 트랜지스터 생산 회사들은 대부분 진공관을 생산해 왔다. 따라서 기존의 진공관 사업에 이해득실이 걸려 있어 이 회사들에서 트랜지스터에 전력투구하는 창업회사와 같은 경영을 기대하기가 어렵다. 반면, 기존 시장에서 이해득실을 따질 필요가 없는 창업회사는 모든 자원과 노력을 신기술 개발에 집중한다. 대기업과 스타트업 회사의 이러한 차이점은 첨단기술 개발에서 매우 중요하다.

'창조적 파괴'가 속성인 첨단산업에서 특히 대기업이 장악하고 있는 기존 기술과 시장 환경의 굴레에 첨단기술 개발이 발목 잡혀 꼼짝 못할 수도 있다. 하지만 백지에서 시작하는 창업회사에 '창조적 파괴'는 회사의 설립 목적이며 경영 목표 그 자체다. 샌프란시스코 반도의 기업 환경과 지리적 여건은 이 같은 기업가 정신을 발휘할 수 있는 토양을 마련해주었다. 골드러시에서 시작된 모험심과 도전 정신 그리고 기업가 정신이라는 산업 환경의 토양이 20세기 초에 이미 조성되어 있었다.

실리콘 밸리는 동서와 남북의 거리가 각각 40킬로미터 정도라 실리콘 밸리 그 어디든 자동차로 한 시간 안에 다닐 수 있다. 좁은 지역에 첨단기술 개발에 필요한 물적·인적 자원과 자급자족할 수 있는 수직적·수평적인 서비스 구조가 갖추어져 있다. 소재, 부품부터 장비에 이르기까지 수직 구조가 확립되어 실리콘 밸리 안에서 실시간으로 조달이 가능하고, 또한 기술자 확보, 벤처 자금, 경영과 법률 자문, 마케팅 서비스 등의 수평적인 사업 기반도 거의 완벽하게 구축되어 있다. 따라서 실리콘 밸리는 새로 시작하는 첨단 사업에 필요한 모든 여건이 거의 다 갖춰져 있다고 해도 무방하다. 이러한 여건은 외부에서 자금, 인적 자원, 사업체 등을 실리콘 밸리에 지속적으로 끌어들이는 흡인력으로 작용한다. 외부에서 유입된 자원은 실리콘 밸리 자생력의 일부가 되어 그 기반을 더욱 탄탄하게 해주었다.

### 스탠포드 대학교의 역할

실리콘 밸리의 지속적인 발전은 스탠포드 대학교뿐 아니라 버클리 캘리포니아 대학교, 데이비스 캘리포니아 대학교UC Davis, 산타클라라 대학교, 샌호세 주립대학 등 인근에 있는 대학교에서 배출한 기술 인력과 연구 성과, 산학협동 등에 힘입은 바가 크다. 그중 실리콘 밸리의 태동과 발전에 대한 스탠포드 대학교의 역할은 앞에서 틈나는 대로 설명했다. 실리콘 밸리의 변화와 더불어 스탠포드 대학교도 최근 변화의 모습을 보이고 있다.

스탠포드 대학교 초대 총장 데이비드 조던이 1909년, 졸업생 시릴 엘웰의 회사에 개인적으로 5백 달러를 투자해 최초의 엔젤 투자가라는 말을 듣기도 했지만 스탠포드 대학교는 일찍부터 산학협동을 추진하고 학생들의 창업을 독려했다.

총장과 교수들이 솔선수범한 창업 사례도 있는데 현재 스탠포드 대학 총장인 존 헤네시John Hennessy는 컴퓨터학과 교수로 재직하던 1984년 안식년에 MIPS 컴퓨터를 공동 창업한 경력이 있다. 2000년 총장에 취임한 헤네시는 16년간의 재임을 마치고 2016년 가을에 퇴임한다. 헤네시는 시스코, 구글 등의 사외 이사로도 활동하면서 인터넷 시대에 스탠포드 대학교를 이끌었다.

헤네시의 후임으로 2016년 9월 총장에 취임하는 마크 테시에르-라빈Marc Tessier-Lavigne은 캐나다 출신의 신경과학 전문가로 뇌 연구의 권위자다. 그는 2001년부터 5년간 스탠포드 대학교 생명과학 교수로 재직하는 한편, 실리콘 밸리의 첨단 제약회사 제넨테크Genentech의 연구개발 총괄 부사장으로 근무했으며, 현재 뉴욕 시의 록펠러 대학교Rockefeller University 총장으로 재직하고 있다. 그가 스탠포드 대학교 총장에 취임하면 실리콘 밸리의 생명과학 기술이 도약하는 계기를 맞을 것으로 기대된다.

### 실리콘 밸리의 자생력

실리콘 밸리 성공의 배경은 바로 탄생과 성장 과정이 자생적이라는 사실을 강조하지 않을 수 없다. 마치 야생초가 강인한 생명력으로 환경의 변화에 따라 진화하듯, 실리콘 밸리의 출현과 성장 또한 자생적이라서 생명력이 강하고 변화에 스스로 대처할 수 있었다. 애플은 이러한 실리콘 밸리의 생리를 잘 보여주는 기업이다. 애플은 잡초와 같은 근성을 가진 스티브 잡스와 스티브 워즈니악이 컴퓨터를 제조, 판매하면서 출발했다. 애플은 1980년대에 전성기를 누렸으나 IBM PC에 밀려 1990년 중반에 재정 상태가 매우 어려워졌다. 존 스컬리가 애플에서 축출된 이후로 후임 CEO들 또한 애플의 경영 정상화에 실패했다. 월 스트리트에서는 애플의 회생이 힘들 것이란 의견이 난무했다. 그러나 애플은 1985년 회사에서 축출한 잡스를 1996년에 CEO로 다시 영입한 뒤 컴퓨터 전문회사에서 탈피해 우리가 현재 보고 있는 모습으로 세계 최대의 첨단 종합 전자기기 회사로 거듭났다.

실리콘 밸리는 첨단산업을 육성하기 위해 미국 연방정부 또는 캘리포니아 주정부 차원의 특별법이나 정책으로 조성된 것이 아니다. 물론 첨단기술과 첨단산업 발전에 미국 정부는 큰 역할을 했고, 그 역할이 실리콘 밸리에 도움이 된 것도 사실이다. 그러나 실리콘 밸리는 미국 정부의 정책이나 지원에 전적으로 의존하지는 않았다. 20세기 후반 첨단산업이 급속히 발전함에 따라 미국 각 주에서 첨단산업을 유치하고 육성하기 위한 주정부 차원의 노력이 있었고, 그 노력은 현재까지도 이어지고 있다.

그러나 1950년대 중반, 마운틴뷰에 쇼클리의 반도체 회사를 유치한 것은 스탠포드 대학 교수 프레더릭 터먼의 노력이었다. 캘리포니아는 예전부터 환경 규제 등 각종 규제와 더불어 자연보호주의자들의 영향력이 컸으며, 세금이 많아 기업 활동을 하기에 힘든 곳으로 알려졌다. 이러한 환경에서 반도체 사업을 하려는 기술자들의 집념으로 실리콘 밸리가 탄생했으며, 또한 성장했다. 따라서 실리콘 밸리와 관련해 우리가 흔히 말하는 첨단산업의 '육성'이라든가, 첨단기술의 단지 '조성'과 같은 용어 대신 '탄생' 또는 '출현'이라는 용어가 적절한 표현이다.

물론 첨단산업 초기에 정부의 시책과 지원은 기업을 짧은 기간에 일정 수준에 이르도록 도와주는 효과가 있다. 그러나 정부 시책이 유행을 좇는 패션 산업처럼 되어서는 안 된다. 이 같은 시책은 단기적 전시행정을 거둘지는 모르나 '빙산 따라 만들기' 식의 효과로 끝날 수 있다. 물 위에 보이는 빙산은 전체 크기의 10퍼센트에 지나지 않는다. 물 위에 뜬 부분을 보고 빙산을 다 만들었다면 결국 10퍼센트만 만들었다는 이야기가 된다. 또한 정부 시책과 지원은 아무런 위험이 없는 온실과 같은 환경을 제공해 기업을 온실 속의 화초로 만들 수도 있다. 정부 시책과 지원에 의존하는 기업들은 이러한 태생적 한계를 극복하고 되도록 빨리 자생력을 갖춰야 한다. 정부 시책과 지원이 장기적인 성공을 보장해주지 않기 때문이다.

그렇다면 실리콘 밸리의 자생력은 어디서 오는가? 실리콘 밸리의 자생력은 어디서 오는 것이 아니다. 자체에서 생성된 능력이며 실리콘 밸리를 태동하게 한 여러 요소들의 총체적인 결과다. 여기에는 골드러시에서 비롯된 캘리포니아의 모험을 선택한 기업가 정신이 있고, 20세기 초반 북가주에 축적된 자본과 기술력도 있으며, 산학협동과 창업을 북돋은 스탠포드 대학의 역할도 있다. 미국이라는 국가 역량이 뒷받침이 되었음은 말할 것 없고 북가주의 문화적 여건, 온난한 기후 등 자연환경도 한몫했다.

그중 가장 중요한 조건은 우수한 인력의 확보다. 회사를 설립한 쇼클리는 당시 반도체 분야에서 최고의 실력과 경험을 가진 기술자들을 직접 면접해서 채용했다. 스탠포드 대학교, 버클리 캘리포니아 대학교 등 인근 대학들은 우수한 인력을 실리콘 밸리에 공급했다. 실리콘 밸리의 위상이 확립되자 전 세계에서 기술자와 기업가들이 자연스럽게 유입되어 지속적으로 발전할 수 있었다. 인적 자원의 유입뿐만 아니라 사업 활동도 유입되었다. 세계 각국의 첨단기업들은 실리콘 밸리에 현지 회사를 설립하거나 연구소 또는 적어도 현지 사무소를 개설했다. 미국의 다른 지역에 회사를 설립했다가 이내 실리콘 밸리로 옮기는 경우도 많았다. 유럽에서 설립한 창업회사들 가운데 본사를 실리콘 밸리로 옮기는 경우도 있었다.

### 실리콘 밸리 첨단산업에서 이민자의 역할

실리콘 밸리의 기술혁신에 이민자가 크게 기여한 사실은 앞에서 틈틈이 언급했다. 전 세계 기술자들을 받아들인 흡인력은 실리콘 밸리 자생력의 일부분을 이루었다. 버지니아 주 알링턴Arlington에 있는 미국정책재단National Foundation for American Policy은 연방정부 정책에 대한 연구조사를 실시하는 비영리 단체다. 이 재단은 미국 전역의 스타트업 회사 87개를 대상으로 경제적 효과, 이민자들의 역할 등을 조사해 2016년 3월 그 결과를 발표했다. 조사 대상에 선정된 회사들은 2000년 이후 설립한 회사 중 평가 가치가 10억 달러 이상인 비상장 회사로, 그 가운데 일론 머스크의 스페이스 X, 우버Uber와 같은 회사들이 포함되어 있다.

그중 많은 수가 데이터 관리, 클라우드 컴퓨팅, 소프트웨어 개발 등 정보산업과 관련한 기업이다. 조사 결과에 따르면, 이민자가 창업했거나 공동 창업자 중 이민자가 있는 회사 수는 전체 87개 회사의 약 50퍼센트에 이르는

44개이고, 이 회사들 가운데 29개가 샌프란시스코와 실리콘 밸리에 설립되었다. 이 자료는 이민자들이 실리콘 밸리의 첨단산업과 창업에 중요한 역할을 맡고 있음을 확인해준다.

### 첨단기술 개발에 대한 미국 정부의 역할

미국 정부가 첨단기술 발전에 중요한 역할을 하고 있다는 점에 대해서는 논란의 여지가 없다. 연방정부와 주정부는 다양한 방법으로 첨단기술과 산업 발전을 유도한다. 예를 들면 연구개발 비용에 대한 세금 혜택, 첨단제품 구입자에 대한 세금 혜택 등의 입법 활동으로 지원하고 있다. 또한 연방정부는 매년 막대한 연구 자금을 정부 각 부처와 산하기관을 통해 대학, 민간기업, 정부 연구소 등에 지원하고 있다. 민간기업이 감당하기 힘든 위험부담이 크고 모험성이 강한 기술 개발을 지원하는 선도적 역할도 담당한다.

정부의 지원금을 받은 연구 결과는 대기업이나 벤처기업에 상용화로 연결되는데 인터넷의 개발이 그중 대표적인 예다. 인터넷이 국방성 산하기관인 DARPA가 추진한 연구의 산물이라는 사실은 앞서 설명했고, 그 결과 인터넷 산업이라는 새로운 시장이 생겼다. 다음에 얘기할 인공지능 연구에도 20세기 후반 DARPA의 지원이 큰 역할을 했다. 그러나 미국 정부의 이러한 지원이 실리콘 밸리에만 치우친 것은 아니라는 사실을 인식할 필요가 있다.

미국 정부는 첨단기술 상용화 초기에 고가의 첨단제품을 구매하는 고객의 역할을 함으로써 첨단제품의 시장 진입 부담을 덜어주기도 했다. 이 경우 정부는 단순히 구매자의 역할을 넘어 제품의 특성 개선을 계속 요구함으로써 제조업체 사이에 경쟁을 유도하며 기술 개발을 촉진했다. 페어차일드 반도체에서 최초로 생산한 트랜지스터는 원가가 매우 높아 일반 고객이 사용할 수 없는 제품이었다. 이 제품의 고객은 IBM이었으나 최종 고객은 미국 국방성이었다.

페어차일드 반도체에서 집적회로를 처음 시장에 출시했을 때 가격이 워낙 비싸 차라리 집적회로를 구성하는 개개의 소자를 납땜해서 사용하는 편이 훨씬 가격이 쌌다. 이러한 상황에서도 미국 정부는 집적회로의 주 고객이 되어주었다. 그러나 실리콘 밸리의 회사들은 일반 소비자 대중을 위한 제품 개발이 기업 목표였으므로 정부의 지원은 받되 그에 의존하지는 않았다. 휼렛과 패커드는 HP 창업 후 국방성의 기술 개발과 관련한 사업에 참여하지 않는 것을 원칙으로 정했다. 페어차일드 반도체도 국방성의 기술 개발 사업에 참여하지 않았다. 실리콘 밸리의 기업들은 이처럼 철저히 일반 소비자 시장에 승부를 걸었고, 그 결과 강한 생명력과 자생력을 키웠다.

미국 정부의 지원이 필요할 경우에는 실리콘 밸리는 로비 활동을 펼치기도 했다. 미국 대학의 이공계 졸업생 수가 부족해 기술자를 외국에서 영입해야 할 때 의회로 가서 연간 취업비자 확대를 요청한 것이 그 예다. 이에 따라 1990년대 후반 닷컴 붐 시절 취업비자 수가 한동안 상향 조정된 적이 있다. 첨단기술 경쟁은 시간을 다투는 국경 없는 경쟁이다. 따라서 정부 차원의 적절한 대책과 대응이 제때에 시행되어야 함은 물론이다.

그러나 변화가 빠른 첨단산업의 경우 정부 차원의 대책은 시기를 놓쳐 사후 약방문이 되는 경우도 있다. 1980년대 레이건 정부 시절 일본 기업들은 DRAM 메모리 반도체를 무차별 덤핑으로 미국 시장에 퍼부었다. 견디다 못한 실리콘 밸리의 반도체 회사들은 1980년대 중반 대부분 DRAM 시장에서 철수했다. DRAM 시장을 개척한 메모리 원조 기업 인텔마저 1986년 DRAM 사업을 접었다. 마침내 미국 정부가 나서서 일본 회사들의 덤핑을 금지하는 반도체 교역 협정을 체결했으나 적절한 시기를 놓친 뒤였다. 1980년대 후반 미국의 반도체 회사들은 결국 DRAM 시장에서 거의 대부분 철수하고 메모리 시장의 주도권은 일본으로 넘어갔다.

정부의 정책에 일반적으로 적용되는 얘기이지만 특히 첨단산업에 대한 전시행정이나 정치적 결정은 바람직하지 않은 결과를 가져오기 쉽다. 이 같은 정부 결정의 부작용을 보여주는 최근 사례로 솔린드라Solyndra라는 회사가 있다. 2007년 말에 시작된 비우량 주택담보 대출 파동으로 2009년 미국은 경기 침체에 빠졌다. 그러나 이 무렵 실리콘 밸리에서는 태양전지(솔라 셀) 개발 열기가 한창이었다. 2005년 실리콘 밸리 프리몬트Fremont에 설립된 솔린드라는 앞날이 유망한 실리콘 밸리의 스타트업 회사였다. 회사 고유의 특허기술로 솔라 셀 효율을 높여 시장에서 성공할 것처럼 보였다.

그러나 중국 정부의 지원을 등에 업은 중국의 솔라 셀 회사들과의 경쟁, 그리고 세계적으로 급변하는 솔라 셀 기술과 시장 환경으로 2009년 솔린드라의 경영은 상당히 어려워졌다. 솔린드라 창업 투자자 중 지분 33퍼센트를 소유한 조지 카이저George Kaiser는 2008년 미국 대통령 선거에서 오바마에게 상당액의 선거 자금을 지원했던 인물이다. 2009년 솔린드라는 은행 대출을 받기 위해 정부에 지불 보증을 요청했으나 미국 에너지성Department of Energy 직원들은 솔린드라의 재정 상태에 대해 우려를 나타냈다. 그러나 오바마 대통령의 백악관 보좌관들은 에너지성 직원들이 작성한 보고서를 묵살했다.

2009년 9월 솔린드라는 오바마 행정부의 지불 보증으로 5억 3천만 달러를 대출받아 최신 시설 공장을 실리콘 밸리의 프리몬트에 착공했다. 오바마 대통령은 2010년 5월 솔린드라를 방문해 사장을 비롯한 임직원들과 기념사진을 찍었다. 그러고는 솔린드라와 같은 회사가 미래 친환경 청정에너지 산업의 희망이라며 솔린드라를 오바마 정부의 에너지 정책 성공 사례처럼 치켜세웠다. 그 이후로도 솔린드라의 경영은 계속 악화되었다. 2011년 8월 말 솔린드라는 사전 예고 없이 갑자기 파산신청을 해 파문을 일으켰다.

프리몬트에 있는 솔린드라 시설에 2012년 9월에 '팝니다'라는 표지판이 붙어 있다. 2013년 시게이트 테크놀로지Seagate Technology에서 이 시설을 구입했다(사진 출처: Wikimedia Commons by Pedro Xing).

직원들은 모두 해고되고 자산은 경매 처분되었으며 결국 회사는 문을 닫았다. 2011년 9월 FBI는 솔린드라의 경영진에 대해 의도적인 범죄 혐의가 있었는지 수사를 벌였다. 수사 결과 범죄 혐의가 없는 것으로 결론 났으나 이 사건은 오바마 정부의 에너지 정책에 흠집을 남겼다. 솔린드라 사건은 정치적 입김, 정부기관의 관료주의, 불투명한 회사 경영이 한데 얽힌 실패한 전시행정의 표본이며 실리콘 밸리에도 오점으로 남아 있다.

## 실리콘 밸리의 현재

2000년 초에 일어난 닷컴 거품의 붕괴와 2008년부터 시작된 경제 대불황을 거친 후 실리콘 밸리는 한결 강한 면모를 보이고 있다. 2010년대에 들어서 실리콘 밸리는 다양한 분야의 기술 개발을 이끎과 동시에 첨단기술 중심지로서의 입지도 더욱 강해졌다. 이제 필요한 첨단기술은 무엇이든 실리콘 밸리를 거쳐 간다는 거침없는 표현도 들린다. 2003년 약 9천 건이던 실리콘 밸리의 미국 특허 등록 건수는 2013년 약 1만 7천 건으로 증가했다. 이는 미국 전체 특허 등록 건수의 각각 10퍼센트와 13퍼센트에 해당하는데, 실리콘 밸리의 특허 등록 건수가 차지하는 비율이 점점 상승하고 있음을 보여준다.

벤처 투자의 경우 미국 전체 연간 벤처 투자금액 중 약 30퍼센트가 실리콘 밸리 기업에 투자되는 추세였다. 2013년 실리콘 밸리와 샌프란시스코의 기업들에 투자된 벤처 투자금액은 미국 전체 벤처 투자금액의 약 33퍼센트였다. 그런데 2010년부터 샌프란시스코 기업들에 투자되는 벤처 투자금액이 급증하기 시작했다. 그 영향으로 2014년 실리콘 밸리와 샌프란시스코의 기업에 대한 벤처 투자금액이 미국 전체의 43퍼센트로 증가했다. 2014년 샌프란시스코 기업에 대한 벤처 투자금액은 실리콘 밸리 기업의 투자 금액과 거의 비슷한 수준에 이르렀다. 2014년 벤처 투자금액의 증가는 샌프란시스코의 우버 테크놀로지스Uber Technologies Inc.가 운영하는 인터넷 택시 서비스 우버와 리프트Lyft Inc., 가정집 방을 단기 숙박용으로 빌려주는 에어비앤비Airbnb Inc. 등 인터넷 시대에 등장한 새로운 형태의 사업에서 대규모 벤처 투자를 유치한 결과다. 따라서 이는 일시적인 현상일 수 있으나 새로운 추세의 시작일 수도 있다.

벤처 투자금액의 증가와 더불어 주목할 내용은 벤처 투자가 주로 소프트웨어 개발과 인터넷 관련 사업에 집중되고 있다는 사실이다. 하드웨어 기술에서는 벤처 투자를 유치하기 힘들어졌고, 이 때문에 실리콘 밸리의 전통적인 반도체 기술 개발에 영향을 미치고 있다. 이로써 실리콘 밸리에 실리콘이 없다는 말이 새삼 언급되고 있다. 이러한 현상은 실리콘 밸리를 비롯한 샌프란시스코 반도의 첨단기술 환경이 변화하고 있으며, 산업 분야가 다양해지고 있음을 시사한다.

### 실리콘이 없는 실리콘 밸리

실리콘 밸리가 세계 반도체 산업의 중심지로 군림하던 1960년대 전성기의 지위를 상실한 지는 이미 오래다. 반도체 산업 환경의 변화로 실리콘 밸리의 반도체 대기업들이 반도체 공장을 매각 또는 폐쇄하고 반도체 칩 설계를 전문으로 하는 회사로 변신한 것도 어제 오늘의 일이 아니다. 첨단 반도체 기술 개발에 필요한 고도의 기술, 투자 규모, 투자금 회수에 걸리는 시간 등 투자에 따른 위험부담으로 벤처 투자회사들은 반도체 기술 개발을 외면하고 있다. 이 같은 일련의 추세를 놓고 실리콘 밸리에 실리콘이 없다는 자조 섞인 표현을 한다. 이러한 상황을 우려해 실리콘 밸리에 실리콘을 다시 들여오자는 구호를 내걸고 반도체 창업을 전문 지원하는 회사도 생겼다.

그러나 인텔을 비롯한 실리콘 밸리의 반도체 회사 그리고 장비회사를 비롯한 반도체 관련 기업들은 여전히 세계 첨단 반도체 기술에서 중요한 역할을 맡고 있다. 무어의 법칙이 한계에 이르고, 실리콘 반도체의 수명이 다해가는 시점에서 실리콘을 대체할 새로운 물질과 기술에 대한 연구도 활발히 진행되고 있다. 실리콘 밸리는 또한 솔라 셀 기술 개발에도 선도적인 역할을 수행해 왔다. 실리콘 또는 그 밖의 반도체 물질을 이용하는 솔라 셀은 반도체에 기반한 기술이다. 따라서 실리콘 밸리가 솔라 셀 기술 개발의 핵심 지역으로 떠오른 것은 자연스러운 현상이며, 이는 진화하는 실리콘 밸리의 한 면일 뿐이다.

### 솔라 셀

솔라 셀, 즉 태양전지는 햇빛 에너지를 전기 에너지로 바꾸는 반도체 소자로, 기본 구조는 매우 간단하다. 그러나 솔라 셀이 상업적으로 성공하려면 빛을 전기로 바꾸는 효율을 높여 기존 에너지원인 석탄과 석유, 수력 발전

등과의 가격 경쟁력을 확보해야 한다. 이를 위해 전자, 재료, 물리, 화학, 광학 등 이공계의 전반적인 기술뿐 아니라 새로운 나노 기술도 필요하다.

팔각형 단결정 실리콘 전지로 만든 태양전지 패널(사진 출처: Lampadaire eolien solaire Ruisseauville7.JPG by Lamiot, CC BY-SA).

솔라 셀은 벨 연구소에서 1954년 4월에 발명되어 트랜지스터와 출생지가 같고 시기도 비슷하다. 발명 직후 무한한 에너지원이라며 언론에서 대대적으로 보도했던 솔라 셀은 그 후 20여 년간 상용화 노력에서 뒷전에 밀려나 있었다. 석탄과 석유 등 기존 에너지원에 비해 원가가 훨씬 높았기 때문이다. 또한 지구의 온난화 현상 등 환경문제는 그 당시 주 관심사가 아니었다. 따라서 솔라 셀은 1970년대까지 인공위성과 같은 특수 용도에 한정되어 사용되었고, 정부의 연구비에 의존하는 대학과 연구소의 연구 과제로 명맥을 이어왔다.

그러나 1973년 말, 전 세계에 휘몰아친 석유 위기로 솔라 셀 개발은 추진력을 얻었다. 1970년대와 1980년대를 거치면서 솔라 셀의 가격이 지속적으로 하락했고, 1990년대 후반에 마침내 주택용 솔라 셀 시장이 열리기 시작했다. 이러한 흐름을 타고 2000년대 들어서 솔라 셀 시장은 급격히 확대되었다. 미국발 금융 위기로 2008년 후반에 전 세계의 경기가 침체 국면에 접어들었으나 실리콘 밸리에서 솔라 셀 산업의 투자와 기술 개발의 열기는 여전했다. 그 당시에는 국제 원유 가격이 사상 최고치를 기록하기도 했다.

날이 새면 실리콘 밸리의 회사들이 수시로 인원 감축 계획을 발표하는 상황에서도 솔라 셀 회사에서는 직원을 채용했다. 벤처 투자회사에서 투자를 받은 회사들의 창업도 이어졌다. 벤처 투자회사 KPCB의 경험 많은 투자자 존 도어John Doerr는 청정에너지 시장에 대해 매우 낙관적인 견해를 피력한 적이 있다. 그는 솔라 셀을 비롯한 청정에너지 부문은 과거 인터넷 산업에서 창출된 시장보다 규모가 몇 배 큰 시장이 될 것이라 전망했다.

실리콘 밸리에 있는 선파워SunPower 사는 실리콘 밸리 솔라 셀 회사들의 원조 격이다. 창업자 리처드 스완슨Richard Swanson은 1974년 스탠포드 대학교에서 박사학위를 취득한 뒤 스탠포드 대학 전기공학과 교수로 재직했다. 그는 미국 에너지성의 지원으로 솔라 셀 연구를 수행하던 중 단결정 실리콘을 이용한 고효율 솔라 셀 기술을 개발해 1985년 선파워를 샌호세에 설립했다. 스완슨은 1991년 스탠포드 대학 교수직을 사임한 뒤 2012년 선파워에서 은퇴할 때까지 선파워의 경영과 기술 개발에 전념했다.

샌호세에 본사가 있는 사이프러스 반도체의 창업자이며 CEO인 로저스 T. J. Rogers는 스완슨과 스탠포드 대학교를 같이 다녔다. 2002년 경영이 어려워진 선파워는 사이프러스 반도체에 인수되었으나 2008년 다시 분사 독립했고, 현재까지 고효율 솔라 셀 개발에서 선도적인 위치를 유지하고 있다. 스완슨은 '미국 솔라 셀 산업의 아버지'라는 칭호로 불리며, 솔라 셀 산업에서 차지하는 그의 위치는 반도체 업계의 고든 무어에 비유되기도 한다.

친환경 청정에너지에 대한 관심이 높아지고 오바마 정부의 청정에너지 지원 정책에 힘입어 2000년대 이후 실리콘 밸리를 비롯한 샌프란시스코 반도 전역에서 솔라 셀 창업도 활발해졌다. 앞에서 실패한 예로 언급했던 솔린드라도 이 무렵에 창업했다. 2008년 산타클라라에서 창업한 크리스털 솔라Crystal Solar는 한국의 한화그룹이 2011년 1천5백만 달러를 투자해 지분의 일부를 인수하기도 했다. 최근 솔라 셀과 패널panel의 가격이 하락하고 솔라 셀 시장 전반에 인수 합병 등 구조 조정이 진행되는 어려운 상황에서도 실리콘 밸리의 솔라 셀 기술 개발은 꾸준히 진행되고 있다.

솔라 셀이 실리콘 밸리에서 반도체 산업의 연장선 위에 있다면 인터넷 산업의 연장선 위에 있는 것이 '**사물 인터넷**IoT: Internet of Things'이다. 실리콘 밸리에 있는 인터넷의 거대 기업 시스코는 사물 인터넷 대신 '만물 인터넷 Internet of Everything'이라고 표현하기도 한다. 사물 인터넷은 말하자면 세상의 모든 물건을 네크워크에 연결하려는 작업이다. 따라서 사물 인터넷의 시장성과 성장 가능성에 대해 업계에서는 비상한 관심을 보이고 있다.

**사물 인터넷**

사물 인터넷은 그 이름에서 의미하듯이 이를 응용한 분야 또한 매우 넓다. 개인이 휴대하거나 신체에 부착하는 전자기기에서부터 세탁기·건조기·전기밥솥과 같은 가정용 전기제품, 보안 카메라·전자 열쇠·냉난방 기기·연기 감지기·실내 조명기기 등 주택의 보안과 주택의 자동화·건물 자동화·공장 자동화 등 산업 분야의 응용, 창고의 재고 관리 등 다양한 응용이 가능하다. 고정된 위치에 있는 물건뿐 아니라 자동차나 무인 비행기기 드론drone처럼 움직이는 물체를 네트워크에 연결할 수도 있고, 자연 생태계나 농작물의 상태를 관리하기 위해 생명체를 네트워크에 연결할 수도 있다.

이처럼 사물 인터넷의 응용 가능한 분야는 사용자들의 상상력에 달렸다고도 할 수 있다. 인터넷이 처음 출현할 당시 엄청난 사업 가능성을 제공했듯이 사물 인터넷도 많은 기회를 제공한다. 따라서 하드웨어, 소프트웨어, 통신, 인터넷 등 다양한 분야의 업체들이 사물 인터넷 사업에 참여하고 있다. 그러나 사물 인터넷의 사업 가능성을 현실화하는 일은 규모가 큰 작업이다. 엄청난 수의 사물들을 네트워크에 연결하고 이 사물들이 서로 정보를 주고받으며 거기서 발생하는 방대한 정보를 처리하려면 산업계 전반의 표준이 필요하다. 현재 이러한 작업이 진행 중에 있다.

네스트에서 개발한 온도 조절기는 에너지 사용에 미치는 날씨의 영향을 보여준다.(사진 출처: Wikimedia Commons by Raysonho @ Open Grid Scheduler / Grid Engine).

실리콘 밸리에서는 인텔, 시스코, 구글, 애플, HP 등 대기업을 비롯해 벤처 창업회사에 이르기까지 많은 회사가 사물 인터넷 기술 개발과 사업에 참여하고 있다. 인텔은 사물 인터넷 사업용 각종 반도체 칩들을 개발, 판매하고 있다. 시스코는 2016년 초 산타클라라에 있는 사물 인터넷 사업체 재스퍼 테크놀로지Jasper Technologies를 14억 달러에 인수해 사물 인터넷 사업 입지를 강화했다.

사물 인터넷을 쉽게 피부로 느낄 수 있는 분야는 가전제품과 주택 자동화 제품이다. 2010년 팔로알토에서 창업한 네스트 연구소Nest Labs는 이 분야의 선두 주자로 다양한 가정용 제품들을 시장에 내놓았다. 구글은 2014년 1월 네스트를 32억 달러에 인수해 사물 인터넷 사업의 구심점으로 삼고 있다. 애플은 2015년 사물 인터넷에 물건들을 연결하고 관리하는 홈키트HomeKit 시스템을 발표했다. 홈키트는 애플의 운용체계를 사용해 사물 인터넷의 운용환경을 제공한다. 구글의 안드로이드와 애플의 운용체계가 스마트 폰 시장을 양분했듯, 사물 인터넷 환경의 주도권을 놓고 비슷한 양상이 펼쳐지고 있다.

사물 인터넷 사업이 차세대 사업으로 각광을 받은 지는 이미 여러 해 된다. 사물 인터넷 시장이 곧 폭발적으로 성장할 것이라는 예측과 함께 2016년이 그해가 되리라는 전망도 있다. 사물 인터넷은 우버, 에어비앤비 같은 인터넷 시대의 새로운 사업 모델과 클라우드 컴퓨팅의 확산과 더불어 제2의 인터넷 혁명을 일으킬 것이라는 관측도 있다. 컨설팅 회사 맥킨지McKinsey는

2015년 분석 자료에서 사물 인터넷이 2025년 최소 4조 달러에서 최대 11조 달러에 이르는 경제 가치를 창출할 것이라고 전망한다. 사물 인터넷 시장이 앞으로 본격적인 증가세를 보여줌으로써 무지개를 좇던 상황이 마침내 현실로 이루어지기를 기대한다.

실리콘 밸리에 실리콘이 없는 듯이 보이는 동안, 실리콘 밸리는 그간의 축적된 기술을 활용해 다양한 모습을 갖추었다. 인터넷과 소프트웨어 기술의 발전으로 각종 새로운 서비스 사업이 가능해졌고 앞에서 언급한 우버, 리프트, 에어비앤비와 같은 대형 회사들이 등장했다. 첨단 자동차 기술은 다양해진 실리콘 밸리의 모습 중 대표적인 예라 할 수 있다. 첨단 자동차 기술은 실리콘 밸리의 하드웨어와 소프트웨어, 인공지능 기술 발전의 복합적인 결과다.

### 첨단 자동차 기술

현재 생산되는 자동차 한 대당 반도체 칩을 보통 50개에서 100개 사용한다는 통계에서처럼, 전기전자공학이 기계공학, 재료공학 등과 함께 자동차 기술의 핵심 분야가 된 지는 이미 오래되었다. 자동차에 사용되는 반도체 칩의 시장은 세계 반도체 전체 시장의 10퍼센트에 달하는 규모다. 자동차 한 대 생산 비용에서 약 3분의 1을 전자 장비가 차지한다. 자동차에 사용되는 하드웨어뿐 아니라 인공지능 등 소프트웨어도 차세대 스마트 카 개발에 핵심 기술이 되고 있다. 말하자면 자동차는 이제 바퀴가 달린 컴퓨터로 변해간다는 뜻이다. 이러한 추세에서 실리콘 밸리가 첨단 자동차 기술 개발의 중심지로 떠오른 것은 자연스러운 현상이다. 실리콘 밸리의 첨단 자동차 기술 개발 노력은 스마트 카 개발, 전기 자동차 개발과 **자율 주행차**(self-driving car, driverless car 또는 autonomous car) 개발, 이 세 가지로 요약할 수 있다.

서니베일에 있는 메르세데스 벤츠 연구소. 실리콘 밸리의 자동차 연구소 중 최대 규모로, 근무하는 직원이 약 3백 명에 이른다.

세계 각국의 자동차 기업에서는 실리콘 밸리에 현지 연구소를 설립해 첨단기술을 개발하거나 기술의 추이를 파악하고 정보를 수집하는 근거지로 활용하고 있다. 이 연구소들은 대개 팔로알토, 마운틴뷰 등 스탠포드 대학교 캠퍼스와 가까운 곳에 자리 잡고 있다.

그중 가장 규모가 크고 연륜이 깊은 곳은 1995년에 설립된 메르세데스 벤츠 연구개발센터로 근무하는 직원이 약 3백 명이다. 폴크스바겐 사가 1998년에 설립한 연구소에는 약 140명이 근무하고 있으며 BMW는 약 30명 규모로 연구소를 운영하고 있다. GM은 2007년부터 직원 10명 미만의 소규모 연구소를 실리콘 밸리에서 운영 중이며 포드 사는 직원 약 10명 규모인 연구소를 2012년에 열었다.

일본의 혼다, 닛산과 도요타도 규모는 크지 않으나 각각 실리콘 밸리에 연구소를 설립, 운영하고 있다. 기존 연구소와는 별개로 도요타는 2016년 1월 팔로알토에 도요타 연구소Toyota Research Institute를 설립했다. 이 연구소는 인공지능, 로봇 등 자동차와 관련한 첨단 기반기술을 연구하며 앞으로 5년 동안 10억 달러를 투자하고 직원 2백 명을 채용하기로 되어 있다. 이러한 추세로 보아 실리콘 밸리가 첨단 자동차 기술 개발에서도 핵심적인 역할을 할 것임은 분명해 보인다. 물론 세계 자동차 산업의 중심지인 디트로이트를 '모터 시티'의 지위에서 밀어내지는 않겠지만, 실리콘 밸리가 머지않아 '모터 밸리'라는 별칭을 얻게 될지도 모른다.

실리콘 밸리에서 전기 자동차 개발의 선도적 위치에 있는 테슬라 모터스Tesla Motors와 창업자 일론 머스크에 대해서는 9장에서 얘기했다. 여기서는 실리콘 밸리의 기업가 정신을 구현하고 있는 머스크의 테슬라와 기존의 자동차 대기업을 비교해서 살펴보려 한다.

테슬라 모터스는 모델 S를 출시한 뒤 각종 찬사와 최고의 평가를 받았다. 그러나 원유 가격이 하락하고 중국 경제에 적신호가 켜지는 등 테슬라의 사업 환경은 만만치가 않다. 이러한 상황에서 전기 자동차 기반시설 구축과 시장 확대를 위해 테슬라는 2백 건이 넘는 전기 자동차 관련 특허를 누구나 무료로 사용할 수 있게 허용하는 적극적인 작전을 펼치고 있다.

한편, 가솔린 엔진의 효율이 꾸준히 개선되고 요즘처럼 원유 가격이 하락하고 있는 시점에서 전기 자동차 개발에 대한 디트로이트 대기업의 의지가 꺾일 수도 있다. 2008년 당시 제너럴 모터스GM의 신제품 개발을 총괄하던 로버트 러츠Robert Lutz가 전기 자동차 개발의 지휘에 나섰다. 그는 자동차에 경험이 없는 테슬라가 전기 자동차 개발에서 앞서 가는데 GM은 무엇을 하고 있었는지 한탄하며 개발을 독려했다. 2008년 초 <뉴스위크> 지와의 인터뷰에서 그는 전기 자동차 시대가 오는 것은 필연이라고 했다. GM은 2009년 봄 '볼트Volt'라는 가솔린과 전기 혼합형 자동차를 개발하여 판매하기 시작했다. 그러나 러츠는 원래 가솔린 자동차 전문가이며, 자동차 배기가 스가 지구 온난화를 부추긴다는 이론을 믿지 않는 인물이다.

2008년 6월 배럴당 145달러로 사상 최고치를 기록한 원유 가격이 2016년 1월에 30달러대 수준으로 하락했다. 빅 3의 가솔린 엔진 자동차 회사가 전기 자동차 개발에 주력할 이유가 없는 상황이 되었다. 2016년 초 러츠는 테슬라 모터스뿐 아니라 전기 자동차 시장에 미래가 없다고 비관적으로 전망했다. 이미 GM을 떠난 러츠의 의견이기는 하지만, 신기술에 대한 기존 대기업의 의지는 상황에 따라 변할 수 있다는 사실을 보여준다.

자율 주행차는 최근 언론에서 많은 주목을 받고 있다. 구글은 예전부터 자율 주행차 기술 개발에 노력해 왔고 이 분야에서 가장 앞서 있다는 평가를 받았다. 구글은 '구글 카'라 불리는 자율 주행차의 시제품으로 현재 시내에서 시험 주행을 하고 있다. 그간 다른 차와 몇 차례 충돌 사고가 있었지만 구글의 발표에 따르면 대부분 상대방 차의 실수였다. 그러나 모든 상황에서 인간 운전자와 동등하거나 더 우수한 기능을 발휘하려면 자동 주행 시스템에 개선 보완해야 할 부분이 많을 것이다. 자율 주행차가 실현될 경우 이는 자동차 산업의 대규모 지각변동을 의미하며, 자동차 기술뿐 아니라 도로 교통과 관련해 사회 전반에 걸쳐 파급효과를 가져올 것이다.

어쨌든 자율 주행차는 차세대 자동차 기술로 인식되면서 이미 많은 회사가 개발에 참여하고 있다. 테슬라도 공식적으로 자율 주행차 개발을 밝힌 바 있다. 애플은 공개적으로 밝히지는 않았으나 애플 자동차의 개발에 필요한 인력을 채용해 팀을 구성하고 개발에 착수한 것으로 알려졌다. 애플의 자동차 개발 인력은 현재 1천 명이 넘는다고 하는데 그중에는 전직 테슬라 기술자도 있다. 이름이 '타이탄Titan'인 애플 자동차가 전기 자동차라는 추측이 있고, 첫 제품 출시일은 2020년경으로 관측되고 있다. 애플이 첨단 자동차 개발에 뛰어든 이상 자율 주행차 개발도 당연히 추진할 것이다.

애플의 자동차 산업 진출에 대해 기존 대기업들은 냉소와 조롱에 가까운 반응을 보이고 있다. 테슬라 창업 당시에 기존 회사들이 보였던 냉소적인 반응과 같다. 그러나 애플은 컴퓨터와 소비자 전자제품에서 독보적인 위치를 구축한 세계 최대의 전자회사다. 디트로이트의 회사들이 첨단 자동차를 가솔린 엔진에 컴퓨터가 장착된 자동차로 인식하는 반면, 애플은 첨단 자동차를 바퀴 달린 컴퓨터라고 생각할지 모른다. 첨단 자동차가 전자제품으로 변해가는 시점에서 애플이 과연 아이폰과 같은 독보적인 제품을 자동차 시장에 내놓을 수 있을지 지켜볼 일이다.

스탠포드 대학교 부설 자동차 기술 연구센터는 실리콘 밸리 첨단 자동차 기술 개발의 구심점 역할을 하고 있다. 이 연구센터에는 미국, 일본, 유럽, 한국 등 세계 각국의 자동차 제조회사, 자동차 관련 전기전자 회사, 부품 제조회사들이 회원으로 가입해 연구를 지원하며 연구 결과를 공유한다. 스탠포드 대학 인공지능 연구소의 자율 주행차 연구팀도 산업계와의 긴밀한 관계 속에서 연구를 수행한다. 이 연구소들은 스탠포드 대학교의 반도체 연구소가 첨단 반도체 연구를 수행하면서 실리콘 밸리와 긴밀한 관계를 유지하는 것과 같은 역할을 자동차 산업에서 하는 것이다.

### 인공지능과 로봇

인공지능artificial intelligence이라는 용어가 통용되기 시작한 시점은 1956년이다. 따라서 인공지능이 본격적으로 연구 대상이 된 시기는 실리콘 밸리의 탄생 시기와 비슷하다. 1960년대 이후 미국 정부는 국방성의 첨단기술 담당부서인 DARPA에서 대학교, 연구기관과 민간기업의 인공지능 연구를 지원해 왔다.

20세기 후반 컴퓨터 하드웨어와 소프트웨어 기술 발전으로 인공지능 연

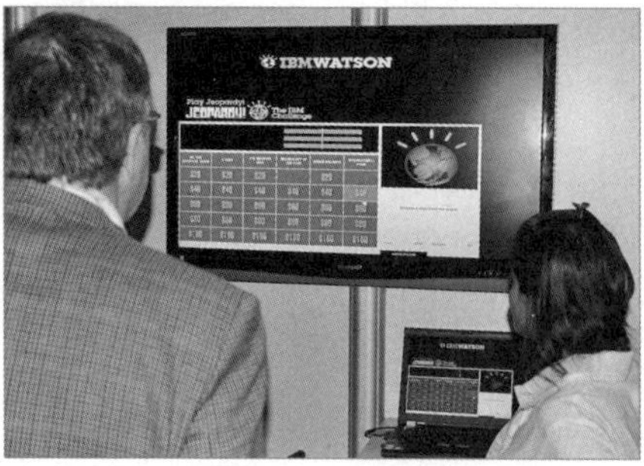

IBM 전시회에서 왓슨이 출연한 「제퍼디!」를 보여주고 있다(사진 출처: Wikimedia Commons by Raysonho @ Open Grid Scheduler / Grid Engine, CC BY-SA ).

구는 상업적으로 응용 가능한 성과를 가져왔다. IBM의 인공지능 시스템 '왓슨Watson'은 2011년 TV 인기 퀴즈 쇼인 「제퍼디!Jeopardy!」에 출연해 두 명의 퀴즈 챔피언을 물리치고 우승해 화제가 되었다. IBM은 2013년 왓슨을 상업적으로 응용하는 사업을 시작했다. IBM은 최근 "내 이름은 왓슨입니다. 어떻게 도와 드릴까요?"라는 컴퓨터 음성으로 왓슨이 고객을 맞는 광고를 TV에 내보낸 적이 있다. 고객은 왓슨의 서비스를 이용해 여러 분야에서 자신의 문제에 대한 최적의 답을 찾을 수 있다.

IBM의 왓슨이 아니더라도 인공지능은 이미 다양한 응용 분야에 사용되고 있다. 구글의 검색 기능도 말하자면 인공지능이며, 애플의 스마트 폰에 내장된 음성 인식 응용 프로그램 '시리Siri'도 인공지능이다. 간단한 예로는 전자 메일에서 스팸 메일을 인식해 걸러내는 기능도 인공지능이다.

인공지능의 발전과 더불어 로봇 개발과 응용도 가속화하고 있다. 로봇 진공 청소기가 등장한 지는 한참 되었고, 비서 역할을 하거나 집안일을 돕고 애완견처럼 같이 생활하는 로봇이 머지않아 실용화될 수도 있다. 자동화된 공장에서 로봇은 이미 인간을 대신해 힘든 일을 능률적이고 안전하게 처리하고 있다. 또한 매설된 지뢰를 발견하는 것과 같은 위험한 작업도 수행한다. 로봇 군대와 로봇 무기가 인간을 대신해 전쟁을 할 때가 곧 올지도 모른다. 이처럼 지능이 발달한 인공지능 소프트웨어와 하드웨어의 응용 가능성은 다양하다. 지난날 공상 과학소설에 등장했던 인공지능이 현실로 다가오고 있다.

이 같은 추세에서 구글, 애플, 페이스북, 야후, 테슬라 등 실리콘 밸리의 대형 회사들과 스타트업 회사들이 인공지능 연구개발에 적극 나서고 있다. 구글은 본래의 사업인 인터넷 검색 기능이 인공지능이라 이 기술에 일찍부터 노력을 기울여 왔다. 따라서 구글은 실리콘 밸리에서 인공지능 연구에 가장 앞서 있다는 평가를 받는다. 구글이 추진하는 자율 주행차 기술 개발도 인공지능 기술 개발의 연장선 위에 있다. 2015년 11월, 구글은 인공지능 프로그램의 소스 코드를 외부에 공개했으며, 2016년 1월에는 마이크로소프트도 인공지능 프로그램 소스 코드를 공개했다. 페이스북, 아마존도 인공지능 소프트웨어를 공개했다. 이러한 소스 코드 공개는 인공지능 생태계 조성을 활성화하고 인공지능의 응용을 더욱 가속화할 것이다.

구글은 로봇과 인공지능 회사의 인수에도 적극 나서고 있어 2013년에만 모두 로봇 회사 일곱 군데를 인수했다. 그 가운데 2013년 12월에 인수한 보스턴 다이내믹스Boston Dynamics는 1992년 MIT에서 독립한 회사로 미국 국방성의 지원을 받아 군사용 로봇military robot을 개발해 왔다. 구글은 보스턴 다이내믹스가 보유한 첨단 로봇 기술이 구글 로봇 사업의 핵심이 될 것으로 기대했지만, 보스턴 다이내믹스와 구글의 개발팀 사이에 공조가 제대로 이루어지지 않아 불협화음의 소리가 들린다는 소문이 떠돌기 시작했다. 인수 후 2년이 조금 지난 2016년 3월 구글은 보스턴 다이내믹스를 매각하고 로봇 사업을 중단한다고 발표했다. 그간의 로봇 연구 결과는 구글의 자율 주행 차량과 무인 비행기기인 드론 개발에 활용될 것이라고 덧붙였다.

구글의 로봇 개발 포기는 국방성 지원으로 연구를 수행해온 보스턴 다이내믹스의 문화와 상용화 제품 개발이 지상 과제인 실리콘 밸리의 구글 문화와의 충돌 결과로 보인다. 실리콘 밸리가 태동했을 당시의 서부와 동부의 기업문화 차이가 60년이 지난 지금 재현되고 있는 것 같아 흥미롭다. 구글의 로봇 개발 포기는 또한 인공지능을 로봇에 주입해 상용화가 가능한 로봇 개발이 생각만큼 쉽지 않다는 사실을 시사한다. 보스턴 다이내믹스의 매각으로 매듭지은 구글의 로봇 개발 노력은 구글이 겪은 시행착오 중 하나로 기록될 전망이다.

2014년 1월, 구글은 영국의 인공지능 스타트업 회사 '딥마인드 테크놀로지스DeepMind Technologies'를 인수했다. 딥마인드는 2010년 영국의 컴퓨터 전문가들이 런던에서 창업한 회사로, 구글이 인수하기 전 페이스북도 딥마인드 인수를 검토했다. 딥마인드는 인공지능 기술력을 과시하기 위해 최근 개발한 바둑 프로그램 '알파고AlphaGo'와 프로 기사들과의 대국을 추진했다. 컴퓨터 바둑 프로그램은 인공지능 기술력을 과시하기 위한 더할 나위 없이 좋은 방법이다.

IBM의 슈퍼컴퓨터 딥 블루Deep Blue가 1990년대에 세계 체스 챔피언 가리 카스파로프Garri Kasparov에게 두 게임을 이겼지만, 바둑은 체스보다 훨씬 복잡하고 어려운 게임이다. 그동안 컴퓨터 바둑 프로그램이 수없이 개발되었지만 프로 기사 실력에 미치지 못해 최근까지 바둑은 컴퓨터가 인간을 이길 수 없는 영역으로 여겨왔다. 그러나 2015년 10월 알파고는 유럽 바둑 챔피언인 프로 기사 판 후이Fan Hui와의 5번기에서 5전 전승하는 기염을 토했다. 이어서 2016년 3월 알파고는 우리나라 이세돌 9단과의 5번기에서 4승 1패로 일방적인 승리를 거두어 세계 바둑계를 충격에 빠뜨렸다. 이를 계기로 인공지능의 가능성에 대한 일반인들의 인식이 새로워졌다.

인공지능의 기술 발전에 따라 인간보다 훨씬 우수한 슈퍼 인공지능이 언젠가 출현할 것이며 인간이 이를 통제하지 못하면 심각한 상황이 올 것이라는 우려도 있다. 천체물리학자 스티븐 호킹은 2014년 인공지능이 미래에 인류의 종말을 가져올지도 모른다고 강력하게 경고했다. 일론 머스크, 빌 게이츠, 스티브 워즈니악 등도 이러한 우려에 공감하고 있다. 핵반응을 이용해 인간이 원자력 발전과 핵폭탄이라는 양날의 칼을 쥔 것처럼 인공지능도 양날의 칼이 될 것이며, 이 칼은 핵무기보다 더 심각한 결과를 초래할 수 있다는 얘기다.

다른 한편에서는 이러한 우려는 과장일 뿐, 걱정할 필요가 없다고 주장한다. 어쨌든 인공지능의 부정적인 영향에 대처하고, 인공지능을 좀 더 인류가 안전하게 이용할 수 있게 하기 위한 노력이 실리콘 밸리에서 가시화되고 있다. 2015년 12월 실리콘 밸리의 투자가와 기업가들은 이러한 노력의 하나로 인공지능 연구센터 설립 계획을 발표했다. 연구센터 설립자들 중에는 테슬라 모터스의 창업자 일론 머스크와 콘피니티(Confinity, 페이팔의 전신) 창업자 피터 틸 등이 포함되어 있다. 이 연구센터는 샌프란시스코에 설립될 예정이며 장기적으로 10억 달러가 투자될 계획이다.

## 가상현실

**가상현실**VR: Virtual Reality은 이미 우리 생활에 가까이 와 있다. 컴퓨터에서 제공하는 3차원의 세계에서 현실감을 느끼는 가상현실은 여러 분야에 응용되어 왔다. 비디오 게임이나 시각적 특수 효과로 제작된 영화들은 이러한 가상현실의 대표적인 예다. 실리콘 밸리는 비디오 게임의 발상지다. 1970년대 퐁Pong이라는 게임으로 유명한 아타리Atari 사는 비디오 게임의 원조 격인 회사로, 스티브 잡스가 야간 조에서 근무하기도 했다. 퐁을 가상현실이라고 하기에는 무리가 있긴 해도 이후 컴퓨터 기술 발전으로 비디오 게임은 현실에 가까워지고 있다. 비디오 게임에는 부정적 영향도 있지만 어쨌든 3차원 그래픽스 발전으로 현실감과 생동감이 넘친다. 이 가상현실을 응용하여 전문 분야의 교육과 훈련을 실시할 수 있다. 예를 들어 비행기 조종사를 훈련

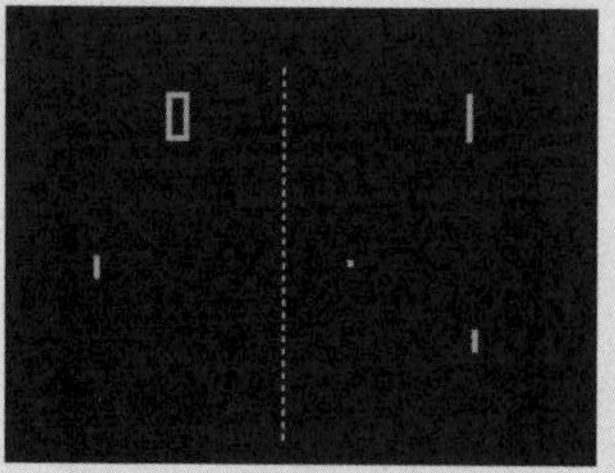

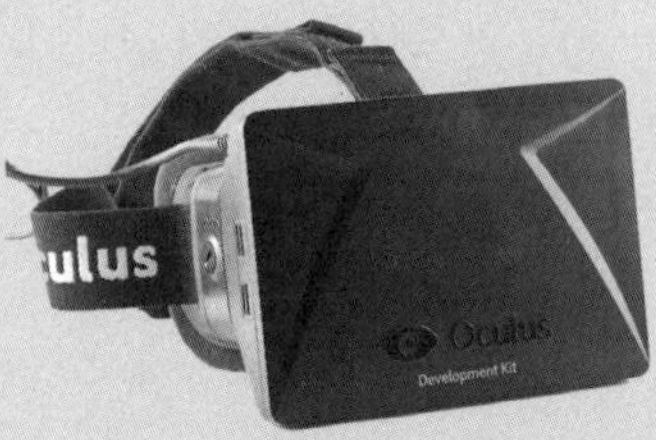


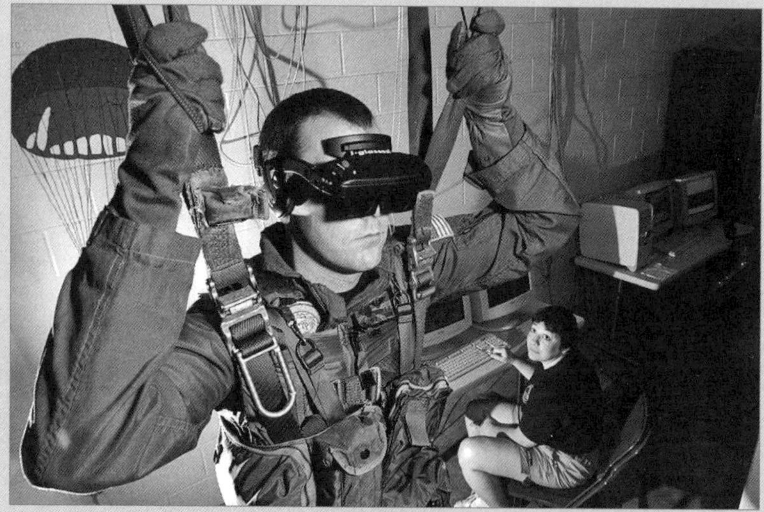

1 2 3
4

1 | 1972년 아타리 사에서 열풍을 일으킨 '퐁' 스크린샷(사진 출처: wikipedia Commons by Bumm13)

2 | 1980년 아타리 사의 오락실용 비디오 게임 배틀존Battlezone. 3D 벡터 그래픽스를 사용해 가상세계에 몰입하게 한다(사진 출처: Wikimedia Commons by Piotrus, CC BY-SA).

3 | 오큘러스 리프트 Kit1 버전 앞면(2013년 12월) (사진 출처: Wikimedia Commons by Sebastian Stabinger, CC BY).

4 | VR을 낙하산 훈련 모의실험에 사용하고 있는 미 해군 요원(사진 출처: http://www.news.navy.mil/view_single.asp?id=3523 by Chief Photographer's Mate Chris Desmond).

하는 비행 모의실험simulation 프로그램, 외과 수련의를 훈련하는 수술 모의실험 프로그램 등이 좋은 예로, 가상현실 기술 발전으로 여러 분야의 모의실험 프로그램이 개발되고 또 개선될 것이다.

이러한 추세에 맞춰 실리콘 밸리의 가상현실 개발에 대한 노력도 점점 속도를 더하고 있다. 비디오 게임 스타트업 회사도 속속 창업하고 있는데 주로 실리콘 밸리 북쪽의 레드우드 시티에 사무실을 얻는 경우가 많다. 레드우드 시티에는 실리콘 밸리에서 비디오 게임의 강자 일렉트로닉 아트Electronic Arts의 본사가 있다. 페이스북은 2014년 3월 오큘러스Oculus VR 사를 20억 달러에 인수해 화제가 되었다. 오큘러스는 2012년 남가주 어바인Irvine에서 창업해 독보적인 가상현실 기술을 사용한 게임기 '리프트Rift'를 개발했다. 리프트는 안경처럼 머리에 착용하는 게임기다. 오큘러스의 기술이 시장에서 성공하면 앞으로 게임기 이외의 분야로 확대될 수 있다. 삼성은 오큘러스의 기술을 사용해 가상현실 제품 '기어Gear VR'를 개발, 시판하고 있다.

가상현실 개발에 속도가 붙자 실리콘 밸리의 마운틴뷰에서 '실리콘 밸리 가상현실SVVR: Silicon Valley Virtual Reality'이라는 단체가 결성되어 가상현실의 기술 발전에 구심점 역할을 맡고 있다. 2013년에 창립된 이 단체는 매달 회원 간의 정기 모임, 연례 회의와 전시회 등 각종 행사를 주최하며 가상현실 기술의 생태계 조성에 노력하고 있다. 1970년대 중반에 실리콘 밸리에서 홈브루 컴퓨터 클럽이 결성되어 PC 개발의 구심점 역할과 애플 컴퓨터 창업에 촉매 역할을 했듯이 '실리콘 밸리 가상현실'이 그러한 역할을 하고 있는 셈이다.

## 실리콘 밸리 미래의 위상

실리콘 밸리에서 반도체 산업이 태동한 후 PC 산업과 인터넷이라는 첨단기술의 빅뱅은 대략 15년에서 20년의 주기로 일어났다. 앞서 일어난 기술혁신은 뒤에 오는 기술혁신을 가능하게 하는 추동력이 되었다. 이 기술혁신은 특정 분야에서 엄청난 폭발력으로 단기간에 새로운 시장을 창출했고 실리콘 밸리를 첨단기술과 첨단산업의 중심지로 떠오르게 했다. 그러나 2000년 봄, 닷컴 붐의 기품이 꺼지고 15년이 지난 시점에서 지난날에 경험한 것과 같은 새로운 기술은 나타나지 않았다.

그러나 실리콘 밸리는 여러 분야의 첨단기술 개발에서 여전히 선도적인 역할을 하고 있다. 앞에서 사물 인터넷, 첨단 자동차, 청정에너지, 인공지능, 가상현실 등을 언급했지만 실리콘 밸리는 생명공학, 신재료, 항공우주 개발 등의 다양한 분야로 영역을 확대하고 있다.

사우스 샌프란시스코에 있는 제넨테크 본사 사옥 일부. 이 지역의 대표적인 첨단 생명공학 회사로 1976년에 설립, 2009년 스위스의 세계적 제약회사 로슈Roche에 인수되었다.

예를 들어 샌프란시스코와 오클랜드를 연결하는 베이 브리지 건너편에 있는 에머리빌Emeryville에서 남쪽의 사우스 샌프란시스코South San Francisco, 포스터 시티Foster City에 이르는 지역에는 제넨테크Genentech, 카이론Chiron, 암젠AMgen: Applied Molecular Genetics, 길리어드Gilead를 비롯한 생명과학 첨단기업과 창업회사들이 밀집해 있다.

실리콘 밸리에서 주도하는 첨단기술 가운데 사물 인터넷, 첨단 자동차 산업이 앞으로 폭발적인 경제 효과를 가져다준다 해도, 이 산업들로 실리콘 밸리는 지난날 PC와 인터넷 산업에서 차지했던 독보적인 위치를 재현할 수는 없다. 실리콘 밸리에서 개발하고 검증한 신기술이 이제는 세계 각지의 사업과 연결되는 구조가 되었기 때문이다. 이는 첨단산업이 더 이상 실리콘 밸리의 전유물이 아니라는 것을 의미한다.

### 첨단기술의 멜팅 포트

실리콘 밸리의 인종 구성은 매우 다양하다. 이민자들이 세우고 발전의 기틀을 마련한 미국, 그중에서도 실리콘 밸리의 인종 구성은 더욱 다양한 멜팅 포트(melting pot, 용해 도가니)이다. 실리콘 밸리는 이제 첨단기술에서도 멜팅 포트가 되었다. 20세기 후반에 반도체, PC와 인터넷 기술혁신이 단계적으로 일어난 반면, 지금은 다양한 첨단기술 개발이 동시에 진행되고 있다.

과거의 실리콘 밸리는 특정 기술을 주기적으로 분출하는 분수 같았다. 옐로우스톤 국립공원의 올드 페이스풀Old Faithful처럼 반도체를 시작으로 PC와 인터넷이라는 분출물을 15년에서 20년 주기로 뿜어냈다. 그러나 21세기 들어서 이 분수는 분출을 멈췄다. 분출을 멈춘 실리콘 밸리는 이제 나이아가라 폭포와 같은 모습으로 변했다. 치솟는 분수와는 달리 나이아가라 폭포는 멀리서는 보이지 않는다.

그러나 드넓은 나이아가라 폭포에는 사물 인터넷, 첨단 자동차, 인공지능 등 다양한 첨단기술이 섞여 있다. 폭포 아래로 흘러내린 물은 사물 인터넷 사업으로 연결되고, 첨단 자동차 사업과 인공지능 사업으로도 연결될 것이다. 이러한 폭포가 앞으로 실리콘 밸리의 모습이다. 실리콘 밸리는 다양한 첨단기술 개발을 선도하고 그 기술을 공급하는 기지의 역할을 할 것이다. 이렇게 개발된 기술은 실리콘 밸리를 비롯한 세계 여러 지역에 공급되어 사업으로 연결될 것이다. 이 같은 변화는 이미 일어나고 있으며 이러한 모습이 미래 실리콘 밸리의 위상이다.

**'올 포 원'에서 '원 포 올'로**

프랑스의 소설가 알렉상드르 뒤마는 소설 『삼총사』에서 "올 포 원 앤드 원 포 올all for one and one for all"을 삼총사의 구호로 삼았다. "모두는 하나를 위해, 하나는 모두를 위해" 곧 '모두가 하나 되어'라는 뜻이다. 이 표현을 다른 의미로 해석하여 실리콘 밸리의 위상을 설명하려 한다.

지난날 실리콘 밸리의 모든 자원은 한 가지 특정 기술 개발에 집중되었다. 반도체, PC와 인터넷 시대를 거치는 동안 실리콘 밸리는 반도체라는 한 가지 기술에 집중했고 그다음으로 PC에 집중했으며 이어서 인터넷 기술에 집중했다. 말하자면 과거의 실리콘 밸리는 '모두는 하나를 위해서'였다. 그러나 지금은 실리콘 밸리라는 하나의 첨단기술 단지는 모든 첨단기술 개발을 위해 활용되고 있다. 다시 말해 '원 포 올'인 셈이다. 논리와 표현에 비약이 있을지 모르나 '올 포 원'이 실리콘 밸리의 과거였다면, 이제 '원 포 올'이 실리콘 밸리 미래의 위상이다.

## 실리콘 밸리와 한국의 첨단산업

1970년대 초반 한국 정부는 카이스트 설립을 계획하면서 프레더릭 터먼과 자문단에 설립과 초기 운영의 자문을 받아 실리콘 밸리와 인연을 맺었다. 1970년대 중반, 실리콘 밸리에 한국인이 설립한 반도체 회사는 한국 최초의 반도체 칩 생산에 기여하기도 했다. 실리콘 밸리의 발전과 더불어 그곳에서 일하는 한국인 기술자들도 양적, 질적으로 성장했다. 1980년대 후반, 한국의 대기업들이 메모리 반도체를 시작으로 반도체 사업에 진출하자 실리콘 밸리의 한국인 기술자들은 현지에서 또는 귀국하여 국내의 반도체 산업 발전에 많은 공헌을 했다. 한국이 반도체 강국이 된 지금은 실리콘 밸리의 미국 기업들이 기술 인력을 한국에서 채용하기도 한다.

### 실리콘 밸리의 한국인들

실리콘 밸리에는 많은 한국인 과학기술자들이 미국 대기업과 스타트업 회사나 삼성, LG, SK 등의 샌호세 현지 회사에 근무하고 있다. 그들은 대체로 모험을 꺼리고 안정적인 직장을 선호하지만, 최근 들어 벤처 창업의 꿈을 가진 이들이 늘어나는 것은 고무적인 현상이다. 벤처 창업을 위해서는 기술자, 기업가, 투자가 간의 네트워킹이 매우 중요하다. 실리콘 밸리에는 재미 한인과학기술자협회KSEA:Korean-American Scientists and Engineers Association 북가주 지부, K-그룹, 한인생명과학 학술단체KOLIS: KOrean LIfe Scientists in the bay area 등이 있고, 대한무역투자진흥공사KOTRA: Korea Trade-Investment Promotion Agency 샌호세 사무소에서는 창업 지원을 위한 행사를 주최하기도 한다.

지난 반세기 동안 실리콘 밸리 역사에서 한인들의 크고 작은 성공 사례가 많다. 그중 ICII(Integrated Circuits International, Inc.)와 한국반도체주식회사를

샌호세 북 1번가에 있는 KOTRA 사무소 건물.

설립한 강기동 박사, 텔레비디오Televideo Corp.를 창업한 황규빈 씨, 다이아몬드 멀티미디어Diamond Multimedia Inc.를 창업한 이종문 씨의 사례를 소개한다. 이들은 1970년대와 1980년대에 회사를 설립하여 사업에 성공했을 뿐 아니라 한국과 실리콘 밸리의 전자산업에 커다란 발자취를 남겼다.

강기동 박사는 서울대학교 공과대학 전기공학과 출신으로 미국 오하이오 주립대학Ohio State University에 유학해 1962년 반도체 연구로 박사학위를 받았다. 한국인으로서 반도체를 전공한 1세대인 셈이다. 학위를 취득한 후 그는 애리조나 피닉스에 있는 모토롤라 반도체 사업본부에서 첨단 반도체 기술 개발을 담당했다. 1970년대 초 실리콘 밸리에 온 그는 한국 자본 합작으로 서니베일에 ICII를, 그리고 경기도 부천에 한국반도체주식회사를 설립했다. 한국반도체주식회사는 ICII와 기술 협력으로 웨이퍼 팹wafer fab 반도체 칩 생산시설을 부천에 건설하고, 당시 최첨단 반도체 기술인 CMOS 기술로 전자시계 칩을 생산했다. 당시 미국의 페어차일드 반도체, 모토롤라, 시그네틱스 등이 한국에 진출해 반도체 조립공장을 가동했지만 낮은 임금에 의존하는 조립사업이었다. 따라서 한국반도체주식회사는 반도체 칩을 생산하는 우리나라 반도체 산업의 시초로서 반도체 기술의 씨를 뿌리는 역할을 했다. 1973년 말에 불어닥친 세계 원유 위기로 한국반도체주식회사는 삼성그룹에 매각되었고, 삼성그룹 반도체 사업의 발판으로서 중요한 역할을 했다.

텔레비디오는 1975년 황규빈 씨가 샌호세에 설립한 회사로 컴퓨터 터미널과 PC 등을 설계해 제조, 판매했다. 텔레비디오에서 개발한 컴퓨터 터미널은 소비자들에게 호응이 높았고 업계의 표준이 되다시피 했다. 1980년대 본격적인 PC 시대가 열리면서 텔레비디오의 사업이 크게 성장해 나스닥에 주식도 상장했다. 그 후 기업 환경이 변해 경영에 어려움을 겪었고 결국 2011년에 문을 닫았으나 텔레비디오의 성공 사례는 실리콘 밸리의 한인사회에 전설처럼 남아 있다.

1970년 미국에 온 이종문 씨는 1982년 실리콘 밸리에서 다이아몬드 멀티미디어를 창업했다. 이 회사는 1990년대에 PC용 그래픽스 카드, 사운드 카드 등을 개발해 크게 성공했다. 이종문 씨의 실리콘 밸리 인생은 입지전적인 성공 사례다. 그는 한때 사업 부진으로 어려움을 겪었으나 이를 극복하고 다이아몬드 멀티미디어를 성공으로 이끌었고, 현재 암벡스Ambex 벤처 투자회사를 설립, 운영하고 있다. 그는 실리콘 밸리와 미국의 첨단산업 발전을 위해 활발하게 활동했으며 카이스트 이사, 명예교수 등을 맡으면서 한국과 실리콘 밸리의 교류를 위해 노력했다. 그가 2000년에 편집자 겸 공동 저자로 참여해 스탠포드 대학교에서 출간한 『실리콘 밸리의 경쟁력*The Silicon Valley Edge*』에는 실리콘 밸리의 성장과 성공에 대해 현지 전문가들이 집필한 글들이 실려 있다. 이종문 씨는 또한 자선활동으로 미국 주류사회에도 이름이 알려져 있다. 그는 1996년 샌프란시스코 시에서 아시아 예술 박물관Asian Art Museum을 확장 이전할 때 1천5백만 달러를 기부했다. 현재 이 박물관의 공식 이름은 '아시아 예술 박물관-이종문 아시아 예술 문화센터The Asian Art Museum - Chong-Moon Lee Center for Asian Art and Culture'다.

### 실리콘 밸리와 한국의 첨단산업

한국의 첨단산업 발전과 관련하여 실리콘 밸리의 활용 방법에서 다양한 노력이 시도되고 있나. 한국의 기업들은 실리콘 밸리에 현지 회사를 설립하거나 실리콘 밸리의 회사를 인수 또는 투자하고, 인재를 영입해 왔다. 대한무역투자진흥공사 샌호세 사무소 등에서 정부 차원의 지원도 있다. 여기서는 첨단산업 발전에 필요한 근본적인 요소들에 대해 실리콘 밸리와 한국을 비교하려 한다. 우리의 언어, 국민 정서, 사회적 분위기와 기업 환경 등이 실리콘 밸리의 성공 요소들과 배치되는 부분이 있기 때문이다.

우리의 언어가 영어가 아닌 까닭에 이에 따르는 불리한 점은 굳이 설명할 필요가 없다. 게다가 '빨리빨리' 결과를 보아야 하는 우리의 조급한 국민성도 첨단산업에는 부정적인 영향을 미친다. 기술 발전의 속도가 빠르고 제품의 수명이 짧은 첨단산업의 속성상 우리의 국민성이 첨단산업에 장점이 될 거라고 볼 수도 있겠지만, 이는 물 위에 드러난 빙산의 부분만을 보는 것과 같은 피상적인 생각에 지나지 않는다.

실리콘 밸리가 어느 날 갑자기 산타클라라 카운티에 나타난 것이 아니다. 19세기 초 캘리포니아 골드러시에서 축적된 부와 서부 개척시대의 도전정신, 19세기 말부터 20세기 초반 전기공학과 양자물리학의 발전, 20세기 초 샌프란시스코 반도의 전자기술 등 실리콘 밸리가 출현하기까지 100년의 역사에 걸쳐 기름진 토양이 마련되었다. 그 기름진 토양이 물 아래에 보이지 않는 빙산의 90퍼센트임을 간과해서는 안 된다. 뿐만 아니라 대기업을 선호하는 우리 젊은이들의 직업관, 이공계를 기피하는 우리 사회 분위기, 대기업 위주의 경제 체제와 기업 환경은 벤처 기술의 생태계를 위험에 빠뜨리는 요소들이다.

이러한 상황에서 첨단산업을 활성화하려면 첨단기술 개발에 필요한 실력을 갖추고 실리콘 밸리처럼 사고하고 행동하는 분위기와 여건을 조성하는 것이 필요하다. 실력이란 기술력뿐 아니라 기술과 제품 등 시장 추이를 꿰뚫어보는 능력, 기업 경영, 자금력 등 총체적인 능력을 가리킨다. 실리콘 밸리의 성공은 이러한 총체적인 능력과 여건을 갖췄기에 가능했다. 첨단기술과 산업이란 기초과학의 토양에서 피어나는 꽃과 같다. 따라서 공학, 응용과학뿐 아니라 물리, 재료, 화학 등 기초과학 분야에 대해 우리 정부와 교육계의 지속적이고 장기적인 관심과 정책이 필요하다.

기업도 단기적 안목으로 대학에 당장 실무에 필요한 인력을 공급해달라는 요구를 지양해야 한다. 대학은 직업학교가 아니라 기초가 충실한 과학기술자를 배양하는 곳이다. 또한 첨단산업 창업을 장려하는 정부의 각종 시책이 마치 기초과학에 대한 대학 교육은 필요 없으니 컴퓨터 프로그래밍 능력만 있으면 누구나 창업할 수 있다는 식으로 펼쳐진다면 이는 결코 바람직하지 않다.

빌 게이츠와 마크 저커버그가 대학을 1년 또는 2년 다니다 말고 마이크로소프트와 페이스북을 창업했고, 야후와 구글의 창업자도 대학원 학업을 마치지 않고 창업했다. 이러한 사실에서 하이테크 창업에는 굳이 대학 교육이 필요 없다는 식의 책들이 미국에서 출간되었지만 이는 대단히 위험한 생각이다. 게이츠, 저커버그 등의 성공 사례는 매우 예외적인 일이다. 그들은 학교를 마치지 않았기 때문에 성공한 것이 아니라 예외적인 능력이 있었기 때문에 학교를 떠났다. 이러한 예외적인 사실을 일반화하는 것은 위험한 발상이다.

앞에서 실리콘 밸리를 멜팅 포트라고 표현했듯이, 주민들이 모국어로 사용하는 언어는 매우 다양하다. 그러나 실리콘 밸리에서 첨단기술은 과학기술자들에게 영어 이외의 또 다른 공통 언어다. 실리콘 밸리의 기술자들은 날마다 펼쳐지는 일상생활에서 주변으로부터 자극을 받고 영감을 얻으며 스타트업 회사의 꿈을 키운다. 출퇴근길에 보이는 애플, 인텔, 구글, 야후, HP, 오라클, 이베이, 시스코, 페이스북 등 수많은 하이테크 회사는 그들에게 창업에 대한 자극을 심어주기에 충분하다. 학생들은 대학 캠퍼스 안에서도 이런 자극을 받는다. 스탠포드 대학교 캠퍼스의 이공계 건물들(휼렛 빌딩, 패커드 빌딩, 배리언 빌딩, 제리 양 빌딩, 짐 클라크 빌딩, 빌 게이츠 빌딩, 폴 앨런 빌딩, 고든 무어 빌딩 등)은 마치 실리콘 밸리의 축소판 같다. 캠퍼스에서 이 건물들을 드나들면서 학생들은 기술 개발에 대한 의욕과 창업의 꿈을 키우는 것이다. 학생들은 강의실에서 수업을 듣고 실험실에서 연구하며 기숙사에서는 창업을 얘기하는 것이 일상이 되어 있다.

한국의 학생들과 기술자, 하이테크 창업 지망생들이 이러한 유전자를 가지려면 먼저 사회 분위기와 환경이 그에 맞게 조성되어야 한다. 능력 있는 이과계 적성의 학생들이 의과대학에 가거나 다른 분야로 빠지지 않고 이공계에 진학한 뒤 첨단산업에 근무하면서 보람과 긍지를 가질 수 있게 해야 한다. 첨단산업에서 성공한 이들이 많이 배출되어 젊은 창업 지망생들과 어린 학생들의 진정한 본보기가 되게 해야 한다. 이를 위해서는 정부와 산업계, 그리고 언론의 관심과 지원이 필요함은 물론이지만 이에 앞서 부모의 역할을 강조하지 않을 수 없다.

스티브 워즈니악이 잡스와 함께 애플을 창업할 수 있었던 것은 어릴 적

부친의 영향이 컸다. 부친은 어린 워즈니악이 전자 기술에 흥미가 있는 것을 보고 전자 부품을 사다가 함께 조립하고 햄 라디오 무선방송국을 개설하는 등 그의 인생에 절대적인 영향을 끼쳤다. 구글의 공동 창업자 래리 페이지는 미시간 주립대 컴퓨터 공학과 교수인 부친의 영향으로 어려서부터 컴퓨터를 만지면서 성장했다. 그 덕분에 스탠포드 대학원생 시절에 그는 교수들이 폐기하려고 내놓은 컴퓨터들을 얻어다 조립해 구글의 서버로 사용할 수 있었다.

마이크로소프트 공동 창업자인 빌 게이츠와 폴 앨런이 다니던 고등학교의 학부모들은 돈을 모금해서 미니컴퓨터를 구입해 학교에 기증했고, 게이츠와 앨런은 방과 후 학교에 남아 그 컴퓨터에 매달려 프로그래밍을 했다. 마크 저커버그의 부친은 마크가 컴퓨터 프로그래밍에 재능을 보이자 개인교사를 집에 들여 컴퓨터를 배우게 했고, 마크가 중학생이 되자 대학원 컴퓨터 강좌에 청강생으로 등록시키기도 했다. 우리 부모들도 과학기술이 적성에 맞는 자녀들을 어려서부터 이끌어주는 것이 필요하다. 과학기술 입국의 중요성은 이해하지만 내 아이가 할 일은 아니라고 생각한다면 과학기술 입국은 그만큼 멀어진다.

실리콘 밸리에는 컴퓨터 역사박물관Computer History Museum, 기술혁신 박물관The Technology Museum of Innovation, 어린이 발견 박물관Children's Discovery Museum, 인텔 박물관Intel Museum, 탐험관Exploratorium 등 과학기술과 관련한 박물관과 전시관이 곳곳에 있으며, 일반인이 방문할 수 있는 정부 연구기관도 있다. 학교에서는 어린 학생들을 데리고 이곳을 방문해 보고 배우게 하며, 이 기관들에서는 과학기술 강연 등을 개최해 일반인들이 쉽게 과학기술을 접할 수 있게 기회를 제공한다.

우리 정부에서 퇴직한 국내 기술 인력을 첨단기술의 전도사로 활용해 전

샌호세 중심가 근처에 있는 어린이 발견 박물관. 어린이들이 직접 과학을 체험할 수 있는 곳이다. 박물관 앞길을 워즈니악에 대한 감사의 표시로 '워즈 웨이Woz Way'라고 이름 붙였다.

국을 다니며 어린 학생들에게 과학기술을 전파하고, 그들에게 미래의 꿈을 심어주는 것도 한 가지 방법일 수 있다. 또한 학생들에게 실리콘 밸리와 같은 해외 기술단지를 방문해 인상 깊은 체험을 하게 한다면 이들의 인생 설계에 자극과 동기부여가 될 것이다. 첨단기술에 대한 유전자를 학생들에게 불어넣는 것은 빠르면 빠를수록 효과적이다.

첨단기술 개발에는 모험을 선택하는 도전 정신이 필요하다. 여기서 모험이란 치밀한 계획과 철저한 준비를 거친 계산된 위험을 뜻한다. 준비를 거친 계산된 위험이므로 실리콘 밸리에서는 실패하더라도 재기할 수 없는 실패자로 낙인찍지는 않는다. 오히려 실패한 창업자의 경험이 다음에 창업하거나 다른 기업에서 활동하는 데 도움이 될 수도 있다. 그럼에도 실제로 첨단기술 개발이나 창업이 쉽지 않은 것이 사실이다. 철저한 준비를 거치고도 첨단기업의 창업은 실패할 확률이 매우 높다. 따라서 우리의 첨단산업계도 실패를 받아들일 수 있는 분위기가 필요하다. 그러기에 앞서 창업자들 자신이 철저하게 준비할 수 있는 능력을 갖춰야 하고, 이와 더불어 계산된 위험을 검증할 수 있는 체계가 확보되어야 한다.

우리의 국민성은 일단 시작하면 몰입하는 경향이 있다. 한국이 반도체, TV, 휴대전화 등에서 세계적인 강국이 된 것은 이러한 국민성 덕분도 있다. 또한 우리의 부모들은 자녀들의 교육과 미래에 대해 헌신적이다. 미국의 언론에서 세계 여자 프로 골프계를 주름잡는 한국 여자 골퍼들과 부모들의 헌신적인 노력을 보도한 적도 있다. 최근에는 케이 팝K-pop이 해외에서 인기를 얻고 「강남 스타일」이 인터넷을 통해 전 세계를 강타하면서 이에 따라 연예계를 지망하는 어린 학생들과 부모들의 열기가 뜨겁다.

인도에서는 첨단 벤처 창업에서 성공한 사람들의 인기가 유명 연예인 못지않으며 젊은 학생들의 본보기라고 한다. 최근 5년 동안 실리콘 밸리에서 외국인 창업회사 가운데 3분의 1을 인도인이 차지했는데 다른 나라에 비해 압도적으로 높다. 우리 사회에도 더 늦기 전에 과학기술과 첨단산업을 선호하는 분위기가 조성되어 모든 국민과 부모의 열기가 첨단산업에 가득 차기를 기대해본다.

11장

# 하이테크 너드들의 기부활동

20세기 후반, 첨단산업 창업에 성공해 거액의 재산을 모은 과학기술자들이 크게 늘어났다. 이들 중에는 존 록펠러, 앤드루 카네기, 헨리 포드 등 구시대 산업의 재산가들을 능가하는 재산을 이룬 젊은 사람들도 있다. 이처럼 첨단산업은 젊은 사람들을 억만장자로 만들어주는 분야다. 2016년 3월 〈포브스*Forbes*〉 지에서 발표한 자료에 따르면, 미국의 재산가 1위는 750억 달러를 소유한 빌 게이츠, 2위는 600억 달러의 워런 버핏, 3위는 450억 달러의 아마존 창업자 제프 베저스Jeff Bezos다. 페이스북 창업자 마크 저커버그는 31세 젊은 나이에 440억 달러로 오라클 창업자 래리 엘리슨을 제치고 4위에 올랐고, 엘리슨은 430억 달러로 5위다. 버핏을 제외하고 모두 첨단기술 또는 첨단산업에서 부를 쌓았다. 이들은 모두 맨손으로 시작해 당대에 엄청난 재산을 이루었다. 그중 게이츠, 버핏과 저커버그는 생존 시에 거의 모든 재산을 자선사업에 기부하겠다고 공약한 바 있다.

돈은 벌기도 어렵지만 쓰는 것은 더 어렵다는 말이 있다. 따라서 힘든 첨단산업에서 성공해 천문학적 재산을 얻은 하이테크 너드Nerd들이 과연 그 재산을 어떻게 쓸지, 꽤 흥미진진한 내용이다. 부유한 사람들이 재산의 일부를 사회에 환원하는 것은 카네기가 일찍이 주장했듯이 가진 자의 의무일 수도 있다. 그러나 의무가 아니더라도 재산의 일부를 기부하는 것은 성숙한 사회에서는 일반적 통념이며, 기부활동은 사회의 성숙도를 가늠하는 한 가지 잣대이다. 다양한 모습의 하이테크 너드들이 과연 이러한 사회 통념에 걸맞은 기부활동을 하는지, 한 걸음 더 나아가 그들 나름의 철학으로 독특한 기부문화를 만드는지 세간의 관심이 쏠리고 있다. 이 하이테크 기업가들의 사회 위상과 천문학적 재산을 감안할 때 이들의 기부활동은 미국 사회 기부문화 전반에 큰 영향을 미칠 수 있기 때문이다.

그들의 기부활동을 다루기에 앞서 미국 사회의 기부문화를 살펴보기로 한다.

## 미국 사회의 기부문화

미국 사회에서 기부활동은 시민에게 일상화되어 있다. 미국 시민은 자신의 능력에 맞춰 지역사회와 연방 또는 세계 각지에서 필요한 구호활동에 참여한다. 허리케인, 지진, 화재 등 자연 재난으로 피해를 입은 이재민에게 구호 성금과 물품을 보내는 것처럼 일회성 기부활동이 있는가 하면, 사회 문제를 개선하기 위한 지속적인 자선활동일 수도 있다. 이를 위해 교회와 같은 종교단체에 기부하거나 거리에서 또는 가정을 방문해 모금활동을 벌이는 각종 단체에 기부금을 내기도 하고, 더 이상 필요 없는 가구와 의류 등을 구

**왼쪽** | 세이프웨이 매장에 있는 굿윌 옷 기부함(사진 출처: Wikimedia Commons by Ser Amantio di Nicolao/gallery, CC BY).

**오른쪽** | 한 남성이 소포에 크리스마스 실을 붙이는 동안 여성이 소포들을 그에게 가져다주고 있다. 오른쪽 아래에 캘리포니아 로스앤젤레스의 실이 그려져 있다. 이 카툰은 1909년 12월 16일자 <로스앤젤레스 헤럴드>의 '폐결핵 퇴치를 도와주세요'가 원본이다(사진 출처: California Digital Newspaper Collection by C.D. Barnett, cartoonist for the <Los Angeles Herald>)

세군The Salvation Army이나 굿윌Goodwill과 같은 자선단체에 기부하기도 한다.

크리스마스 실Christmas Seal을 구입하는 것처럼 전국적이고 조직적인 모금운동에 기부를 할 수도 있다. 크리스마스 실은 미국 적십자사가 주도하는 모금운동으로, 20세기 초 미국에서 결핵 퇴치를 위해 일반 시민을 대상으로 하여 모금하기 시작했다. 20세기 초 결핵은 미국 사회에서 심각한 문제였다. 1924년 MIT에서 박사학위를 받은 프레더릭 터먼이 스탠포드 대학 교수로 임용되어 팔로알토에 돌아왔으나 결핵으로 거의 사경을 헤맸고 그의 부친 루이스 터먼도 결핵으로 고생했다. 당시 미국에서 사망자 열 명 가운데 한 명이 결핵으로 사망했다. 개인의 기부활동은 수혜자를 도와주려는 순수한 자선활동이지만, 크리스마스 실을 구입하는 것은 사회 전체를 보호해서 자신도 이익을 얻는 보험과 같은 성격을 띤다.

이처럼 다양한 개인의 기부활동에 대해 미국 국세청은 일정 한도액까지는 기부 증명서 없이 세금공제 혜택을 준다. 일정 한도액을 넘으면 기부한 자선단체에서 발급해준 증명서를 첨부해 세금공제 혜택을 받으면 된다. 미국 연방정부는 1914년 개인 소득세법을 시행한 데 이어 1917년에 도입한 기부금 세금공제 혜택법에 따라 기부활동이 전 국민에 확산되는 효과를 가져왔다. 그러나 미국의 기부문화는 이보다 역사가 길다. 미국은 19세기 후반과 20세기 초 산업화를 거치는 동안 중산층과 부유층이 늘어나기 시작해 백만장자들이 생겨났고, 이들 가운데 특히 카네기와 록펠러는 기부와 자선활동을 활발히 펼쳤다. 당시 대표적인 기업가이자 자선활동가로서 카네기와 록펠러의 활동은 미국의 자선활동에 근대적인 변화를 가져왔다.

### 카네기와 록펠러의 기부활동

철강왕으로 잘 알려진 앤드루 카네기Andrew Carnegie에게는 가혹한 경영인이라는 인상이 아직도 강렬하게 남아 있다. 그는 생산비 절감을 위해 노동자들의 임금을 삭감했으며 노조 결성을 막았다. 게다가 사설 경비원들을 고용해 제철소 노동자들의 파업을 유혈로 진압한 경력도 있다. 기업 경영에서 보여준 이러한 이미지와는 반대로 카네기는 1889년 어느 잡지에 기고한 글에서 사회에 대한 부유층의 의무를 역설했다. 카네기는 이 글에서 부를 대물림하는 일반 관행을 반박하며, 부유층은 가족이 생활하는 데 필요한 재산만 남기고 나머지는 사회에 환원해야 한다는 자신의 기부철학을 펼쳤다. 또한 수혜자들에게 최대한 혜택을 줄 수 있도록 자선활동에서 기부재산을 효율적으로 관리 집행해야 한다고 주장했다.

철강회사의 효율을 극대화하는 데 당할 자가 없었던 카네기의 눈에는 당시 대부분의 자선활동에 낭비 요소가 많은 것으로 비쳤다. 카네기가 보여준 기업 경영과는 매우 상반된 행동으로, 기부활동 초기에는 그의 행동에 대해 위선적이라며 색안경을 끼고 보는 시각이 많았다. 카네기의 대표적인 기부활동은 바로 도서관 건립이었다. 어릴 적부터 독서광이었던 그는 세계 곳곳에 2천5백 채가 넘는 도서관을 지어 기부했다. 그러나 카네기 철강회사의 본거지인 펜실베이니아 주에서는 그에 대한 반감이 컸던 터라 그의 도서관 기부를 거부한 동네도 여러 곳 있었다. 어쨌든 카네기는 생존 당시 70퍼센트가 넘는 재산을 자선사업에 기부함으로써 자신이 주장한 '가진 자의 의무'를 충실히 실천했다.

카네기의 기부철학에 감명을 받은 스탠더드 오일의 창업자 존 록펠러John Rockefeller도 적극적인 기부활동에 나섰다. 록펠러는 수입의 3분의 1은 쓰고 3분의 1은 저축하고 3분의 1은 기부하는 수입 삼분법을 실천하면서 자식들에게도 이를 따르라고 요구했다. 그러나 방대하고 독점적인 스탠더드 오일에 반감이 컸던 미국 사회에서 당시 그의 기부활동을 불편한 시선으로 보는 시각도 많았다. 더구나 1914년에 일어난 '러드로의 학살Ludlow Massacre'로 록펠러의 이미지는 큰 손상을 입었다. 러드로 학살은 콜로라도 주 러드로에 있는 록펠러 소유의 탄광에서 광부들이 파업하자 이를 진압하는 과정에서 광부들과 그 가족 이십여 명이 살해된 사건이다. 따라서 당시의 분위기로 볼 때, 록펠러의 기부활동은 기업의 이미지를 포장하거나 순수하지 못한 의도가 있을 것으로 추측할 수도 있다. 어쨌든 자선활동에 대한 록펠러의 의지는 아들인 존 록펠러 주니어John Rockefeller, Jr.가 이어받았고, 록펠러 주니어는 평생 동안 자선활동에 힘을 다해 록펠러 재단의 성장을 이끌었다. 록펠러 주니어의 아들 데이비드 록펠러David Rockefeller 역시 기부활동에 적극적이다. 현재 100세인 데이비드 록펠러는 빌 게이츠와 워런 버핏이 주도하는 '기부 서약' 운동에 동참하고 있다.

미국 사회에서 모금되는 연간 기부 총액 가운데 개인이 낸 기부 금액이 차지하는 비율은 80퍼센트를 넘는다. 개인 기부금은 자선단체에서 목표로 하는 특정 용도에 사용되거나 기부자가 지정한 용도에 쓰인다. 19세기 말 산업화를 거치는 동안 미국 사회와 시민들의 생활 환경과 사회 여건이 빠르게 변하면서 자선활동의 목적과 용도 또한 그 추세에 따라 적절히 대응해야 했다. 그러나 개인 기부금의 경우 기부자가 사망하면 기부자가 생전에 제시했던 자선활동의 목적과 용도를 변경하는 것이 쉽지 않았다. 자선재단은 이처럼 개인 기부금에 따르는 제약을 받지 않고 변화하는 추세에 맞추어 기부금을 효과적으로 집행할 수 있는 장점이 있다. 자선재단에서는 '인류의 행복 증진', '세계 평화 구현', '인간의 아름답고 행복한 삶 추구', '살기 좋은 인간사회의 구현'처럼 포괄적이고 추상적인 의미의 구호를 재단의 목적으로 내세우는 경우가 많다. 물론 세부 사항으로 더 구체적인 내용을 제시하지만, 운영상에서 융통성이 있고, 효율적이며 지속적인 자선활동이 보장된다.

자선재단에서 기부하는 금액은 미국 연간 기부금 총액의 20퍼센트가 채 안되지만 기부문화와 자선사업에 끼치는 영향은 크다. 이러한 상황에서 20세기 초 카네기 재단, 록펠러 재단을 비롯해 많은 자선재단이 설립되었으며 1930년대에 설립된 헨리 포드 재단은 20세기 중반 미국 최대 자선재단으로 성장했다. 20세기 후반 정보산업 시대에 들어서 미국 기부문화의 흐름은 이제 하이테크 너드들의 기부활동으로 그 맥이 이어진다.

## 실리콘 밸리 기업가들의 기부활동

성공한 실리콘 밸리 기업가들의 출신 배경과 성장 환경은 매우 다양하지만, 그들은 재산을 사회에 환원하는 데 인색하지 않을 뿐 아니라 기부활동에 적극적으로 나서는 사람들도 많다. 그들은 젊어서 기술 개발과 첨단산업에 몰두했듯이 중년 또는 은퇴 이후의 자선활동에도 열정적으로 참여한다. 다시 말해 재산을 기부하는 과정에 직접 관여하며, 기부금을 집행하고 결실을 맺는 과정에서 자신들이 익힌 기업경영의 효율성을 접목시키려고 노력하기도 한다. 자신들의 자선활동에 대해 자부심과 긍지를 가지며 스스로를 '자선사업가philanthropist'라고 부르는 데 주저하지 않는 사람도 많다.

카네기나 록펠러를 대할 때처럼 색안경을 끼고 보는 시각이나 거부반응은 하이테크 너드들의 기부활동에는 해당되지 않는다. 그들의 성공은 기술과 산업, 경제 발전에 큰 영향을 주었을 뿐 아니라 자신들의 재산 형성 과정이 투명하고 상식에 어긋나지 않을뿐더러 기부활동의 목적 또한 투명하기 때문이다. 오히려 하이테크 기업가들 가운데 기부활동에 소극적인 사람들에 대해 언론에서 곱지 않은 시선을 보내거나 대중의 질타를 받는다.

실리콘 밸리에서 성공한 뒤 크고 작은 자선활동을 펼치고 있는 사람들은 일일이 열거할 수 없을 정도로 많다. 물론 기부활동에 대한 관심과 적극성, 기부철학 등은 모두가 다르지만, 큰 재산을 얻고 나면 인생의 다음 단계는 자선활동이라는 인식이 보편화되어 있는 듯하다. 이들은 재산을 개인적으로 기부하기도 하고, 규모가 큰 경우에는 자선재단을 설립해 재산을 기부한 뒤 자선활동을 펼친다. 휼렛 재단, 패커드 재단, 무어 재단 등은 실리콘 밸리를 상징하는 자선재단일 뿐 아니라 미국을 대표하는 자선재단으로 자리 잡았다.

### 휼렛 재단과 패커드 재단, 고든 무어의 통 큰 기부

휼렛 재단, 패커드 재단, 무어 재단은 2013년 자산 규모가 각각 77억 달러, 63억 달러, 57억 달러로 미국 자선재단에 각각 6위, 8위와 10위에 올라 있는 실리콘 밸리의 대표적인 자선재단이다. 실리콘 밸리 기부활동 가운데 중요한 부분은 교육에 대한 지원이며, 그 가운데 자신의 모교 또는 자신과 관련 있는 학교에 기부하는 경우가 많다. 이들의 기부금은 대학에 석좌교수직을 설치, 또는 연구 과제를 지원하거나 연구센터를 건립하는 등 다양한 용도로 쓰인다. 실리콘 밸리 기업가들의 기부활동은 대학교 기부금의 역사를 새로 쓰고 있다 해도 과언이 아니다. 2001년 5월, 휼렛 재단은 휼렛의 모교인 스탠포드 대학교에 4억 달러를 기부했다. 휼렛 재단의 이 기부금은 스탠포드 대학교 역사상 최대 기부금이었고, 당시 미국 대학교 기부금 역사에도 최대 액수였다. 그러나 휼렛 재단의 이 기록은 불과 5개월 뒤 고든 무어가 깨뜨리고 만다.

무어는 1950년 버클리 캘리포니아 대학교를 졸업한 뒤 캘텍 대학원에 진학해 1954년에 박사학위를 수여받았고 1957년 페어차일드 반도체를 공동 창업한 뒤 로버트 노이스와 함께 1968년 인텔을 공동 창업했다. 무어는 먼저 1996년 버클리 캘리포니아 대학교에 1천5백만 달러를 기부했다. 그리고 스탠포드 대학이 휼렛 재단에서 4억 달러라는 사상 최대의 기부금을 받아 흥분했던 2001년 5월에서 5개월 뒤, 무어는 2001년 10월 캘텍에 6억 달러라는 거액을 기부해 세상을 놀라게 했다. 무어의 개인 재산에서 3억, 나머지 3억은 무어 재단에서 이 기부금을 마련했지만, 어쨌든 6억 달러 전액을 무어가 기부한 것이나 다름없다.

무어의 6억 달러 기부금은 캘텍 역사상 최대일 뿐 아니라 미국 대학교 기부금 역사에 새로운 기록을 세웠다. 2014년 홍콩 갑부 제럴드 챈Gerald Chan은 자신의 모교인 하버드 대학교에 3억 5천만 달러를 기부했다. 이 3억 5천만 달러 기부금은 하버드 대학교 역사상 최대 기부 금액으로 세간에 화제가 되었으나 무어의 캘텍 기부금 6억 달러에는 훨씬 못 미친다. 무어의 기부금 기록은 15년이 지난 지금까지도 깨지지 않고 있다.

2001년 5월, 4억 달러를 스탠포드 대학교에 기부한 휼렛 재단은 2007년 9월 버클리 캘리포니아 대학교에 1억 1천3백만 달러를 기부했다. 이 기부금은 버클리 대학교 역사상 최대의 기부금이다. 버클리 대학과 스탠포드 대학은 실리콘 밸리를 이끄는 쌍두마차다. 두 대학 모두 세계적 명문 대학이라는 사실에는 굳이 설명이 필요 없으며, 이 두 대학은 미국 서부지역을 대표하는 퍼시픽 12연맹Pacific Coast Conference에 속해 있어 스포츠에서도 선의의 경쟁을 펼치고 있다. 우리의 고려대학교·연세대학교의 관계와 비슷하다 하겠으나 한 가지 다른 점은 스탠포드가 사립대학인 반면, 버클리는 주립대학이라는 점이다.

버클리는 주립대학이므로 사립대학인 스탠포드에 비해 교수에 대한 처우, 연구 여건 등이 상대적으로 열악하다. 게다가 캘리포니아 주정부는 만성적인 재정 적자로 공립학교 예산을 수시로 삭감해 공립학교 교육에 어려움이 많았다. 이러한 상황에서 버클리 대학은 유능한 교수를 유치하는 데 어려움을 겪고 있었고, 재직 중인 교수들이 사립대학교로 이직하는 상황을 늘 우려했다. 하지만 휼렛 재단의 기부금으로 버클리는 100개의 석좌교수직을 개설해 장기적으로 유능한 교수들을 유치하고 우수한 학생들도 확보할 수 있게 되었다. 휼렛의 모교와 라이벌인 버클리 대학에 버클리 대학 역사상 최대 기부금을 기부한 휼렛 재단의 결정은 훈훈한 미담이 아닐 수 없다.

1964년에 설립한 패커드 재단의 정식 이름은 그와 부인의 이름을 넣어 '데이비드 앤드 루실 패커드 재단David and Lucile Packard Foundation'이며 아동의 복지, 건강, 자연과 환경보호 등에 중점 지원한다. 패커드 재단의 기부금으로 스탠포드 대학교에 설립된 루실 패커드 아동병원Lucile Packard Children's Hospital은 신생아와 산모, 아동을 전문으로 치료하는 유명한 아동병원이다.

### 실리콘 밸리 너드들의 기부활동

하이테크 너드들의 개인 기부활동을 피부로 느끼려면 스탠포드 대학교의 이공계 캠퍼스를 둘러보면 된다. 이 캠퍼스에는 기부자의 이름을 딴 건물들이 많다. 전기전자 공학부 건물인 데이비드 패커드 빌딩, 윌리엄 휼렛 교육센터, 물리학과의 배리언 빌딩, 고든 무어 재료공학 연구 빌딩, 쇼클리에게 창업 자금을 지원한 아널드 베크만의 이름을 딴 베크만 센터, 페어차일드 센터, 게이츠 컴퓨터 사이언스 빌딩, 마이크로소프트 공동 창업자 폴 앨런의 기부금으로 세운 폴 앨런 반도체 연구센터, 생명공학 융합 연구센터인 제임스 클라크 센터, 야후 공동 창업자 제리 양의 기부금으로 세운 환경과 에너지 빌딩 등 다양하다. 이 건물들 가운데 대표적인 사례 몇 가지를 소개한다.

제임스 클라크는 스탠포드 대학 컴퓨터학과 교수로 3년간 재직하다 사임하고 하이테크 창업의 길로 나선 뒤 실리콘 그래픽스, 넷스케이프, 웹MD 등을 잇달아 창업해 억만장자의 대열에 오른 인물이다. 그는 어려운 가정에서 성장했으나 타고난 재능과 의지로 억만장자의 대열에 오른 입지전적 인물이다. 그는 넷스케이프 사업에서 성공한 뒤 1999년 스탠포드 대학교에 1억 5천만 달러를 기부하기로 약속했다.

그러나 조지 부시 정부의 줄기세포stem cell 연구를 제한하는 정책에 반발해 9천만 달러만을 기부하는 일화를 남겼다. 스탠포드 대학은 이 기부금의 나머지 부분을 충당해 2003년 생명공학 중심의 융합 연구센터인 제임스 클라크 센터James Clark Center를 완공했다. 2004년 클라크는 뉴올리언스에서 해군 병사로 복무할 때 야간 강의를 들으면서 졸업한 툴레인 대학Tulane University에도 3천만 달러를 기부했다. 툴레인 대학은 야후 공동 창업자 데이비드 파일로의 모교이기도 하다. 파일로는 스탠포드 대학 대학원에 진학하기 전 툴레인 대학교 컴퓨터 공학과를 졸업했다. 파일로도 2004년에 3천만

제임스 클라크의 기부금으로 스탠포드 대학교에 설립된 제임스 클라크 연구센터.

달러를 툴레인 대학교에 기부했는데 두 사람이 각각 기부한 3천만 달러 기부금은 툴레인 대학교 역사상 개인 기부금으로 최대 액수다.

야후 공동 창업자 제리 양은 2007년 모교인 스탠포드 대학교에 부인 아키코 야마자키Akiko Yamazaki와 공동 명의로 7천5백만 달러를 기부했으며, 이 기부금으로 스탠포드 대학은 환경과 에너지 연구 빌딩을 세웠다. 제리 양은 대학원생 시절 일본에 교환학생으로 6개월간 머문 적이 있었고, 스탠포드 대학교에 재학 중인 아키코를 만나 인연을 맺어 결혼하게 되었다.

이 건물은 총 1억 1천8백만 달러를 들여 2008년 3월에 완공되었고, '제리 양 앤드 아키코 야마자키 환경과 에너지 빌딩Jerry Yang and Akiko Yamazaki Environment and Energy Building'이라는 긴 이름이 붙었다. 이 건물에는 기후, 해양, 생태계, 에너지, 토지 이용, 자원 보호, 생물학, 약학 등 과학·공학과 함께 법률·경제·인류학 분야의 연구자들이 모여 학제interdisciplinary 간 벽을 넘는 융합연구를 시도하고 있다. 이 연구 빌딩은 제임스 클라크 센터와 더불어 스탠포드 대학에서 융합연구를 선도하는 연구센터로 꼽힌다.

인터넷 시대가 열리고 닷컴 붐이 불붙기 시작하던 1996년, 실리콘 밸리

제리 양의 기부금으로 스탠포드 대학교에 설립된 환경과 에너지 연구 빌딩.

의 회사들은 시애틀에 있는 빌 게이츠의 마이크로소프트와 사활을 건 치열한 경쟁을 벌였다. 실리콘 밸리에서 빌 게이츠를 바라보는 시선은 예전부터 곱지 않았지만, 이 무렵 게이츠에 대한 감정은 더욱 좋지 않았다. 이러한 분위기를 의식했는지 모르겠지만 1996년 게이츠는 스탠포드 대학교 컴퓨터공학과에 6백만 달러를 기부했다. 스탠포드 대학은 게이츠를 비롯한 여러 기부자들에게서 모금한 기부금으로 컴퓨터학과 건물을 세우고 이 건물을 '빌 게이츠 컴퓨터 사이언스 빌딩'으로 이름 지었다. 게이츠의 재산 규모로 볼 때 그에게 6백만 달러는 주머니 푼돈 정도의 액수였다. 작은 비용으로 자신의 이름을 스탠포드 대학 캠퍼스에 올린 게이츠의 수완이 돋보인다.

애플 공동 창업자인 스티브 워즈니악은 실리콘 밸리 토박이로, 실리콘 밸리의 지역사회 활동은 물론, 자원봉사에도 적극적으로 참여해 왔다. 그는 어렸을 적 장래 희망 중 하나가 학교 선생님이었다. 애플을 창업한 뒤 젊은 나이에 애플을 떠났던 워즈니악은 샌호세의 어느 초등학교에서 8년 동안 자원봉사자로 수학을 가르쳤고, 그 학교에 애플 컴퓨터들을 기증했다. 워즈니악은 개인적으로 작은 기부를 여기저기 하는 것으로 알려졌을 뿐 공개적으로 알려진 기부활동은 별로 없다. 휼렛, 패커드, 무어의 기부활동이 프로급이라면 워즈니악의 기부활동은 아마추어 수준이라 할 수 있다.

그 밖에 실리콘 밸리의 자선가는 이베이 창업자인 피에르 오미디아, 시스코 시스템스 창업자인 레너드 보색과 샌디 러너 부부, 선 마이크로 공동 창업자인 비노드 코슬라와 앤디 벡톨샤임, 페이팔과 테슬라 모터스를 창업한 일론 머스크, 페이스북 창업자 마크 저커버그, 이베이 창업 당시 사장을 역임한 제프 스콜, 현재 HP CEO 메그 휘트먼 등 일일이 열거할 수 없을 정도로 많다.

이들 중 이베이 창업자인 피에르 오미디아는 규모가 큰 기부활동을 조용히 펼치고 있는 예에 속한다. 1998년 이베이 주식 상장에서 억만장자가 된 그는 2001년, 자신의 재산을 생전에 대부분 기부하겠다고 발표했다. 당시 그의 나이 34세였다. 현재까지 오미디아는 개인적으로, 또 그가 세운 재단에 모두 10억 달러가 넘는 액수를 기부했다. 그는 또 빌 게이츠와 워런 버핏이 주도하는 '기부 서약' 운동에도 일찌감치 동참했다. 오미디아가 현재 보유한 재산은 80억 달러가 넘는 것으로 추정되는데, 앞으로도 더욱 활발한 기부활동을 펼칠 것으로 보인다.

그러나 실리콘 밸리에서 성공한 기업가들이 모두 기부활동에 적극적인 것은 아니다. 젊은 나이에 억만장자가 되었어도 재산 규모에 비해 기부활동이 미미한 부류가 있는가 하면, 기부활동에 대해 회의적이거나 아예 무관심한 부류도 있다. 이 때문에 가끔 외부에서는 실리콘 밸리가 자선활동에 인색하다고 비난하기도 한다.

### 기부활동에 소극적인 사례

애플의 공동 창업자인 스티브 잡스는 아마 실리콘 밸리의 기업가 중 기부활동에 가장 무관심한 부류에 속할 것이다. 잡스가 생전에 한 기부활동은 알려진 것이 없다. 기부활동에 대한 잡스의 무관심은 그가 젊은 시절에 주변 인물들을 몰인정하게 대했던 행동을 떠올리면 쉽게 이해할 수도 있다. 잡스의 대학 친구이며 애플 창업 동료인 대니얼 코트케Daniel Kottke는 애플 창업 후 회사 주식을 한 주도 받지 못했다. 코트케는 잡스가 오리건에 있는 리드 칼리지Reed College에 다닐 때 만난 친구로, 잡스는 1974년 영적 체험을 하기 위해 그와 함께 인도에 가서 도인을 만나기도 했다. 하지만 애플 창업 후 주식을 받으러 찾아온 코트케에게 잡스는 코트케의 직속 상사와 얘기하라며 돌려보냈다. 이를 지켜본 워즈니악은 결국 자신의 주식 중 일부를 코트케에게 무상으로 주었다.

애플을 창업한 다음 해에 여자 친구가 임신을 하자 잡스는 여자 친구와 결별했다. 여자 친구가 딸을 낳은 뒤 잡스에게 양육비를 요구하자 잡스는 변호사를 고용해 자기 딸이 아니라고 주장하면서 양육비 지불을 거부했다. 이렇듯 젊은 시절에 비정한 행동으로 주위 사람들에게 상처를 준 것으로 볼 때 그가 기부활동에 관심 없는 것이 새삼스럽지도 않고 이에 대해 외부에서 논란을 삼는 것 같지도 않다. 잡스가 세상을 떠난 뒤 그의 부인이 기부활동에 나서고 있지만 잡스의 이미지에 어떤 영향을 줄지는 알 수 없다.

인터넷의 거대 기업 구글을 공동 창업한 래리 페이지와 세르게이 브린에게 구글 창업자에 걸맞은 기부활동을 기대하는 것은 어찌 보면 당연하다. 그러나 이 두 사람에게서는 기대에 걸맞은 기부활동이 아직 보이지 않는다. 페이지와 브린은 현재 42세 동갑내기에다 재산도 360억 달러와 350억 달러로 비슷하며, 2016년 <포브스> 지의 미국 갑부 명단에서 각각 9위와 10위에 올라 있다.

페이지는 2006년 부친의 이름을 딴 '칼 빅터 페이지 추모재단Carl Victor

Page Memorial Foundation'을 설립, 2014년 초에 약 1억 8천만 달러의 재산을 기부했다. 페이지가 어려서부터 컴퓨터에 흥미를 갖게 된 것은 미시간 주립대학교 컴퓨터 공학과 교수였던 부친의 덕이 컸다. 그 밖에 페이지의 기부활동은 그다지 알려진 것이 없다.

페이지는 최근 어느 TV와의 대담에서 사후 자신의 재산을 자선단체에 기부하느니 차라리 일론 머스크에게 주겠다고 말했다. 페이지보다 두 살 위인 머스크가 페이지보다 오래 살지는 알 수 없지만, 페이지는 자신의 재산이 자선단체에서 사용되는 것보다 비전을 가진 기업가의 기업활동에 사용되는 것이 인류의 미래에 더 큰 영향을 줄 것이라는 뜻에서, 머스크를 비전을 가진 기업가의 예로 든 것이다. 페이지의 이러한 사고방식에 대해 자선활동과 기업활동을 구분하지 못하는 논리라는 비난이 있는가 하면, 일부에서는 자선단체의 기부금 관리와 집행에도 기업활동과 같은 효율적 경영을 도입해야 한다며 페이지를 옹호하는 등 논란이 일었다. 어쨌든 페이지가 보편적인 형태의 기부활동에 관심이 없는 것은 사실인 것 같다.

세르게이 브린도 페이지와 비슷하게 기부활동에 소극적이다. 브린은 자신과 부인의 이름을 딴 자선재단에 기부하고 있지만 재산 규모에 비해 크지 않다. 브린은 자신의 가계에 파킨슨Parkinson 병력이 있는 것을 알고 파킨슨병 재단인 마이클 폭스 재단Michael Fox Foundation에 5천만 달러를 기부했으나 그 밖에 알려진 기부활동은 별로 없다. 전 세계의 억만장자들이 생전에 자신의 재산을 50퍼센트 이상 기부하겠다고 서약하는 '기부 서약' 운동에도 페이지와 브린은 현재 참여하지 않고 있다. 페이지와 브린이 앞으로 그들의 재산을 어떻게 활용할지 주목된다.

야후의 공동 창업자인 제리 양과 데이비드 파일로 두 사람 역시 기부활동에 대체로 소극적인 편이다. 제리 양의 경우 2007년 모교인 스탠포드 대학교에 7천5백만 달러를 기부했으나 그 밖에 알려진 기부활동은 없다. 파일로 역시 2004년 모교인 툴레인 대학교에 3천만 달러를 기부한 이후로는 알려진 기부활동이 없다. 이들의 기부금은 비록 적은 액수는 아니지만 외부에서는 그들의 재산 규모에 비교하여 기부활동을 평가한다. 이 두 사람도 '기부 서약' 운동에 참여하지 않고 있다. 실리콘 밸리를 대표하는 인터넷 거대기업 구글과 야후의 창업자 모두 실망스럽게도 기부활동에 소극적이지만 그들만의 기부철학이 있는지는 두고 볼 필요가 있다.

제임스 클라크와 함께 넷스케이프를 창업한 마크 앤드리슨은 그 후 벤처투자가로 변신했지만 그의 기부활동은 알려진 것이 별로 없다. 그러나 로라와 결혼한 뒤 기부활동에 대한 인식을 새롭게 한 듯하다. 로라 앤드리슨Laura Andreessen은 실리콘 밸리의 부동산 재벌가의 딸로, 스탠포드 대학교 경영대학원에서 MBA를 취득한 뒤 자선활동과 기부활동에서 실리콘 밸리 방식의 접근과 분석을 연구하는 것으로 알려져 있다. 그녀는 스탠포드 대학에서 이에 대한 강의를 하면서 마크 저커버그, 메그 휘트먼, 제프 스콜, 스티브 잡스의 부인 등 실리콘 밸리의 저명한 자선가들에게 기부활동에 대한 자문도 하고 있다.

### 래리 엘리슨의 기이한 기부 행적

실리콘 밸리에서 이색적인 기부활동을 보여주는 인물은 단연 래리 엘리슨이 아닌가 싶다. 오라클 창업자인 엘리슨은 2016년 재산이 430억 달러로 미국 갑부 5위에 올라 있다. 그는 실리콘 밸리에 2억 달러를 들여 저택을 새로 지었고, 개인 전용 비행기는 물론이고 2억 달러를 들여 요트를 건조하는가 하면, 2012년 하와이 섬 중 하나인 라나이Lanai를 3억 달러에 사들이는 등 호화스러운 생활을 즐기는 것으로 알려졌다. 그러나 기부활동에 인색한 엘리슨의 행적은 이색적인 면을 넘어 기이하기까지 하다.

엘리슨은 1997년 인간의 노화 현상, 노인 질병 등에 대한 연구를 지원하는 엘리슨 의료재단Ellison Medical Foundation을 설립했다. 이 때문에 엘리슨 의료재단의 설립 목적이 엘리슨의 불로장생을 위한 것이라고 보는 시각도 있다. 그동안 엘리슨의 행동을 보면 이런 해석도 충분히 가능하다. 엘리슨의 기부활동은 이 의료재단에 한정되어 있고, 의료재단 설립 후 2013년까지 16년간 엘리슨이 기부한 총액은 5억 달러에 지나지 않아 젊은 저커버그가 2013년 한 해 기부한 기부금의 반밖에 안 된다며 비난을 받았다.

엘리슨은 또 기부활동에 대한 기이한 심리를 보여주는 사례를 남겼다. 그는 2001년 미국의 의과대학 중 한 곳을 선정해 1억 5천만 달러를 기부하겠다고 발표했다. 이에 응모한 여러 학교 가운데 엘리슨은 하버드 대학과 스탠포드 대학을 후보로 선택한 뒤 하버드 대학을 기부금 수혜자로 최종 선정했다. 이 기부는 당시 하버드 대학교 총장 래리 서머스Larry Summers와 엘리슨 사이에 약정되었다. 래리 서머스는 저명한 경제학자 출신으로 훗날 오바마 행정부의 국가경제 자문회의 의장으로 발탁되기도 했다.

서머스가 하버드 대학교 총장으로 재직할 때 과학기술 분야에 여성이 두각을 나타내지 못하는 이유는 여성들이 가지고 있는 생물학적 차이점 때문이라고 발언한 적이 있다. 이 발언으로 그는 학교 안팎으로 거센 항의를 받았으며, 하버드 대학 교수들과도 갈등을 빚어 결국 2006년에 총장직을 사임했다. 하버드 대학교 의과대학에 기부를 하겠다고 발표한 후 5년 동안 시간을 끌며 기부금을 내지 않던 엘리슨은 2006년 하버드 대학과의 기부 약속을 전면 백지화했다. 기부 약속은 서머스 총장과 한 것이므로 그가 사임했으니 하버드 대학에 기부할 의무가 없다는 것이 엘리슨의 주장이었다. 엘리슨이 하버드 대학에 기부하기로 한 1억 5천만 달러는 당시 하버드 대학교 역사상 최대 기부금액일 터였다.

엘리슨의 약속을 믿고 이미 연구소를 설립해 운영하던 하버드 대학은 엘리슨이 기부를 취소하자 연구소의 직원들을 일부 내보내야 했다. 엘리슨이 하버드 대학교의 기부 약속을 취소한 2006년 6월 27일은 워런 버핏이 그의 재산 대부분을 빌 게이츠가 운영하는 자선재단에 기부하겠다고 발표한 바로 그다음 날이었다. 버핏이 충격적인 발표를 하자 언론에서는 버핏과 게이츠에게 찬사를 보냈고, 세계 각국의 부호들과 유명 인사들의 기부 약속이 이어졌다. 엘리슨이 하버드 대학에 왜 기부 약속을 취소했는지 정확한 이유는 알려진 것이 없다. 다만 엘리슨이 게이츠를 인생의 경쟁상대로 여겼던 만큼 그의 경쟁심리가 기업활동뿐 아니라 기부활동에까지 영향을 끼쳤을 거라고 추측할 뿐이다.

최근 엘리슨의 기부 행적에 변화의 조짐이 나타났다. 엘리슨이 2010년 빌 게이츠와 워런 버핏이 주도하는 '기부 서약' 운동에 동참한 것이다. 엘리슨에 따르면, 자신은 오래전부터 재산의 대부분을 자선활동에 사용할 생각을 가지고 있었다. 그러나 기부활동이란 지극히 개인적인 활동이라 그동안 조용히 활동해 왔는데 버핏의 권유로 기부 서약에 공개적으로 참여한다고 했다. 2013년, 엘리슨은 그동안 노화 현상을 집중 연구하던 엘리슨 의료재단을 해체하고, 새로운 래리 엘리슨 재단Larry Ellison Foundation을 설립했다. 이 재단의 목표는 교육, 건강, 자연보호 등 범위가 넓다. 엘리슨은 오라클 창업 이래 37년 동안 맡아왔던 CEO직에서 물러나 현재 회장과 CTO직만을 수행하고 있다. 어느덧 70대에 접어든 엘리슨이 자신의 말대로 앞으로 자선활동을 진지하게 펼쳐나갈지 주목된다.

인터넷의 거대 기업 구글과 야후 창업자들의 기부활동이 현재 우리의 기대에 미치지 못하고 있지만 휼렛과 패커드, 무어의 뒤를 이어 21세기에 실리콘 밸리 기부활동의 맥을 이어갈 인물이 등장했다. 바로 페이스북 창업자 마크 저커버그다.

### 마크 저커버그, 21세기 실리콘 밸리의 자선가

실리콘 밸리에서 적극적으로 기부활동을 펼치고 있는 성공한 과학기술자들 가운데 저커버그의 기부활동은 좀 더 적극적이고 파격적이다. 그가 처음 기부활동에 나선 것은 2010년이다. 뉴저지 주의 뉴어크 시장인 코리 부커Cory Booker와 뉴저지 수지사 크리스 크리스티Chris Christie가 열악한 뉴어크 시의 공립학교 교육을 개선하려는 노력에 대해 저커버그는 1억 달러를 기부했다. 뉴욕 주 출신인 저커버그가 왜 하필 뉴어크 시를 택했는지는 알 수 없다. 어쩌면 시장과 주지사의 호소가 젊은 저커버그를 설득하는 데 성공했는지도 모른다.

4년 후인 2014년, 뉴어크 시는 저커버그의 기부금 1억 달러를 거의 소진했음에도 언론에서는 뉴어크의 공립학교 질이 개선되지 않았다고 지적했다. 마치 고양이에게 생선을 맡긴 것 같은 결과에 저커버그는 기부활동에 대해 느낀 바가 많았을 것이다. 그러나 이후에도 저커버그의 자선활동은 그 폭을 더 넓혀가고 있다.

2012년 저커버그는 자신의 페이스북 주식 1천8백만 주를 실리콘 밸리 지역사회 재단Silicon Valley Community Foundation이라는 사회활동 재단에 기부했다. 당시 페이스북 주식 가격으로 5억 달러에 해당하는 금액이다. 이어 2013년에도 실리콘 밸리 지역사회 재단에 페이스북 주식 1천8백만 주를 기부했다. 1년 동안 페이스북의 주식 가격이 올라 2013년의 기부금 액수는 거의 10억 달러에 이르렀고, 저커버그는 2013년 미국 자선가 중에서 최대 기부자 명단에 올랐다. 금액도 금액이지만, 20대의 젊은 나이에 이런 규모의

2011년 2월 17일 캘리포니아 우드사이드에서 열린 오바마 대통령과 첨단기업 총수들과의 만찬 전에 저커버그가 오바마 대통령의 말에 귀 기울이고 있다. 오바마 대통령은 저커버그의 기업활동과 기부활동에 무척 관심이 많은 것으로 알려졌다(사진 출처: The White House's Photostream by White House[Pete Souza]).

기부활동은 전례가 없었다. 저커버그와 소아과 의사인 부인 프리실라 챈은 기부금의 용도로 어린이를 위해서만 써달라고 요구한다. 스탠포드 대학교에 루실 패커드 아동병원이 있듯이 언젠가 프리실라 앤드 마크 저커버그 아동병원이 생길지도 모를 일이다.

2010년 빌 게이츠와 워런 버핏은 전 세계의 억만장자들이 자발적으로 참여해 그들 재산의 반 이상을 자선사업에 기부하겠다고 서약하는 운동을 시작했다. 이 기부 운동을 '기부 서약The Giving Pledge'이라고 한다. 서약 운동의 첫해인 2010년 당시 26세 저커버그는 이 운동에 기부 서약을 함으로써 가장 젊은 기부 서약자가 되었다.

2015년 12월, 저커버그는 자신과 부인 생존 시에 전 재산의 99퍼센트를 자선활동에 기부하겠다고 발표했다. 이와 더불어 '챈 앤드 저커버그 이니셔티브Chan and Zuckerberg Initiative'를 설립해 기부금을 관리하고 집행하겠다고 했다. 다른 자선재단에 기부했던 지난날의 방식에서 벗어나 자신이 직접 기부활동을 챙기겠다는 의지였다. 저커버그는 어렸을 때부터 게이츠를 본보기로 삼았으며 페이스북을 창업해 성공한 뒤에는 게이츠의 자선활동을 존경의 눈으로 바라보았다. 저커버그는 이제 자선활동에서 독자적인 행보를 결심한 듯하다.

저커버그의 기부에 힘입은 실리콘 밸리 지역사회 재단은 2013년 자산 규모가 47억 달러에 이르러 미국 자선재단 가운데 12위에 올라 있다. 실리콘 밸리에서 휼렛 재난, 패커드 재단, 무어 재단에 이어 네 번째로 큰 자선재단이다. 반면, 20세기 미국 자선재단의 대명사인 록펠러 재단과 카네기 재단은 각각 16위와 22위에 올라 있어 세대교체가 일어난 느낌이다. 이렇듯 미국 자선재단의 세대교체는 미국 최대 자선재단인 빌 게이츠 재단이 이끌고 있다.

## 빌 게이츠 재단, 게이츠와 버핏의 기부 서약 운동

빌 게이츠는 일찍부터 자녀에게는 생활에 필요한 만큼의 재산만 물려주고 나머지는 사회에 환원하겠다고 공언해 왔다. 카네기가 역설한 기부철학을 실천한다고 할 수 있는데, 게이츠는 여기서 머물지 않고 '기부 서약' 운동에서 보듯이 기부와 자선활동을 한 차원 더 높은 수준으로 끌어올리려고 노력한다.

### 빌 게이츠 재단

게이츠는 마이크로소프트의 CEO로 일선에서 경영을 지휘하던 1994년,

시애틀에서 빌 게이츠 재단을 설립하고 공식적인 자선활동에 나섰다. 결혼 후 게이츠는 1999년 이 재단에 부인의 이름을 덧붙여 현재 이 재단의 공식 이름은 빌 앤드 멀린다 게이츠 재단Bill and Melinda Gates Foundation이다. 부인 멀린다 게이츠 역시 빌 게이츠와 함께 재단활동에 적극적으로 관여하고 있다. 게이츠 부부의 재단은 2013년 자산 규모가 380억 달러로 미국 자선재단 중 단연 최대 규모로, 자산이 110억 달러인 2위 포드 재단보다 세 배 이상 규모가 크다.

게이츠는 2014년까지 총 280억 달러의 재산을 이 재단에 기부했고, 현재 그의 재산이 약 750억 달러이므로 앞으로 그가 재단에 기부할 기부금은 계속 늘어날 것이다. 게이츠는 마이크로소프트를 경영할 때와 같은 열정으로 자선활동을 벌이고 있으며 기업경영에서 익힌 사업의 효율성을 기부활동에 접목하려고 노력한다. 게이츠 부부의 재단은 단지 규모만 큰 것이 아니라 기부활동 방식과 행동에서 새로운 틀을 제시하고 있어 그 의미가 크다.

거리에서 본 시애틀의 빌 앤드 멀린다 게이트 재단 방문자 센터(사진 출처: Wikimedia Commons by Adbar, CC BY-SA).

게이츠 재단의 설립 취지는 모든 인간의 삶에 기회를 균등하게 주자는 것으로, 이를 위해 전 세계적으로 열악한 생활환경에 처한 사람들의 환경을 개선하고 교육 여건을 높이는 일 등을 주요 지원 과제로 삼고 있다. 게이츠는 특히 아프리카 주민들의 생활을 향상시키는 데 세심하게 관심을 기울여 말라리아와 소아마비 등 질병 퇴치를 위해 많은 지원을 해왔다. 또한 아프리카 환경에 적합한 수세식 변기의 개발과 보급, 우물을 파서 깨끗한 식수를 공급하는 등 아프리카 일상생활의 질을 높이는 노력도 하고 있다. 게이츠는 아프리카를 돌면서 주민들의 얘기를 직접 듣는 등 적극적으로 현장에서 뛰고 있다. 언론에도 수시로 등장해 자신의 기부철학을 전파하면서 자선활동을 촉구하기도 한다.

이러한 게이츠의 기부철학과 자선활동에 공감한 인물로 미국 제2의 부호 워런 버핏이 있다. 버핏은 1990년 중반 게이츠를 만나기 전까지 자선활동이나 기부활동이 전혀 없었다. 다음에서 다시 얘기하겠지만, 버핏이 인색해서가 아니라 자신의 재산을 믿고 기부할 만한 상대를 찾지 못했기 때문이다. 그러나 게이츠를 만나고 나서 상황이 달라졌다. 버핏은 게이츠와 인간적인 친분을 쌓았을 뿐 아니라 게이츠를 신뢰할 수 있는 자선활동의 동지로 여기게 되었다.

게이츠는 2006년 6월 중순, 마이크로소프트 사의 경영 일선에서 물러나 자선활동에 전념하겠다고 공식 발표했다. 10일 뒤인 2006년 6월 26일, 버핏은 생전에 자신의 재산 가운데 85퍼센트를 빌 앤드 멀린다 재단에 기부하겠다고 발표했다. 이후 버핏과 게이츠 두 사람이 자신들의 기부활동을 한 차원 더 끌어올리려는 시도가 바로 2010년에 시작한 '기부 서약' 운동이다.

### 워런 버핏

워런 버핏Warren Buffett은 우리가 익히 알고 있듯이 주식 투자의 귀재이며 '오마하의 현인Oracle of Omaha'이라는 별명으로도 불린다. 그는 대학 졸업 후 맨손으로 주식 투자에 입문한 뒤 불세출의 주식 투자 기술로 억만장자 대열에 올랐고, 지난 20여 년 동안 빌 게이츠에 이어 미국 재산가 2위의 자리를 지키고 있다. 버핏은 1930년 네브래스카 주 오마하Omaha에서 태어났으며, 현재 80대 중반의 고령임에도 버크셔 해서웨이Berkshire Hathaway의 CEO로 오마하에서 투자 사업을 지휘하고 있다.

네브래스카 하면, 미국 중부 평원지대 옥수수 밭과 대학 미식축구의 전통적 강호인 네브래스카 대학교University of Nebraska 콘허스커스Cornhuskers 풋볼팀이 떠오른다. 그러나 버핏 덕분에 네브래스카 주의 오마하 시는 주식 투자자들의 성지가 되었다. 매년 5월 초 버핏의 회사 버크셔 해서웨이에는 연례 주주총회가 열리는데 이때 세계 각지에서 성지순례 하듯 오마하에 수만 명이 모여들어 그의 말 한마디 한마디를 경청한다.

워런 버핏의 부친은 네브래스카 주의 연방 하원의원을 지냈다. 연방 하원의원인 부친을 따라 가족은 워싱턴 DC에 거주했고 버핏은 펜실베이니아 대학교University of Pennsylvania에 입학해 2학년까지 다녔다. 부친이 하원의원 재선에 실패하자 버핏은 가족과 함께 네브래스카로 돌아와 네브래스카 대학교에 편입해 경영학을 전공했다. 이어서 컬럼비아 대학교 경영대학원을 졸업한 뒤 오마하로 돌아와 주식 투자가의 길로 들어섰다. 그는 이미 대학 시절부터 주식 투자에 관심이 많았고 주식 투자에 남다른 감각을 보였다. 버핏이 대학에 다닐 때, 학생 파티장에 그가 나타나면 주식 투자에 대한 얘기를 들으려는 학생들이 그에게 우루루 모여들어 파티장이 주식 투자 세미나장이 되기도 했다고 한다.

버핏의 투자 전략은 보수적이다. 그는 자신이 잘 이해하지 못하는 첨단 산업에 대해서는 철저히 투자를 하지 않는다. 이러한 투자관에 걸맞게 그는 동네 이웃 할아버지처럼 수더분한 모습에 생활도 검소한 것으로 알려졌다. 억만장자가 된 후에도 그는 자신이 투자한 맥도널드 햄버거와 코카콜라를 즐기는 등 보통 사람과 별반 다를 바 없는 모습을 보여준다.

버핏은 주식 투자에서 일찍부터 성공 가도를 달렸지만 자선활동에는 인색했다. 젊은 시절 버핏의 기부활동은 알려진 것이 없다. 그의 모교에 그의 이름을 딴 건물도 없고 모교에 기부금을 전달했다는 보도도 없다. 오히려 그의 부인과 자녀들이 자선재단을 설립하고 자선활동에 나섰을 뿐, 버핏의 자선재단은 없다. '버핏과 함께 점심을'이라는 행사가 자선과 관련한 버핏의 유일한 활동이었다. 이 행사는 2000년부터 시작된 연례행사로, 이베이의 경매에서 점심 가격을 제일 높게 제시한 사람이 버핏과 점심을 같이하면서 그의 투자관, 인생관 등의 이야기를 듣는 영광을 누린다. 점심 가격으로 지불한 돈은 샌프란시스코의 영세민을 지원하는 자선단체에 전달되는데 2015년에 낙찰된 점심 가격은 230만 달러였다.

비록 과거에 기부활동은 거의 없었지만 버핏은 재산의 대부분을 사회에 환원하겠다는 생각을 일찍부터 가지고 있었다. 버핏이 자선활동에 인색했던 것은 지난날 자선활동에 대한 부정적인 경험을 했기 때문이다.

버핏은 거의 40년 동안 아이오와 주 그린넬에 있는 사립대학 그린넬 칼리지 발전재단의 이사로 재임했다. 그린넬 대학은 인텔 공동 창업자 로버트 노이스의 모교로 인텔이 창업할 때 인텔에 투자해서 큰 수익을 올렸다. 버핏은 대학발전재단 이사로서 그린넬 대학이 이 투자 수익금을 방만하게 운용하는 것을 가까이에서 지켜보았다. 이 경험으로 버핏은 자신의 재산을 기부하는 방법에 대해 매우 신중해졌다. 그는 신뢰하기 힘든 곳에 섣불리 기부

2015년 버크셔 해서웨이의 주주총회에서 (왼쪽부터) 버핏, 브랜드 마케팅 회사 '캐시 아일랜드 월드와이드'를 설립하여 세계에서 가장 부유한 모델이 된 캐시 아일랜드와 빌 게이츠(사진 출처: Wikimedia Commons by Jon Carrasco, CC BY-SA).

하는 것보다 생전에 재산을 늘릴 수 있는 대로 늘린 뒤 사후에 사회에 기부하는 편이 현명하다고 생각하게 되었다. 그러나 빌 게이츠를 만난 뒤 버핏의 생각이 바뀌었다.

버핏이 게이츠를 처음 만난 것은 1991년 7월 초였다. 미국 독립기념일 휴일 기간에 버핏은 시애틀에 있는 친구 집을 찾았다. 버핏의 친구는 게이츠와도 친분이 있었던 터라 게이츠는 버핏과 버핏의 친구를 자택으로 초대했다. 당시 버핏은 게이츠라는 인물에 대해 많은 얘기를 듣긴 했지만 자신은 컴퓨터에 관심이 없었고 지식도 없었다. 버핏은 주식 투자에 필요한 재무제표의 분석이라든가 여러 지표들을 분석하는 작업들을 철저히 연필과 종이, 그리고 머리에 의존했다.

버핏이 컴퓨터를 처음 사용한 것은 게이츠를 만난 뒤 1993년의 일이다. 버핏과 게이츠는 처음 만난 자리에서 사고방식에서 비슷한 면이 많은 것을 발견하고 교분을 쌓아갔다. 자선활동에 대한 생각도 두 사람이 공감하는 쟁점 중 하나였을 것이다. 게이츠는 버핏이 즐기는 브리지 게임을 하기 시작했고 두 사람은 짝을 이루어 함께 즐겼다. 2004년 12월 버핏은 게이츠를 버크셔 해서웨이 이사로 영입했다. 게이츠의 자선활동과 기부철학에 공감한 버핏은 재산을 믿고 맡길 수 있는 자선활동의 동지를 발견했다고 판단해 죽을 때까지 기다릴 것 없이 생전에 자신의 재산을 빌 앤드 멀린다 재단에 기부하기로 결심했다.

버핏은 이 결정을 2006년 6월 26일에 발표했다. 자신의 재산을 매년 5퍼센트씩, 모두 85퍼센트를 게이츠 부부의 재단에 기부하겠다는 내용이었다. 이 기부에는 몇 가지 조건이 있는데 그중 중요한 사항은 빌 게이츠나 멀린다 게이츠 중 적어도 한 사람이 생존해 있는 동안에만 기부한다는 내용이다. 버핏의 게이츠 부부에 대한 신뢰는 이처럼 절대적이었다.

### 기부 서약 운동

2006년 6월 버핏이 재산의 대부분을 게이츠 부부 재단에 기부한다고 발표한 지 3년 뒤, 게이츠와 버핏은 한 걸음 더 나아가 기부활동을 전 세계에 전파하는 작업에 착수한다. 이들의 노력은 2010년에 발족한 '기부 서약' 운동으로 모습을 드러내는데 기부 서약 운동은 전 세계의 억만장자들에게서 자기 재산의 50퍼센트 이상을 사회에 기부하겠노라고 서약을 받는 운동이다. 기부 서약 운동은 게이츠와 버핏의 권유로 참여하거나 또는 스스로 참여할 수 있다. 운동에 동참한 뒤 참여자가 서약을 이행하는 것은 자발적이며 법적인 구속력은 없다. 단, 소유한 재산이 10억 달러가 넘는 사람들만이 참여할 수 있어 이 운동은 세계의 거부들이 그 대상이다.

버핏과 게이츠는 2009년 서약 운동의 방법을 구체화해 2010년 6월 이 운동의 발족을 공식 발표했다. 발족 당시 40명이던 기부 서약자 수가 해마다 늘어나 2015년에 세계 14개 국가에서 총 137명이 참여했다. 서약자들은 이 운동의 연례 모임에 참석해 운동의 방향에 대해 토의하고 정보를 교환하는 등 적극적으로 동참하는 모습을 보여주고 있다.

기부 서약 운동의 참여자 명단에는 게이츠와 버핏을 비롯해 데이비드 록펠러, 호텔 소유주인 배론 힐턴Barron Hilton과 리처드 매리엇Richard Marriott, 얼마 전 임기를 마치고 뉴욕 시장직에서 물러난 마이클 블룸버그Michael Bloomberg, CNN 창업자 테드 터너Ted Turner, 영국 항공회사 창업자 리처드 브랜슨Richard Branson 등 익숙한 이름들이 보인다.

첨단산업계에서 서약 운동에 참여한 인물로는 마이크로소프트 공동 창업자인 빌 게이츠와 폴 앨런, 오라클 창업자 래리 엘리슨, 벤처 투자가 존 도어, 선 마이크로시스템 공동 창업자 비노드 코슬라, 퀄컴 창업자 어윈 제이콥스Irwin Jacobs, 인텔 공동 창업자 고든 무어, 페이팔과 테슬라 모터스를 창업한 일론 머스크, 이베이 창업자 피에르 오미디아, AOL CEO를 지낸 스티브 케이스Steve Case, 시스코 시스템스 CEO를 지낸 존 모그리지, 이베이 사장을 지낸 제프 스콜, 페이스북 창업자 마크 저커버그, 페이스북 최초 최고기술책임자를 지낸 더스틴 모스코비츠Dustin Moskovitz 등이 있다. 동갑내기인 저커버그와 모스코비츠가 스물여섯 살인 2010년, 기부 서약 운동 첫해에 이 운동에 참여함으로써 최연소 서약자가 되었다. 현재 서약자들 대부분이 미국과 유럽 사람들이다. 게이츠와 버핏은 신흥 재벌이 늘어나는 인도와 중국에 서약 운동을 확산시키려고 그곳의 억만장자들과 활발히 접촉하고 있다. 이렇게 하이테크 너드들의 선도적인 역할로 전 세계 자선활동에 새로운 바람이 불고 있다.

12장

# 실리콘 밸리
## : 팔로알토에서 샌호세까지

## 샌프란시스코 만 지역

샌프란시스코 만 지역San Francisco Bay Area은 태평양 바닷물이 금문교 아래 좁은 물길로 흘러들어 형성된 세 개의 만(샌프란시스코 만San Francisco Bay, 샌파블로 만San Pablo Bay과 수순 만Suisun Bay)을 둘러싼 아홉 개의 카운티를 가리킨다. 바다에서 피어오른 안개가 이 좁은 물길을 타고 들어와 육지를 뒤덮는데 샌프란시스코가 안개로 유명한 것은 이러한 지형적 특성 때문이다.

보통 줄여서 '베이 에리어'라 불리는 이 지역의 전체 인구는 약 8백만 명이다. 이 지역 3대 도시인 샌프란시스코, 오클랜드와 샌호세의 인구는 각각 85만 명, 40만 명, 100만 명이다. 이 3대 도시에는 각각 국제공항이 있으며 도시마다 독특한 기능이 있다.

샌프란시스코는 금융과 문화의 중심지에 관광 명소이며 최근에는 인터넷 산업이 붐을 이루고 있고, 시이면서 카운티이기도 하다. 베이 브리지를 사이에 두고 샌프란시스코와 마주 보는 오클랜드는 북가주 최대의 항구로 해운과 물류의 중심지이며 앨러미다Alameda 카운티의 수도다. 샌호세는 실리콘 밸리의 관문이며 산타클라라 카운티의 수도다.

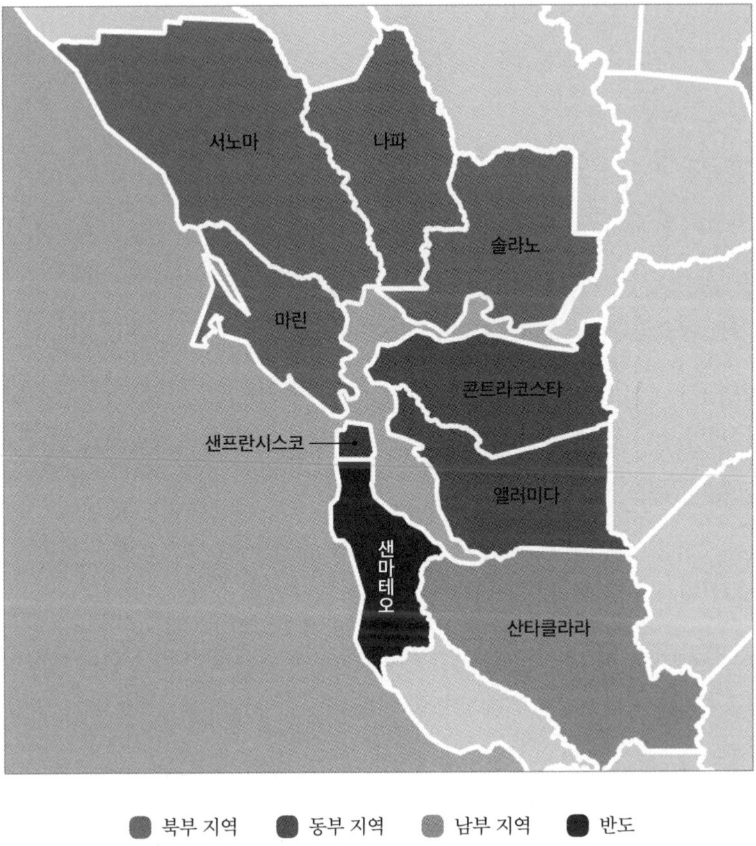


캘리포니아의 샌프란시스코 만 지역 9개 카운티

(사진 출처: Wikimedia Commons by GEreikat, CC BY-SA)

### 샌프란시스코와 실리콘 밸리

베이 지역 아홉 개의 카운티 중 샌프란시스코 북쪽에 있는 나파Napa 카운티에는 포도주 생산지로 유명한 나파 밸리Napa Valley가 있고 인접한 서노마Sonoma 카운티와 솔라노Solano 카운티에도 포도 과수원이 많다. 샌프란시스코는 19세기 중반에 인구가 천 명이 채 안 되는 한적한 항구였지만 1849년 골드러시가 시작된 뒤 급속히 성장해 북가주의 금융과 문화 중심지로 자리 잡게 되었음은 1장에서 얘기한 바와 같다. 현재 인구 약 85만 명인 샌프란시스코는 좁은 반도의 북단에 있어 지리적 여건상 외곽으로 확장되기가 힘들다. 따라서 인구밀도가 높을 수밖에 없는데, 미국에서 뉴욕에 이어 두 번째로 인구밀도가 높다.

원래 주택 가격이 높은 편인 샌프란시스코는 최근 인터넷 등 첨단산업이 붐을 이루면서 인구의 유입으로 주택 시장이 더욱 과열되고 있다. 게다가 애플, 구글, 페이스북, 야후 등 남쪽의 실리콘 밸리로 출근하는 사람들이 늘어나면서 주택난이 더욱 심각해졌다. 이 주택난은 계층 간 사회 문제로 번지는 조짐마저 보인다.

샌프란시스코에 소득이 높은 첨단산업 근무자들이 늘어나자 다른 지역보다 비싼 아파트 월세가 몇 달 사이에 오르는가 하면, 오래된 아파트를 고급 콘도나 아파트로 재개발하는 사업이 활기를 띠고 있다. 이 때문에 아파트에 오랫동안 거주해온 기존 주민들이 월세를 감당하지 못해 이사하거나 강제로 퇴거당하는 일이 벌어져 주민들의 불만이 높아지고 있다.

구글은 실리콘 밸리에서 샌프란시스코와 오클랜드까지 통근버스를 운행하는데 이 때문에 주택난이 더 심해진다는 비난을 듣기도 한다. 또한 통근버스가 복잡한 시내 중심가의 버스 정거장에서 직원들을 내리고 태우는 등 공공시설을 무료로 사용해 가뜩이나 감정이 날카로워진 샌프란시스코 주민들을 더욱 자극했다. 이를 해결하기 위해 샌프란시스코 시의회는 주민 공청회를 열어 구글의 통근버스가 정거장에 한 번 설 때마다 1달러씩 부과하는 법을 의결하기도 했다. 샌프란시스코 일부 주민들은 구글의 통근버스를 가로막고 항의하는 시위를 벌이기도 했는데 이러한 시위는 오클랜드에서도 일어났다.

그러자 실리콘 밸리의 벤처 투자가이며 억만장자인 톰 퍼킨스Tom Perkins가 구글을 옹호하고 나섰다. 퍼킨스는 유진 클라이너와 함께 실리콘 밸리의 대형 벤처 투자회사 KPCB를 설립했으며, 평소에도 자신의 보수적인 의견을 거리낌 없이 밝히는 인물로 유명하다. 물론 KPCB는 구글에도 투자해 큰 수익을 올렸다. 퍼킨스는 구글에 대한 주민들의 반감을 나치의 유대인 혐오감에 비유하면서 성공한 기업과 돈 많은 사람에 대해 적대감을 갖는 것은 계급전쟁을 하자는 것과 같다며, 불에 기름을 끼얹는 발언을 했다. 퍼킨스는 며칠 뒤에 자신의 발언에 대해 공개 사과했다. 이처럼 샌프란시스코와 실리콘 밸리는 첨단산업으로 얽혀 있고, 샌프란시스코에서 반도를 따라 남쪽 샌호세에 이르는 전 지역이 첨단산업의 영향권에 있다 해도 무리가 아니다.

샌프란시스코에서 실리콘 밸리 남단 샌호세까지의 거리는 약 70킬로미터로 101번과 280번 고속도로가 두 도시를 연결한다. 101번 고속도로는 샌프란시스코 반도의 산업지역을 관통하는 동맥과 같은 도로인 데 비해 280번 고속도로는 실리콘 밸리 서쪽 산자락을 따라 달리는 도로로 주변 경관이 매우 아름답다. 280번 고속도로는 미국 대도시 주변을 달리는 고속도로 가운데 가장 아름답다는 평을 듣기도 한다.

실리콘 밸리가 있는 산타클라라 카운티는 베이 지역 아홉 개 카운티 중에서 가장 남쪽에 위치하고 있으며 면적은 3천3백 제곱킬로미터에 이른다. 약 6백제곱킬로미터인 서울 면적의 다섯 배가 넘는다. 이 면적 중 70퍼센트는 농장, 과수원, 야산 등이라 인구밀도가 낮아 시로 독립하지 못하고 카운티 직할지역으로 남아 있다.

산타클라라 카운티에는 카운티 수도인 샌호세를 비롯해 모두 15개의 시가 있다. 실리콘 밸리의 첨단산업은 초기에 산타클라라 카운티 북단 팔로알토와 마운틴뷰에서 시작해 101번 고속도로를 따라 서니베일, 산타클라라, 쿠퍼티노Cupertino, 캠벨Campbell, 샌호세, 밀피타스Milpitas 등 남쪽으로 뻗어가고 있다.

이 밖에 로스앨토스Los Altos, 로스앨토스힐스Los Altos Hills, 로스가토스Los Gatos, 새러토가Saratoga, 몬테세레노Monte Sereno는 첨단산업보다는 주거지역으로 알려진 동네들이다. 산타클라라 카운티의 최남단 도시인 모건힐Morgan Hill과 길로이Gilroy는 첨단산업이 미치지 않은 곳들이다.

실리콘 밸리는 현재 산타클라라 카운티와 동북쪽으로 인접한 앨러미다 카운티와 북쪽에 인접한 샌마테오 카운티로 넓혀가고 있다. 앨러미다 카운티의 프리몬트에는 산타클라라 카운티와 견줄 정도로 하이테크 기업이 많이 들어서 있다. 샌마테오 카운티의 멘로 파크에는 실리콘 밸리 창업회사의 자금줄 역할을 하는 벤처 투자회사가 밀집해 있고, 최근에는 페이스북의 본사가 이곳에 들어섰다. 멘로 파크의 바로 북쪽 레드우드 쇼어스에는 오라클 본사가 있다.

미국 정부의 인구조사국은 10년마다, 곧 끝자리가 '0'인 해에 인구조사를 실시하며, 인구조사가 없는 해에는 필요에 따라 추정치를 발표한다. 인구조사국에서 집계한 2010년 산타클라라 카운티의 인구는 178만 명이었고, 2014년 추정치는 189만 명이었다. 샌호세의 인구가 100만 명이니 대략 산타클라라 카운티 전체 인구의 반이 샌호세에 살고 있다. 그 밖에 인구 10만 명이 넘는 도시들로는 서니베일과 산타클라라(시)가 있고 나머지는 인구 5만 명 안팎의 작은 도시들이다.

지난 50년간 산타클라라 카운티의 인구는 첨단산업에 힘입어 지속적으로 증가했다. 특히 반도체 산업의 전성기였던 1950년 후반부터 1970년대까지 산타클라라 카운티의 인구는 폭발적으로 늘어났다. 1950년 한적한 시골마을 산타클라라 카운티의 인구는 29만 명에 지나지 않았다. 그러나 10년 후 1960년에는 64만 명으로 증가했고, 1970년에는 106만 명으로 늘어났다. 1980년 이후 증가세가 약간 주춤하기는 했지만 1950년부터 2010년까지 60년간 산타클라라 카운티의 인구는 약 여섯 배 증가했다. 같은 기간 캘리포니아 전체 인구 증가율인 3.5배를 웃돌고, 미국 전체 인구 증가율인 두 배보다 훨씬 높은 수준이다.

캘리포니아는 과거에 멕시코 영토였으므로 주민 가운데 멕시코와 중남미계 사람들이 많다. 또한 이 지역에는 전통적으로 아시아인의 비율도 높다. 골드러시 때 유입되어 정착했거나 그 후 이민 온 중국계와 일본계 후손들이 이곳에 많으며 필리핀과 베트남계 사람도 많이 살고 있다. 샌프란시스코의 관광 명소인 차이나타운은 미국에서 가장 역사가 오래된 차이나타운이며 아시아를 제외한 전 세계에서 가장 규모가 큰 중국인 밀집지역이다.

샌호세 중심가 근처에 규모는 작지만 역사가 오래된 저팬 타운이 있다. 이곳에 살다가 제2차 세계대전 기간 중에 수용소에 보내져 강제 수용 생활을 했던 일본계 미국인들이 다시 돌아와 산 기록과 흔적들이 남아 있다. 샌호세는 베트남을 제외한 전 세계에서 베트남계 인구가 가장 많은 도시다. 샌호세의 베트남계 인구는 약 10만 명으로 샌호세 주민 열 명 중 한 명이 베트남 사람인 셈이다. 샌호세 중심가 동남쪽으로 '리틀 사이공Little Saigon'이라 불리는 베트남계 상업 밀집 지역이 있다.

동양계 인구가 늘어나면서 동양계 미국인들의 정치적 영향력도 커지고 있다. 샌프란시스코의 현재 시장은 중국계 에드워드 리Edward Lee이며, 오클랜드도 2014년까지 진 콴Jean Quan이라는 중국계 여성이 시장을 맡았다. 실리콘 밸리 지역을 대표하는 미국 연방 하원의원 마이크 혼다Mike Honda는 일본계다. 이 밖에도 주정부와 시정부의 공직에 선출되었거나 임명되어 일하고 있는 동양계 사람도 상당수 있다.

산타클라라 카운티는 인구 증가와 더불어 인종 구성도 매우 다양해졌다. 실리콘 밸리가 탄생한 뒤 이 지역의 첨단산업은 산타클라라 카운티의 인종 구성에도 큰 영향을 미쳤다. 세계 각국에서 미국에 유학 온 이공계 학생들이 학업을 마친 뒤 실리콘 밸리에서 직장을 얻어 정착하면서 인종 구성이 다양해진 것이다. 1960년대와 1970년대에 많은 이란인들이 미국으로 유학 왔고, 그들 가운데 일부는 실리콘 밸리에서 반도체 산업에 종사했다. 이란의 팔라비Pahlavi 왕정이 무너진 1979년 이후에는 일본, 타이완, 홍콩, 한국 등 아시아 국가의 유학생이 대다수를 차지했다.

1990년대에 들어서 중국 유학생들이 대거 미국으로 몰려왔고 1990년대 후반에는 중국 유학생이 미국 내 외국인 유학생 최다수를 차지했다. 2000년대에 들어서 인도에서 많은 유학생들이 미국에 들어오면서 중국을 제치고 외국인 유학생 최다수를 차지했다. 동양계 유학생 중 많은 수가 이공계 전공자로, 이러한 유학생 변화 추세는 산타클라라 카운티의 인종 구성에도 그대로 반영되었다. 중국인, 일본인, 한국인 등 기존의 인구에, 최근에는 굳이 통계가 아니더라도 거리에 식품점과 가게, 식당 등 인도인을 상대로 한 사업체가 늘어나는 것을 보면 인도인 인구의 증가를 쉽게 느낄 수 있다.

2015년 산타클라라 카운티 인구 중 31퍼센트가 동양인이다. 이는 36퍼센트를 차지하는 백인 다음으로 두 번째 많은 인종 집단이다. 스페인이 지배하던 시절과 멕시코 영토였던 시절에 캘리포니아를 자기네 땅으로 여기며 살았던 히스패닉의 인구는 27퍼센트이다. 따라서 동양계와 히스패닉을 합하면 58퍼센트로 절반이 훨씬 넘는다. 말하자면 순수 백인이 실리콘 밸리에서는 소수 민족인 셈인데 이 백인의 비율도 점점 더 줄어드는 추세다.

백인으로 분류된 사람들도 실리콘 밸리 속성상 출신지역이 다양하다. 36퍼센트를 차지하는 백인 가운데 영국, 프랑스, 독일, 이태리, 스위스, 스칸디나비아 등 유럽 각국의 과학기술자들이 실리콘 밸리에 거주하고 있다. 그러니 순수 미국인은 이보다 훨씬 적다. 또한 실리콘 밸리 인구는 세 명 중 한 명은 외국에서 출생했고, 가정에서 영어 이외의 다른 언어를 사용하는 사람들이 전체 인구의 50퍼센트에 육박한다. 이러한 사실에서 실리콘 밸리는 대단한 멜팅 포트임을 알 수 있다.

실리콘 밸리는 팔로알토와 마운틴뷰에서 태동한 뒤 실리콘 밸리의 성장과 함께 서니베일, 산타클라라, 쿠퍼티노, 샌호세 등 산타클라라 카운티 남쪽 지역으로 뻗어나갔다. 실리콘 밸리의 역사를 간직하고 있고 지금도 첨단산업 발전에 중추적 역할을 하고 있는 이 지역들을, 팔로알토에서부터 남쪽으로 내려가며 살펴보기로 한다.

## 팔로알토

1939년 윌리엄 휼렛과 데이비드 패커드는 스탠포드 대학교 캠퍼스 길 건너에 있는 팔로알토 주택가의 가정집에 세를 얻어 이 집 차고에서 HP를 창업했다. 60년 뒤인 1999년 HP는 창업 당시의 사업 분야였던 전자 계측장비 부문을 애질런트 테크놀로지스Agilent Technologies로 분사한 뒤 컴퓨터와 프린터를 주력 사업으로 하는 회사로 변신했다.

HP 창업 이전에도 팔로알토에는 배리언Varian, 리턴Litton 등 1900년대 초 전자산업의 선구적인 회사들이 이미 자리 잡고 있었다. 디포리스트가 삼극 진공관을 발명했던 연방전신회사의 연구소도 팔로알토에 있었다. 팔로알토는 이처럼 실리콘 밸리의 뿌리가 있는 동네다. 뿐만 아니라 쇼클리의 회사를 사직한 기술자 여덟 명이 1957년에 페어차일드 반도체를 설립한 곳도 팔로알토다. 따라서 팔로알토는 실리콘 밸리 발상지로서의 긍지를 가지고 있다.

휼렛과 패커드가 HP를 창업했던 차고는 아마도 세계에서 가장 유명한 가정집 차고일 것이다. 이 차고는 간단히 '차고The Garage'로 불리는데 팔로알토 주택가의 애디슨가 367번지에 자리 잡고 있다. HP 사는 집 주인에게서 이 집을 매입해 2005년 복원 공사를 끝내고 1939년 HP 창업 당시의 모습으로 되돌려 놓았다. 차고 내부에는 휼렛과 패커드가 당시에 사용했던 장비와 작업 탁자 등을 갖춰 놓았다. 그러나 이 집과 차고는 일반인에게는 공개되지 않고 회사 행사 때나 특별한 방문객이 올 때 공개된다. 일반인들은 집 앞의 보도에서 낮은 철제 담장 너머로 뒷마당 구석에 있는 차고의 바깥 모습만을 구경할 수 있다. 사실 녹색 페인트를 칠한 작은 차고 건물은 특별할 것이 없지만, 집 앞마당에 놓인 기념 동판의 문구에서 이 차고의 역사적인 의미를 엿볼 수 있다.

> 이 차고는 세계 최초의 첨단산업 '실리콘 밸리'의 발상지이다. 실리콘 밸리에 관한 아이디어를 최초로 고안한 사람은 스탠포드 대학교의 프레더릭 터먼 교수로, 그는 학생들에게 동부에 있는 기업에 취직하기보다 이곳에서 직접 창업하라고 독려했다. 맨 처음 터먼 교수의 조언을 따른 두 학생이 바로 윌리엄 휼렛과 데이비드 패커드이다. 두 사람은 1938년에 이 차고에서 첫 번째 제품, '음향 발진기'를 개발했다. (48쪽 사진 참조)

-

This garage is the birthplace of the world's first high-technology region "Silicon Valley." The idea for such a region originated with Dr. Frederick Terman, a Stanford University professor who encouraged his students to start up their own electronics companies in the area instead of joining established firms in the east. The first two students to follow his advice were William Hewlett and David Packard, who in 1938 began developing their first product, an audio oscillator, in this garage.

HP '차고'와 더불어 팔로알토에는 실리콘 밸리 역사에서 중요한 의미를 갖는 건물이 하나 더 있는데 페어차일드 반도체가 창업 당시에 입주한 건물이다. 1957년, 쇼클리의 회사를 사직한 기술자 여덟 명은 쇼클리 회사에서 불과 2킬로미터 떨어진 이스트 찰스턴로 844번지에 페어차일드 반도체를 설립했다. 현재 이곳에는 2층 목조 건물이 당시 모습대로 건재하고 있으며 1991년 캘리포니아 역사적 기념물 1000호로 지정, 보존되고 있다. 로버트 노이스와 고든 무어를 비롯한 창업자 여덟 명은 이 건물에서 쇼클리의 회사에서 이루지 못했던 실리콘 트랜지스터 상용화의 꿈을 이루었고, 한 걸음 더 나아가 집적회로를 발명함으로써 반도체와 컴퓨터 산업에 혁신을 이루었다. 건물 입구에 놓여 있는 기념 동판에 이 건물의 역사적 의미가 담겨 있는데, 노이스의 집적회로 발명을 강조하고 있다.

상업적으로 실용화한 최초의 집적회로

이곳에서 1959년, 페어차일드 반도체의 로버트 노이스 박사는 앞서 페어차일드에서 발명한 혁신적인 '평면형' 기술을 이용해 상업적으로 생산 가능한 집적회로를 최초로 발명했다. 노이스 박사의 발명은 작은 실리콘 칩에 내장된 완전한 전자회로였다. 그의 혁신은 '실리콘 밸리' 반도체 산업이 혁명적으로 발전하는 데 기여했고, 사람들의 삶에 지대한 변화를 가져다주었다. (106쪽 사진 참조)

-

FIRST COMMERCIALLY PRACTICABLE INTEGRATED CIRCUIT

At this site in 1959, Dr. Robert Noyce of Fairchild Semiconductor Corporation invented the first integrated circuit that could be produced commercially based on "planar" technology, an earlier Fairchild breakthrough. Noyce's invention consisted of a complete electronic circuit inside a small silicon chip. His innovation helped revolutionize "Silicon Valley" semiconductor electronics industry and brought profound change to the lives of people everywhere.

**스탠포드**

팔로알토는 보통 스탠포드 대학교가 있는 곳으로 알려져 있다. 스탠포드 대학교 캠퍼스가 엘 카미노 레알El Camino Real, The Royal Road이라는 큰길 건너 팔로알토와 바로 인접해 있기 때문이다. 그러나 정확히 얘기하면 스탠포드 대학교 캠퍼스는 팔로알토가 아닌 행정구역상 산타클라라 카운티 직할 지역이다. 그러나 스탠포드 대학교 캠퍼스는 상주인구가 많은 인구 밀집 지역이라 인구조사 목적상 따로 '스탠포드Stanford'라는 지역 이름의 주소와 우편번호를 사용하지만 독립적인 행정 단위는 아니다.

2010년 인구조사에 따르면 스탠포드의 인구는 1만 3천8백 명으로 이 숫자는 스탠포드 상주인구만을 집계한 것이다. 학생, 교수와 직원 등 매일 드나드는 사람들을 포함하면 이보다 훨씬 많다. 스탠포드 대학은 스페인 양식의 아름다운 캠퍼스로도 잘 알려져 있다. 캠퍼스 정중앙에 위치한 스탠포드 메모리얼 교회, 캠퍼스의 상징과 같은 후버 탑을 비롯해 학교 역사와 실리콘 밸리 첨단산업에 관련한 건물 등 둘러볼 곳이 많다.

스탠포드 대학교에 있는 '실리콘 밸리 자료 보관소Silicon Valley Archives'는 실리콘 밸리 역사 지킴이와 같은 역할을 하는 곳이다. 실리콘 밸리는 행정적으로 존재하는 지역이 아니므로 그 역사를 챙기는 행정 주체가 없다. 미국의

스탠포드 대학교 캠퍼스를 상징하는 시계탑과 후버 탑.

웬만한 마을에는 그 마을의 유래와 역사를 보관하고 전시하는 박물관이 하나씩 있지만 실리콘 밸리에는 그러한 박물관이 없다는 뜻이다. 이 역할을 스탠포드 대학 중앙도서관인 '그린 도서관Green Library'에 설치된 '실리콘 밸리 자료 보관소' 부서에서 수행하고 있다. 이곳에는 과학기술자들의 기술 자료, 일기와 편지 등 사적인 기록물과 인터뷰 자료, 기업들의 공개·비공개 자료와 언론 보도자료 등 실리콘 밸리 역사에 중요한 의미를 지닌 자료들이 보관되어 있다. 스탠포드 대학은 학생과 교수뿐 아니라 실리콘 밸리 역사에 관심 있는 일반인에게도 자료 열람을 허용하고 있다.

스탠포드 대학교 캠퍼스 정문에서 엘 카미노 레알을 건너면 유니버시티가University Avenue가 시작되는데 이 길에는 다양한 가게와 식당, 호텔이 늘어서 있다. 학생과 지역 주민들이 즐겨 찾는 곳이자 팔로알토를 방문하는 외부 사람들이 꼭 한 번 찾는 길이기도 하다. 이 길에 있는 애플 스토어에서는 애플이 신제품을 출시할 때마다 CEO가 직접 들러 판매 시작을 선언한다. 스티브 잡스가 CEO일 때 시작한 이 의식이 지금까지 이어져 현재 CEO인 팀 쿡Tim Cook이 열성적으로 실천하고 있다. 최근 아이폰 6 판매 당일 아침, 팀 쿡은 이 애플 스토어에 찾아와 가게 밖에 길게 늘어선 아이폰 6 구매자들과 일일이 악수를 나누며 기념사진 촬영에 응했고, 아침 8시 정각 가게 문을 열어 고객을 맞았다.

## 마운틴뷰

팔로알토 남쪽에 인접한 마운틴뷰 역시 실리콘 밸리 핵심 지역으로서의 자부심을 가지고 있다. 쇼클리가 회사를 설립한 곳이었을 뿐 아니라 지금도 구글을 비롯한 여러 첨단산업 회사들의 본사가 있기 때문이다.

엘 카미노 큰길과 샌안토니오 길San Antonio Road이 만나는 사거리와 가까운 곳에 자리 잡은 아담한 단층 건물이 쇼클리가 1955년에 창업했던 곳이다. 그 건물은 이후 가구점, 전자제품, 청과물 가게 등으로 바뀌었다가 2015년 4월, 이 일대가 쇼핑센터로 개발되면서 사라졌고, 앞길에 놓였던 동판과 안내판도 철거된 사실은 2장에서 얘기했다. 동판과 안내판은 재개발이 끝나면 원래 위치로 돌아올지 모른다. 표지판 문구는 다음과 같다.

> 실리콘 밸리 최초의 실리콘 소자 연구 및 제조회사가 있던 장소.
> 1956년, 이곳에서 수행한 연구로 실리콘 밸리의 발전을 이끌었다.

안내판 옆 보도에 놓여 있던 기념동판에 이 장소의 역사적 의미가 자세히 설명되어 있다. 기념동판의 내용은 다음과 같다.

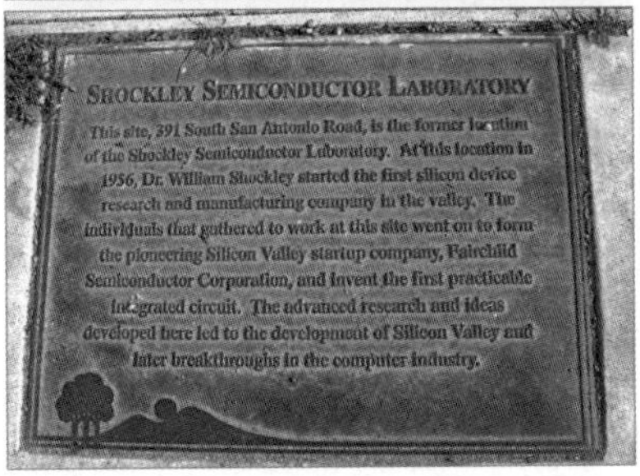


**위** | 쇼클리 반도체 연구소가 있던 곳의 길가에 서 있던 조촐한 표지판. 이곳에서 수행한 연구로 실리콘 밸리가 출현하게 되었다는 내용이다.

**아래** | 쇼클리 반도체 연구소가 있던 곳에 놓여 있는 기념 동판이 이곳의 역사적 의미를 설명해 주고 있다.

### 쇼클리 반도체 연구소

이곳 샌안토니오 391번지는 예전에 쇼클리 반도체 연구소가 있던 곳이다. 1956년 윌리엄 쇼클리는 이곳 밸리에서 처음으로 실리콘 소자 연구와 제조회사를 시작했다. 이곳에서 일하기 위해 모였던 몇몇 사람들이 실리콘 밸리의 선구적인 스타트업 회사인 페어차일드 반도체를 설립했고, 처음으로 실용적인 집적회로를 발명했다. 여기에서 개발한 첨단 연구와 아이디어는 실리콘 밸리의 발전과 이후 컴퓨터 산업에서 혁신을 이끌어냈다.

-

Shockley Semiconductor Laboratory

This site, 391 South San Antonio Road, is the former location of the Shockley Semiconductor Laboratory. At this location in 1956, Dr. William Shockley started the first silicon device research and manufacturing company in the valley. The individuals that gathered to work at this site went on to form the pioneering Silicon Valley startup company, Fairchild Semiconductor Corporation, and invent the first practicable integrated circuit. The advanced research and ideas developed here led to the development of Silicon Valley and later breakthroughs in the computer industry.

**컴퓨터 역사박물관**

마운틴뷰에 있는 컴퓨터 역사박물관도 방문해볼 만한 곳이다. 이 박물관에는 고대에서 현재에 이르기까지 인간이 발명하고 사용한 각종 계산 기기들이 전시되어 있는데 이러한 박물관으로는 세계 최대 규모다. 고대의 주판을 비롯해 19세기에 발명된 기계식 가감기, 그리고 20세기에 이르러 사용한 계산자slide rule와 전자계산기를 비롯해 디지털 컴퓨터가 등장한 1940년대부터 현재까지 개발된 각종 컴퓨터와 부속 장치들이 넓은 홀에 전시되어 있다.

1970년대에 컴퓨터를 사용했다면 한 번쯤 경험했을 홀러리스Hollerith 펀치 카드 입력장치와 또 이를 사용한 초기의 컴퓨터부터 메인프레임, 크레이 슈퍼컴퓨터, DEC 사의 미니컴퓨터, 선 워크스테이션, 최초의 애플 컴퓨터, IBM PC에 이르기까지 모든 세대를 망라한 컴퓨터 제품들이 전시되어 있다. 또한 구글 창업 후 초기에 PC를 엮어 작은 비용으로 만든 구글 서버 컴퓨터가 전시되어 눈길을 끈다.

박물관 입장은 유료이지만 운영의 상당 부분은 기업이나 일반인의 기부금에 의존한다. 여기에서 일하는 직원들 가운데 상당수가 자원봉사자이다. 관람은 각자 자유롭게 할 수 있고, 정해진 시간에 방문객을 모아 함께 다니며 설명해주는 안내 관람guided tour을 할 수도 있다.

컴퓨터 역사박물관에서는 첨단산업과 관련한 강연회가 열리기도 하고 중요한 행사를 개최하기도 한다. 2009년 5월 2일 이곳에서 미국 첨단산업계에 매우 의미 있는 행사가 열렸다. 2009년은 TI에서 근무하던 잭 킬비와 페어차일드 반도체에 근무하던 로버트 노이스가 집적회로를 발명한 지 50년이 되는 해였다. 잭 킬비는 집적회로 발명의 공로를 인정받아 2000년 노벨 물리학상을 수상했다. 이처럼 의미 있는 집적회로 발명 50주년을 기념하기 위해 미국 '발명가 명예의 전당 재단National Inventors Hall of Fame Foundation'에서는 반도체 산업 발전에 공로가 큰 열다섯 명의 인물을 선정해 발명가 명예의 전당 회원으로 추대했다.

### 발명가 명예의 전당

미국 발명가 명예의 전당 재단에서는 기술 발전사에 획기적인 업적을 남긴 인물을 회원으로 추대한다. 추대된 회원에게는 과학기술자의 노벨상과 같은 명예를 수여한다. 발명가 명예의 전당에는 19세기부터 현재에 이르기까지 5백 명이 넘는 인물들이 추대되어 있다. 이들 중에는 발명왕 토머스 에디슨, 노벨상 창시자인 알프레드 노벨, 전화를 발명한 알렉산더 그레이엄 벨, 무선통신을 발명한 마르코니, 최초로 비행에 성공한 라이트 형제 등이 있다.

전자공업계의 인물로는 삼극 진공관을 발명한 디포리스트, HP를 창업한 윌리엄 휼렛, 최초의 디지털 컴퓨터 에니악ENIAC을 제작한 프레스퍼 에커트Presper Eckert와 존 모클리John Mauchly, 미니컴퓨터 회사 DEC의 창업자인 켄 올슨Ken Olson, 슈퍼컴퓨터의 대명사가 된 시모어 크레이Seymour Cray, 애플의 스티브 워즈니악, 트랜지스터를 발명한 바딘, 브래튼과 쇼클리, 집적회로를 발명한 잭 킬비와 로버트 노이스 등, 전자기술 역사에서 중요한 이정표를 세운 인물들이 망라되어 있다.

2009년에 추대된 열다섯 명을 살펴보면, 50년 반도체 역사에 커다란 획을 그었고 '무어의 법칙'으로 유명한 인텔 공동 창업자 고든 무어가 이

마운틴뷰에 있는 컴퓨터 역사박물관 전경.

때 추대되는 영예를 안았다. 또한 우리나라의 강대원 박사도 이때 선정되었다. 강대원 박사는 벨 연구소 재직시절 **MOSFET 트랜지스터**Metal-Oxide-Semiconductor Field-Effect-Transistor를 세계 최초로 성공적으로 제작해 'MOSFET의 대부'로 불린다. MOSFET이 실용화됨으로써 비로소 칩 하나에 트랜지스터 수억 개가 집적된 집적회로 기술로 발전했다. 따라서 강대원 박사는 MOSFET 트랜지스터 발명으로 반도체 기술과 산업 발전에 지대한 공헌을 했다. 늦은 감이 있으나 사후 17년이 지난 2009년에 그의 공로를 인정해 명예의 전당에 추대한 것은 반가운 일이다.

마운틴뷰에는 실리콘 밸리의 과거와 현재가 동시에 존재한다. 컴퓨터 역사박물관에서 멀지 않은 곳에 인터넷의 현재와 미래를 열어가는 구글 본사가 자리 잡고 있다. 인터넷 검색 사업에서 절대 강자로 군림한 구글은 독보적 기술력뿐 아니라 자유분방하고 창의력을 북돋우는 독특한 근무 분위기, 회사 안에 탁아 시설을 갖추어 놓는 등 직원들에 대한 사내 복지시설이 훌륭한 것으로도 널리 알려져 있다.

이보다 남쪽에 있는 엘리스 스트리트Ellis Street는 페어차일드 반도체가 전성기를 누리던 시기에 이 회사의 기술 개발을 주도했던 중앙연구소가 있던 곳이다. 1960년대와 1970년대에 집적회로, CMOS 등 중요한 기술에 관한 많은 기술논문과 연구 결과가 이 연구소에서 쏟아져 나왔다. 그러나 페어차일드 반도체가 사라진 지금, 이 길 양쪽에 새로 들어선 현대식 건물에는 인터넷 회사, 소프트웨어 회사들이 입주해 있어 세월에 따른 실리콘 밸리의 변화를 실감하게 한다. 엘리스 스트리트가 끝나는 지점의 작은 길 이름은 '페어차일드 드라이브Fairchild Drive'이다. 이 길의 표지판이 지난날 이곳에 페어차일드 반도체가 있었음을 알리는 흔적으로 남아 있다.

### 모펫 필드와 세티

101번 고속도로를 타고 마운틴뷰에서 서니베일로 내려오면 왼쪽으로 드넓은 광장에 거대한 구조물들이 나타난다. 이곳이 제2차 세계대전 중 미국 해군이 군용 비행장으로 사용했던 모펫 필드Moffett Field로, 첨단산업과 직접 관련은 없으나 이 지역의 역사적 건축물 중 하나로 꼽힌다. 모펫 필드는 현재 미국 항공우주국에서 관장하고 있으며 지금도 군용 및 민간 용도로 쓰이고 있다. 미국 대통령이 샌프란시스코 지역을 방문할 때 이 비행장을 사용하는데, 구글의 회사 전용기가 이 비행장을 사용해 한때 논란이 일기도 했다.

광장 너머로 보이는 거대한 구조물은 1930년대에 비행선을 보관하기 위한 격납고였고 이후 비행기를 보관 수리하는 용도로 사용되었다. 하지만 건물의 유지와 보수비용 때문에 역사적 가치가 있는 이 건축물의 존폐 문제를 놓고 NASA와 해군, 마운틴뷰 시 사이에 논의가 진행 중이다. 이곳에는 또한 항공우주 분야의 첨단기술 연구소인 NASA 에임스 리서치 센터Ames Research Center가 있다.

마운틴뷰에 있는 NASA 에임스 연구소의 정문. 항공우주 분야의 첨단기술을 연구하는 곳이다.

모펫 필드와 가까운 곳에 있는 SETI(Search for Extra-Terrestrial Intelligence)는 우주 어딘가에 존재하고 있을 외계 생명체를 발견하려는 민간 연구기관이다. 스티븐 스필버그의 1982년 영화 「E.T.」에서 외계인들이 우주선을 타고 캘리포니아에 와 식물채집을 하다가 인간에게 발견되자 외계인 한 명을 남겨놓고 황급히 떠난다. 남은 외계인은 어린아이들과 생활하면서 우정을 나누며 지내다가 고향에 전화를 하자 외계인들이 우주선을 타고 와 '이티'를 데리고 간다는 내용이다.

SETI는 말하자면 이 E.T.를 찾는 연구를 하는 셈인데 광대한 우주에서 지구에 도달하는 각종 전자파 신호를 분석해 과연 우주에 지능을 가진 생명체와 문명이 존재하는지를 탐색하고 있다. 이 연구소는 순수 민간자금으로 운영되는데 기부자들의 면면을 보면 윌리엄 휼렛, 데이비드 패커드와 그들의 자선재단, 마이크로소프트 공동 창업자인 폴 앨런, 천체물리학자 칼 세이건Carl Sagan 등 유명인사들이 많다.

## 서니베일

서니베일은 인구가 14만 명으로 산타클라라 카운티 15개 시 가운데 샌호세 다음으로 인구가 많다. 물론 인구 100만 명인 샌호세에 비해 훨씬 작지만 실리콘 밸리 역사로 따지면 서니베일은 샌호세보다 연륜이 길다.

서니베일이라는 이름은 sunny와 valley의 합성어로, 연중 햇빛 화사한 날씨에 과수원이 펼쳐져 있던 이 지역과 잘 어울리는 이름이다. 서니베일의 별명은 '실리콘 밸리의 심장The Heart of Silicon Valley'인데 실리콘 밸리의 따뜻한 가슴과 같다는 의미일 것이다.

실리콘 밸리가 탄생하기 전 1950년대의 서니베일에는 과수원뿐만 아니라 방위산업도 활발했다. 방위산업의 대기업 록히드(Lockheed, 지금의 록히드 마틴 Lockheed Martin)의 서니베일 지사에서는 미사일과 항공기술을 개발했는데 당시 서니베일에서 가장 큰 업체였다.

스티브 워즈니악이 서니베일에서 중·고등학교를 다닐 때 그의 부친은 이곳 록히드에서 근무하면서 미사일을 개발했다. 서니베일 북쪽을 가로지르는 237번 고속도로 가에 위치한 록히드 사옥은 상자 모양의 유리창 없는 콘크리트 건물들과 주변에 들어선 위성 안테나들로 이곳 업무의 성격이 범상치 않음을 짐작하게 한다.

### AMD, 시그네틱스, 아타리

AMD(Advanced Micro Devices)는 서니베일의 대표적인 반도체 회사로 1969년에 설립된 이래 지금까지 서니베일에 본사가 있다. AMD의 본사 건물은 101번 고속도로의 서니베일 출구 근처에 있는데 하얀색 건물이 마치 백악관 같다고 해서 '미니 백악관'이라는 별명을 가지고 있다. AMD는 한때 세계

10대 반도체 회사에 오르기도 했으나 거대한 인텔을 상대로 항상 힘겨운 경쟁을 펼쳤다.

시그네틱스는 1960년대 초 페어차일드 반도체 출신 기술자들이 서니베일에 설립한 회사다. 페어차일드 반도체는 집적회로 기술을 발명했음에도 한동안 개별 소자인 트랜지스터 사업에 주력했다. 반도체 산업의 흐름이 머지않아 개별 소자에서 집적회로로 바뀔 것이라고 판단한 기술자들이 집적회로를 생산하기 위해 설립한 회사가 시그네틱스다. 따라서 1960년대와 1970년대에 시그네틱스는 집적회로의 선도 기업으로 각광을 받았고 서니베일의 대표적 반도체 기업으로 성장했다. 이 회사는 1960년대 후반 한국에 반도체 조립 생산 공장인 시그네틱스 코리아를 설립했다. 그 후 반도체 경기 변동에 따라 부침을 거듭하던 시그네틱스는 결국 유럽의 필립스 사에 매각되었다. 시그네틱스의 조립 생산 부문은 한국의 영풍그룹에서 인수해 시그네틱스 이름을 물려받아 운영하고 있다.

서니베일은 비디오 게임의 원조인 아타리 사가 사업을 시작한 곳이기도 하다. 아타리는 1972년 퐁이라는 비디오 핑퐁 게임을 개발해 비디오 게임의 시대를 열었다. 아타리에서 직원을 모집한다는 신문 광고를 보고 스티브 잡스가 면접하러 갔다. 당시 잡스는 동양철학에 심취해 과일만 먹고 목욕도 하지 않았다. 맨발에 히피 차림으로 나타난 잡스에게 아타리 담당자가 면접한 뒤에 답을 주지 않고 망설이자 잡스는 답을 들을 때까지 가지 않겠다고 버텼다. 담당자는 상사에게 알렸고, 결국 아타리 창업자인 놀런 부슈널Nolan Bushnell은 잡스를 채용하기로 결정했다. 다만 잡스 혼자 야근 조에 근무한다는 조건이 붙었다. 잡스는 아타리에 근무하면서 워즈니악과 함께 홈브루 컴퓨터 클럽에 참여해 그들의 꿈을 키워나갔고 결국 애플을 창업했다.

실리콘 밸리의 여느 도시처럼 서니베일도 첨단기술의 변화 추세에 따라 발 빠른 변신을 해왔다. 1990년대 후반 많은 인터넷 회사들이 서니베일에서 창업했는데 그중 성공한 대표적인 회사가 야후다. 스탠포드 대학원에서 박사과정을 밟던 제리 양과 데이비드 파일로가 설립한 회사다. 야후는 한때 인터넷 포털의 대명사처럼 여겨졌으나 스탠포드 대학교 후배인 래리 페이지와 세르게이 브린이 설립한 구글과의 경쟁에서 열세를 보였고 급격히 변하는 인터넷 사업 환경에 적절히 대응하지 못해 경영에 어려움을 맞았다. 창업자 제리 양이 직접 경영에 나서서 1년 남짓 CEO로 재직한 뒤 외부에서 CEO들을 영입하기도 했지만 야후의 경영을 호전시키는 데 실패하고 단명으로 물러났다. 이후 CEO를 맡고 있는 머리사 마이어가 구글에서 쌓은 13년의 경험을 바탕으로 야후 경영을 호전시키리라 기대했으나 2016년 7월, 지난 21년 동안 실리콘 밸리에서 인터넷 산업의 대표 기업 야후는 독립기업으로서의 운명이 다했다.

## 산타클라라

서니베일의 남동쪽에 인접한 산타클라라는 인구가 약 12만 명으로 실리콘 밸리의 핵심 도시다. 산타클라라 시는 산타클라라 카운티와 이름이 같아 시를 얘기하는지 카운티를 얘기하는지 가끔 주의가 필요할 때가 있다. 대부분 '산타클라라'라고 하면 시를 가리키고, 카운티를 의미할 때는 '산타클라라 카운티'라고 밝힌다. 또한 산타클라라 시는 산타클라라 카운티와 이름이 같지만 산타클라라 카운티의 수도는 아니다.

산타클라라에는 인텔을 비롯해 대형 반도체 장비업체인 어플라이드 머티리얼스Applied Materials, HP에서 분사한 애질런트 테크놀로지스 등 많은 첨단기업들의 본사가 있다. 지금은 TI에 인수되어 간판을 TI로 바꿔 단 내셔널 세미컨덕터, 오라클에 인수되어 오라클로 간판을 바꿔 단 선 마이크로시스템스도 산타클라라에서 창업했고 성장한 회사들이다.

### 인텔

인텔은 세계 최대의 반도체 회사로 실리콘 밸리 반도체 산업의 맥을 이어가며 반도체 첨단기술을 선도하고 있다. 미국의 반도체 회사들이 대규모 투자가 필요한 반도체 제조공장 건설을 회피하고 칩의 설계에만 집중하는 추세와는 달리, 인텔은 미국 내에 차세대 생산 공장 건설 계획을 계속 발표하고 있다. 인텔의 본사 건물은 101번 고속도로와 몬터규 고속화도로Montague Expressway가 만나는 곳에 있다. 인텔의 본사 건물은 인텔 공동 창업자 노이스를 기념해 로버트 노이스 빌딩으로 불린다.

이 건물 1층에 인텔 박물관을 개설해 일반인에게 무료로 공개하고 있다. 이 박물관에는 반도체의 역사, 인텔의 역사, 창업자들에 얽힌 일화, 인텔의 기술과 제품, 생산 장비 등 다양한 품목들을 일반인이 쉽게 이해할 수 있도록 전시하고 있다. 어린 학생들의 교육에 효과가 좋을 것으로 보이는데 실제로 초·중등학교 학생들이 교사나 또는 부모와 함께 관람한다. 방문객은 입구에서 안내용 오디오 기기를 받아서 설명을 들으며 혼자 관람하거나 여럿이 모여 인텔 직원을 따라다니면서 설명을 들으며 관람할 수도 있다.

### 산타클라라 미션, 산타클라라 대학교

산타클라라 시의 별명은 '미션 시티The Mission City'다. 이 이름은 산타클라라 시내 중심부에 있는 산타클라라 미션Mission Santa Clara de Asis에서 유래한다. 캘리포니아가 스페인 식민지였던 18세기 중반, 스페인은 캘리포니아를 개척하기 위해 선교사와 군대를 파견해 샌디에고에서부터 북상하면서 미션(교회와 부속 시설)을 건설하기 시작했다. 이들은 샌디에고에서 금문교 북쪽 솔라노Solano에 이르기까지 약 1000킬로미터에 이르는 거리에 모두 스물한 개의 미션을 건설했다. 이 미션에서 스페인 신부들은 현지 원주민들을 크리스천으로 개종했고, 이들의 노동력으로 농사짓고 가축을 기르며 주변 지역을 개척했다.

가톨릭 신부 후니페로 세라Junipero Serra는 당시 스페인 개척자들을 이끌고 미션 건설과 원주민 교화에 앞장선 인물로, 그의 동상과 그의 이름을 딴 길, 그리고 학교 이름 등 그의 흔적이 캘리포니아 곳곳에 남아 있다. 그가 사용했던 방과 침대, 책상 등을 보존해서 방문객에게 보여주는 미션도 있다. 1777년 초에 건축된 산타클라라 미션은 스물한 개 미션 가운데 여덟 번째로 설립된 미션이다. 이 미션은 건립 후 홍수, 화재 등으로 재건축을 여섯 번이나 하는 우여곡절을 겪었다. 캘리포니아에서 골드러시가 한창이던 1851년

산타클라라 대학교 정문에서 본 캠퍼스. 캘리포니아에서 가장 역사가 긴 대학이다.

산타클라라 미션에 학교가 설립되었는데 이 학교가 지금의 산타클라라 대학Santa Clara University의 시초다. 제수이트Jesuit 교단 소속으로 160년의 역사를 가진 산타클라라 대학은 캘리포니아에서 역사가 가장 긴 대학교다. 산타클라라 대학에는 인문계, 이공계, 상경계, 법학 대학 등이 있으며 전기전자, 컴퓨터, 생명공학 등의 학과에서 실리콘 밸리에 첨단산업 인력을 공급하고 있다. 이 대학 캠퍼스 한쪽에 미션의 흔적이 아직 남아 있으며, 그 건물은 현재 산타클라라 대학이 교회 건물로 사용하고 있다.

남북으로 1000킬로미터의 거리에 늘어선 스물한 개의 미션은 한 미션에서 다음 미션까지 말을 타고 하루에 도착할 수 있는 거리로 약 50킬로미터씩마다 건설되었다. 스페인 정복자들이 당시 미션을 건설하며 북상할 때 닦아 놓은 길이 엘 카미노 레알이다.

### 엘 카미노 레알

18세기에 스페인이 캘리포니아를 식민지로 개척할 당시 마차가 다닐 수 있게 닦아 놓은 이 길은 영어로 '왕의 길The King's Road'이라는 뜻이며, 보통 줄여서 '엘 카미노'라고 부른다. 캘리포니아가 미국 영토로 편입되자 주정부에서 도로를 확장하고 포장한 뒤 이 길은 남북을 관통하는 주요 간선도로가 되었다. 이 도로는 구간에 따라 길의 규모와 이름이 다른데 샌디에고에서 LA까지는 5번 고속도로, LA에서 샌호세 구간은 101번 고속도로다. 샌호세에서 샌프란시스코까지 구간은 도심을 관통하는 시내 간선도로 엘 카미노를 이용한다.

서니베일에서 엘 카미노 레알을 따라 산타클라라로 들어서면 한국어로 된 간판들을 많이 볼 수 있다. 엘 카미노 레알과 로렌스 고속화도로가 만나는 곳 주변이 말하자면 실리콘 밸리의 코리아 타운이다. 이곳에는 음식점,

산타클라라 엘 카미노 길을 따라 늘어선 한인 비지니스 밀집 지역의 상가 모습.

자동차 렌털, 중고차 매매업소, 한국 식품점, 한인 소유 모텔, 한국계 은행, 보험 사무소, 병원, 한의원, 문구점, 잡화점, 선물가게, 서점, 빵집, 사우나, 호프집, 당구장, 노래방에 이르기까지 한인들 생활에 필요한 웬만한 가게와 사업체가 거의 모여 있다. 음식점 중에는 30년 넘게 한 장소에서 운영하고 있는 한식당을 비롯해 순두부집, 화교가 운영하는 중국 식당, 일식집 등 많은 식당들이 영업하고 있다. 이 업체들은 대부분 엘 카미노 길 양쪽 몇 블록에 걸쳐 늘어 서 있으므로 코리아 타운이라기보다는 코리아 스트리트라고 하는 편이 더 어울릴 법하다.

두 도시가 인접한 경계지역은 개발이 뒤진 경우가 많다. 이 지역도 서니베일과 산타클라라의 경계지역이라 영세한 업체들이 많은 낙후된 곳이었다. 그러나 1990년대에 엘 카미노 길과 로렌스 고속화도로가 교차하는 교통의 편의성을 살려 이 일대가 재개발되기 시작하면서 주상복합을 비롯한 새 건물들이 들어서는 등 활기찬 지역으로 탈바꿈했다.

### 리바이스 스타디움

리바이스 스타디움Levi's Stadium은 2014년에 개장하면서 산타클라라의 명물로 등장한 운동경기장이다. 주로 프로 풋볼 경기장으로 사용되는데 가끔 대학 풋볼, 축구, 자동차 경주, 야외 음악회 등 다양한 행사가 열리기도 한다. 이 스타디움은 샌프란시스코 풋볼팀 '포티나이너스49ers'의 홈구장이다. 샌프란시스코 포티나이너스는 지난 40년 동안 샌프란시스코에 있는 캔들스틱 파크Candlestick Park 구장에서 경기를 해왔다. 캔들스틱 파크는 샌프란시스코의 프로 야구팀 '샌프란시스코 자이언츠Giants'의 홈구장이기도 했다.

캔들스틱 파크는 바다 바람이 차고 거세 경기하기에 좋은 여건이 아니었다. 또한 건축한 지 50년이 되어 시설이 낡아 팀들은 새 구장 건설을 추진해왔다. 야구팀 자이언츠는 샌프란시스코 중심지 부근에 이미 새 구장 'AT&T 파크'를 건설해 2010년부터 이곳에서 경기를 하고 있다. 풋볼팀 포티나이너스는 샌프란시스코 시와 새 구장 건설을 추진했지만 협상이 결렬되었다.

미국 대도시의 위상을 결정하는 요소 중 하나가 메이저 리그 프로 스포츠 팀이 있는가의 여부다. 풋볼, 야구, 농구 등 미국 메이저 리그 프로 스포츠 팀이 있는 도시는 메이저 리그 도시로서의 자부심을 갖는다. 이 프로 팀들은 시민의 긍지뿐 아니라 팀이 소속 도시의 경제를 활성화시키고 세금 수입을 올려준다.

샌프란시스코에는 풋볼팀 포티나이너스와 야구팀 자이언츠가 있고 오클랜드에는 풋볼팀 '오클랜드 레이더스Oakland Raiders'와 야구팀 '오클랜드 애슬레틱스Oakland Athletics'가 있다. 프로 농구팀인 '골든 스테이트 워리어스Golden State Warriors'는 경기장은 오클랜드에 있으나 팀 이름에서 보듯 샌프란시스코와 오클랜드 두 도시가 공유하는 팀이다.

그러나 베이 지역에서 인구가 가장 많은 샌호세에는 이러한 메이저 리그

샌타클라라의 명물로 등장한 리바이스 스타디움. 프로 풋볼팀 샌프란시스코 포티나이너스의 홈구장으로 2014년에 개장했다.

팀이 없다. 프로 아이스하키팀인 '샌호세 샤크스San Jose Sharks'와 프로 축구팀 '샌호세 어스퀘이크San Jose Earthquakes'가 있기는 하지만 이 팀들의 비중은 풋볼, 야구와 농구에 비할 바가 되지 못한다. 시에서는 새 팀을 유치하기 위한 노력과 더불어 기존 팀이 다른 도시로 이전하지 못하게 여러 혜택을 제공하기도 한다. 그러나 프로 팀들은 자신들의 요구사항을 소속 도시가 받아들이지 않거나 그보다 더 유리한 조건을 제시하는 곳이 있으면 기존 연고지를 떠나 다른 도시로 가는 것도 마다하지 않는다.

실리콘 밸리의 수도라고 자처하는 샌호세는 늘 도시의 위상과 인지도로 고민해 왔다. 과거 과수원 시절의 이미지를 50년이 지난 후에도 여전히 떨쳐 버리지 못했기 때문이다. 따라서 샌호세와 인근 실리콘 밸리는 메이저 리그 팀을 유치하려 노력해 왔고, 이 노력은 포티나이너스가 새 경기장을 샌호세 바로 북쪽에 인접한 산타클라라에 건축하기로 결정함으로써 마침내 결실을 맺었다. 건축 비용 총 13억 달러의 이 경기장은 관람객 6만 8천 명을 수용할 수 있으며 실리콘 밸리에 있는 경기장답게 각종 첨단시설을 갖추고 있다.

청바지 회사로 유명한 샌프란시스코 회사 '리바이 스트라우스Levi Strauss & Co.'가 이 스타디움의 이름 사용권을 획득해 경기장을 '리바이스 스타디움Levi's Stadium'이라 부른다. 경기장이 샌프란시스코에서 60킬로미터 떨어진 곳에 있으므로 팀 이름을 샌프란시스코 포티나이너스에서 샌호세 포티나이너스나 실리콘 밸리 포티나이너스로 바꾸는 것이 적절하기도 하겠지만 '샌프란시스코 포티나이너스'는 전통과 지명도가 있다는 여론에 따라 그대로 유지하고 있다. 어쨌든 리바이스 스타디움으로 산타클라라와 실리콘 밸리는 첨단산업뿐 아니라 스포츠에서도 이름이 오르내리게 되었다. 2016년 2월 7일, 50주년을 맞은 미국 프로 풋볼 리그 NFL의 최종 결승전 슈퍼볼Super bowl 경기가 리바이스 스타디움에서 개최되어 실리콘 밸리는 전 세계 풋볼 팬들의 주목을 받았다.

## 쿠퍼티노

서니베일 남쪽에 인접한 쿠퍼티노는 애플의 본사가 있는 곳이다. 인구가 약 6만 명인 쿠퍼티노는 실리콘 밸리에서 첨단산업보다는 학군 좋은 주거지역으로 알려진 곳이다. 아마도 애플 본사가 없었더라면 쿠퍼티노라는 지명이 언론에 오르내릴 일이 없을 그런 동네다. 그러나 애플의 성장과 더불어 쿠퍼티노는 최근 언론에 수시로 언급되고 애플 신제품 발표 행사나 주주총회가 있을 때는 취재진이 몰려오기도 한다.

최근에 애플이 새 본사 건물을 쿠퍼티노에 짓고 있어 또다시 언론의 주목을 받고 있다. 새 본사 건물의 위치는 현재의 애플 본사에서 약 3킬로미터 떨어진 곳이다. 새 본사 건물은 4층 높이에 전체 길이가 약 2킬로미터에 이르는 둥그런 띠 모양인데, 마치 UFO가 착륙해 있는 것 같다고 해 '우주선spaceship'이라는 별명이 붙었다. 애플은 현재 실리콘 밸리에서 약 1만 6천 명의 직원이 280번 고속도로 옆 쿠퍼티노에 있는 애플 본사 사옥과 그 주변에 흩어져 있는 여러 건물에서 근무하고 있다. 새 사옥이 완공되면 1만 3천 명이 함께 근무하게 된다. 현재 공사가 진행 중인 새 사옥은 정보 보안에 철저한 애플답게 공사장 주위에 담장이 둘러쳐 있어 외부에서는 볼 수 없다.

새 사옥의 계획과 설계는 스티브 잡스가 살아 있던 2009년에 시작되었는데 건물과 조경은 잡스의 미적·실용적 감각과 완벽주의를 반영하고 있다. 총 공사비용이 50억 달러에 이르는 대규모 공사에 대해 애플의 주주들은 낭비라며 반발하고 있다. 차고에서 사업을 시작해 창고와 같은 건물에서 격식을 따지지 않고 일하는 실리콘 밸리 전통과 문화와는 당연히 어울리지 않을

쿠퍼티노에 있는 애플의 본사 사옥 일부. 현재 신축 중인 본사 건물은 2017년 완공 예정이다.

것이다. 어쨌든 잡스의 유작과 같은 애플의 본사 건물이 완공되면 쿠퍼티노의 명물이 될 것으로 보인다.

## 샌호세

샌호세는 인구가 1백만 명인 대도시로 인구 기준으로 캘리포니아에서 LA, 샌디에이고에 이어 세 번째로 큰 도시이며, 미국 전체에서 열 번째로 큰 도시다. 베이 지역의 대도시인 샌프란시스코와 오클랜드보다 인구가 많고 면적도 훨씬 넓다. 그럼에도 샌호세가 크기에 걸맞은 도시의 이미지를 정립하는 데 어려움을 겪은 것은 앞에서 언급했다.

샌호세는 실리콘 밸리의 관문이며 노먼 미네타 이름을 딴 '미네타 샌호세 국제공항Mineta San Jose International Airport이 있다. 노먼 미네타Norman Mineta는 샌호세 출신 일본계 정치인으로, 1970년대에 샌호세 시장을 역임한 뒤 미국 연방 하원의원을 20년간 역임했고 조지 부시 정부에서 운수성 장관을 지냈다. 하지만 이 샌호세 공항에 취항하는 국제선 항공사는 드문데, 차로 한 시간 거리에 샌프란시스코 국제공항과 오클랜드 국제공항이 있는 탓이다. 1990년대 닷컴 붐 시절에는 샌호세 공항에서 일본 도쿄와 타이완의 타이페이로 가는 직항편이 있었으나 닷컴 거품이 꺼진 뒤로는 멕시코로 가는 국제선 두 편으로 국제공항의 명맥을 이어왔다. 최근 수년간 실리콘 밸리 경기 활황에 힘입어 전일항공ANA은 2013년 초 도쿄 직항편을 개설해 샌호세 공항이 활기를 되찾고 있다.

실리콘 밸리가 이 지역에 태동하기 전 1950년대까지 샌호세는 과수원으로 둘러싸인 한적한 농촌이었다. 실리콘 밸리가 태동한 후 샌프란시스코와 오클랜드가 금융, 운송, 문화, 관광 산업 등의 발전에 힘입어 세계적인 도시로 발전하는 동안 샌호세는 이 도시들의 그늘에 가려 있었다. 하지만 샌호세는 첨단기술 도시답게 주민들의 학력과 소득 수준이 높으며 범죄율이 낮은 안전한 도시다. 도시의 이미지에서 항상 샌프란시스코에 밀린 샌호세의 처지에 대해 샌호세 전임 시장 척 리드Chuck Reed는 "샌프란시스코가 미의 여왕이라면 샌호세는 학급의 모범생이다"라고 표현한다.

실리콘 밸리에서 반도체 산업이 불붙던 1960년대 후반 샌프란시스코에는 젊은 히피들로 넘쳐났다. 1967년 미국 가수 스콧 매켄지Scott McKenzie는 「샌프란시스코San Francisco」에서 "If you are going to San Francisco, be sure to wear some flowers in your hair(샌프란시스코에 가려거든 머리에 꽃을 꽂고 가세요)"라고 노래했는데, 이때의 샌프란시스코를 모르는 사람은 없었을 것이다. 이듬해인 1968년, 디온 워윅Dionne Warwick은 「당신은 샌호세 가는 길을 아세요?Do You Know the Way to San Jose?」를 불러 인기를 얻었는데, 이 노래의 제목에서 말하듯이 샌호세가 미국 어디에 있는지는 실제로 많은 사람들의 관심 밖이었다.

그러나 샌호세는 역사가 있는 도시다. 캘리포니아가 1850년에 미국의 서른한 번째 주로 승격되었을 때 샌호세는 캘리포니아 주 최초의 수도였다. 1851년에 캘리포니아의 수도가 새크라멘토로 이전한 뒤 샌호세는 산타클라라 카운티 수도가 되었고 카운티 청사가 있다. 샌호세는 또한 세계 최초로 상업용 라디오 방송을 시작한 곳이다. 20세기 초 시릴 엘웰이 연방전신회사를 설립하고 무선송신 기술을 개발했으며 이 회사에서 리 디포리스트가 삼극 진공관을 개발했다. 샌호세에서 최초로 상업용 라디오 방송국이 개설된 것은 이러한 여건의 덕분이다.

스탠포드 대학에서 물리학을 전공한 찰스 헤롤드Charles Herrold는 1912

년 샌호세 중심가에 있는 건물에 방송국을 차리고 일주일에 한 차례 방송을 내보내기 시작했으며, 이때가 세계 상업용 라디오 방송의 시초로 알려져 있다. 그는 방송국 장비 대부분을 직접 제작했고 그의 부인이 디스크자키를 맡아 매주 수요일마다 청취자들에게 음악을 들려주었다. 이 방송국은 초기에 KQW라는 호출부호를 사용하다가 1949년에 미국 3대 방송사인 CBS가 인수한 뒤 KCBS라는 국명으로 지금까지 샌프란시스코 만 지역 주민들에게 뉴스를 전하고 있다.

실리콘 밸리가 탄생하기 직전 1955년에 인구 12만 명이던 샌호세는 1950년대 후반 실리콘 밸리가 등장한 이래 가파른 인구 증가를 보이면서 60년이 지난 지금 인구 100만 명의 대도시로 성장했다. 샌호세는 1960년대에 북가주의 LA가 되자는 구호를 내걸고 외곽 지역을 시로 편입하면서 시의 규모를 넓혀갔다. 첨단산업의 발전뿐 아니라 이민자의 유입도 샌호세 인구 증가의 요인으로 작용했다. 샌호세 인구의 40퍼센트가 외국에서 출생했고 인구의 30퍼센트가 동양인이며 33퍼센트가 히스패닉계다. 샌호세는 인구 100만이 넘는 미국 10개 도시 중 가구당 소득이 가장 높고 인구 대비 범죄율은 가장 낮다. 주민들의 학력은 35퍼센트가 대학 졸업자로 10대 도시 중 샌디에이고 다음으로 두 번째로 주민들의 학력이 높다.

샌호세 북부 지역에 있는 길 '북 1번가North 1st Street'와 그 인근 지역은 특히 첨단회사가 밀집해 있다. 북 1번가는 샌호세 중심가에서 시작해 북동쪽으로 약 7킬로미터 뻗어 있는데 샌호세 공항에서 빠져 나오면 곧 마주치는 큰길이다. 샌호세 시는 1990년대부터 북 1번가와 주변 지역을 첨단산업 집중지역으로 조성하기 시작했다. 샌호세 시에서는 이 지역에 기업 유치와 더불어 대규모 아파트 단지와 공원을 조성하고 전철을 개통해 이 지역을 주민들의 주거공간으로도 개발했다.

이곳에는 실리콘 밸리 기업들의 본사, 외국 기업들의 실리콘 밸리 연구소나 현지 법인 등 많은 기업체가 자리 잡고 있다. 페이팔, 시스코 시스템스의 본사가 있고 사이프러스 반도체, 맥심Maxim, 램 리서치Lam Research 등 미국 반도체 회사들도 이 길가에 있다. 소니, 캐논, 히타치, 도시바 등 일본 회사, 필립스, NXP 등 유럽계 회사와 타이완, 중국계 회사의 실리콘 밸리 현지 회사도 이 길에 위치하고 있다.

또한 이 길에는 삼성전자, LG, SK 하이닉스의 실리콘 밸리 현지 회사와 한국 정부의 KOTRA 실리콘 밸리 사무소도 있다. 삼성전자가 북 1번가와 태즈먼 길이 만나는 모퉁이에 2015년에 완공한 실리콘 밸리 연구소는 주변에서 가장 높은 8층 건물인데, 이 일대에서 눈에 띄는 랜드 마크 건물로 자리 잡았다. 북 1번가와 그 주변의 북부 산호세 지역에는 크고 작은 첨단기술 회사가 약 1천2백 개가 있어 실리콘 밸리의 축소판이라 할 만하다.

### 샌호세 문화와 관광

샌프란시스코에서 남쪽으로 팔로알토까지만 문화가 있다는 말이 있다. 샌프란시스코가 문화 예술의 도시임은 말할 필요도 없고, 팔로알토에는 스탠포드 대학교가 있어 문화생활이 다채롭다. 여기서부터 남쪽으로 샌호세에 이르기까지 실리콘 밸리는 문화가 없는 삭막한 공업단지와 같다는 의미다. 전임 시장 척 리드의 말처럼 샌호세는 학급의 모범생이긴 하지만 놀 줄 모르는 너드와 같은 도시일 수도 있다.

그러나 샌호세에도 오케스트라가 있고 오페라단, 발레단이 있으며 연극 공연도 있고 박물관도 있다. 물론 샌프란시스코 심포니 오케스트라나 오페라단처럼 국제적 명성이 있는 것은 아니지만, 샌호세 예술 단체는 재정상의 어려움에도 샌호세와 실리콘 밸리의 문화 발전을 위해 노력하고 있다. 샌프

샌호세 북 1번가의 새 랜드마크로 등장한 삼성 연구소 건물

삼성 연구소에서 조금 남쪽 샌호세 북 1번가에 있는 SK 하이닉스 건물

SK 하이닉스에서 조금 남쪽으로 샌호세 북 1번가에 위치한 LG 건물

란시스코처럼 관광 도시가 아닌 샌호세를 방문한다면 가볼 만한 곳이 많지 않은 것도 사실이다. 그러나 흥미를 가지고 방문할 곳들이 있다.

### 기술혁신 박물관, 어린이 발견 박물관

첨단산업 중심지라는 이미지에 걸맞게 샌호세에는 과학기술을 소재로 한 박물관이 두 군데 있는데 기술혁신 박물관The Tech Museum of Innovation과 어린이 발견 박물관Children's Discovery Museum of San Jose이다. 샌호세 중심가 한복판에 있는 이 박물관들은 과학과 기술에 관심이 있는 사람이면 누구나 즐길 수 있다. 그러나 아동과 학생들에게 과학기술에 대한 인식을 높이려는 것이 주목적이니만큼 관람객들도 부모를 따라온 어린 학생들이 많다. 기술혁신 박물관은 반도체, 우주 개발, 지구 환경과 자원, 에너지, 유전공학 등 전반적인 과학기술 분야에 관한 전시물과 관람자가 실제 조작하며 체험할 수 있는 시설을 갖추고 있다. 이 박물관은 유료이지만 운영의 많은 부분을 샌호세 시의 재정 지원과 개인과 기업, 자선재단의 기부금에 의존한다. 기부자들의 면면에는 휼렛 재단, 패커드 재단과 같은 자선단체, 구글 창업자 세르게이 브린, 벤처 투자가 존 도어 등 익숙한 실리콘 밸리의 이름들이 많으며 샌프란시스코의 아시아 예술 박물관에 거액을 기부한 이종문 씨의 이름도 눈에 띈다.

기술혁신 박물관 옆에 있는 어린이 발견 박물관은 어린이들이 직접 만져보면서 과학 현상을 경험할 수 있는 곳인데, 이런 종류의 박물관으로는 미국에서 최대 규모를 자랑한다. 어린이 발견 박물관의 설립에는 애플 창업자 스티브 워즈니악의 기부금이 큰 도움이 되었고 샌호세 시는 이에 감사하는 의미에서 어린이 박물관 앞길을 '워즈 웨이Woz Way'로 이름 붙였다. 워즈는 워즈니악Wozniak의 애칭으로, 그는 악의 없는 장난을 즐기고 낙천적인 성격을 지녔을 뿐 아니라 어린이들에 대한 지원에도 관심이 많았다. 워즈니악이 어렸을 때에 부친이 도움으로 전자기술에 대한 홍미를 갖게 되었으니 과학기술에 대한 관심은 어린 시절에 일찌감치 일깨워줄수록 좋다고 생각했을 것이다.

### 윈체스터 미스터리 하우스

윈체스터 미스터리 하우스Winchester Mystery House는 샌호세의 관광 명소로, 이름에서 알 수 있듯이 집 내부가 기이한 집이다. 이 집은 웬만한 가정집이 아니라 4층 건물에 방이 약 160개인 맨션으로 윈체스터 총기회사 소유주의 부인 사라 윈체스터Sarah Winchester가 지은 건물이다.

윈체스터 회사는 원래 동부 코네티컷 주에 있던 회사로 샌호세와는 아무 관련이 없다. 이 회사의 창업자인 올리버 윈체스터Oliver Winchester가 사망한 후 아들 윌리엄 윈체스터가 회사를 물려받았으나 윌리엄 윈체스터는 1881년 마흔네 살의 나이에 결핵으로 사망했다. 부인 사라 윈체스터는 이보다 15년 전에 딸이 태어난 지 얼마 지나지 않아 세상을 떠나는 아픔을 겪었다. 상심한 사라 윈체스터에게 심령술사는 윈체스터 총에 맞아 사망한 원혼들을 달래고 저주를 피하려면 코네티컷을 떠나 먼 곳에 가서 끊임없이 집짓는 공사를 해야 한다고 말했다.

사라 윈체스터가 샌호세에 와서 농장을 사들여 집을 짓기 시작한 것은 1884년이었다. 당시 동부 사람들은 샌호세를 멀리 외떨어진 곳이라고 생각했던 모양이다. 사라 윈체스터는 그때부터 1922년 사망할 때까지 목수의 망치질 소리가 하루도 그치는 날이 없이 하루 24시간 공사를 진행시켰다. 집 내부 구조는 사람이 살기 위한 구조가 아닌, 혼령들을 헷갈리게 하려는 듯 방의 문들과 창문, 계단 등이 기이한 구조로 지어졌다.

샌호세의 관광 명소가 된 윈체스터 미스터리 하우스.

사라 윈체스터가 사망한 후 공사는 즉시 중단되었고 건물은 개인 투자가에게 팔렸는데 구입자는 이 건물을 관광 용도로 일반에게 공개해 지금에 이르고 있다. 그 후 이 집의 주변 땅은 개발되어 바로 옆으로 280번 고속도로가 지나가고 길 건너편에는 대형 쇼핑센터가 들어서는 등 번잡한 지역으로 바뀌었다. 캘리포니아 주정부는 윈체스터 미스터리 하우스를 캘리포니아 역사기념물로 지정했고 샌호세의 관광 명소가 되었다.

### 제임스 릭 천문대

샌호세 주변에서 가장 높은 산봉우리는 동쪽에 있는 해발 1300미터의 해밀턴 산Mount Hamilton이다. 겨울에 눈 구경을 할 수 없는 실리콘 밸리이지만 해밀턴 산 정상에는 가끔 눈이 내리기도 해 실리콘 밸리 주민들에게 아스라한 겨울 풍경을 선사하기도 한다. 이 산의 정상에 자리 잡고 있는 제임스 릭 천문대James Lick Observatory는 산 정상에 건설된 세계 최초의 천문대다. 제임스 릭 천문대가 건설된 1888년 이전에는 관리상의 어려움 때문에 천문대를 대학교나 연구소 주변의 낮은 지대에 건설하는 것이 통례였다.

천문대 백색 돔 건물 두 채에는 건설 당시 세계 최대인 굴절형 망원경이 설치되어 있고, 이 망원경들은 지금도 천체물리학자들이 연구에 사용하고 있다. 1910년대에 미국과 유럽 각국의 과학자들이 아인슈타인의 상대성이론을 실험으로 증명하기 위해 세계 각지에서 실험을 수행할 때 이 천문대에서도 실험을 했다. 이 천문대의 관장으로 30년간 재직했던 윌리엄 캠벨William Campbell은 아이슈타인의 일반 상대성이론을 실험으로 입증하는 작업에 참여했고, 1922년 아인슈타인의 이론을 실험을 통해 공식적으로 확인하는 데 공헌하기도 했다.

이 천문대는 자수성가해 백만장자가 된 제임스 릭의 기부금으로 건설되었다. 평생을 독신으로 살다 간 제임스 릭은 샌프란시스코, 샌호세 등 북가주, 그리고 LA 인근 남가주 지역의 부동산에 투자해 큰 재산을 모았다. 부동산으로 부를 쌓기 전 젊은 시절의 제임스 릭은 피아노 제작에 탁월한 기술을 가진 목수였다. 빈손으로 출발해서 엄청난 부를 이룬 그의 인생은 미국의 서부 개척사, 캘리포니아 골드러시와 맞물려 한 편의 드라마와도 같다.

**제임스 릭**

1796년 펜실베이니아의 시골에서 태어난 제임스 릭James Lick은 목수인 부친을 따라 어려서부터 목수 일을 배우며 자랐다. 릭이 스물한 살이 되던 해, 같은 마을에 사는 여자 친구와 사랑에 빠졌고 그녀가 임신하자 여자 친구의 아버지에게 결혼 허락을 받으러 갔다. 그러나 동네에서 제분소를 운영하며 여유 있게 생활하던 여자 친구의 부친은 릭에게 "너 같은 무일푼 목수

**위** | 1900년 릭 천문대 사진의 인쇄본(사진 출처: "Essays in astronomy", D. Appleton & company, 1900 (w:LCCN 00004435) by D. Appleton & Company).

**아래** | 2009년 해밀턴 산 정상의 릭 천문대(사진 출처: Wikimedia Commons by Michael, CC BY)

릭 천문대에 있는 제임스 릭 흉상(사진 출처: Wikimedia Commons by Oleg Alexandrov).

에게 딸을 줄 수 없으니 나중에 제분소를 하나 차리거든 그때 다시 오라"며 돌려보냈다.

모멸감에 사로잡힌 릭은 곧 고향을 떠나 볼티모어에서 피아노 제작 기술을 익힌 후 뉴욕에 가서 피아노 제작 사업을 시작했다. 자신이 제작한 피아노들이 아르헨티나로 수출되는 것을 보고 그는 직접 피아노 제작과 판매 사업을 하기 위해 아르헨티나로 갔다. 1832년 그의 나이 서른여섯, 아르헨티나의 피아노 사업이 궤도에 오르자 그는 미국으로 돌아와 고향을 찾았으나 그의 여자 친구는 이미 다른 남자와 결혼을 한 후였다.

이후 릭은 결혼을 포기하고 페루의 리마에 정착해 피아노 사업을 계속했다. 남미에서 생활하는 동안 그는 신문을 읽으면서 서부로 팽창하는 미국의 발전상을 주시했다. 1846년부터 2년간 계속된 미국과 멕시코의 전쟁에서 미국이 승리할 것을 예견한 릭은 전쟁이 끝나면 캘리포니아가 미국 영토로 편입되고 그 후 크게 발전할 것이라 생각했다. 1848년 1월 그는 남미 생활을 마감하고 배를 타고 샌프란시스코에 도착했는데 그때 그의 나이 쉰두 살이었다.

제임스 릭이 미국에 귀환한 시점은 시기가 매우 좋았다. 그가 샌프란시스코에 도착한 지 한 달도 채 되지 않은 1848년 1월 24일, 시에라네바다 산맥 서쪽을 흐르는 강변에서 금이 발견되었고 이 소문은 금방 샌프란시스코로 전해져 많은 샌프란시스코 주민들이 금을 찾아 시에라네바다 서쪽 강변에 몰려갔다는 사실은 골드러시와 관련해 앞에서 얘기했다.

릭은 금을 찾아 떠난 사람들이 내놓은 땅과 건물들을 매입하기 시작했다. 샌프란시스코 중심가의 금싸라기와 같은 땅도 여러 곳 매입했다. 1849년에 들어서 세계 각지에서 금을 찾아 북가주에 사람들이 몰려왔고 샌프란시스코의 인구가 급증하자 릭이 소유한 부동산 가치도 급등했다. 그는 남쪽으로 눈을 돌려 샌호세 인근 땅도 매입했고 남가주 지역에도 투자했다. LA 주민들이 휴가를 위해 즐겨 찾는 LA 앞 바다의 샌타카탈리나Santa Catalina 섬도 한때 릭의 소유였다. 세상을 뜰 무렵 릭은 캘리포니아의 최대 갑부였다.

부동산 사업으로 큰 재산을 얻었으나 젊은 시절 여자 친구의 부친에게서 받은 모욕감은 릭의 인생과 성격에 큰 상처를 남겼다. 이에 대한 보상심리로 그는 최신 장비를 갖춘 어마어마한 제분소를 산타클라라에 건설한 뒤 사진을 찍어 펜실베이니아 고향 마을에 보내 광고했다. 이 제분소는 그 후 화재로 소실되었으나 사진에 남아 있는 제분소 모습이 그 규모를 짐작하게 한다. 제분소 옆에 지은 대저택은 방이 스물네 개로, 산타클라라 시에서는 역사기념물로 지정, 보존하고 있다. 제분소가 서 있던 곳 주변에는 현재 주택단지와 공원이 들어서 있고, 이 일대를 가로지르는 '릭 제분소 대로Lick Mill Boulevard'라는 길 이름이 제임스 릭에 얽힌 과거를 간직하고 있다.

젊은 시절의 상처를 보상받으려는 심리는 만년의 릭을 더욱 괴팍하게 몰고 갔다. 그는 한때 샌프란시스코를 드나드는 배에서 볼 수 있게 자신의 거대한 동상을 샌프란시스코 중심가에 세우려고 구상했다. 중심가에 있는 자신의 땅에 이집트 기자에 있는 피라미드보다 더 큰 피라미드를 세우려고도 했다. 그러나 이러한 계획들은 주위의 반대에 부딪쳐 실행되지 못했다.

제임스 릭은 재산의 대부분을 뜻있는 일에 기부하고 세상을 떠났다. 릭이 천문대 건립에 관심을 갖게 된 것은 노년기에 들어선 그가 천문학자 친구에게서 천문학과 천문대의 필요성에 대한 얘기를 듣고 난 후의 일이다.

**왼쪽** | 길이 57피트(약 1,737센티미터), 굴절망원경의 렌즈 지름 36인치(91센티미터), 총무게 40톤의 릭 천문대 내부 판화(1889년)(사진 출처: Wikimedia Commons by W. J. Morgan & Co.).

**오른쪽** | 릭 천문대의 굴절망원경은 세계에서 가장 큰 굴절망원경 두 개 가운데 하나다(2007년 11월 6일 촬영)(사진 출처: https://www.flickr.com/photos/23369083@N05/3259519315/ by myyorgda, CC BY).

1876년 80세를 일기로 세상을 뜨기 직전 릭은 천문대 건설 자금의 기부를 발표했다. 기부하는 조건으로 그는 세계에서 가장 크고 강력한 성능을 가진 망원경을 설치할 것과 천문대가 완성되면 자신을 천문대에 묻어달라고 부탁했다.

1300미터의 산꼭대기에 천문대를 건설하는 일은 당시로써는 힘든 공사였다. 모든 건설 자재를 당나귀 등에 얹거나 당나귀가 끄는 수레로 운반해야 했으므로 경사를 완만하게 하여 굽이굽이 돌아 정상까지 길을 냈다. 일설에 따르면 굽이의 수가 365개가 된다고 한다. 천문대는 그가 사망한 지 12년 만인 1888년에 완공되었고, 그가 부탁한 대로 당시 세계에서 가장 크고 강력한 36인치 굴절망원경이 설치되었다. 제임스 릭은 그의 소원대로 거대한 망원경이 설치된 단 아래에 안장되어 있다.

지금은 샌호세에서 해밀턴 산 정상까지 오르는 길이 포장되어 있어 차를 타고 천문대에 도착할 수 있다. 그러나 50킬로미터의 거리에 굽이 길이 많아 정상에 도달하기까지는 1시간 정도 걸린다. 정상에 이르면 실리콘 밸리 전 지역이 한눈에 들어오는 장관이 펼쳐진다. 천문대 건물은 일반 관광객에게 공개되지만 망원경이 있는 돔 건물은 정해진 시간에 천문대 직원을 따라 안내 관람을 하도록 되어 있다. 실리콘 밸리를 방문할 기회가 있으면 이곳에 올라 발아래 펼쳐진 실리콘 밸리를 바라보며 과학기술자로서의 호연지기와 첨단산업에 대한 꿈을 다져보기를 권한다.

## | 용어 해설 | (*가나다 순)

### • 반도체 관련 용어

**계면상태 또는 표면상태** surface states, interface states

결정 고체의 표면, 또는 한 가지 고체가 다른 물질과 만나는 경계면에 존재하는 전자의 에너지 레벨.

**그래픽스 칩** graphics chip

컴퓨터 영상 처리를 전문적으로 하는 반도체 칩.

**논리회로 또는 디지털 회로** logic circuits, digital circuits

데이터 '0' 과 '1'을 가지고 계산을 하거나 논리적인 작업을 하는 회로.

**디램** DRAM: dynamic random access memory

메모리 반도체 유형의 하나. 저장된 데이터를 주기적으로 복원하지 않으면 데이터가 사라진다. 램의 특성상 전원이 끊기면 데이터가 사라진다.

**마그네틱 코어 메모리** magnetic core memory

고리 모양의 자성체와 이를 관통하는 금속선을 이용해 데이터를 기록하는 메모리. 자성화된 방향을 달리해서 데이터를 '0'과 '1'로 기록한다.

**마이크로프로세서** microprocessor

프로그램이 가능한 범용 논리회로 칩. 주로 컴퓨터의 중앙처리장치(CPU: central processing unit)로 사용된다.

**매스 코프로세서** math coprocessor

복잡한 계산을 전문적으로 수행하도록 설계된 CPU의 보조 기능을 하는 칩.

**메모리 반도체** memory semiconductor

데이터를 저장하는 반도체 칩으로 데이터는 보통 '0' 또는 '1'로 저장된다.

**메사형 트랜지스터** mesa-type transistor

트랜지스터의 윗면 일부를 파내서 단면 모습이 애리조나의 평탄한 고원 '메사' 같다고 해서 붙인 이름. 반도체 산업 초기의 트랜지스터 제조기술이었다.

**모스 트랜지스터** MOS transistor

MOS(metal oxide semiconductor, 금속 산화물 반도체)는 트랜지스터의 수직적 구조를 표현한다. MOS 트랜지스터에서는 전자나 홀 중 한 가지 입자에 의해 전류가 흐른다.

**모스페트 N-채널** N-channel

전류가 전자에 의해 흐르는 모스 트랜지스터.

**모스페트 P-채널** P-channel

전류가 홀hole에 의해 흐르는 모스 트랜지스터.

**모스페트** MOSFET

metal oxide semiconductor field effect transistor(금속 산화물 반도체 전계 효과 트랜지스터)를 줄인 말로, 모스 트랜지스터와 같은 뜻이다.

**바이폴라 트랜지스터** bipolar transistor

전자와 홀hole 두 가지 극성의 입자 모두에 의해 전류가 흐르는 트랜지스터.

**반도체 n 영역** n-type

반도체 내에서 전류가 전자에 의해 흐르는 반도체. 전자는 반도체 결정에 n-type 이물질을 주입하면 생성된다.

**반도체 p 영역** p-type

반도체 내에서 전류가 홀hole에 의해 흐르는 반도체. 홀은 반도체 결정에 p-type 이물질을 주입하면 생성된다.

**반도체 파운드리** semiconductor foundry

반도체 생산 공장을 건설한 뒤 다른 회사의 제품을 생산해주는 용도로만 사용하는 반도체 사업의 한 형태.

**반도체** semiconductor

실리콘(Si, 규소), 저마늄(Ge)처럼 전기 전도성이 도체와 절연체의 중간인 물질. 여기에 다른 물질을 주입해 전기적 특성을 바꿔 트랜지스터를 만들 수 있다.

**불 대수** Boolean algebra

영국의 수학자 조지 불George Boole이 18세기 중엽에 창안한 대수의 한 형식. 이진법식 데이터로 논리적 연산작업을 하는 수학 분야.

**상호보완형 MOS** CMOS: complementary MOS

P-채널 MOS 트랜지스터와 N-채널 MOS 트랜지스터를 조합해 설계하는 회로설계 기법과 집적회로 제조기술을 가리킨다.

**솔라 셀** solar cell

태양광 에너지를 전기 에너지로 바꾸는 반도체 소자.

**시시디** CCD: charge coupled device

반도체 표면에 모인 전자들을 순차적으로 이동시키면서 필요한 작업을 수행하는 반도체 소자.

**에스램** SRAM: static random access memory

메모리 반도체 유형의 하나. 디램과 달리 저장된 데이터를 주기적으로 복원할 필요가 없다. 램의 특성상 전원이 끊기면 데이터가 사라진다.

**오피 앰프** operational amplifier, 연산 증폭기

입력단과 출력단의 전기적 특성이 매우 우수하고 높은 전압 증폭률을 가진 아날로그 집적회로.

**이프롬** EPROM: erasable programmable read only memory

전원이 끊겨도 데이터가 사라지지 않는 불휘발성 메모리 유형의 하나. 자외선을 쬐어 기존 데이터를 지운 후 새 데이터를 입력할 수 있다.

**점 접촉형 트랜지스터** point contact transistor

미세한 금속선 두 개가 가까운 거리에서 반도체 물질에 접촉해 트랜지스터 특성을 얻는 구조. 트랜지스터가 처음 발명되었을 때의 구조다.

**접합형 트랜지스터** junction transistor

n-type 반도체와 p-type 반도체의 접합을 이용해 만든 트랜지스터.

**집적회로** IC: integrated circuits

트랜지스터, 다이오드, 저항, 커패시터 등과 같은 개개의 소자들을 반도체 기판에 만든 후 배선 공정으로 연결해 복잡한 기능을 수행하는 반도체 칩.

**트랜지스터** transistor

'trans'와 'resistor'의 합성어로, 전류 또는 전압을 증폭해주거나 논리회로에서 on-off 스위치로 사용되는 반도체 기본 소자.

**평면형 트랜지스터** planar transistor

평면형 반도체 제조 공정으로 제작된 트랜지스터. 메사형처럼 트랜지스터의 일부를 파내지 않고 만들어 트랜지스터 윗면이 완전 평면이다.

**플래시 메모리** flash memory

불휘발성 메모리 유형의 하나. 전기적으로 기존 데이터를 지우고 새 데이터를 입력할 수 있다.

**하드 디스크 컨트롤러 칩** hard disk controller chip
컴퓨터 CPU가 하드 디스크에 데이터를 입출력할 수 있게 하드 디스크의 동작을 관리 제어하는 반도체 칩.

## • 컴퓨터 관련 용어

**IBM과 일곱 난쟁이들** IBM and the Seven Dwarfs
1960년대 컴퓨터 시장은 IBM, RCA, 제너럴 일렉트릭GE이 사업을 벌이고 있었고, 1970년대 메인프레임 컴퓨터 시장에서는 다섯 회사인 '버로스Burroughs, 유니박UNIVAC, NCR, 컨트롤 데이터 사Control Data Corporation, 그리고 허니웰Honeywell'(이 회사들의 첫 글자를 따 'BUNCH'라고 한다)이 IBM과 경쟁을 벌였다. 앞의 두 회사와 다섯 회사를 가리켜 'IBM과 일곱 난쟁이'라고 한다.

**관계형 데이터베이스** relational database
관계형 데이터 모델(데이터를 단순한 표table 형태로 표현하는 데이터베이스로, 계층구조보다 사용자와 프로그래머 간의 의사소통을 원활하게 할 수 있는 구조)을 사용해 만든 데이터베이스로 대다수 데이터베이스의 기본이 되는 구조.

**데이터베이스 관리 시스템** DBMS: database management system
사용자나 프로그래머들이 데이터베이스를 만들고 새롭게 업데이트하고 정보를 추출하고 데이터베이스를 관리하는 소프트웨어 시스템.

**데이터베이스** database
일정한 방식, 즉 데이터 모델에 따라 체계적이고 조직적으로 정리해 놓은 많은 양의 자료.

**마이크로 코드** micro code
컴퓨터에 내장된 가장 낮은 수준의 명령어.

**마이크로컴퓨터** microcomputer
개인용 소형 컴퓨터를 가리키는 말로, 홈컴퓨터라고도 불렀다. IBM PC가 등장한 후 마이크로컴퓨터 대신 PC라는 이름이 일반적 용어가 되었다.

**메인프레임** mainframe
대기업, 금융기관, 정부기관 등 대용량 데이터 처리가 필요한 분야에서 사용되는 대형 컴퓨터.

**미니컴퓨터** minicomputer
메인프레임을 대신해 중소형 기업의 업무에 적합하도록 개발된 메인프레임보다 가격이 훨씬 싼 컴퓨터.

**슈퍼컴퓨터** supercomputer
고도의 계산 능력과 계산 속도를 가지고 있어 주로 과학기술 분야에서 사용되는 컴퓨터.

**워크스테이션** workstation
주로 과학기술 분야나 컴퓨터 그래픽스 등 특정 용도에 사용하기 위해 설계된 강력한 계산 기능을 가진 소형 컴퓨터.

**축소 명령어 컴퓨터** RISC: reduced instruction set computer
간단한 동작을 집행하는 명령어들로 설계된 컴퓨터로 복잡 명령어 컴퓨터(CISC: complex instruction set computer)와 반대되는 개념의 구조.

**컴퓨터 운영체계** OS: operating system
컴퓨터가 정상적으로 동작하도록 컴퓨터의 입출력 장치를 비롯한 하드웨어와 프로그램들을 관리하고 지원을 해주는 프로그램.

## • 인터넷 관련 용어

**검색 엔진** search engine
인터넷에서 원하는 정보가 어느 웹 사이트에 있

는지 찾아주는 프로그램.

**라우터** router

표준이 다른 컴퓨터 네트워크와 서로 데이터를 주고받을 수 있게 해주는 기기.

**멀티 프로토콜** multi-protocol

서로 표준이 다른 여러가지 컴퓨터 네트워크와 소통할 수 있는 기능

**사물 인터넷** IoT: Internet of Things

지구상의 가능한 모든 물건을 네트워크로 연결해서 만들어진 인터넷.

**소셜 네트워킹 서비스** SNS: social networking service

인터넷상에서 사람들 간의 접촉과 교류를 활성화해주는 서비스.

**월드 와이드 웹** world wide web

인터넷상에서 정보를 저장하고 공유할 수 있게 웹 사이트를 만들어 하이퍼링크를 사용해 거미줄같이 엮어 놓은 시스템.

**웹 브라우저** web browser

사용자가 웹 사이트를 방문해 그 내용을 보고 듣고 이용할 수 있게 해주는 프로그램.

**웹 사이트** web site

집집마다 주소가 있듯이 월드 와이드 웹이라는 사이버 공간에서 독자적인 주소를 가지고 정보를 저장하는 곳.

**웹 페이지** web page

한 권의 책에 여러 페이지가 있듯이 웹 사이트에 있는 정보의 각 페이지.

**인터넷 서버** internet server

인터넷 사용자의 요구에 대해 웹 페이지, 이메일과 같은 정보를 보내주는 기능을 하는 컴퓨터.

**인터넷** internet

각종 컴퓨터 네트워크를 연결해 모든 컴퓨터가 데이터를 주고받을 수 있게 하는 범세계적인 컴퓨터 네트워크.

**패킷 스위칭** packet switching

전송할 정보를 적절한 크기packet로 나누어 전송 경로를 정해 전송하는 통신 방식으로, 효율성과 안정성을 높일 수 있다는 것이 장점이다.

**하이퍼링크** hyperlink

서로 다른 웹 페이지를 연결해주는 고리 역할을 하는 문자나 그림. 보통 줄여서 링크라고 한다. 웹 페이지 상에서 마우스를 링크에 대고 클릭하면 이 링크가 가리키는 다른 웹 페이지로 이동한다. 하이퍼링크는 월드 와이드 웹을 가능하게 해주는 가장 중요한 기능 중 하나다.

**하이퍼텍스트** hypertext

하이퍼링크를 포함하는 웹 사이트의 문서.

**홈페이지** home page

인터넷 사용자가 웹 사이트를 방문했을 때 처음 나타나는 웹 페이지.

## • 기타 용어

**가상현실** VR: virtual reality

컴퓨터가 실제 현실에 가깝도록 만들어 내는 환경.

**가청 주파수 발진기** audio oscillator

사람이 들을 수 있는 대역의 주파수에서 전기 신호를 발생하는 장치.

**광석 라디오** Crystal radio

별도의 전지나 전원이 필요하지 않는 개인 라디오 수신기로, 구리선과 몇 가지 재료만 있으면 만들 수 있는 라디오.

**발진기 회로** oscillator circuit

일정한 주파수를 가진 전기적 신호 파형을 일으키는 전자회로.

**삼극 진공관** triode vacuum tube

단자가 세 개인 진공관으로 전류 전압의 증폭작용을 한다.

**세그웨이** segway

전기 모터를 이용하여 타는 보드의 하나. 보드 위에 올라서서 핸들을 잡고 앞으로 몸을 숙이면 전진하고, 반대로 몸을 뒤로 비스듬히 젖히면 후진한다.

**스타트업** Startup

혁신적 기술과 아이디어를 보유한 설립된 지 얼마 되지 않은 창업기업으로, 우리말로는 새싹기업으로 풀이한다.

**스펙** specification

제품 또는 공사에 필요한 재료의 종류와 품질, 사용처, 시공 방법, 제품의 납기, 준공 기일 등 설계 도면에 나타내기 어려운 사항을 명확하게 기록한 설명서.

**역 더치 경매** reverse Dutch auction

파는 사람은 한 명이고 사려는 사람은 여러 명인 통상적인 경매와는 반대로 여러 사람이 한 명에게 물건을 파는 경매 방식.

**유제닉스** eugenics

인간의 유전인자 중 바람직한 점은 보존하고 바람직하지 않은 점은 단절시킴으로써 인류의 질을 개선하려는 것을 목적으로 하는 응용 유전학의 한 분야.

**이극 진공관** diode vacuum tube

단자가 두 개인 진공관으로 정류작용을 한다.

**인공지능** artificial intelligence

사람과 비슷하게 생각하고 감지하고 행동할 수 있도록 만든 컴퓨터 시스템.

**자율 주행차** autonomous car, self-driving car

사람이 운전하지 않고 스스로 주변 상황을 감지하고 판단하여 달리는 차.

**줄기세포** stem cell

인체 세포 중 근본적인 세포로 자라면서 인체의 특정 신체기관으로 발전하는 세포.

**진공관** vacuum tube

진공 유리관 속의 필라멘트를 가열할 때 방출된 진자의 흐름을 세어함으로써 정류작용 또는 증폭작용을 하는 소자.

**초전도 현상** superconductivity

물질의 전기적 저항이 특정 온도에서 완전히 사라지고 물질이 완벽한 전기적 도체가 되는 현상.

**침묵 기간** quiet period

증권 발행사가 증권거래위원회SEC에 유가증권 발행 사실 및 내용을 등록하는 과정 중의 기간으로, 해당 유가증권 발행 인수단에 참여한 회사는 유가증권에 대해 광고나 판촉을 못하도록 규정되어 있다.

**클라이스트론** klystron

매우 높은 주파수를 가진 전기 신호를 증폭해주는 진공관으로, 레이더에서 전자레인지에 이르기까지 다양한 용도에 쓰인다.

**탄소 나노 튜브** CNT: Carbon nano tube

원기둥 모양의 나노 구조를 지닌 탄소의 동소체(같은 원소로 되어 있으나 모양과 성질이 다른 물질)이다. 탄소 나노 튜브는 여러 특이한 성질을 가지고 있어 나노 기술, 전기공학, 광학 및 재료공학 등 다양한 분야에서 유용하게 쓰인다.

**피드백 회로** feedback circuit

출력 신호 일부를 입력 단자에 돌려보내 전기적 특성을 개선시키는 전자회로.

# | 참고 문헌 |


<제 1장>

Tim Stanley, *The Last of the Prune Pickers: A Pre-Silicon Valley Story*, Timothy Publishing, 2010

Michael S. Malone, *The Valley of Heart's Delight: A Silicon Valley Notebook 1963-2001*, John Wiley & Sons, Inc., 2002

Christophe Lecuyer, *Making Silicon Valley: Innovation and the Growth of High Tech, 1930-1970*, The MIT Press, 2006

Linda Jacobs Altman, *The California Gold Rush in American History*, Enslow Publishers, 1997

Rhoda Blumberg, *The Great American Gold Rush*, Bradbury Press, 1989

Michael S. Malone, *Bill and Dave: How Hewlett and Packard Built the World's Greatest Company*, Penguin Books, 2007

C. Stewart Gillmor, *Fred Terman at Stanford: Building a Discipline, a University, and Silicon Valley*, 2004

<제 2장>

Joel N. Shurkin, *Broken Genius: The Rise and Fall of William Shockley, Creator of The Electronic Age*, Macmillan, 2006

Lillian Hoddeson, *True Genius: The Life and Science of John Bardeen: The Only Winner of Two Nobel Prizes in Physics*, Joseph Henry Press, 2002

<제3장>

Leslie Berlin, *The Man Behind The Microchip: Robert Noyce and The Invention of Silicon Valley*, Oxford University Press, 2006

John Nathan, *SONY*, Houghton Mifflin Company, 1999

Sony Corp., *Sony History*, eBook, Sony company website

<제 4장>

Arnold Thackray, David C. Brock and Rachel Jones, *Moore's Law: The Life of Gordon Moore, Silicon Valley's Quiet Revolutionary*, Basic Books, 2015

<제 5장>

Michael S. Malone, *The Intel Trinity: How Robert Noyce, Gordon Moore, and Andy Grove Built the World's Most Important Company*, HarperCollins, 2014

Arnold Thackray, David C. Brock and Rachel Jones, *Moore's Law: The Life of Gordon Moore, Silicon Valley's Quiet Revolutionary*, Basic Books, 2015

Andrew S. Grove, *Only the Paranoid Survive: How to Exploit the Crisis Points That Challenge Every Company*, Crown Business, 1999

W. Chan Kim and Renee Mauborgne, *Blue Ocean Strategy: How to Create Uncontested Market Space and Make Competition Irrelevant*, Harvard Business Review Press, 2005

Jeffrey L. Rodengen, *The Spirit of AMD*, Write Stuff Enterprises, 1998

<제 6장>

Walter Isaacson, *Steve Jobs*, Simon & Schuster, 2011

Steve Wozniak with Gina Smith, *iWoz: Computer Geek to Cult Icon -How I Invented Personal Computer, Co-founded Apple, & Had Fun Doing It*, W. W. Norton & Company, 2005

Roy A. Allan, *A History of the Personal Computer: The People and the Technology*, Allan Publishing, 2001

<제 7장>

Karen Southwick, *Everyone Else Must Fail: The Unvarnished Truth About Oracle and Larry Ellison*, Crown Business, 2003

Mike Wilson, *The Difference between God and Larry Ellison: Inside Oracle Corporation-God Doesn't Think He's Larry Ellison*, Harper Business, 2003

James Wallace, *Overdrive: Bill Gates and the Race to Control Cyberspace*, John Wiley & Sons, Inc., 1997

Michael Schuman, *Bill Gates: Computer Mogul and Philanthropist*, Enslow Publishers, 2008

James Wallace and Jim Erickson, *Hard Drive: Bill Gates and the Making of the Microsoft Empire*, HarperCollins, 1993

Karen Southwick, *High Noon: The Inside Story of Scott McNealy and the Rise of SUN Microsystems*, John Wiley & Sons, Inc., 1999

David Bunnell, *Making the Cisco Connection: The Story Behind the Real Internet Superpower*, John Wiley & Sons, Inc., 2000

<제 8장>

Josepha Sherman, *The History of the Internet*, Franklin Watts, 2003

Jim Clark with Owen Edwards, *Netscape Time: The Making of the Billion-Dollar Start-up That Took on Microsoft*, St. Martin's Press, 1999

Karen Angel, *Inside Yahoo!: Reinvention and the Road Ahead*, John Wiley & Sons, Inc., 2002

David A. Vise and Mark Malseed, *The Google Story*, Bantam Dell, 2008

<제 9장>

Joint Venture Silicon Valley, *Silicon Valley Index*, published annually by Joint Venture Silicon Valley, 2000 through 2015

Jennifer Viegas, *Pierre Omidyar: The Founder of eBay*, The Rosen Publishing Group, Inc., 2007

Daniel Alef, *Mark Zuckerberg: The Face Behind Facebook and Social Networking*, eBook, Titans of Fortune Publishing, 2013

Marcia A. Lusted, *Mark Zuckerberg: Facebook Creator*, ABDO Publishing Company, 2012

Ashley Rae Harris, *Facebook: The Company and Its Founders*, ABDO Publishing Company, 2013

Michel Vergotte, *Elon Musk: 100 Fascinating Facts, Stories & Inspiring Quotes*, eBook, People with Impact Series, 2013

Pauline T., *Biography of Elon Musk*, eBook, Hyperink Entrepreneur, 2012

<제 10장>

Chong-Moon Lee, William Miller, Marguerite Gong Hancock and Henry Rowen(editors), *The Silicon Valley Edge: A Habitat for Innovation and Entrepreneurship*, Stanford Business Books, 2000

Daniel Alef, *Elon Musk: The X-Factor, Tesla and the Holy Grail*, eBook, Titans of Fortune Publishing, 2014

P. Andrew Karam, *Artificial Intelligence*, Chelsea House, 2012

James Barrat, *Our Final Invention: Artificial Intelligence and the End of the Human Era*, Thomas Dunne Books, 2013

<제 11장>

Olivier Zunz, *Philanthropy in America: A History*, Princeton University Press, 2014

Alice Schroeder, *The Snowball: Warren Buffett and the Business of Life*, Bantam Books, 2008

Charles R. Morris, *The Tycoons: How Andrew Carnegie, John D. Rockefeller, Jay Gould and J. P. Morgan Invented American Supereconomy*, Owl Books, 2006

<제 12장>

Ashlee Vance, *Geek Silicon Valley*, Morris Book Publishing, 2007

Helen Wright, *James Lick's Monument: The Saga of Captain Richard Floyd and the Building of the Lick Observatory*, Cambridge University Press, 1987

Joint Venture Silicon Valley, *Silicon Valley Index*, published annually by Joint Venture Silicon Valley, 2000 through 2015